机电类新技师培养规划教材

金属切削原理与刀具

中国机械工业教育协会
全国职业培训教学工作指导委员会机电专业委员会　组编
王启仲　主编

机 械 工 业 出 版 社

本套教材是根据中国机械工业教育协会、全国职业培训教学工作指导委员会机电专业委员会组织制定的技师教学计划和教学大纲编写的。本教材的主要内容包括：金属切削基础知识，金属切削过程的基本规律，切削基本理论的应用，刀具材料，车刀及成形车刀，钻头，扩孔钻、锪钻、镗刀、铰刀及复合孔刀具，拉刀，铣刀，螺纹刀具，切齿刀具，砂轮与磨削，涂层刀具和自动化生产刀具。

本套教材的教学计划和大纲是依据《国家职业标准》中对技师的要求制定的，内容立足岗位，以必需、够用为度，符合职业教育的特点和规律。本教材配有教学计划和大纲、电子教案，部分教材还有多媒体课件和习题及其解答，可供高级技校、技师学院、高等职业院校等教育培训机构使用。

图书在版编目(CIP)数据

金属切削原理与刀具/王启仲主编. —北京：机械工业出版社，2008.4（2022.9 重印）
机电类新技师培养规划教材
ISBN 978-7-111-23530-9

Ⅰ.金… Ⅱ.王… Ⅲ.①金属切削—技术培训—教材 ②刀具(金属切削)—技术培训—教材 Ⅳ.TG

中国版本图书馆 CIP 数据核字(2008)第 023683 号

机械工业出版社(北京市百万庄大街22号 邮政编码100037)
策划编辑：王英杰 王晓洁 责任编辑：王晓洁
责任校对：刘志文 封面设计：王伟光
责任印制：孙 伟
北京中科印刷有限公司印刷
2022年9月第1版第9次印刷
184mm×260mm · 15.5印张 · 382千字
标准书号：ISBN 978-7-111-23530-9
定价：35.00元

电话服务 网络服务
客服电话：010-88361066 机 工 官 网：www.cmpbook.com
010-88379833 机 工 官 博：weibo.com/cmp1952
010-68326294 金 书 网：www.golden-book.com
封底无防伪标均为盗版 机工教育服务网：www.cmpedu.com

机电类新技师培养规划教材
编审委员会

前 言

随着全球知识经济的快速发展，我国工业化建设也呈现迅猛发展之势，因而技术工人十分缺乏。为了顺应形势的发展要求，我国出台了一系列大力发展职业教育的政策：劳动和社会保障部颁布了最新《国家职业标准》，继续实行职业准入制度，并将国家职业资格由三级(初、中、高)改为五级(初、中、高、技师、高级技师)，对技术工人的工作内容、技能要求和相关知识进行了重新界定。教育部根据国务院“大力开展职业教育”的精神进行了职业教育的改革，高职学院、中职学校相应地改制、扩招，以培养更多的技术工人。

经过几年的努力，技术工人在数量上的矛盾在一定程度上得到缓解，但在结构比例上的矛盾突显出来。高级工、技师、高级技师等高技能人才在技术工人中的比重远远低于发达国家，而且他们年龄普遍偏大，文化程度偏低，学习高新技能比较困难。为打破这一局面，加快数量充足、结构合理、素质优良的技术技能型、复合技能型和知识技能型高技能人才的培养，劳动和社会保障部提出的“新技师培养带动计划”，即在完成“3年50万”新技师培养计划的基础上，力争“十一·五”期间在全国培养技师和高级技师190万名，培养高级技工700万名，使我国从“世界制造业大国”逐步转变为“世界制造业强国”。为此，劳动和社会保障部决定：除在企业中培养和评聘技师外，要探索出一条在技师学院中培养技师的道路来。中国机械工业教育协会和全国职业培训教学工作指导委员会经研究决定，制定机电行业的技师培养方案。

在上述原则的指导下，中国机械工业教育协会和全国职业培训教学工作指导委员会机电专业委员会组织30多所高级技校、技师学院和企业培训中心等单位，经过广泛的调研论证，决定首批选定五个工种(职业)——模具工、机修钳工、电气维修工、焊工、数控机床操作工作为在技师学院培养技师的试点。对学制、培养目标、教学原则、专业设置、教学计划、教学大纲、课程设置、学时安排、教材定位、编写方式等，参照《国家职业标准》中相关工种对技师和高级技师的要求，结合各校、各地区企业的实际，经过历时三年的充分论证，完成了教学计划和教学大纲的制定和审定工作，并明确了教材编写的思想。

使用本套“机电类新技师培养规划教材”在技师学院培养技师，招收的学员必须符合的条件是：已取得高级职业资格(国家职业资格三级)的高级技校的毕业生，或具有高级职业资格证书的本职业或相近职业的人员。本套教材的编写充分体现“教、学、做”合一的职教办学原则，其特点如下：

(1) 教材内容新，贴合岗位实际，满足职业鉴定要求。当今国际经济大格局的进程加快了各类型企业的先进加工技术、先进设备和新材料的使用，作为技师必须适应这种要求，教材中也相应增加了新知识、新技术、新工艺、新设备等方面的内容。另外，教材的内容以《国家职业标准》中对技师和高级技师的知识技能要求为基础，设置的实训项目或实例从岗位的实际需要出发，是生产实践中的综合性、典型性的技术问题，既最大限度地体现学以致用的目的，又满足学生毕业考工取得职业资格证书的需要。

(2) 针对每个工种(职业)，均编写一本《相关工种技能训练》。随着全球化进程的加快，我国的生产力发展水平和职业资格体系应与国际相适应，因此，技师应该是具有高超操作技能的复合型人才。例如，模具工技师不应仅是模具工方面的行家里手，还应懂得车、铣、数控、磨、刨、镗和线切割、电火花等加工，以适应现代制造业的发展趋势，故此《相关工种技能训练(模具工)》中，就包含上述内容。其他工种与此类似。

(3) 理论和技能有机结合。劳动和社会保障部颁布的“新技师培养带动计划”中明确指出“建立校企合作培养高技能人才”的制度，现在许多技师学院从企业中聘请具有丰富实践经验的工程技术人员作为技能课教师，各专题理论与实践融合在一起的编写方式，更适于这种教学制度。

(4) 单独编写了两本公共课教材——《实用数学》和《应用文写作》。新时代对技师的要求不仅是技术技能型人才，还应是知识技能型甚至是复合技能型的高技能人才，有一定的数学理论基础和写作能力是新技师必备的素质。《实用数学》运用微积分知识分析解决生产中的实际问题，少推理，重应用；《应用文写作》除介绍、普通事务文书、经济文书、法律文书、日常事务文书的写法外，还教授科技文书的写法，其中科技论文的写法对于技师论文的写作会有很大裨益。

(5) 本套教材配有电子教案。电子教案包括教学计划、教学大纲、每章的培训目标、内容简介、重点难点，教师上课的板书，本章小结、配套习题及答案等。

(6) 练习题是国家题库及各地鉴定考题的综合归纳和提升。

本套教材的编写得到了各技师学院、高级技工学校领导的高度重视和大力支持，编写人员都是职业教育教学一线的优秀教师，保障了这套教材的质量。在此，对为这套教材出版给予帮助和支持的所有学校、领导、老师表示衷心的感谢！

本书由王启仲统稿并任主编，张贤武参加编写，魏立仲任主审，徐卫东、卓军、鲍双杰参审。

由于编写时间和编者水平所限，书中难免存在不足或错误，敬请广大读者不吝赐教！

中国机械工业教育协会
全国职业培训教学工作指导委员会
机电专业委员会

目　录

绪　论

切削加工是机械制造业中最基本的方法，它是利用刀具切除被加工工件上多余材料的方法。从而使加工尺寸、形状、位置、表面质量等均符合工程要求。可以说金属切削加工精度的高低是一个国家机械制造业水平的标志之一。

虽然由于热加工工艺的不断改进，毛坯的精度日益提高，少、无切屑加工工艺(如精铸、精锻、冷挤等)的出现，在一定范围内部分取代了切削加工。但是，各种机械零件的形状愈来愈多样和复杂，尺寸精度和表面质量有高有低，因此多数机械零件仍需进行切削加工。今天，金属切削加工已形成一个非常庞大的部门。例如，目前机械制造中所用工作母机有80%~90%为金属切削机床；日本、美国近年来每年消耗在切削加工方面的费用分别达到一万亿日元和一千亿美元。

“工欲善其事，必先利其器”，“磨刀不误砍柴工”。自古以来人们就很重视工具的设计、制造和使用(见图0-1、图0-2)。从近几年机械制造工艺的发展来看，切削加工方法在相当长的历史时期内也仍占有重要的地位。

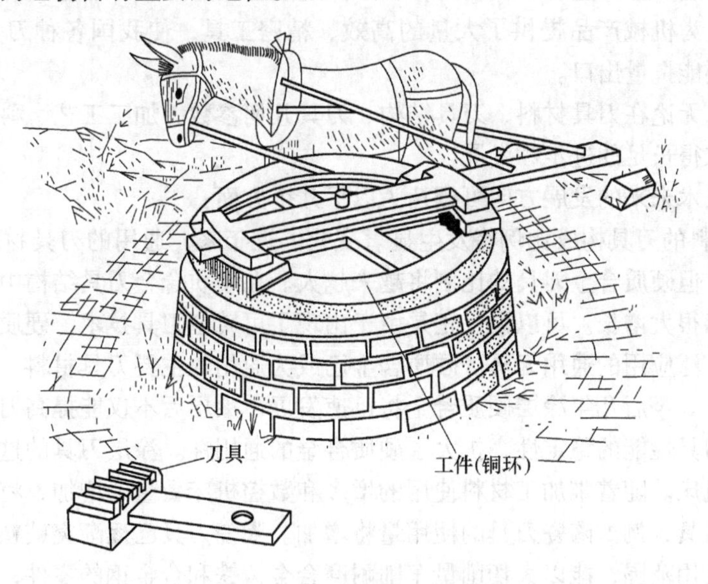

图0-1　1668年的畜力铣磨机

古代，我国在切削加工方面早有研究并有着光辉的成就。早在商周时代(公元前1122～公元前249年)，我国青铜工具的制造已经达到很高的水平。春秋战国时期，我国已能制造铁质工具，而且掌握了表面处理技术。现存最早的春秋中晚期的工程技术著作《考工记》上介绍了木工、金工等三十个专业技术知识，书云“材美工巧”是制造良器的必要条件。明代张自烈所著《正字通》中，总结了前人的经验，对切削过程中“刀”、“刃”、“切”、“挤”的不同作用都作了明确的定义。指出：“刀为体，刃为用，利而后能截物，古谓之芒”。说明我国古代劳动人民对于刀具切削作用原理已有了一些朴素的唯物辩证的认识。从历年来出土的文物和历史资料可以看出，我国在金属切削加工方面有着悠久的历史和辉煌的成就。中国古代对切削加工的实践和认识两个方面，都曾达到相当高的水平。

近代，由于封建制度的腐败落后和帝国主义的掠夺，我国机械工业非常落后。我国的科学技术的发展受到严重阻碍，金属切削加工技术也处于落后状态。到新中国成立前，除了少数机器修配厂外，根本没有自己的机床、工具制造业，所需刀具大部分依靠进口。

图 0-2 1668 年的脚踏刃磨机

建国后，社会主义经济建设中的各个方面都有了突飞猛进的发展。我国切削加工技术得到飞速发展。研究所、大专院校、工厂等之间的配合协作，不断生产出新型的刀具材料及各类标准的复杂刀具等。随着机械制造工业力量的不断扩大，在全国建立了很多工具厂、量具刃具厂，部分工厂也有工具车间，为机械产品提供了大量的高效、精密工具，使我国各种刀具基本上做到自给，有些刀具还能批量出口。

总的来说，无论在刀具材料、刀具结构、刀具几何参数、加工工艺、科研和人才培养等方面，我国都取得长足的进步和发展。

切削加工技术未来的发展方向可概括为以下几个方面：

1）各种材料的刀具构成比例将发生显著变化。近年来，通用的刀具材料仍以高速钢和硬质合金为主，但硬质合金刀具的比例将越来越大。在硬质合金刀具结构中，可转位式刀具所占的比重将有很大增长。可以说，正是由于出现了可转位刀具技术，硬质合金刀具才有可能更快地成为广泛应用的通用刀具。硬质合金已成为通用的主要刀具材料，硬质合金刀具的产值将逐年提高。今后几年涂层硬质合金将迅速发展，涂层后不仅能提高刀具的寿命，更重要的是增加了刀具性能的稳定性，扩大了硬质合金的通用性。涂层刀具的这些优点，特别适合应用于数控机床。随着难加工材料使用的增多和数控机床数量的增加，将越来越多地采用超硬材料制造刀具，例如陶瓷刀具的使用量将增加。陶瓷刀具已逐渐突破精车和半精车铸铁和脆性材料的使用范围，能以大切削量车削耐磨合金铸铁和合金钢的零件，且日益扩大在铣削中的应用。人造金刚石和立方氮化硼作为刀具材料的使用也日益增多。

2）随着数控机床应用数量的增加，适应于自动化加工设备上的刀具将迅速发展。为了适应数控机床的柔性及自动换刀等要求，尽可能缩短辅助时间，必须使刀具与机床复合为一个完整体，从而提出了多功能刀具系统的要求。刀具实际上将由简单的一个零部件发展成为一个整台的“切削装置”。例如，瑞典 SANDVIK 公司研制出数控车床模块化工具系统（BTS）。它是将各种不同的刀具切头用专门的连接件固定在统一的刀夹上，只需要变换刀头部分，便可广泛进行车、钻及车螺纹等多种加工。加工一个零件可节约换刀时间，机床的有效利用率相应提高 60%～75%。另外，德国的 KRUPPWIDIA 公司、HERTEL 公司等都有数控车床、加工中心中的工具系统的定型产品。我国也正在研制模块式工具系统，以适应自动化加工设备的应用日益增加的趋势。

3）刀具耐磨涂层技术的研究与应用将有更深入的发展。硬质合金涂层将向着极薄多层涂覆的方向发展。高速钢刀具的涂层技术将有更大发展。PVD 法的涂覆温度在 300~500℃之间，适合于高速钢刀具的涂覆。在相同条件下，涂覆 TiN 的麻花钻比蒸气处理的麻花钻寿命要高 2~4 倍，重磨后还可提高 1.5~2 倍，同时由于切削力小而能节省机床能耗。

4）整体、高效率刀具的需求量将越来越大。为了最大限度发挥设备的潜力，应当广泛采用高效率刀具。硬质合金刀具比高速钢刀具有更高的效率，因此应大力推广应用硬质合金刀具。由于硬质合金刀具的制造技术的发展，特别是金刚石砂轮在硬质合金刀具制造中的广泛应用，硬质合金作为高效率刀具材料不仅在简单刀具上而且在成型复杂刀具上也日益广泛地被采用。在相当多的工业部门中应用了整体硬质合金刀具，例如整体齿轮滚刀、麻花钻、丝锥及铰刀等。由于高速钢刀具整体磨削技术的发展，整体高速钢刀具的种类将迅速增多。将留有余量的高速钢刀具毛坯，先经热处理后直接磨制成刀具成品，不仅可省掉繁多的切削加工工序，还可避免热处理后的变形，是提高刀具精度的有效途径。据报道，采用立方氮化硼砂轮整体磨制麻花钻，不仅提高了钻头制造质量，而且可以提高钻头寿命。我国的很多工具厂已能成批生产全磨制钻头。

5）由于计算机辅助设计(CAD)及辅助制造(CAM)日益广泛的应用，采用电子计算机进行刀具辅助设计和工艺管理将越来越普及。为了保证刀具的精度及精度的一致性，更多地采用自动化设备(如加工中心)来制造和刃磨刀具也是工具部门应当解决的问题。

金属切削原理是研究切削加工过程基本规律的科学，金属切削刀具是进行切削加工用的工具。金属切削原理与刀具是研究金属切削过程基本规律、刀具设计与使用的一门科学，是从事各种机械制造专业的重要课程。其中切削原理又是刀具及机制工艺等课的基础。在模具制造业中使用的刀具种类又多又复杂，特别是随着时代的发展、科学的进步和“四新技术”(即新技术、新工艺、新设备、新材料)在模具制造业中广泛的应用，对刀具提出了进一步的要求。因此，这门课程是从事机械制造专业、模具专业人员学习的重要课程之一。

研究金属切削原理的基本任务是揭示切削过程的规律，并用于生产实际，在保证产品质量的前提下，不断提高生产率和降低成本。它的主要内容有以下四个部分：

(1) 基本概念　包括切削运动和刀具角度的基本定义以及工件、刀具材料等。由于金属切削过程是刀具的切削性能与工件可切削性能之间的矛盾演变过程，它们是依赖切削运动联系起来的。因此首先认识刀具、工件的物理属性、几何形态及运动联系，作为研究金属切削过程的基础。

(2) 金属切削的基本规律　研究切屑变形、切削力、切削热及切削温度和刀具磨损的现象、本质及其规律。

(3) 提高金属切削效率的途径　掌握切削规律的目的在于应用，以提高金属切削效率。通常的途径是改善工件材料的切削加工性、提高刀具材料的切削性能，优化刀具几何参数和切削用量等。

(4) 典型切削加工的基本规律　金属切削原理首先通过车削来研究金属切削的基本规律及其应用，而后又分别研究了几种典型切削加工方法的特殊规律，即最常用的钻削、铣削和磨削加工的规律。

金属切削刀具的任务是研究刀具的设计、制造和使用的理论与实践；研究和发展各种新型、高效、高精度刀具。

金属的总的切除量在不断增长。随着机器和装备的功率、容量、负载及耐压等指标的提高，机器的零部件尺寸和重量也相应增大，因此从毛坯上切除的金属量也会增加。例如，加工一根 20 万 kW 发电机的转子轴，净量约 30t，而锻件毛坯为 60 ~ 70t，即要切去 30 ~ 40t；加工一个模数为 40mm、直径为 12m 的大齿轮，要切除 15t 金属。金属切除量的增加，必然使刀具的需求量增长。

加工对象越来越复杂、多样化。机器的零件多是钢铁制造的，其中合金钢的比重在不断增加，并且随着机器性能的提高，难加工的金属和非金属材料也被广泛使用；另外，机器零件的形状越来越复杂，精度要求也越来越高。切削加工对象的以上变化，要求提供用途广、质量好、数量多的通用刀具，又要求提供高性能、高效率的复杂刀具和精密刀具。

机械加工的效率日益提高。费用较高的数控机床得到了越来越广泛的重视和应用，可省时、提高效率。为使单件加工费用为最小，仅靠昼夜不停地运转提高设备的利用率，并不能有效地提高效率，只会增加刀具费用。切削效率提高的主要方法是提高切削速度。由于硬质合金刀具比高速钢刀具的切削效率高得多，因而国内外的硬质合金的生产比重逐年增加，硬质合金的品种增加，质量也不断改进。

机械加工自动化水平的迅速提高，对刀具提出了更高的要求。近年来，机械加工柔性自动化的发展，使机器脱离了人的束缚，从而更能显著地发挥设备的效率。在这样的条件下，不但要求保证刀具高速切削时的寿命，更需要保证高速切削时的稳定切削性能，并要具有保证可靠的自动换刀、定位、调整、防护、排屑、测量等性能的精确结构。这种现状大大地促进了涂层刀具、超硬材料刀具等结构的改进，发展了能控制刀具使用性能与机床软件相匹配的刀具系统。

随着科学技术的不断发展，其结果必然会导致其他金属加工方法的出现和发展，但切削加工方法在机器制造中所占的地位本质上不会有什么变化。相反，不断应用新的技术成果后，切削加工方法的应用范围也会不断扩大，将出现更多先进刀具，使切削过程进行得又快又好。

第一章　金属切削基础知识

本章应知

1. 了解切削运动、加工表面切削用量、切削时间、切削速度等基本概念。

2. 以车刀为例，掌握刀具的各组成部分，如主、副切削刃，前、后切削面，偏角，刃倾角等。

3. 刀具设计角度、工作角度、安装角度的关系。

本章应会

1. 以普通外圆车刀为例，能正确判别各刃、各面、各种角度。

2. 会在砂轮机上手工正确磨制各种刀具角度。

金属切削加工是在机床上用金属切削刀具切除工件上多余的金属，从而使工件的形状、位置、尺寸精度及表面质量都符合预定的要求。在金属切削过程中刀具与工件必须有相对的切削运动。金属切削是由金属切削机床来完成的，是刀具切除坯料中多余的金属脱离坯料母体变为切屑而完成工件的加工。金属切削过程中的各种现象和规律，都要根据刀具与工件之间的运动状态来观察和研究。

第一节　金属切削的基本概念

一、切削运动、加工表面和切削用量

1. 切削运动

现以图 1-1 所示常见的、典型的外圆车削为例来研究切削运动。

车削时工件旋转，这是切除金属的基本运动；车刀作平行于工件轴线的直线运动，保证了切削连续进行。在上述两个运动组成的切削运动作用下形成了工件的外圆柱表面。当然，其他各种切削方法也必须有一定的切削运动。切削运动按运动在切削中所起作用的不同分为：主运动和进给运动两种。

（1）主运动　由机床或人力提供的主要运动，它促使刀具和工件之间产生相对运动，从而使刀具前面接近工件。它的速度最高，消耗功率也最大。主运动可以由刀具完成也可以由工件完成，其形式通常为旋转运动或直线运动，车削时的主运动是工件的旋转运动(见图 1-1)。

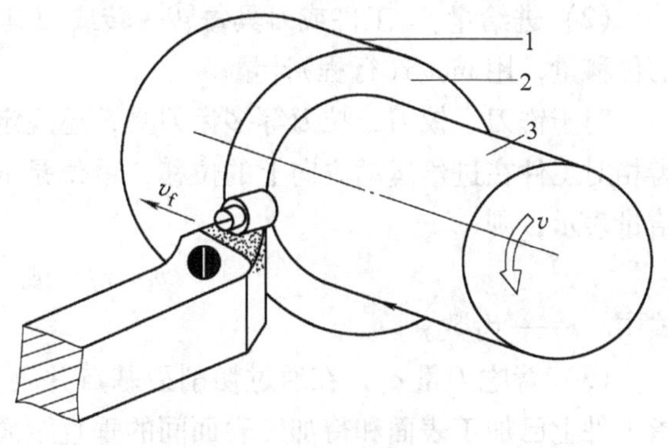

图 1-1　车削运动和加工表面

1—待加工表面　2—过渡表面　3—已加工表面

（2）进给运动　由机床或人力提供的运动，它使刀具与工件之间产生附加的相对运动，加上主运动，即可不断地或连续

地切除切削层，并得出具有所需几何特征的已加工表面。进给运动也由刀具或工件完成，其形式一般有直线、旋转或两者的合成运动，它可以是连续的或断续的，消耗功率比主运动要小得多。车削外圆时的进给运动是刀具的连续纵向直线运动(见图 1-1)。

2. 加工表面

在车削过程中，工件上有三个不断变化着的表面(见图 1-1)。

待加工表面：工件上有待切除的表面。

已加工表面：工件上经刀具切削后产生的表面。

过渡表面：工件上由切削刃在形成的那部分表面，它是待加工表面和已加工表面之间的过渡表面。

3. 切削用量

切削用量是指切削过程中切削速度、进给量和背吃刀量(俗称切削深度)的总称(见图 1-2)。

(1) 切削速度 v_c　刀具切削刃上选定点相对于工件的主运动的瞬时速度。以旋转运动作主运动时(如车外圆)

$$v_c = \frac{\pi d_w n}{1000} \tag{1-1}$$

式中　v_c——切削速度(m/min 或 m/s)；

d_w——待加工表面直径(mm)；

n——主运动件的旋转速度(r/min 或 r/s)。

切削刃上各点的切削速度是不同的，考虑到发热、刀具磨损等因素，在计算时应取最大的切削速度(如图 1-2 中最大外圆上的 C 点计算出的速度即为最大速度)。

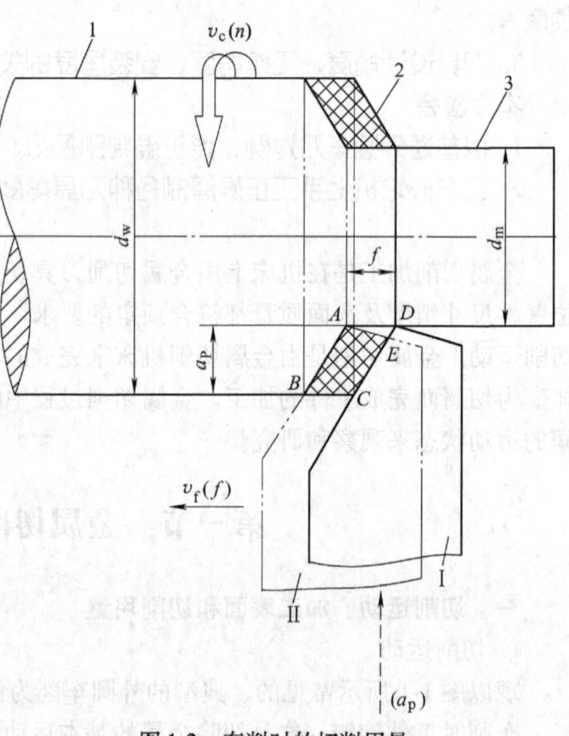

图 1-2　车削时的切削用量

1—待加工表面　2—过渡表面　3—已加工表面

在生产中，除磨削速度单位用 m/s 外，其他切削加工的切削速度单位习惯用 m/min。

(2) 进给量 f　工件或刀具每转一转或刀具往复一次，刀具相对工件在进给运动方向上的位移量，用 mm/r(行程)计量。

对于铣刀、铰刀、拉刀等多齿刀具，还规定每个刀齿的进给量 f_z，即每转或每行程中每齿相对工件在进给运动方向上的位移，单位是 mm/z。若用进给速度 v_f，即单位时间内的进给量表示，则

$$v_f = nf \quad 或 \quad u_f = nzf_z \tag{1-2}$$

式中　z——齿数。

(3) 背吃刀量 a_p　在通过切削刃基点并垂直于工作平面的方向上测量的吃刀量。一般指工件上已加工表面和待加工表面间的垂直距离，车外圆时

$$a_p = \frac{d_w - d_m}{2} \tag{1-3}$$

式中 d_m——已加工表面直径(mm);

d_w——待加工表面直径(mm)。

上述以外圆车削为例，对切削运动、加工表面、切削用量所作的定义和分析，也适用于其他各种切削加工。各种切削加工的目的都是为了形成合乎要求的工件表面，从这个意义上来说，切削刃相对于工件的切削运动过程，就是表面形成过程。这一过程包含有两个要素，一是切削刃形状，二是切削运动。以不同形状的切削刃相对工件的不同切削运动所得到的轨迹面，即是各种工件表面形状。

二、切削时间 t_m 与材料切除率 Q

1. 切削时间 t_m

切削时间是指改变工件尺寸、形状等的工艺过程所需的时间，它是反映切削效率高低的一个指标。由图 1-3 知，车外圆时 t_m 的计算式为

$$t_m = \frac{lA}{v_c a_p} \tag{1-4}$$

式中 t_m——切削时间(min);

l——刀具行程长度(mm);

A——半径方向加工余量(mm)。

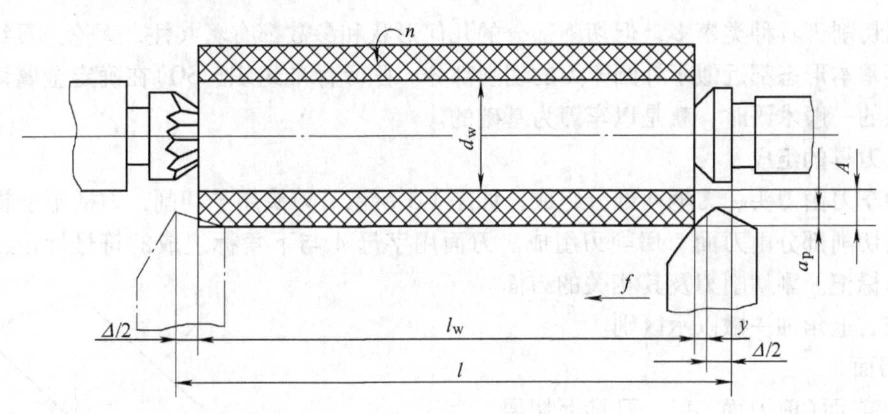

图 1-3 车外圆时切削时间计算图

将式(1-1)、式(1-2)代入式(1-4)中，可得

$$t_m = \frac{\pi d l A}{1000 f v_c a_p} \tag{1-5}$$

由式(1-5)知，提高切削用量中任一要素均可提高生产率。

2. 材料切除率 Q

单位时间内所切除材料的体积。它是衡量切削效率高低的另一个指标，单位为 mm^3/min。

$$Q = 1000 a_p f v_c \tag{1-6}$$

三、合成切削运动与合成切削速度

主运动与进给运动合成的运动称为合成切削运动。切削刃上选定点相对工件合成切削运动的瞬时速度称为合成切削速度，如图 1-4 所示。

$$\boldsymbol{v}_e = \boldsymbol{v}_c + \boldsymbol{v}_f \tag{1-7}$$

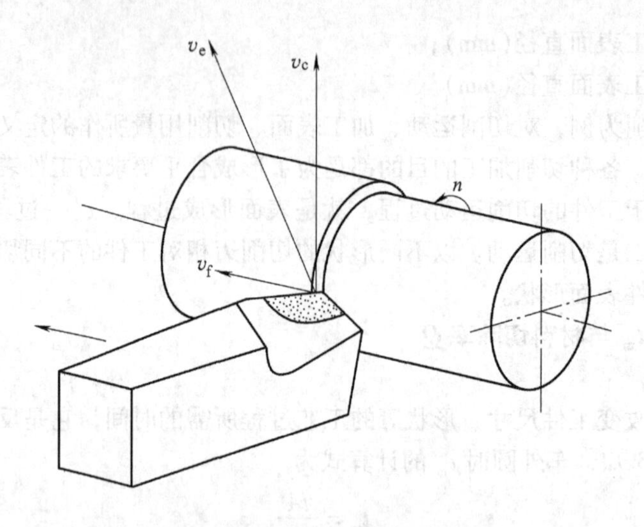

图 1-4　车削时合成切削速度

第二节　刀具切削部分的基本定义

金属切削刀具种类繁多，但切削部分的几何形状和参数都有着共性，无论刀具结构如何复杂，其基本形态都近似于外圆车刀的切削部分。国际标准组织（ISO）在确定金属切削部分几何形状的一般术语时，就是以车刀为基础的。

一、刀具的组成

普通车刀由刀头、刀柄两部分组成，如图 1-5 所示。刀头用于切削，刀柄用于装夹。

刀具切削部分由刀面、切削刃组成。刀面用字母 A 与下角标组成的符号标记，切削刃用字母 S 标记。副切削刃及其相关的刀面标记时在右上角加一撇以示区别。

1. 刀面

（1） 前面（前刀面）A_γ　刀具上切屑流过的表面（图 1-5 中的 $A_{\gamma1}$、$A_{\gamma2}$）。

（2） 后面（后刀面）A_α　与已加工表面相对的表面（图 1-5 中的 $A_{\alpha1}$、$A_{\alpha2}$）。

（3） 副后面（副后刀面）A'_α　与已加工表面相对的表面（图 1-5 中的 $A'_{\alpha1}$、$A'_{\alpha2}$）。前面与后面之间所包含的刀具实体部分称刀楔。

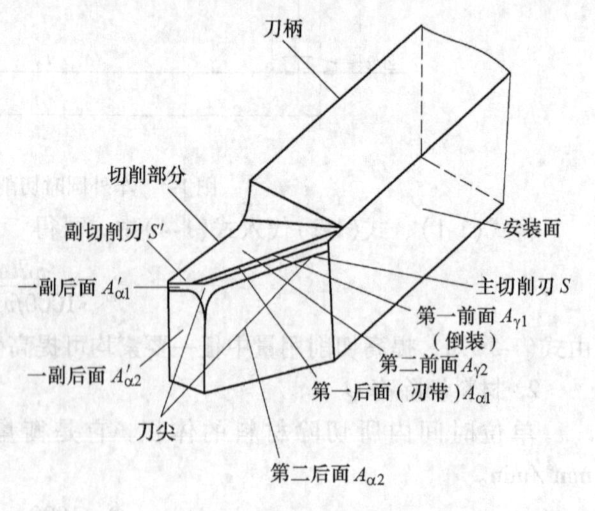

图 1-5　车刀的组成图

2. 切削刃

（1） 主切削刃 S　前、后面汇交的边缘（图 1-5 中的 S）。

（2） 副切削刃 S'　切削刃上除主切削刃以外的切削刃（图 1-5 中的 S'）。

3. 刀尖

主、副切削刃汇交的一小段切削刃称刀尖。由于切削刃不可能刃磨得很锋利，总有一些刃口圆弧，如图1-6所示。刃口的锋利程度用切削刃钝圆半径 r_n 表示，一般工具钢刀具 r_n 约为0.01～0.02mm，硬质合金刀具 r_n 约为0.02～0.04mm。

为了提高刃口强度以满足不同加工要求，可在前、后面上磨出倒棱面 $A_{\gamma1}$、$A_{\alpha1}$，如图1-6所示。$b_{\gamma1}$ 是第一前面 $A_{\alpha1}$ 的倒棱宽度；$b_{\alpha1}$ 是第一后面 $A_{\alpha1}$ 的刃带宽度。

为了改善刀尖的切削性能，常将刀尖作成修圆刀尖或倒角刀尖，如图1-6所示。刀尖参数有：刀尖圆弧半径 r_ε 在基面上测量的倒圆刀尖的公称半径；刀尖倒角长度 b_ε；刀尖倒角偏角 $\kappa_{r\varepsilon}$。

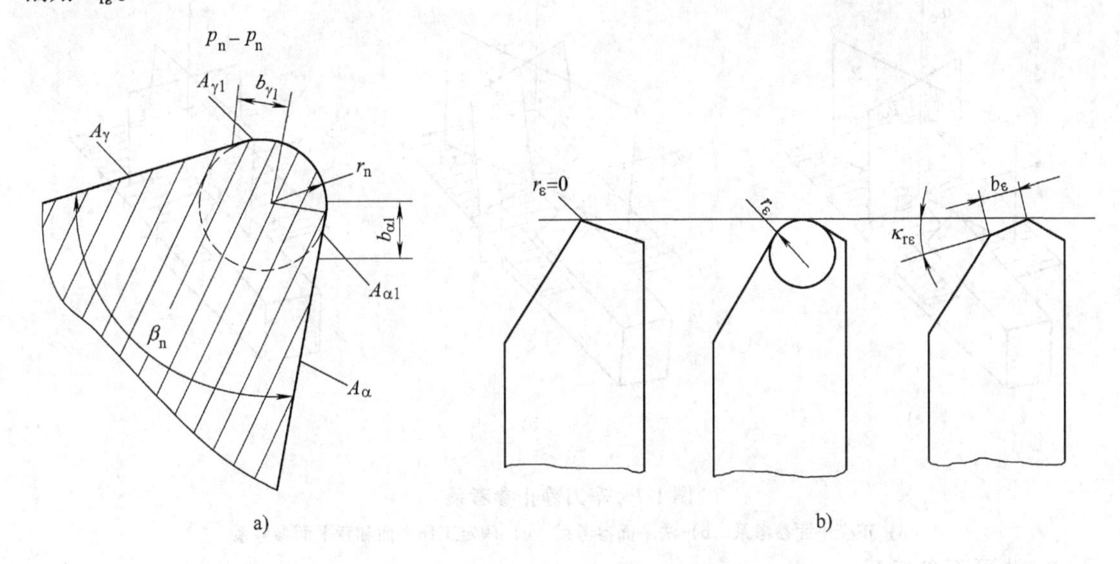

图1-6 刀楔、刀尖形状参数

a）刀楔剖面形状 b）刀尖形状

不同类型的刀具，其刀面、切削刃数量均不相同。但组成刀具的最基本单元是两面一刃即两个刀面相交形成一个切削刃。任何复杂的刀具都可将其分为一个个基本单元进行分析。

二、刀具角度参考系

为了确定刀具切削部分的几何形状和角度，即确定各刀面和切削刃的空间位置，必须建立一个空间坐标参考系。参考系有两类：

（1）刀具静止参考系　它是用于刀具的设计、制造、刃磨和测量时定义几何角度的参考系，用此定义的刀具角度称刀具标注角度，如图1-8车刀的标注角度。

（2）刀具工作参考系　它是用于刀具切削工作时角度参考系，用此定义的刀具角度称刀具工作角度。

刀具设计时标注、刃磨、测量角度最常用的是正交平面参考系。但在标注可转位刀具或大刃倾角刀具时，常用法平面参考系。在刀具制造过程中，如铣削刀槽、刃磨刀面时，常需用假定工作平面、背平面参考系中的角度，或使用前、后面正交平面参考系中的角度。这四种参考系刀具角度是ISO 3002/1—1997标准所推荐的。本书只讲前三种，如图1-7所示。

1. 正交平面参考系

正交平面参考系由以下三个平面组成：

（1）基面　通过切削刃上所选定的点，平行或垂直于刀具上的安装面（轴线）的平面称基面。车刀的基面可理解为平行刀具底面的平面。用“p_r”表示。

（2）切削平面　过切削刃上所选定的点与切削刃相切并垂直于基面的平面称切削平面。用“p_s”表示。

（3）正交平面　过切削刃上所选定的点，同时垂直于切削平面与基面的平面称正交平面。用“p_o”表示。

在图1-7中，过主切削刃某一点 x 或副切削刃某一点 x' 都可建立正交参考系平面。副切削刃与主切削刃的基面是同一个。

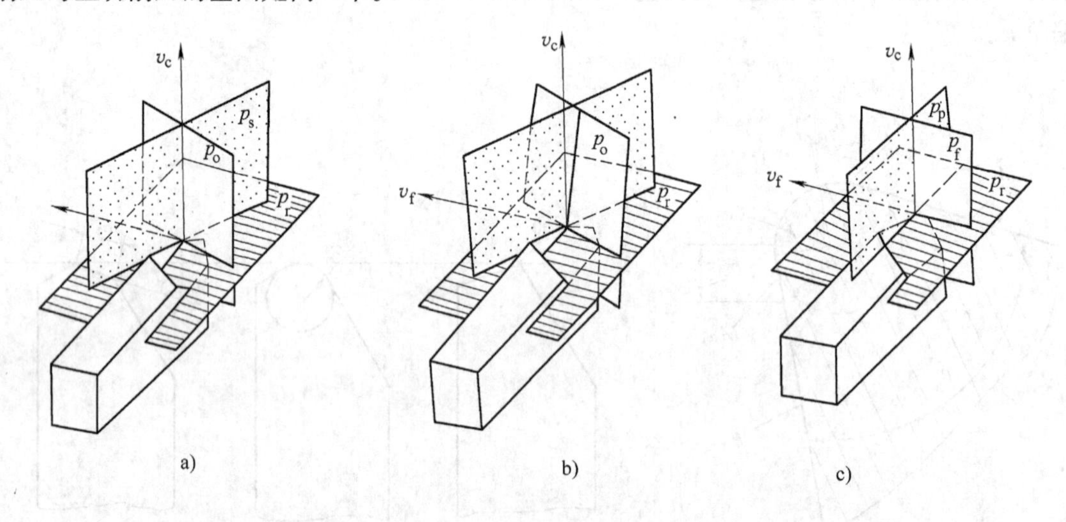

图1-7　车刀静止参考系

a）正交平面参考系　b）法平面参考系　c）假定工作平面和背平面参考系

2. 法平面参考系

法平面参考系由 p_r、p_s、p_n 三个平面组成。其中：

法平面为过切削刃上某选定的点并垂直于切削刃的平面称法平面。用“p_n”表示。

3. 假定工作平面和背平面参考系

假定工作平面参考系由 p_r、p_f、p_p 三个平面组成。其中：

（1）假定工作平面　过切削刃上选定的点平行于假定进给运动方向并垂直于基面的平面称假定工作平面。用“p_f”表示。

（2）背平面　过切削刃上选定的点，既垂直假定工作平面又垂直于基面的平面称背平面。用“p_p”表示。

三、刀具角度定义

描述刀具的几何形状除必要的尺寸外都用刀具角度。在各类参考系中最基本的刀具角度只有四种类型，即前、后、偏、倾四角。

1. 正交平面参考系刀具角度

（1）前角 γ_o　在正交平面中测量的前面与基面间夹角。

（2）后角 α_o　在正交平面中测量的后面与切削平面间夹角。

（3）刃偏角 κ_r　在基面中测量的主切削平面与假定工作平面间夹角。

（4）刃倾角 λ_s　在切削平面中测量的切削刃与基面间夹角。

刀具角度标注符号下标所用的英语小写字母，应与测量该角度用的参考系平面符号下标一致。例如r就表示 p_r 平面，s就表示 p_s 平面，o表示在 p_o 平面。n表示在 p_n 平面，f表示

在 p_f 平面，p 表示在 p_p 平面。副切削刃上的平面或角度在右上角加一撇以示区别。

如图 1-8 所示，用上述四角就能确定车刀主切削刃及其前、后面的方位。其中用 γ_o、λ_s 两角可确定前面的方位，用 α_o、κ_r 两角可确定后面的方位，用 κ_r、λ_s 两角可确定主切削刃的方位。

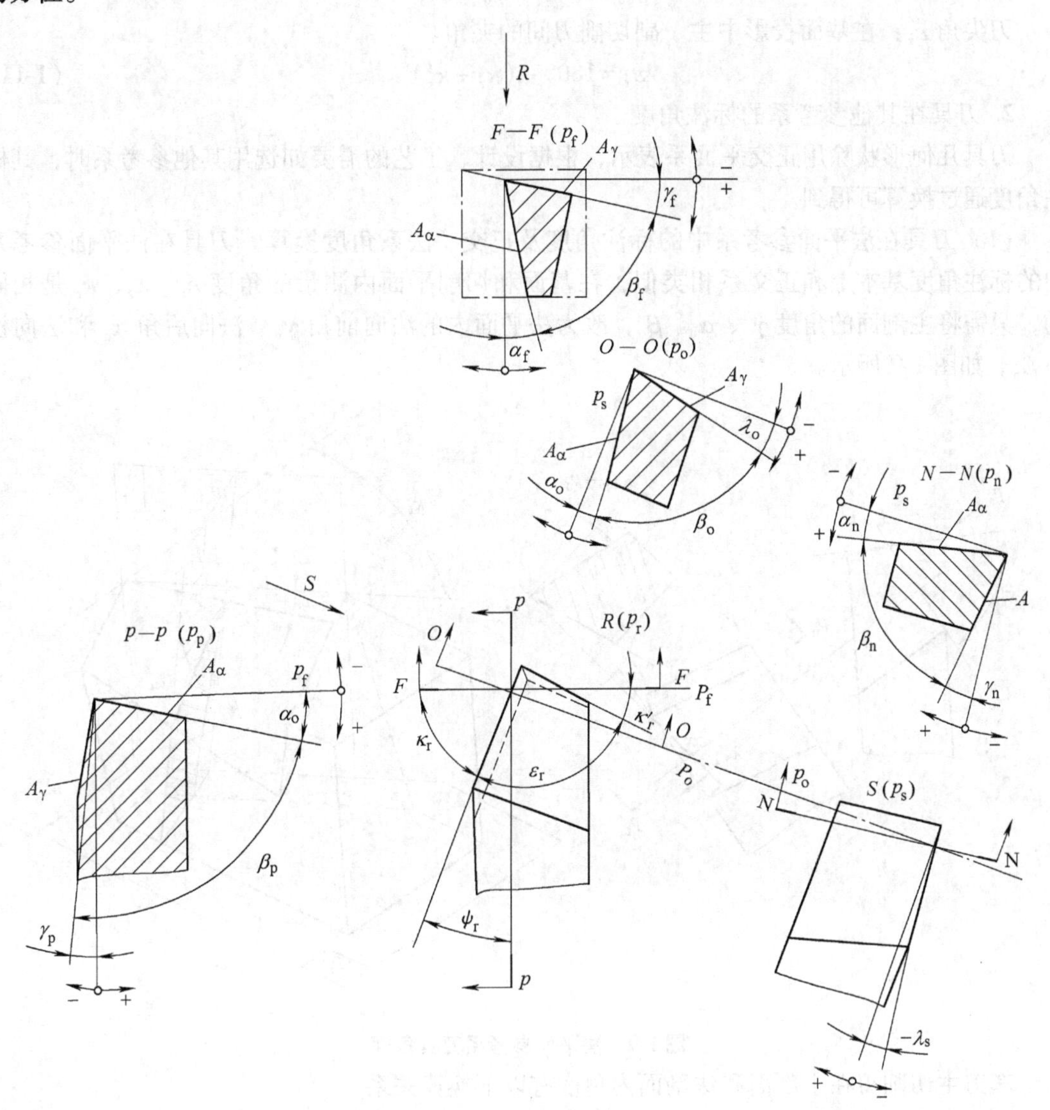

图 1-8　车刀的标注角度

同理，副切削刃及其相关的前、后面在空间的定向也有四个角度，即副刃前角 γ_o'，副刃后角 α_o'，副刃偏角 κ_r'，副刃倾角 λ_s'，其定义与主切削刃的四角类似。

由于图 1-8 中的车刀主切削刃与副切削刃共处在同一前面上，主切削刃的前面也是副切削刃的前面。当标注了两角，前面的方位就确定了，副切削刃前面的定向角 γ_o'、λ_s' 属于派生角度，不必再标注。它们可由 γ_o、λ_s、κ_r、κ_r' 等角度换算得出。

$$\tan\gamma_o' = \tan\gamma_o\cos(\kappa_r + \kappa_r') + \tan\lambda_s\sin(\kappa_r + \kappa_r') \tag{1-8}$$

$$\tan\lambda_s' = \tan\gamma_o\sin(\kappa_r + \kappa_r') - \tan\lambda_s\cos(\kappa_r + \kappa_r') \tag{1-9}$$

另外，刀具上还有其他派生角度，即楔角和刀尖角。用这两个角度来比较切削刃、刀尖的强度。

楔角 β_o：正交平面中测量的前面与后面间夹角。

$$\beta_o = 90° - (\gamma_o + \alpha_o) \tag{1-10}$$

刀尖角 ε_r：在基面投影中主、副切削刃间的夹角。

$$\varepsilon_r = 180° - (\kappa_r + \kappa_r') \tag{1-11}$$

2. 刀具在其他参考系的标注角度

刀具几何形状除用正交平面系表示，根据设计、工艺的需要如选用其他参考系时，其标注角度通过换算可得到。

（1）刀具在法平面参考系中的标注角度及正交、法系角度换算　刀具在法平面参考系中的标注角度基本上和正交系相类似，在基面和切削平面内测量的角度 ε_r、λ_s、κ_r 是相同的，只需将主剖面的角度 γ_o、α_o、β_o，改为法平面内的法向前角 γ_n、法向后角 α_n 和法向楔角 β_n，如图 1-9 所示。

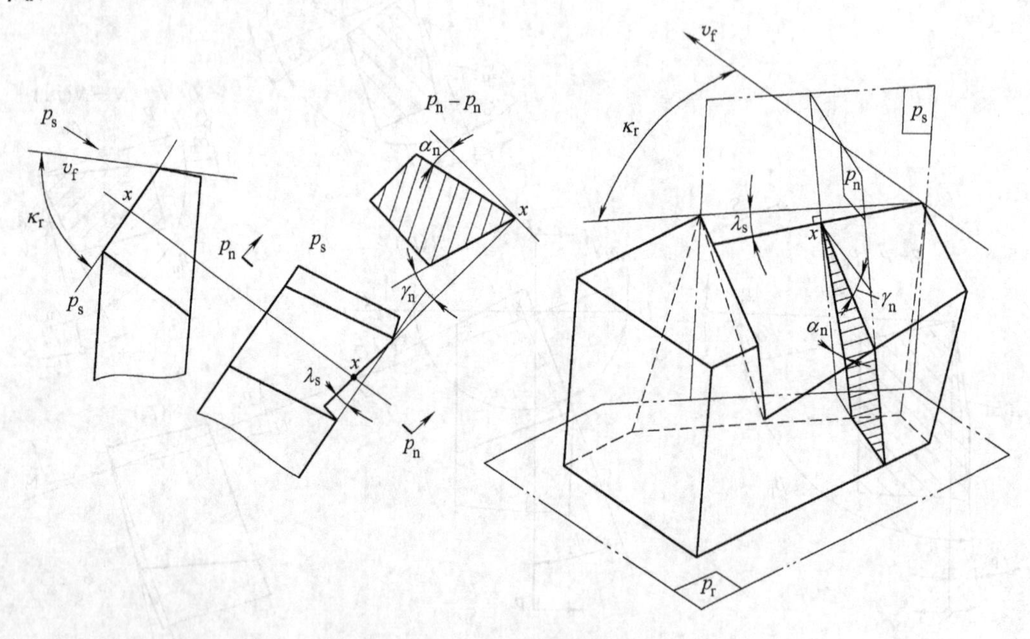

图 1-9　法平面参考系刀具角度

车刀主切削刃在主剖面和法剖面内角度有以下换算关系

$$\tan\gamma_n = \tan\gamma_o \cos\lambda_s \tag{1-12}$$

$$\cot\alpha_n = \tan\alpha_o \cos\lambda_s \tag{1-13}$$

（2）刀具在假定工作平面和背平面参考系中的标注角度　除在基面上测量的角度和与上述相同外，前、后角和楔角分别在假定工作平面内和背平面内标出，故有侧前角 γ_f、侧后角 α_f、背前角 γ_p、背后角 α_p，如图 1-10 所示。

3. 刀具角度正负的规定

如图 1-11 所示，前面与基面平行时前角为零角；前面与切削平面间夹角小于 90°时，前角为正角；大于 90°时，前角为负角。后面与基面间夹角小于 90°时，后角为正角；大于 90°时，后角为负角。

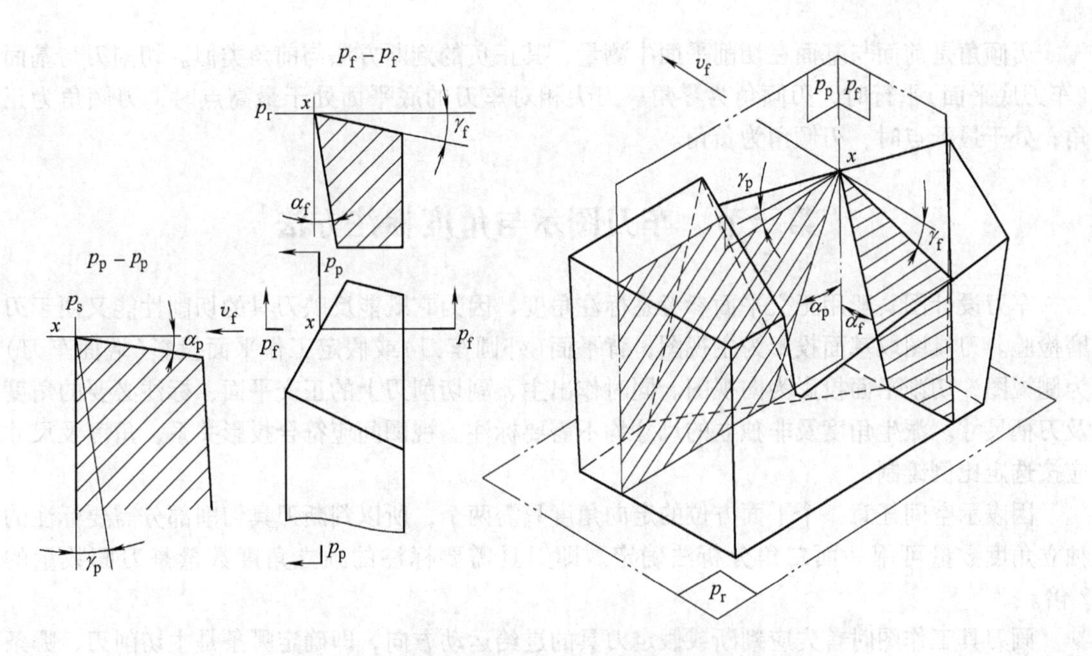

图 1-10　假定工作平面、背平面参考系刀具角度

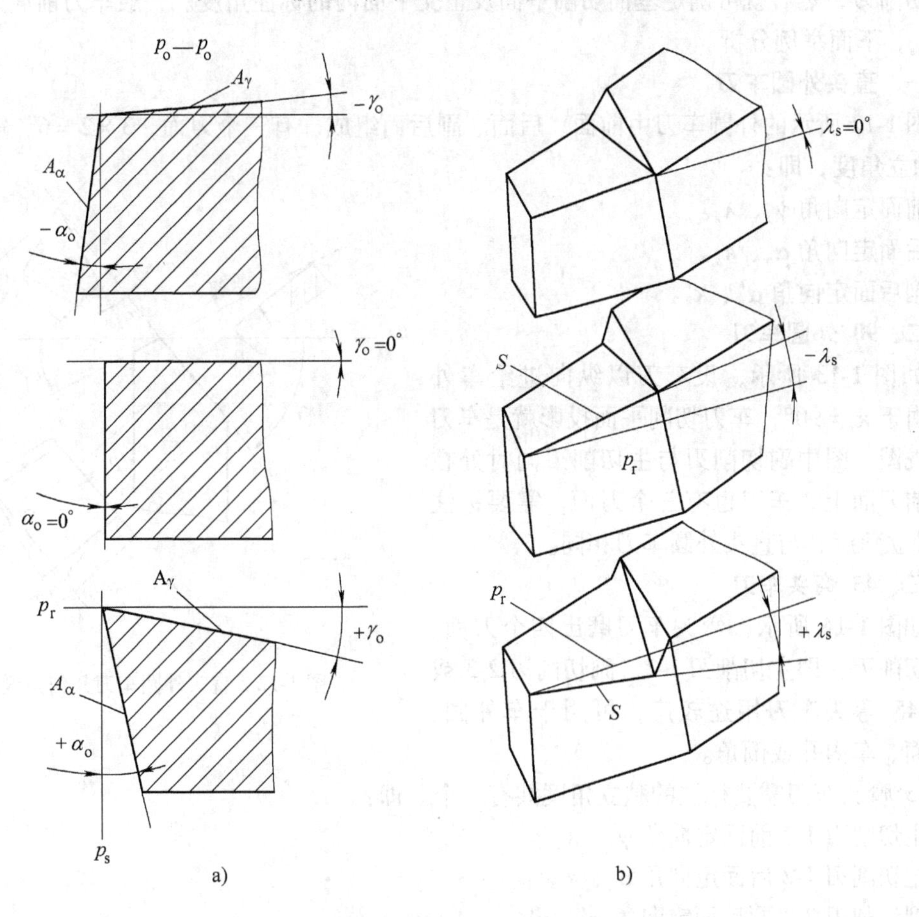

图 1-11　刀具角度正负的规定

a）前、后角　b）刃倾角

刃倾角是前面与基面在切削平面中测量，其正负的判断方法与前角类似。切削刃与基面（车刀底平面）平行时，刃倾角为零角；刀尖相对车刀的底平面处于最高点时，刃倾角为正角；处于最低点时，刃倾角为负角。

第三节　车刀图示与角度标注方法

车刀设计图一般用正交平面参考系标注角度，因为它既能反映刀具的切削性能又便于刃磨检验。刀具图取基面投影为主视图，背平面（外圆车刀）或假定工作平面投影（端面车刀）为侧视图，切削平面投影为向视图。同时作出主、副切削刃上的正交平面，标注必要的角度及刀柄尺寸。派生角度及非独立的尺寸均不需要标注。视图间应符合投影关系，角度及尺寸应按选定比例绘制。

因表示空间任意一个平面方位的定向角度只需两个，所以判断刀具切削部分需要标注的独立角度数量可用一面二角分析法确定。即刀具需要标注的独立角度数量是刀面数量的2倍。

画刀具工作图时首先应判断或假定刀具的进给运动方向，即确定哪条是主切削刃、哪条是副切削刃，然后就可确定基面切削平面及正交平面内的标注角度。一般车刀前面定向角用γ_o、λ_s，下面举例分析。

一、直头外圆车刀

图1-12所示的外圆车刀由前面、后面、副后面组成，有三个刀面，$3\times2=6$，需要标注6个独立角度，即：

前面定向角γ_o、λ_s。

后面定向角α_o、κ_r。

副后面定向角α_o'、κ_r'。

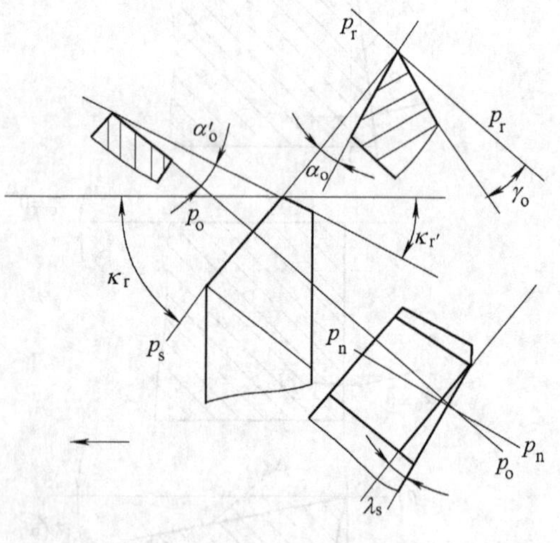

图1-12　直头外圆车刀几何角度

二、90°外圆车刀

如图1-13所示，设车刀以纵向进给车外圆。由于$\kappa_r=90°$，车刀切削平面投影就是车刀的侧视图。图中副切削刃与主切削刃同时处在一个前刀面上，车刀也有三个刀面，需要标注6个独立角度，与直头外圆车刀相同。

三、45°弯头车刀

如图1-14所示，弯头车刀磨出四个刀面、三条切削刃，即主切削刃1-2、副切削刃2-3或1-4。45°弯头车刀用途较广，可用于车外圆、车端面、车内孔或倒角。

45°弯头车刀需要标注的独立角度共有八个。即：

主切削刃1-2前面定向角γ_o、λ_s。

主切削刃1-2后面定向角α_o、κ_r。

副切削刃2-3副后面定向角α_o'、κ_r'。

副切削刃1-4副后面定向角α_o'、κ_r'。

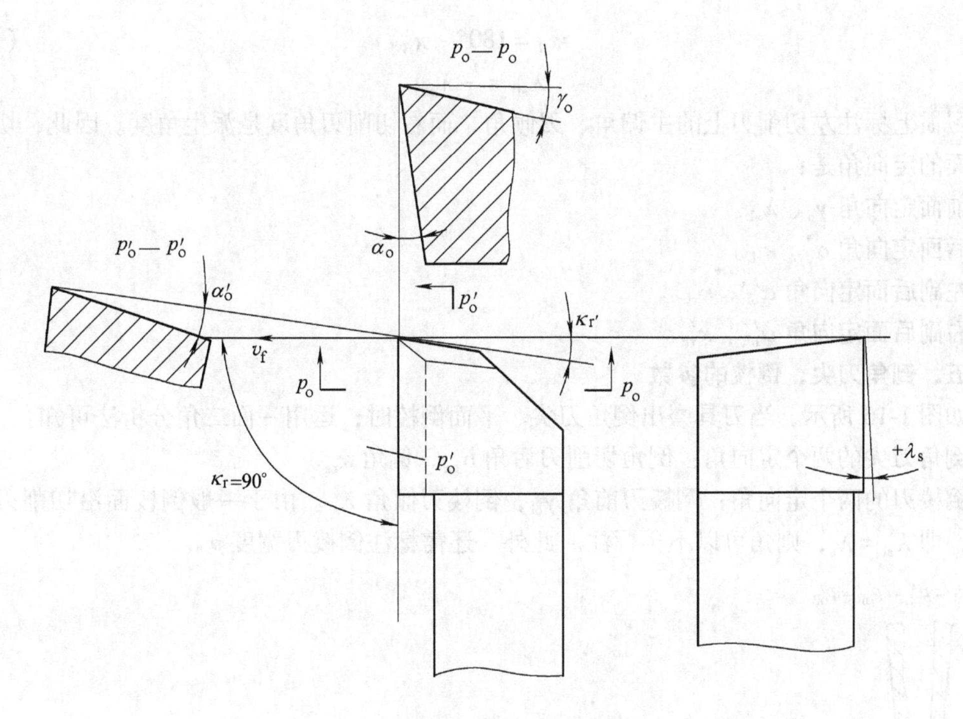

图 1-13　90°外圆车刀几何角度

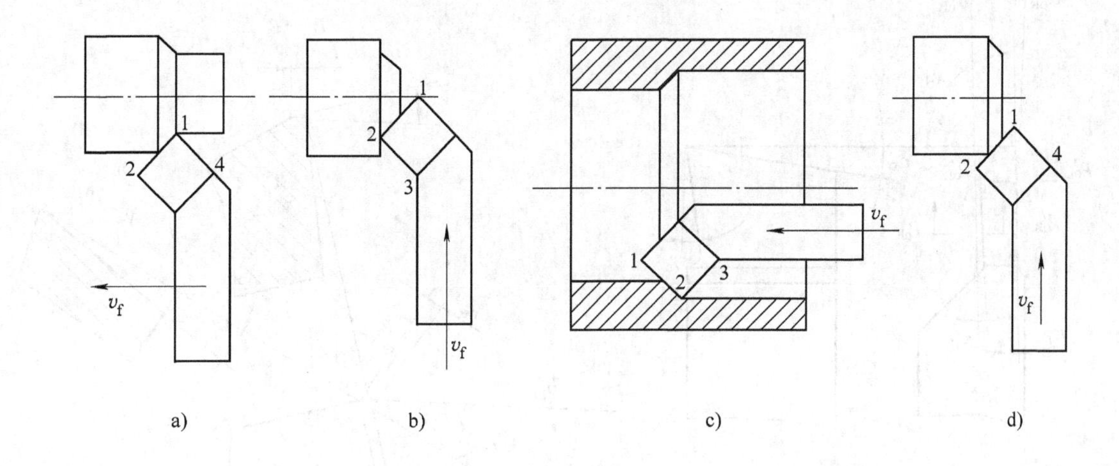

图 1-14　45°弯头车刀

a）车外圆　b）车端面　c）车内孔　d）倒角

四、切断刀

如图 1-15 所示，设车刀以横向进给车槽或切断。刀具有一条主切削刃、两个刀尖、两条副切削刃，可以认为切断刀是两把端面车刀的组合，同时车出左右两个端面。图中两条副切削刃与主切削刃同时处在一个前面上，因此这把切断刀共有四个刀面。即 $4\times2=8$，需要标注的独立角度共有八个。

当切断刀 $\kappa_r=90°$时，平面就是刀具的侧视图。κ_r 小于 90°时，左(L)右(R)主偏角与刃倾角的关系如下

$$\kappa_{rR} = 180° - \kappa_{rL} \tag{1-14}$$

$$\lambda_{sR} = -\lambda_{sL} \tag{1-15}$$

习惯上标注左切削刃上的主偏角、刃倾角，而右切削刃角度是派生角度。因此，切断刀各刀面的定向角是：

前面定向角 γ_o、λ_{sL}。

后面定向角 α_o、κ_{rL}。

左副后面定向角 α'_{oL}、κ'_{rL}。

右副后面定向角 α'_{oR}、κ'_{rR}。

五、倒角刀尖、倒棱的参数

如图 1-16 所示，当刀具磨出倒角刀尖、平面倒棱时，运用一面二角分析法可知：

倒角刀尖的两个定向角：倒角切削刃后角 $\alpha_{o\varepsilon}$、偏角 $\kappa_{r\varepsilon}$。

倒棱刃的两个定向角：倒棱刃前角 γ_{o1}，倒棱刃倾角 λ_{s1}。由于一般倒棱面沿切削刃是等宽的，即 $\lambda_{s1}=\lambda_s$，则角可以不再标注。此外，还需标注倒棱刃宽度 $b_{\gamma1}$。

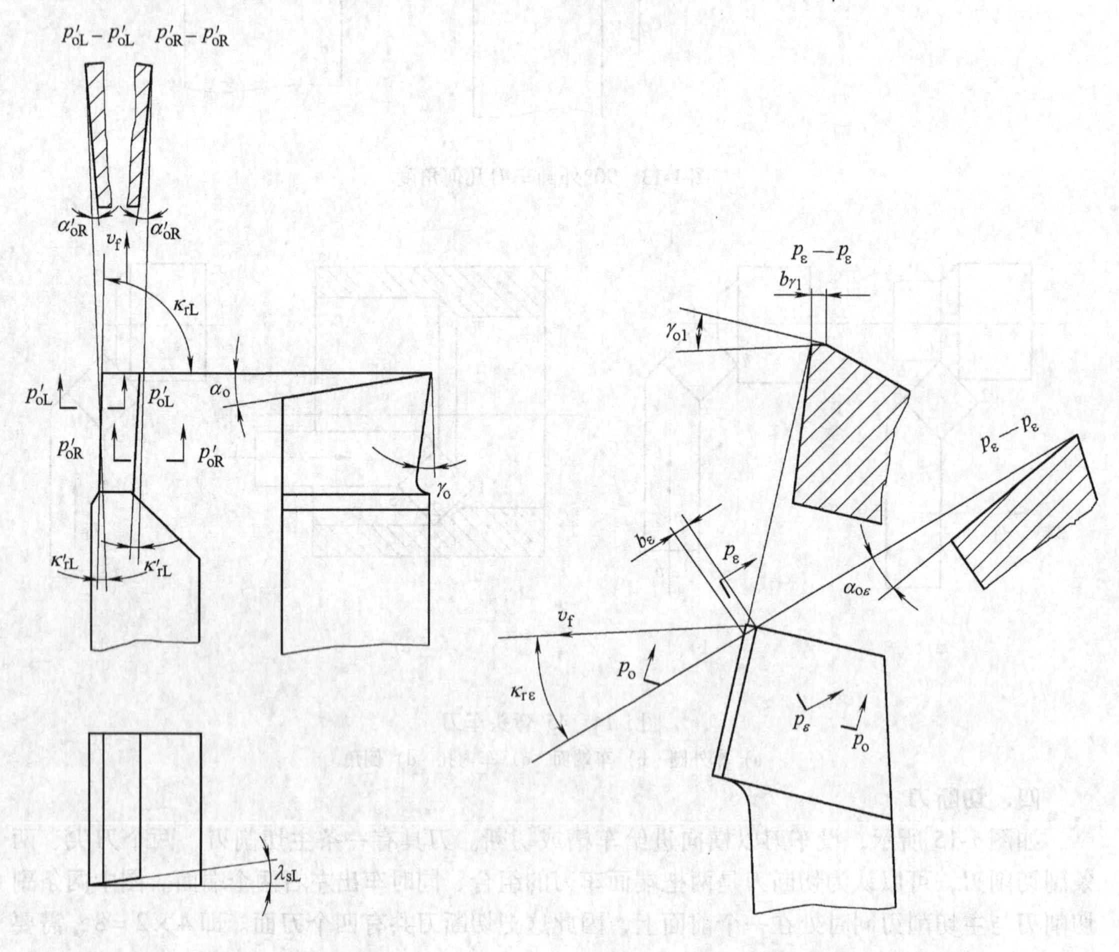

图 1-15 切断刀几何角度

图 1-16 倒角刀尖与倒棱前面的定向角

第四节 刀具的工作角度

上所述刀具的标注角度是在假定运动条件和假定安装条件下建立的角度，而刀具在切削过程中，不仅有主运动还有进给运动，刀具在机床上安装位置也可能有变化，则刀具的参考系将发生变化。为了较合理地表达在切削过程中起作用的刀具角度，应按合成切削运动方向来定义和确定刀具的参考系及其角度，即刀具工作参考系和工作角度。

一、刀具工作参考系及工作角度

刀具安装位置、切削合成运动方向的变化，都会引起刀具工作角度的变化。因此研究切削过程中的刀具角度，必须以刀具与工件的相对位置、相对运动为基础建立参考系，这种参考系称为工作参考系。用工作参考系定义的刀具角度称为工作角度。

刀具工作坐标系根据 GB/T 12204—1990 推荐了三种，即：工作正交平面参考系 p_{se}、p_{oe}、p_{re}，工作背平面参考系 p_{pe}、p_{fe}、p_{re}，工作法平面参考系 p_{se}、p_{ne}、p_{re}。其中应用最多的是工作正交平面参考系。刀具工作参考系如图 1-17 所示，其定义如下：

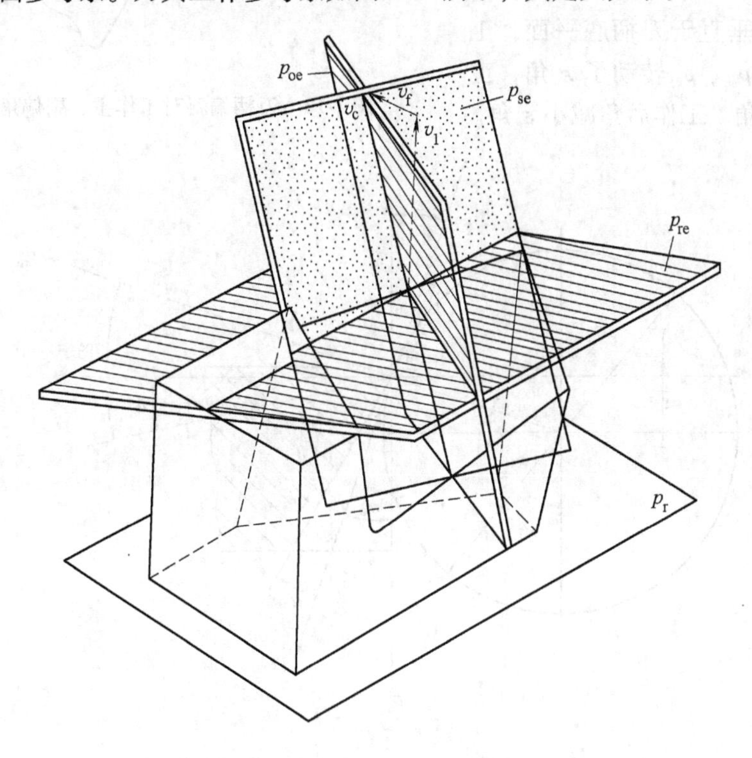

图 1-17 刀具工作参考系

1. 工作基面（p_{re}）

通过切削刃选定点垂直于合成切削速度方向的平面。

2. 工作切削平面（p_{se}）

通过切削刃选定点与切削刃相切，且垂直于工作基面的平面。该平面包含合成切削速度方向。

3. 工作正交平面（p_{oe}）

刀具工作角度刀具工作角度的定义与标注角度类似，它是前、后面与工作参考系平面的夹角。通过切削刃选定点，同时垂直于工作切削平面与工作基面的平面。工作角度的标注符号分别是：γ_{oe}、α_{oe}、κ_{re}、λ_{se}、γ_{fe}、α_{fe}、γ_{pe}、α_{pe}。

二、刀具安装对工作角度的影响

1. 刀柄偏斜对工作主、副偏角的影响

如图 1-18 所示，车刀随四方刀架逆时针转动 G 角后，工作主偏角将增大，工作副偏角将减小。例如取 $G=\kappa_r'$，则车刀的 κ_{re}' 就等于 0°了。

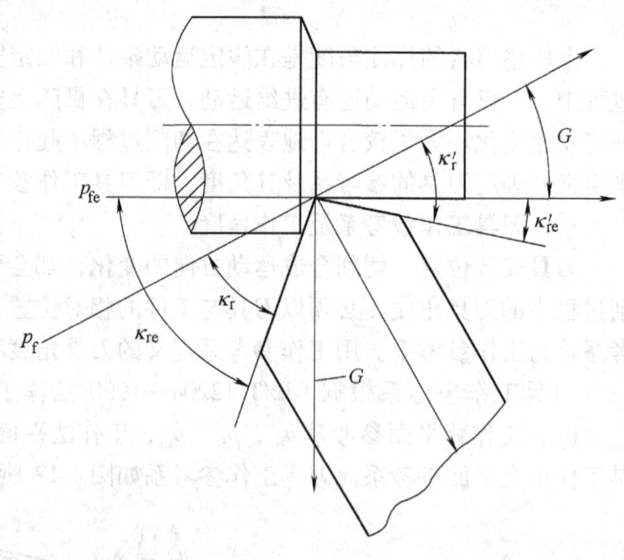

图 1-18 刀柄偏斜对工作主、副偏角的影响

2. 刀具安装对工作角度的影响

当刀具刀尖 A 点安装高于工件中心 h 时，如图 1-19 所示，A 点的切削速度方向就不垂直于刀柄底平面，工作参考系平面 p_{se}、p_{re} 转动了 ε 角，工作前角增大 ε 角，工作后角减小 ε 角。

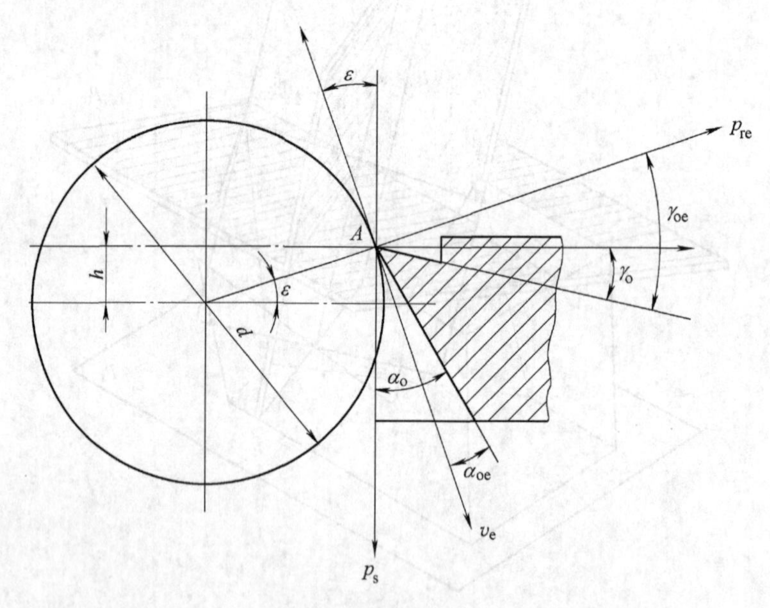

图 1-19 刀尖高于工件中心对工作前、后角的影响

相反，当刀尖低于工件中心时，工作前角减小，而工作后角会增大。

此外，刀柄中心线与进给方向不垂直，工作主、副偏角将发生变化；工件形状也影响刀具工作角度，如车削凸轮等。

三、进给运动对工作角度的影响

通常进给速度远小于主运动速度，在一般安装情况下，刀具的工作角度近似于地等于标注角度(不超过 1%)，因此在大多数情况下(如普通车削、镗孔、端铣等)不计算工作角度，

也不考虑其影响。

只有在一些特殊情况(如车螺纹或丝杠、铲削加工等角度变化值较大时)下，才需计算工作角度。

(1) 横车　以切断刀为例，如图1-20所示。没有进给运动时，刀具的基面为p_r，切削平面为p_s，设计的标注角度为α_o和γ_o；在进给切断时，切削刃选定点相对于工件的主运动轨迹为同一平面内的阿基米德螺旋线，此时切削平面与工作基面发生了变化，切削平面变为通过切削刃切于螺旋面的工作切削平面p_{se}，基面变为相应倾斜的工作基面p_{re}，此时标注角度α_o和γ_o也发生了变化，变成工作角度。

$$\gamma_{oe}=\gamma_o+\eta \tag{1-16}$$

$$\alpha_{oe}=\alpha_o-\eta \tag{1-17}$$

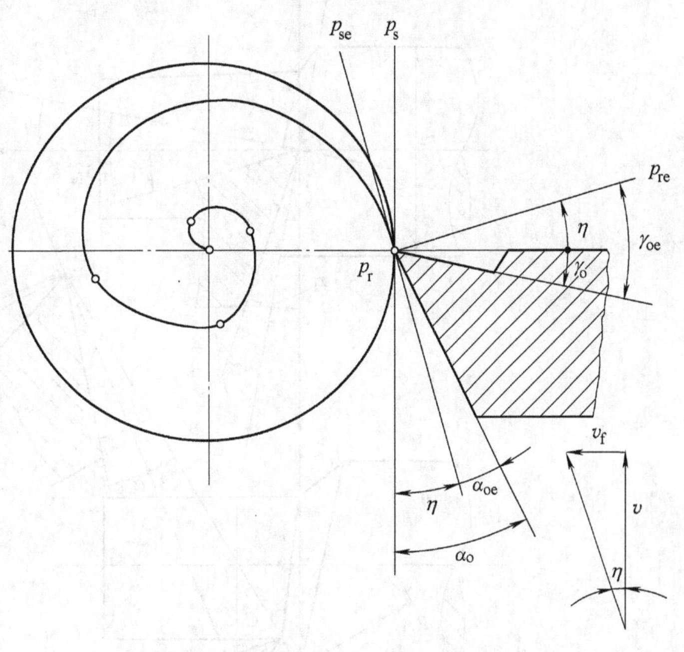

图1-20　横车时合成切削速度对工作角度的影响

η称合成切削速度角。它是在工作进给剖面p_{fe}内测量的主运动方向与合成切削速度方向之间的夹角。

$$\tan\eta=\frac{v_f}{v}=\frac{f}{\pi d} \tag{1-18}$$

式中　v_f——进给速度(mm/s)；

v——主运动速度(mm/s)；

f——进给量(mm)；

d——切削刃在选定点处工件的旋转直径(变值)(mm)。

η值随切削刃趋近工件中心而增大，当接近工件中心时，η值急剧增大，α_{oe}将变为负值；η值也随进给量f的增大而增大，α_{oe}也会变为负值，故横车时不宜采用大的进给量f。

(2) 纵车　如图1-21所示，假定$\lambda_s=0°$，在没有进给运动时，刀具的切削平面p_s，垂直于刀柄底面，基面p_r平行于刀柄底面，刀具设计的标注角度为γ_o和α_o；当纵向进给车削时，切削平面p_s变为切于螺旋面的工作切削平面p_{se}，p_r变成相应倾斜的工作基面p_{re}。即刀具工作角度参考系[p_{re}、p_{se}]倾斜了一个η角，正是由于在p_f剖面中加工表面倾斜了η角，所以此面中的后角减小了η角，前角增大了η角。

$$\gamma_{fe}=\gamma_f+\eta \tag{1-19}$$

$$\alpha_{fe}=\alpha_f-\eta \tag{1-20}$$

$$\tan\eta=\frac{f}{\pi d_w} \tag{1-21}$$

式中　f——进给量(mm)；

d——切削刃选定点在A点时工件待加工表面直径(mm)。

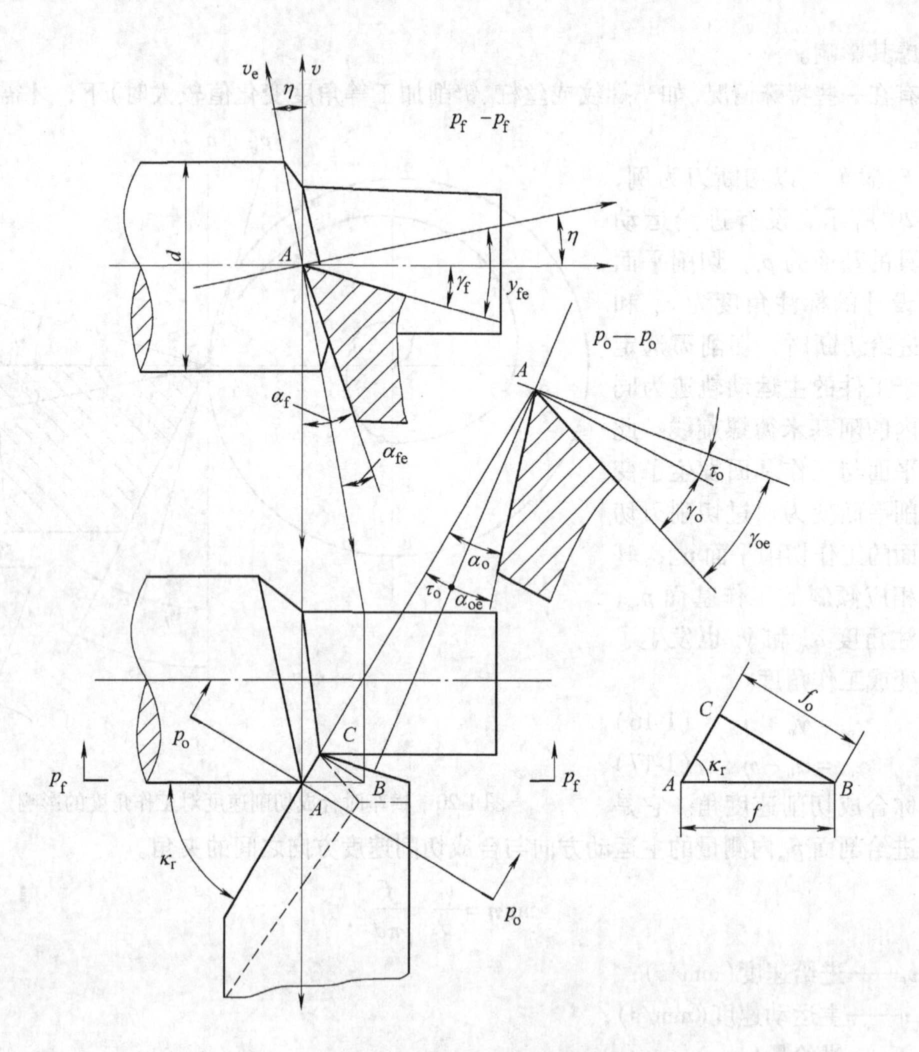

图 1-21 纵车时进给运动对工作角度的影响

由式(1-19)~式(1-21)可知，η 值与 f、d_w 有关，d_w 越小角度变化值越大。实际上，一般车削外圆 $\eta=30'\sim40'$，故可忽略不计。但在车削螺纹，尤其是车削多线螺纹时，η 值很大，必须进行工作角度计算。

第五节 切削层与切削方式

一、切削层参数

切削层为切削刃沿进给方向移动一个进给量所切下的金属层。

切削层形状、尺寸直接影响着刀具承受的负荷。为简化计算，切削层形状、尺寸规定在刀具基面中度量，即在切削层公称横截面中度量。

如图 1-22 所示，当主、副切削刃为直线，当 $90°>\kappa_r>0°$ 且 $\lambda_s=0°$ 时，切削层公称横截面 $ABCD$ 为平行四边形，若 $\kappa_r=90°$ 时，则为矩形。

切削层尺寸是指在刀具基面中度量的切削层长度与宽度，它与背吃刀量 a_p、进给量 f 大小有关。但是直接影响切削过程的则是切削层的横截面及其厚度、宽度尺寸。其定义与符号

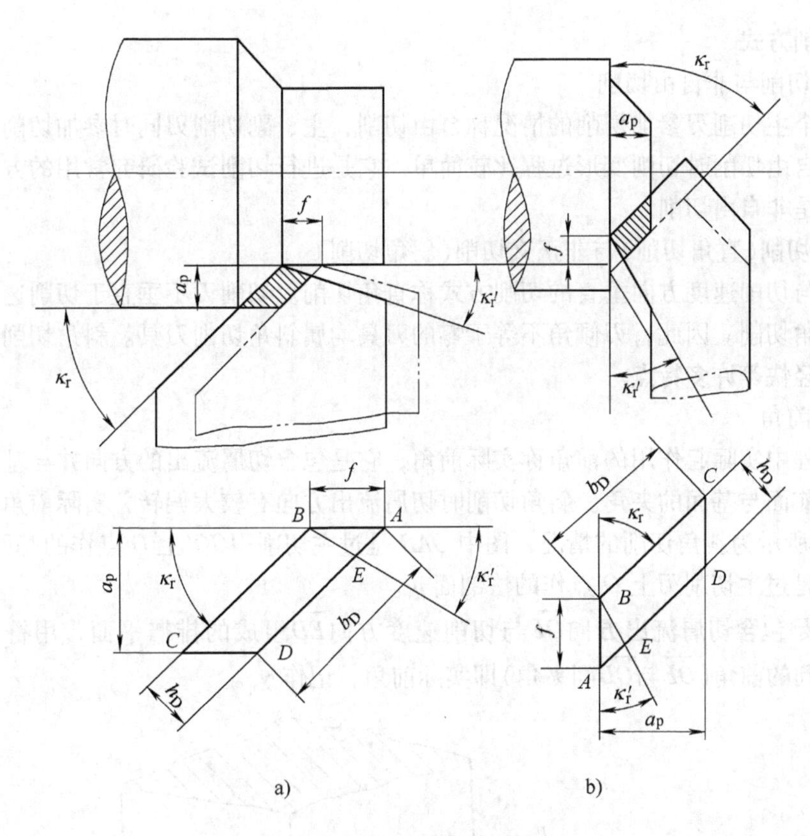

图 1-22　切削层参数

a）车外圆　b）车端面

如下：

1. 切削层公称横截面积 A_D

简称切削层横截面积，是在切削层尺寸平面里度量的横截面积。

2. 切削层公称厚度 h_D

简称切削厚度，是垂直于过渡表面度量的切削层尺寸。

3. 切削层公称宽度 b_D

简称切削宽度，是平行于过渡表面度量的切削层尺寸。

$$h_D = f\sin\kappa_r \tag{1-22}$$

$$h_D = \frac{a_p}{\sin\kappa_r} \tag{1-23}$$

$$A_D = h_D b_D = a_p f \tag{1-24}$$

由以上三式可知：切削厚度与切削宽度随主偏角大小变化。当 $\kappa_r = 90°$时，$h_D = f$，$b_D = a_p$。A_D 只与 a_p、f 有关，不受主偏角的影响。但切削层横截面的形状则与主偏角、刀尖圆弧半径大小有关。随主偏角的减小，切削厚度将减小，而切削宽度将增大。

按式(1-24)计算得到的 A_D 是公称横截面积，而实际切削横截面积为图 1-22 中的 $EBCD$。

$$(EBCD) = A_D(ABCD) - \Delta A(\Delta ABE) \tag{1-25}$$

式中　ΔA——残留面积，它直接影响已加工表面粗糙度。

二、切削方式

1. 自由切削与非自由切削

只有一个主切削刃参加切削的情况称自由切削，主、副切削刃同时参加切削的情况称非自由切削。自由切削时切削变形过程比较简单，它是进行切削试验研究常用的方法，而实际切削通常都是非自由切削。

2. 正交切削(直角切削)与非正交切削(斜角切削)

切削刃与切削速度方向垂直的切削方式称直角切削。切削刃不垂直于切削速度方向的切削方式称斜角切削。因此，刃倾角不等于零的刀具均属斜角切削刀具。斜角切削刀具有刃口锋利、排屑轻快等许多特点。

3. 实际前角

切削过程中实际起作用的前角称实际前角，它是包含切屑流出的方向并与基面垂直的平面中测量的前面与基面的夹角。斜角切削时切屑流出方向有较大偏转，实际前角明显增大。

图 1-23 所示为斜角切削的情况，图中 OAD 是过主切削刃$\overline{OO'}$上 O 点作的基面 p_r。

$\triangle OAB$ 是过主切削刃上 O 点作的法剖面 p_r。

$\triangle ODE$ 是包含切屑流出方向$\overline{OE}$与切削速度方向$\overline{ED}$组成的排屑平面，用符号 p_n 标记。剖面中测量到的前角($\overline{OE}$与$\overline{OD}$间夹角)即实际前角，记作 γ_η。

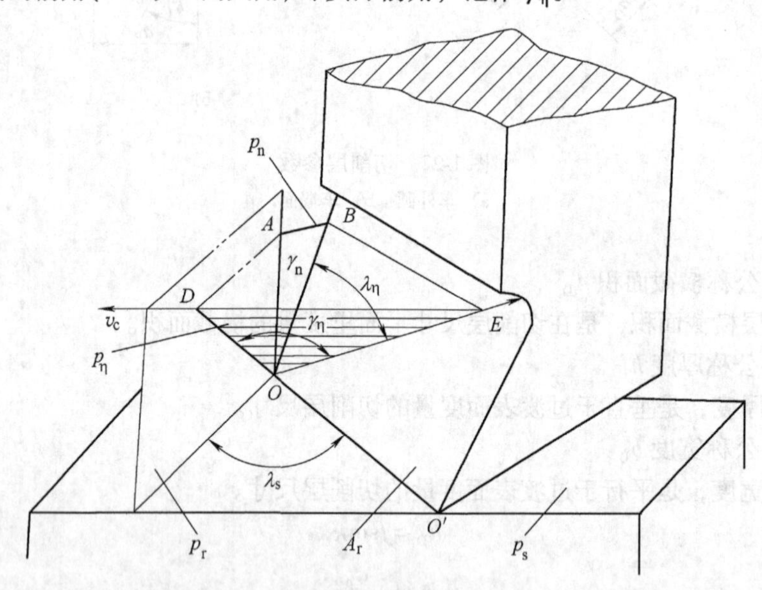

图 1-23 斜角切削与实际前角

由流屑角 $\lambda_\eta \approx \lambda_s$，从几何关系可推证如下公式

$$\sin\gamma_\eta = \sin\gamma_n \cos 2\lambda_s + \sin 2\lambda_s \tag{1-26}$$

分析式(1-26)知：λ_s 角较小，γ_η 角主要由法前角 γ_n 决定，λ_s 当角很大时，γ_η 角主要由角 λ_s 决定。$\lambda_s > 75°$时，不论角 γ_n 多小，γ_η 角都接近角 λ_s 的数值。这就是大刃斜角薄层加工刀具的原理之一。

复习思考题

1. 试分析车削、铣削、磨削和钻削的主运动和进给运动。

2. 在车床上车削 ϕ55mm 的外圆，转速 400r/min，如用同样切削速度车削 ϕ5mm 的外圆，主轴转速应为多少？

3. 什么叫做前角、后角、主偏角和刃倾角？简述刀具前角、后角、主偏角和刃倾角对切削过程的影响？

4. 车刀切削部分由哪些面和切削刃组成？

5. 目前采用的刀具标注角度坐标平面参考系有哪些？各由哪些坐标平面组成？试画图表示。

6. 何谓直角切削与斜角切削？自由切削与非自由切削？工件斜置的切削属斜角切削吗？为什么？

7. 合理刀具几何参数与生产效率有无关系？

8. 刀具切削刃口形式对切削过程有哪些影响？

第二章　金属切削过程的基本规律

本章应知

1. 了解金属切削变形三区域、变形四要素、切屑四种基本形式。
2. 了解切削力及其影响三要素。
3. 了解切削热的产生、切削温度的分布及散热介质、散热比例等。
4. 掌握刀具磨损阶段及磨损原因。

本章应会

1. 会依据切屑的颜色判断其切削的温度，并依据其是否合理适当采取改进措施。
2. 对积屑瘤的产生能进行控制。

金属切削过程就是利用刀具切除工件上多余金属层，形成切屑和已加工表面的过程。这一过程的实质是材料受到刀具前面挤压后，产生弹性变形，塑性变形和剪切滑移，继而使切削层与母体断裂分离的过程。在这一过程中，切削变形、切削力、切削热与背吃刀量、积屑瘤、加工表面硬化、刀具磨损与刀具寿命、断屑等现象的规律是金属切削的基本理论。学习这些规律、讨论这些现象，对合理设计并使用刀具、合理使用机床、分析解决切削加工中的质量、效率等问题具有重要意义。

研究金属切削过程最常见的方法是观察与分析直角自由切削。所谓直角自由切削（又称正交切削）就是只用垂直于主运动方向的切削刃进行的切削，如图 2-1 所示。

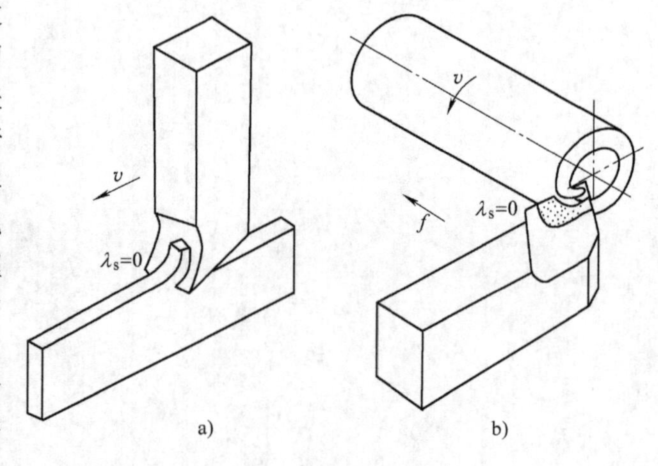

图 2-1　直角自由切削

a）宽刃刨刀刨窄平面　b）车圆管端面

第一节　切削变形

一、切削变形的原理

图 2-2 是根据实验和理论研究绘制的金属切削过程中变形区的滑移线和流线示意图。流线表示被金属某一点在切削过程中流动的轨迹，现将整个变形区分为三个区域加以研究。

（1）第一变形区（Ⅰ）　材料在刀具前面挤压作用下，使 OA 面产生的切应力达到材料的屈服强度 $\sigma_{0.2}$，从图中 OA 线开始发生塑性变形到 OM 线晶格的剪切滑移基本完成为止。因此这一区域是切削过程中的主要变形区，又称剪切区。

（2）第二变形区（Ⅱ）　切屑沿刀具前面滑移排出时紧贴前面的底层金属进一步受前面的挤压阻滞和摩擦，再次剪切滑移变形而纤维化。因其变形主要是由摩擦引起的，故这一区域又称摩擦变形区。

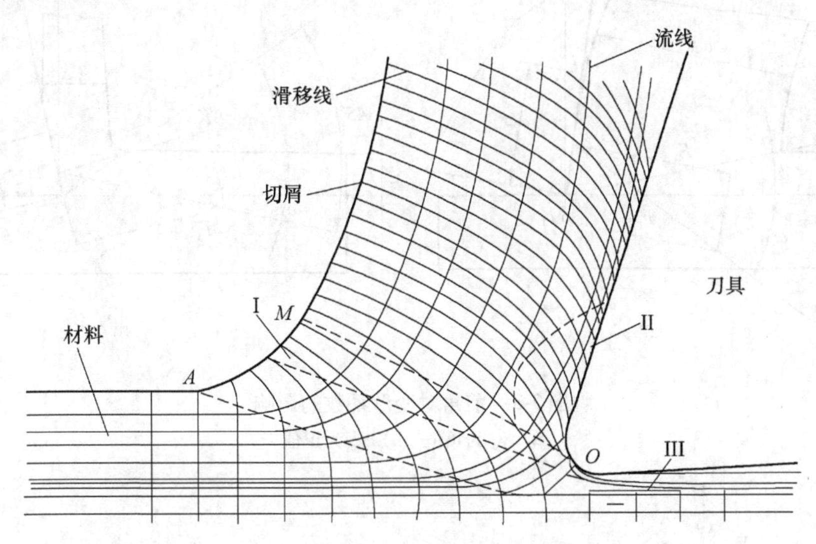

图 2-2　变形区滑移线和流线示意图

（3）第三变形区（Ⅲ）　已加工表面受到切削刃钝圆部分与刀面的挤压、摩擦和回弹，表面层变形加剧造成纤维化扭曲甚至破坏和致使表面层加工硬化即硬化区（即加工硬化）。第三变形区直接影响已加工表面的质量和刀具的磨损。

这三个变形区汇集在切削刃附近，该处应力比较集中而且复杂，被切金属层在此与材料本体分离成切屑和已加工表面。由此可见，切削刃对于切屑和已加工表面的形成起着很重要的作用。

二、影响切削变形的主要因素

1. 工件材料

工件材料的强度和硬度越高，塑性越小，则变形越小。

2. 前角

前角增大，相应楔角减小则变形减少，如图 2-3 所示。γ_o 增大，改变了正压力 F_n 的大小和方向，使合力 F_r 减小，剪切角增大，切屑厚度减小，使变形减小；反而前角减小，甚至为负前角（见图 2-3a），则变形增大，切削层增厚。

3. 切削速度

切削速度是通过切削温度和积屑瘤影响切削变形的，在一定速度范围内（$v_c = 20 \sim 30\text{m/min}$）易产生积屑瘤，如图 2-4 所示。积屑瘤的高度随着切削速度的增加而增高，使刀具实际前角增大，变形逐渐减小，超过此范围时，积屑瘤逐渐消失，刀具实际前角减小，变形增大；速度更高时（$v_c > 40\text{m/min}$），切削温度随着切削速度增大而增高，摩擦减小，故变形减小。

4. 进给量

改变进给量（f）实际是改变了切削厚度。进给量大则相应切削厚度增大，从而使摩擦系数 μ 减小，引起剪切角 ϕ 增大，使变形减小，如图 2-5 所示。

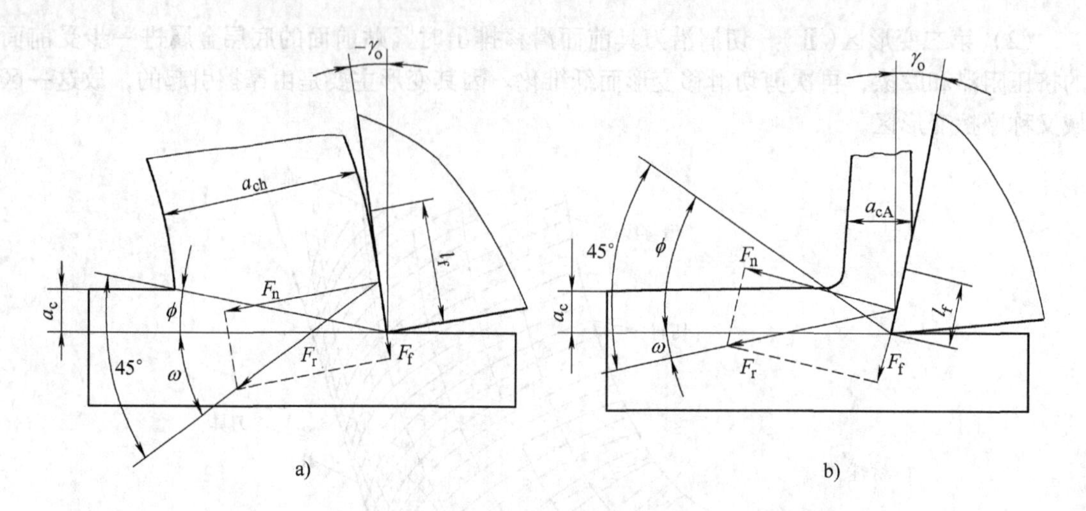

图 2-3 前角对变形系数的影响

a）γ_o 为负值 b）γ_o 为正值

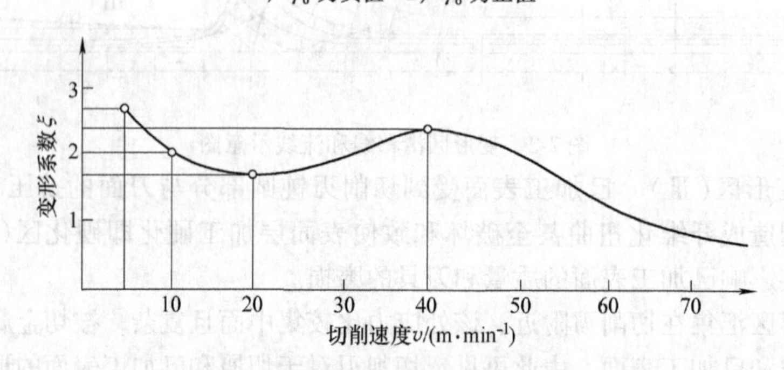

图 2-4 切削速度对变形的影响

加工条件：工件材料 45 钢，刀具材料 W18Cr4V

$\gamma_o = 5°$ $f = 0.3$mm/r，直角自由切削

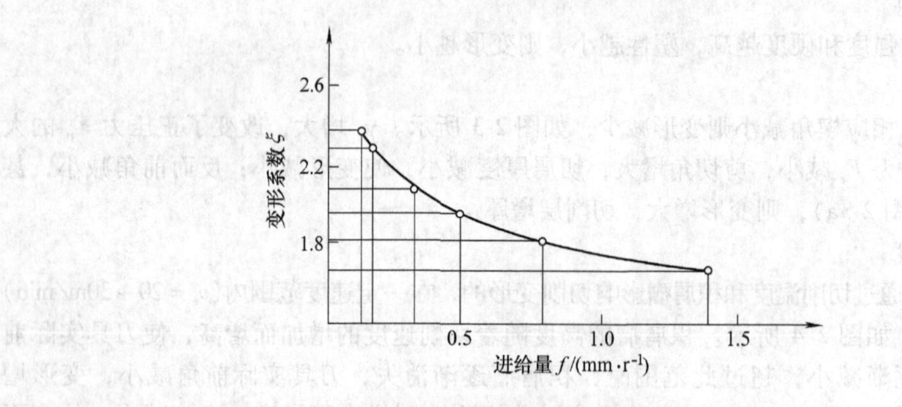

图 2-5 进给量对切削变形的影响

加工条件：工件材料 50 钢，刀具材料 硬质合金刀具

$\gamma_o = 10°$ $\kappa_r = 60°$ $\lambda_s = 0°$ $r_\varepsilon = 1.5$mm

第二节　切 屑 种 类

由于工件材料、切削条件不同，切削过程的变形程度也不同，因而所形成的切屑形态各种各样，但大致可归为以下四种基本形状，如图 2-6 所示。

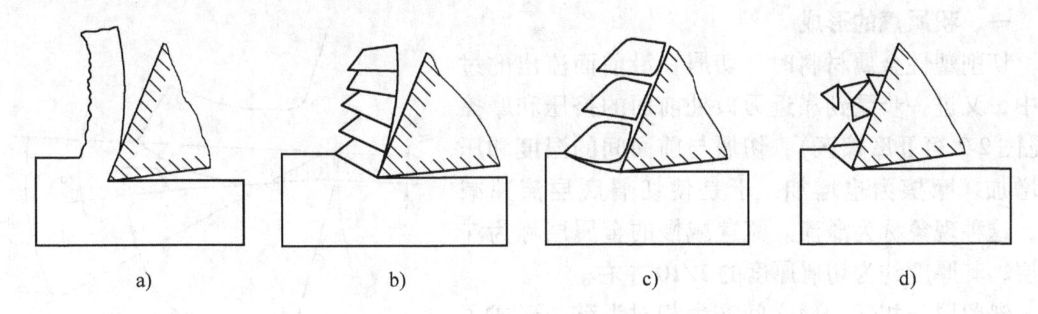

图 2-6　切屑形态
a）带状切屑　b）节状切屑　c）单元切屑　d）崩碎切屑

一、带状切屑

切屑呈带状，底面光滑，背面呈毛茸状，用显微镜才能观察到剪切面的条纹。一般在加工塑性材料时，采用较大的刀具前角、较小的切削厚度、较高的切削速度，易形成此类切屑。它是最常见的切屑形态，如图 2-6a 所示。这种切屑变形程度较小，它的切削过程比较平稳，已加工表面粗糙度值小。

二、节状切屑

切屑底面一般比较光滑，背面呈锯齿形，侧面有明显裂纹。这是由于切削层滑移变形程度大，加工硬化严重，局部超过材料的抗剪强度所致。此种切屑的形成是一般在加工塑性材料时，采用了较小的前角、较大的切削厚度、切削速度较低时而造成，如图 2-6b 所示。

三、单元切屑

切削塑性很大的材料时(如铅、退火铝、纯铜等)，切屑粘结在前面上，不易流出，裂纹扩展至整个剪切面上，使整个切屑中一个个单元被切断而形成此类切屑，如图 2-6c 所示。出现这种切屑时，切削力波动很大，表面粗糙度值增加。

四、崩碎切屑

切削脆性材料时(如铸铁、铸黄铜等)，切屑层未经明显塑性变形就断裂，切屑呈片状或不规则的碎片，如图 2-6d 所示，同时使加工表面凸凹不平，加工后表面粗糙，切削力波动很大，并集中在切削刃附近，会降低刀具总寿命。

切屑的形状，主要受切削时剪切变形区材料塑性变形程度的影响。对每一种金属材料来说，塑性并不是其固有不变的性质，在不同切削条件下(前角、切削速度、切削厚度)，同一材料会呈现不同的塑性，相应切屑层变形程度也随之而各有不同。因此，随着切削条件的变化，切屑会从一种形态向另一种形态转变。通常刀具的前角越大，切削速度越高，切削厚度愈薄，使切屑的塑性变形程度愈小，切屑就可能由单元切屑(甚至切削脆性材料时的崩碎切屑)向节状切屑或带状切屑转变。

第三节 积 屑 瘤

切削塑性金属材料时(如低碳钢)，在一定切削条件下，切削刃附近的前面上会堆积粘附着一块硬楔形金属，这块金属称为积屑瘤(见图 2-7)。

一、积屑瘤的形成

切削塑性金属材料时，切屑在沿前面流出的过程中，又进一步受到靠近刃口处前面的挤压和摩擦(见图 2-2 第Ⅱ摩擦区)，切屑与前面间的温度和压力增加，摩擦力也增加，于是使切屑底层流速减慢，这种现象称为滞流。流速减慢的金属层称为滞留层，其厚度约为切屑厚度的 1/10 左右。

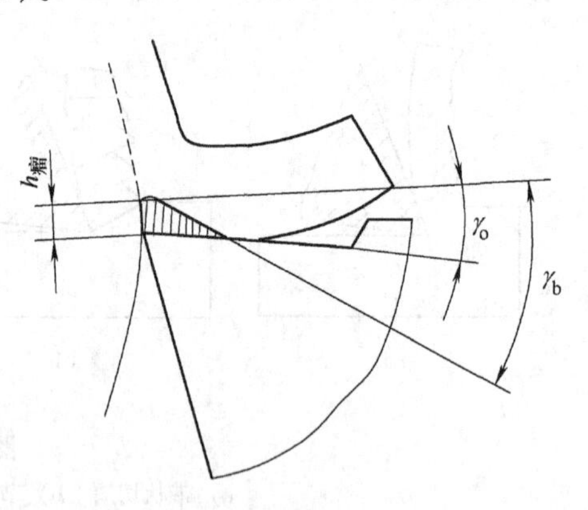

图 2-7 积屑瘤

滞留层与相邻金属之间产生相对滑移，形成了与前面平行的剪应力，在其作用下切屑再次剪切变形。当切屑底层的剪应力超过金属的抗剪强度时，底层金属被剪断并粘结在前面上，粘结层经过剧烈的塑性变形，硬度提高。继续切削时，它可代替切削刃继续又剪切较软的金属层，这样依次层层堆积，就在前面靠近切削刃处形成了一个硬度很高的积屑瘤。积屑瘤生成时或生成后，在外力、振动等作用下，会局部断裂或脱落，继而又不断地复生和脱落。

二、积屑瘤对加工过程的影响

积屑瘤硬度比工件材料高，高于工件材料的 2~3 倍，它又凸出在刃口外，因而能代替切削刃进行切削。但又因为积屑瘤的产生、成长和脱落是一个不稳定的反复过程，常会因此而改变原来的背吃刀量，使切削力时大时小，容易引起振动，脱落的部分积屑会粘附在已加工表面上，因此积屑瘤影响已加工表面的加工精度和表面粗糙度。由此可见，精加工时一定要避免积屑瘤的产生。用硬质合金刀具粗加工时，也不希望产生积屑瘤，因为积屑瘤脱落时，可能会剥落硬质合金颗粒，加剧刀具磨损。故积屑瘤对加工过程的影响的弊多利少。

三、积屑瘤的控制

1）通过热处理降低材料的塑性，提高硬度，减少滞留层的产生。

2）控制切削速度，以控制切削温度。

低速切削时($v=10\text{m/min}$ 以下)，摩擦小，切削温度较低，切屑底层塑性状态变化不大，一般不会产生积屑瘤；高速切削时($v=100\text{m/min}$ 以上)，切削温度较高，切屑低层金属软化，抗剪切能力下降，也不易产生积屑瘤；中速切削时($v=20\sim30\text{m/min}$)，切削温度在 300~400℃，这时摩擦力最大，最易形成积屑瘤，故精加工时的切削速度要避开中速范围。例如切削中碳钢材料，温度在 300~380℃ 时积屑瘤的高度为最大，温度超过 500~600℃时积屑瘤消失。

3）增大刀具前角，合理调节切削参数，提高刀具刃磨质量，合理选用切削液，使摩擦力减小，切削温度降低，积屑瘤就不易产生。

第四节　切削力和切削功率

一、切削力

切削加工时，工件材料抵抗刀具所产生的阻力称为切削力。它与刀具作用在工件上的力大小相等，方向相反。研究了解切削力对刀具、机床和夹具工艺系统的设计及使用有重要意义。

1. 切削力的来源

切削时作用在刀具上的力来自两个方面，如图 2-8a 所示。

1）克服被加工材料对前、后面弹性、塑性变形抗力 F_{nr}、F_{na}。

2）克服切屑、工件与前、后面间的摩擦力 F_{fr}、F_{fa}。

2. 切削合力及分力

作用在刀具上所有的力可合成为合力 F。为便于分析切削力的作用、测量和计算大小，将合力 F 分解相互垂直的 F_f、F_p、F_c 三个分力如图 2-8b、c 所示。

F_c 为切削力。它与加工表面相切并垂直基面，是计算刀具强度，设计机床零、部件和确定机床功率的依据。它是最大的分力，消耗功率也最大，约占 95% 左右。

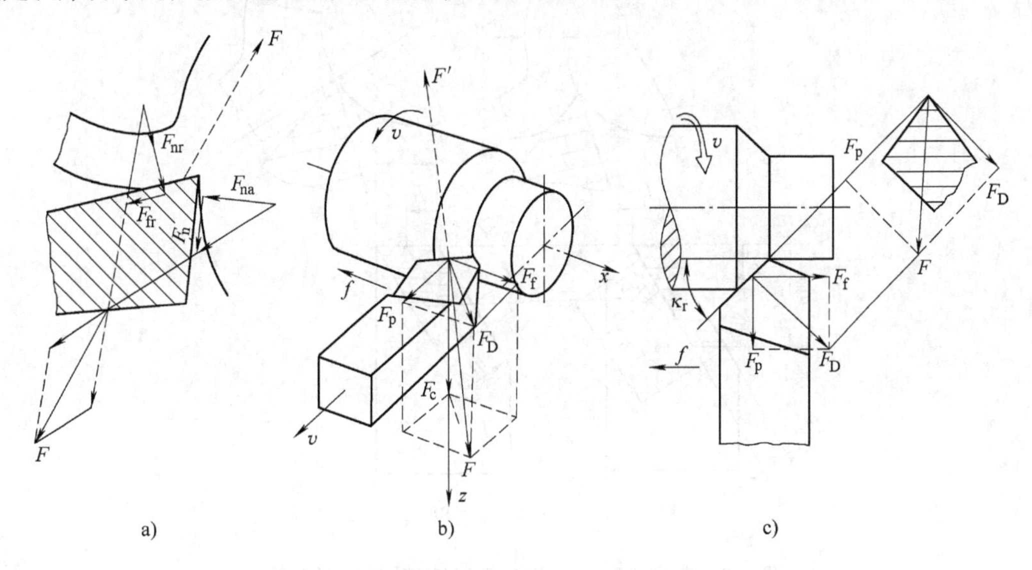

图 2-8　切削力分析

a）作用在刀具上的力　b）、c）切削时的合力及分力

F_f 为进给力。它处于基面内并平行于工件轴线与走刀方向相反。它是设计走刀机构强度、计算进给功率的依据。

F_p 为背向力。它处于基面内并与工件轴线垂直。当工艺系统刚性不足时，它是引起振动的主要因素。

由图 2-8b 可得

$$F=\sqrt{F_c^2+F_D^2}=\sqrt{F_c^2+F_f^2+F_p^2} \tag{2-1}$$

3. 影响切削力的因素

（1）工件材料　工件材料的强度和硬度越高，则抗剪强度越高，切削力就越大。

工件材料塑性和韧性越高，切屑越不易卷曲，从而使刀具、切屑接触面摩擦增大，故切削力增大，如1Cr18Ni9Ti不锈钢切削时产生的切削力大得多。

切削铸铁和其他脆性材料时，塑性变形小，刀具、切屑接触面摩擦小，故产生的切削力比钢小。

（2）切削用量　切削用量中对切削力的影响最大的是背吃刀量，其次是进给量，切削速度对切削力的影响程度最小。

1）背吃刀量和进给量：两者均是影响切削力的基本因素，但对切削力的影响，背吃刀量因素比进给量因素大些。两者增加，均使切削力增大。原因如下：当其他条件不变，a_p增加一倍时，切削层公称横截面积A_D和切削宽度b_D($b_D = a_p/\sin\kappa_r$)均增加一倍(见图2-9)；当进给量f增加一倍时，切削层公称横截面积A_D和切削层公称厚度h_D($h_D = f\sin\kappa_r$)均增加一倍，切削层公称厚度增大，刀具、切屑接触面却增加不多，故主切削力F_c也不增加一倍，约增加70%~80%。实验结果也证明a_p和f对切削力的影响程度不同。

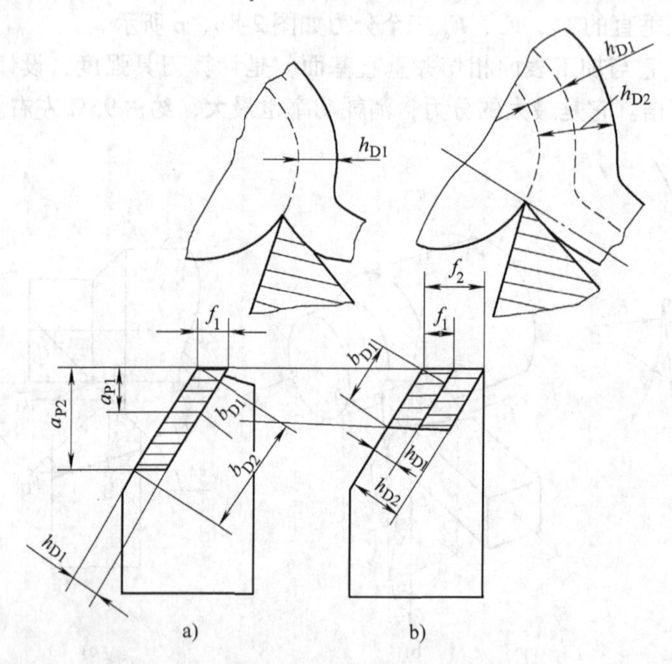

图2-9　背吃刀量a_p、进给量f对切削力F_c的影响

2）切削速度：加工塑性合金材料时，切削速度是通过积屑瘤来影响切削力的。以车削45钢为例来说明其影响程度，如图2-10所示。

在由低速到中速的范围内(5~20m/min)，随着切削速度的提高，积屑瘤由无到有逐渐生成，实际切削前角逐渐增大，切削变形减小，故切削力逐渐减小到最小值；超过中速(20m/min)后，随着切削速度的增加，积屑瘤逐渐消失，切削变形随即增大，切削力逐渐增大到最大值；当速度超过35m/min或更高时，由于切削温度的提高，使被切金属层底面软化，切削变形阻力减小，故切削力又逐步趋于稳定。

切削铸铁等脆性材料时，形成崩碎切屑，切削变形和刀具、切削间的摩擦均很小，故切削速度对切削力影响较小。

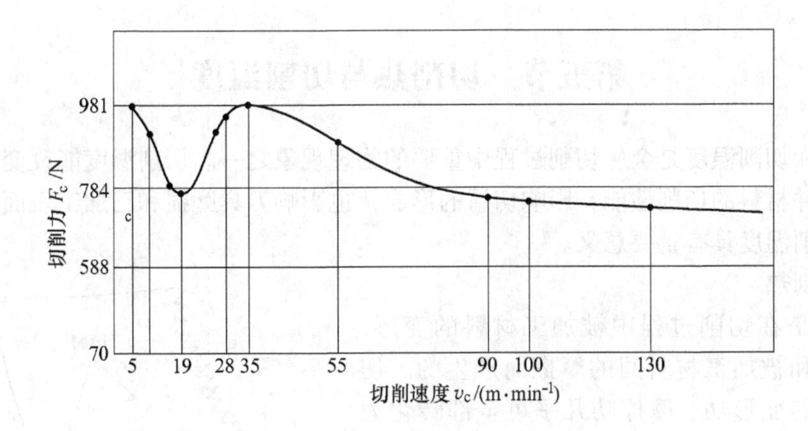

图 2-10　切削速度 v 对切削力 F_c 的影响

加工条件：工件材料 - 45 钢　刀具材料 - YT15

刀具几何角度：$\gamma_o=15°$　$\kappa_r=45°$　$\kappa_r'=15°$　$\alpha_o=8°$　$\lambda_s=0°$

切削用量：$a_p=2\text{mm}$　$f=0.2\text{mm/r}$

(3) 刀具几何角度

1) 前角 γ_o：前角 γ_o 增大，刀具、切屑接触面摩擦减少，切削变形小，故切削力减小。

2) 主偏角 κ_r：主偏角对 F_f、F_p 影响较大，对 F_c 影响较小。

对 F_f、F_p 的影响：κ_r 增大，使 F_f 增大，F_p 减小，当 $\kappa_r=90°$或更大时，F_p 最小。故在车削轴类零件，尤其的细长轴时，采用较大偏角，可有效的减小工件的变形和振动。

对 F_c 的影响：主偏角 κ_r 增大，切削厚度 h_D 增加，切削变形减小，F_c 逐渐减小，当 $\kappa_r=60°\sim70°$时，F_c 为最小值；κ_r 继续增大，由于刀尖圆弧半径 r_ε 和副前角 γ_o'的作用，使切屑变形和排出相互干扰，挤压加剧，使 F_c 又增大。

3) 刃倾角 λ_s：刃倾角 λ_s 对主切削力影响很小，但对切深抗力 F_p 和进给抗力 F_f 影响较大。

由实验结果可知，刃倾角的绝对值增大时，使法剖面中刃口圆弧半径 r 减小，切削刃锋利使 F_c 减小；但是主切削刃是工作长度增加，摩擦加剧，使 F_c 有所增加，故 F_c 变化不大。

刃倾角 λ_s 对 F_f、F_p 影响较大，这是因为 λ_s 增大，使进给前角 γ_f 减小，背前角 γ_p 增大，所以 F_f 增大，F_p 减小。

此外，刀具棱面、刀尖圆弧半径、刀具磨损对切削力也有影响。

二、切削功率

切削加工时，切削功率是各分力消耗功率的总和。车削时，因 F_f、F_p 所消耗的功率很小，可略去不计，故通常计算主运动消耗的功率为总的切削功率。

$$P_m=10^{-3}F_c v/60 \tag{2-2}$$

式中　P_m——切削功率(kW)；

F_c——切削力(N)；

v——切削速度(m/min)。

求得切削功率后，在验证机床电动机功率是否足够时，还需考虑机床的传动功效率，故机床电动功率 P_e(kW)为

$$P_e=P_m/\eta_m \tag{2-3}$$

其中　$\eta_m=0.75\sim0.85$。

第五节　切削热与切削温度

切削热和切削温度是金属切削过程中重要的物理现象之一。切削温度能改变前面上的摩擦状态和工件材料的切削性能，影响切屑的形成，也影响刀具磨损和已加工表面的质量。因此，研究切削温度具有重要意义。

一、切削热

切削热是在切削过程中被加工材料的变形、分离及刀具和被加工材料间的摩擦而产生的。切削时所消耗的变形功、摩擦功几乎可全部转化为热量，如图2-11所示。

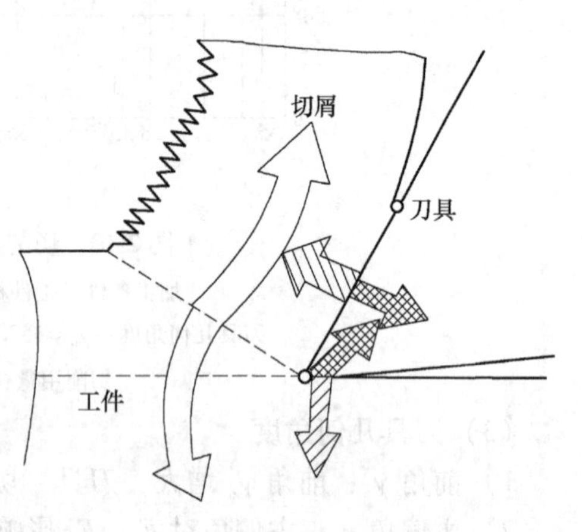

图2-11　切削热的来源与传播

切削热向切屑、刀具、工件和周围介质中传散，但其比例是不同的，一般切屑带走的热量最多，工件次之，刀具中较少，周围介质中最少。车削时的大概比例是：切屑为50%~80%，工件为10%~40%，刀具3%~9%，介质1%。切削加工方法不同时，切削热向切屑、刀具、工件和周围介质传导出去的比例也不同，见表2-1。

表2-1　车削和钻削时切削热由各部分传出的比例

	$Q_{屑}$	$Q_{刀}$	$Q_{工}$	$Q_{介}$
车削	50%~86%	10%~40%	3%~9%	1%
钻削	28%	14.5%	52.5%	5%

传散比例与切削速度有关，提高切削速度摩擦热增多，切屑带走的热量也增多，传入工件和刀具的热量减少，留在工件中的热量更少。故高速切削对切削加工较为有利。

二、切削温度

生产时，切削热对切削过程的影响是通过切削温度对工件和刀具产生作用的。切削温度是指切削过程中切削区的平均温度，该区温度的高低取决于切削热量产生的多少和传散的快慢。研究切削温度的目的在于设法控制刀具上的最高温度，以延长刀具的寿命。

1. 切削温度的分布

切削温度在刀具、切屑、工件上分布极不均匀，在切屑中，底层温度最高；在刀具中，靠近切削刃处(约1mm)温度最高；在工件中，切削刃附近温度最高。

切削钢料时，切屑表面产生一层氧化膜，它的颜色随切削温度的高低而变化，可从切屑颜色大致判断切削温度高低。300℃以下切屑呈银白色；400℃左右呈黄色；500℃左右呈深蓝色；600℃左右呈紫黑色。

2. 影响切削温度的因素

(1) 工件材料　工件材料主要是通过其强度、硬度、摩擦系数和热导率等的不同而影响切削温度的。工件材料的强度越高，韧性越大，热导率越小，则切削时产生的热量越多，从切屑和工件上散热越慢，因此切削温度就越高，刀具越容易磨损。不锈钢、耐热钢等之所以难加工，这是重要原因之一。有色金属强度较低，热导率大，切削热产生的少，从切屑和工件上传散的多，脆性金属产生的变形和摩擦系数较小，故切削温度较低。

（2）切削用量　切削用量对切削温度的影响规律是：切削用量增加，切削温度增高。切削速度 v_c 对切削温度影响最大，v_c 增大后，刀具前、后面与切屑、工件之间的摩擦剧增，切屑与前面接触长度减短且时间减少，故散热较差；进给量 f 次之，f 增大后，使切屑与前面接触长度增加，散热条件也有所改善；背吃刀量 a_p 最小，a_p 增大后，切屑与刀具接触面积以相同比例增大，散热条件显著改善。

（3）刀具几何参数　前角 γ_o 增大后，切削变形和摩擦减小，产生的热量少；切削温度下降，但楔角 β_o 减小使刀具散热能力降低，切削温度可能升高。故前角的大小应合适。

主偏角 κ_r 减小，则切削变形和摩擦增大，切削热增加。但 κ_r 减小，刀头体积和切削宽度又增大，有利于热的传散。由于散热起主导作用，故切削温度下降。

刀尖圆弧半径 r_ε 增大，切削刃上的平均主偏角减小，切削温度下降。另外，切削液的使用能降低切削温度，刀具磨损会使切削温度升高。

三、刀具磨损和刀具寿命

切削过程中，在工件与切削的剧烈摩擦作用下，会使刀具磨损。刀具磨损后，使已加工表面质量恶化，切削力增大，缩短了刀具的使用寿命。

1. 刀具的磨损形式

刀具的磨损可分为正常磨损与非正常磨损两类。正常磨损是指在刀具设计与使用合理，制造与刃磨质量符合要求的情况下，刀具在切削过程中随着时间的增加逐渐产生的磨损且扩大的形式。

（1）正常磨损　主要有三种：

1）后面磨损。其磨损后发生在后面上（见图 2-12a）。它是在切削脆性材料和切削塑性材料时，使用低切削速度、较小的切削宽度时产生的。因在这种情况下，前面上的正压力和摩擦力都不大，且切屑与前面的接触长度小，故刀具磨损主要发生在后面上。

2）前面磨损。切屑在前面流出时，由于摩擦、高压高温的作用，使前面上靠近切削处磨出洼凹（称月牙洼），如图 2-12b 所示。它是在高速、大进给量（切削厚度大于 0.5mm）切削塑性材料时产生的。

3）前、后面同时磨损。切削塑性材料时，采用中等切削速度和进给量时常出现的磨损

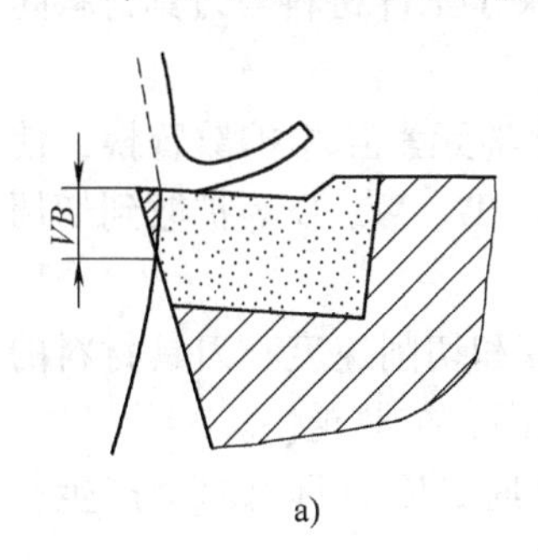

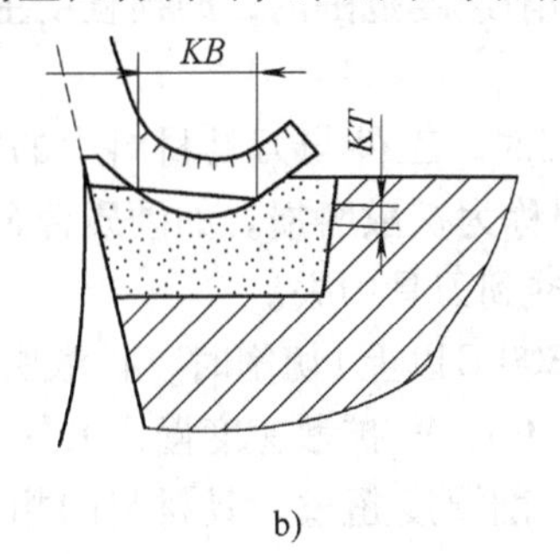

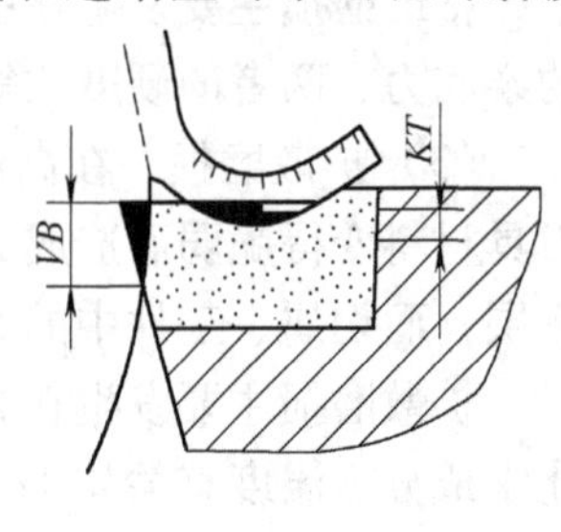

图 2-12　刀具的磨损形式

a）后面磨损　b）前面磨损　c）前、后面同时磨损

形式，如图 2-12c 所示。

(2) 非正常磨损　在切削过程中，有振动、冲击、热效应等原因，而使刀具突然损坏的，如崩刃、卷刃、碎裂、热裂等。

2. 刀具的磨损过程

在正常磨损情况下，刀具磨损量随切削时间的增长而逐渐扩大，现以后面磨损为例，说明它的磨损过程，大致分三个阶段，如图 2-13 所示。

初期磨损阶段：如图 2-13 中的 *AB* 段，在开始切削的短时间内磨损较快，这是由于刀具表面粗糙不平或表层组织不耐磨引起的。

正常磨损阶段：如图 2-13 中的 *BC* 段，刀具表面磨平后，接触面积增大，压强减小，磨损量随切削时间相应增加，磨损曲线基本上呈直线，其斜率表示磨损强度。这一阶段是刀具的有效工作阶段。

急剧磨损阶段：如图 2-13 中的 *CD* 段，磨损量达到一定数值后，刀具变钝切削力增大，切削温度剧增，刀具磨损急剧增大，如继续切削使用，将会缩短刀具使用总寿命，甚至损坏。故使用时应避免出现这一阶段。

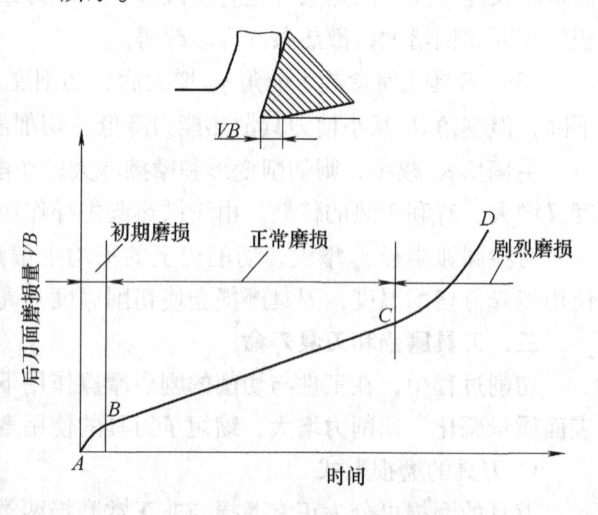

图 2-13　刀具磨损典型曲线

3. 刀具的磨损原因

(1) 磨粒磨损　在切削过程中，刀具表面被一些硬质点刻划出深浅不一的沟纹所造成的磨损称为磨粒磨损。这些硬质点来自工件材料中的碳化物(Fe_3C、TiC)、氧化物(SiO、Al_2O_3)和其他硬夹杂物以及屑瘤碎片等。

(2) 粘结磨损(又称冷焊磨损)　刀具表面与切屑、加工表面形成的摩擦副，在切削压力和摩擦作用下，使接触面间微观不平的凸出之处发生剧烈塑性变形，温度升高而造成粘结。接触面滑动时粘结点产生剪切破裂而造成的磨损。

粘结磨损主要发生在中等切削速度范围内，磨损程度主要取决于工件材料与刀具材料间的亲和力、两者的硬度比等。

(3) 扩散磨损　在高温切削时，工件与刀具材料中的某些化学元素互相扩散置换，使刀具材料变得脆弱而造成的磨损称为扩散磨损。如硬质合金中 Co、Ti、W、C 等扩散到切屑底层，而切屑、工件中的 Fe 渗透到刀具中去。

扩散磨损主要发生在高温(800℃以上)切削时，扩散磨损程度和切削速度、刀具材料的化学成分、温度有关如 Ti 比 C、Co、W 扩散速度慢，另外温度越高，扩散越快。

(4) 相变磨损　切削时当切削温度超过刀具材料的相变温度时，因刀具材料会产生相变从而硬度降低，造成刀具磨损。这种磨损称为相变磨损。

(5) 氧化磨损　高温切削时(700～800℃)，空气中的氧与硬质合金中的 Co、TiC、W、C 等发生氧化作用，使刀具表面形成一层硬度较低的氧化膜，并被切屑带走，使刀具产生的磨损称为氧化磨损或化学磨损。氧化磨损与氧化膜粘附强度有关，粘附强度越低，则磨损越快。

刀具磨损往往由以上某个(或数个)原因为主并经综合作用造成。在不同的加工条件下，引起刀具磨损的主要因素也不相同。如低、中速切削时磨粒磨损、粘结磨损是主要原因；中速以上切削时，高速钢主要是相变磨损，而硬质合金刀具则是粘结、扩散和氧化磨损。

4. 刀具寿命

(1) 刀具寿命的概念　刀具寿命是指刀具从开始切削至达到刀具磨损规定标准时所用总的切削时间，用 T 表示，单位为 min。T 大，表示刀具磨损慢。刀具寿命也有用加工的零件数 N 来表示的。

刀具总寿命是新刀具从开始使用起，至完全报废为止的总切削时间。它与刀具寿命是两个不同的概念。刀具总寿命等于刀具报废前的刀具总寿命乘以允许的刃磨次数。

生产实践中，常利用刀具寿命来控制磨损量值，这比用测量磨损量的高度 VB 来判断是否达到磨损限度更为方便。它是表示刀具磨损的另一种方法。

合理刀具寿命有两种：

最高生产率寿命 T_p：所确定的 T_p 能达到最高生产率。即加工一个零件花费时间最少。

最低生产成本寿命 T_c：所确定的 T_c 能保证加工成本最低。亦即加工一个零件的成本最低。

显然 $T_c > T_p$，即低成本允许的切削速度低于高生产率允许的切削速度。在生产中通常根据低成本来确定寿命。

(2) 刀具寿命的合理数值　刀具寿命与切削用量和生产率有着密切关系，若刀具寿命定得高，则要求采用较低的切削用量，加工工时就要增加；若定的低，可采用较高的切削用量，缩短加工工时，但换刀与磨刀的工时和费用均要增加，两者都不能达到高效率和低成本的加工要求。因此，在制定刀具寿命标准时，要考虑刀具的制造、刃磨的难易程度和成本的高低，装夹、调整复杂程度以及工件大小等问题。

以下列出各种刀具寿命数值供应参考：

高速钢车刀	30 ~ 60min
硬度合金焊接车刀	15 ~ 60min
硬度合金可换位车刀	15 ~ 45min
组合机床、自动机、自动线刀具	240 ~ 480min
高速钢钻头	80 ~ 120min
硬质合金端铣刀	120 ~ 180min
齿轮刀具	200 ~ 300min

复习思考题

1. 切削区域可划分为哪几个变形区？各变形区有什么特征？
2. 切屑有哪些种类？各种类切屑有什么特征？在什么条件下形成？
3. 什么是积屑瘤？它是怎样产生的？生产中如何控制积屑瘤？
4. 切削力是怎样产生的？总切削力可分解成哪几个分力？各个分力有什么实用意义？
5. 刀具角度和切削用量对切削力有何影响？

6. 切削热是怎样产生、怎样传出的？
7. 切削温度对切削过程有何影响？
8. 刀具切削过程可分为哪几个阶段？并请说明原因。
9. 何为刀具寿命？为什么说对刀具寿命的影响，切削速度最大、进给量次之、背吃刀量最小？
10. 刀具磨损的形式有哪几种？磨损过程分哪几个阶段？

第三章　切削基本理论的应用

本章应知

1. 了解切屑的流向及切屑的控制。
2. 了解改善材料切削加工性能的途径。
3. 对难加工材料的加工有一定的认识。
4. 影响已加工表面粗糙度的因素。
5. 对刀具几何参数有较具体的理解。

本章应会

1. 会合理选择切削液。
2. 会合理选择切削用量。

本章是本课程的应用性课题，主要介绍如何将切削原理的基本理论用于解决切屑的控制、改善难加工材料的切削加工性、切削液的选用、合理选择刀具几何参数和切削用量等方面的生产实际问题。掌握这些知识，为进一步分析解决切削加工中生产的工艺技术问题、合理选用与改进刀具打下必要的基础。

第一节　切屑的控制

在切削过程中，对切屑的控制是一个很重要的问题。切屑的失控，将会严重影响操纵者的安全及机床的正常工作、并导致刀具损坏和划伤已加工表面，尤其在自动化生产中应确保切屑控制和切屑处理的无人化。为此，必须掌握切屑流向、切屑卷曲、断屑等有关规律。

一、切屑流向

控制切屑流向远离已加工表面，是为了不损伤已加工表面，便于切削和方便的处理切屑，如图 3-1 所示。车刀除主切削刃起主要切削作用外，倒角刀尖和副切削刃处也有非常少的部分参加切削，由于切屑流向是垂直于各切削刃的方向。因此，最终切屑的流向是垂直于主副切削刃的终点连线方向，通常该流出方向与正交平面夹角为 η_n，η_n 称流屑角。刀具上影响流屑方向的主要参数是刃倾角 λ_s，如图 3-2 所示。

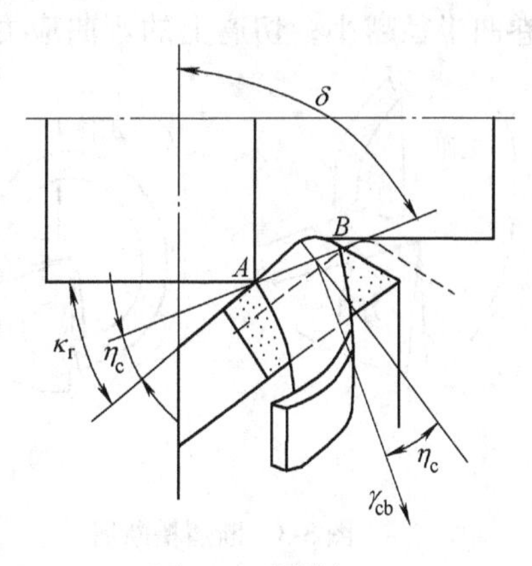

图 3-1　流屑角 η_c

二、切屑的卷曲和折断

为了保证切削过程的正常进行，保证已加工表面质量，必须使切屑卷曲和折断。

切削层在刀具的挤压作用下产生沿剪切面的滑移变形后在前面上流动。切屑在流出过程中，由于受到前面的挤压、摩擦作用，使它进一步产生变形。切屑底层里

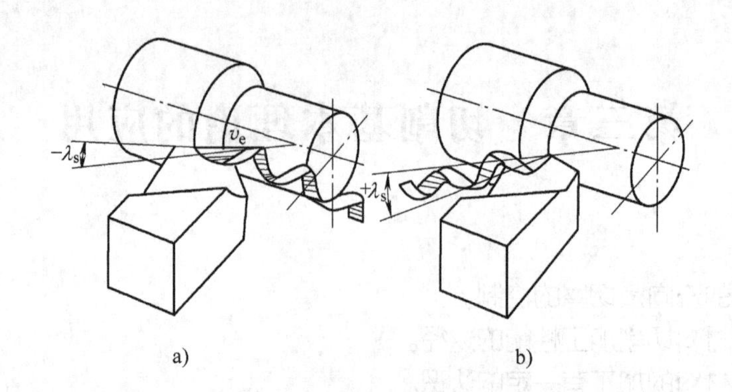

图 3-2 刃倾角对切屑流向影响

的金属变形最严重，沿前面产生滑移，结果使底层的长度比上层长。于是切屑一边流动，一边向上卷曲，最后脱离前面。

切屑在形成过程中经过较严重的塑性变形，其硬度提高，塑性下降，性质变脆，从而为断屑提供了有利的内在条件。显然，在切削过程中产生的切屑变形越大，则切屑越容易折断，但这不是解决断屑问题的好办法。在刀具角度和切削用量比较合理的通常情况下，切屑的曲率较小，亦即曲率半径较大，如不采取适当措施，则难以断屑。控制断屑最常用的方法是在前面上磨制(或压制)断屑槽或装置断屑台，使切屑产生附加卷曲变形的方法来达到断屑的目的。可见切屑的卷曲是切屑基本变形或加卷屑槽附加变形的结果。而断屑则必须对已经变形的切屑再附加一次变形，如加断屑台(槽)。

断屑的原因主要有两种类型：

1）切屑在流出过程中与障碍物相碰后受到一个弯曲力矩而折断，如图 3-3a、b 所示。

2）切屑在流出过程中靠自身重量折断。

影响断屑的因素很多。以下主要从车刀的选用和设计角度出发，对一些影响断屑较显著的主要因素做初步的分析并叙述一些断屑方法，刀具影响断屑因素。

1. 车刀的断屑槽

(1) 前面上的断屑槽在主剖面的形状　常用的有折线形、直线圆弧形、全圆弧形，如图 3-4 所示。

(2) 断屑槽的主要参数　有断屑槽宽度 l_{Bn}，槽深 h_{Bn} 和断屑斜角 t。l_{Bn} 越小，则切屑的卷曲半径越小，切屑上的弯曲应力越大，因此越易在断屑槽内折断或碰工件等障碍物后折

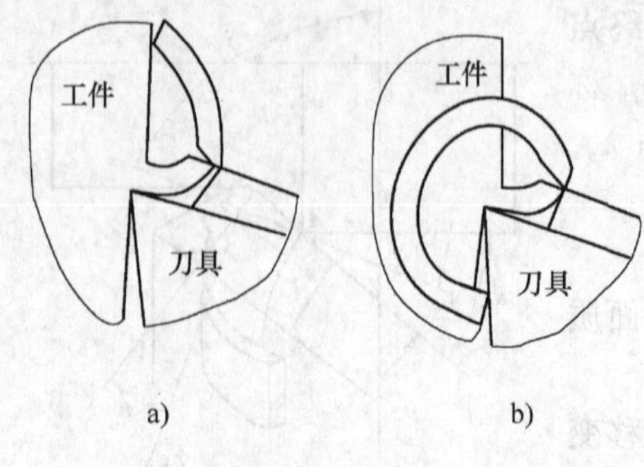

图 3-3 断屑槽断屑

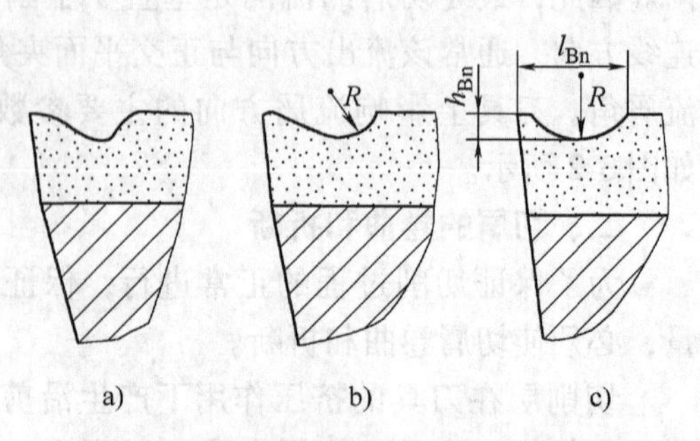

图 3-4 断屑槽的剖面形状及主要参数
a) 折线形 b) 直线圆弧形 c) 全圆弧形

断，或形成螺旋形切屑后摔断。可见，断屑槽的宽度越小，越利于断屑。但是，槽宽不宜选得太小。否则，断屑槽的容屑空间小，从而使切削力增大，同时较易产生堵屑、崩刃和切屑飞溅等不良现象。故应选择适当的断屑槽宽度（见表3-1）。一般来说，当进给量f、背吃刀量a_p和主偏角κ_r越大，工件材料的塑性、韧性越小时，断屑槽宽度越大；反之则越小。通常用进给量f和背吃刀量a_p大小作为初步选择槽宽的主要依据。

表3-1　断屑槽宽 L_{Bn}　（单位：mm）

进给量f/mm	背吃刀量a_p/mm	断屑槽宽L_{Bn}/mm	
		低碳钢、中碳钢	合金钢、工具钢
0.2～0.5	1～3	3.2～3.5	2.8～3.0
0.3～0.5	2～5	3.5～4.0	3.0～3.2
0.3～0.6	3～6	4.5～5.0	3.2～3.5

注：当背吃刀量a_p=2～6mm，取槽的圆弧半径$r_{Bn}=(0.4\sim0.7)L_{Bn}$。

（3）断屑斜角　断屑槽的侧边与主切削刃之间的夹角叫断屑斜角，用τ表示。常见的有三种形式，如图3-5所示。

1）外斜式，又叫正喇叭式。外斜式的主要特点是断屑槽的宽度前宽后窄，断屑槽的深度前深后浅。

2）平行式，其断屑槽前后等宽、等深。

3）内斜式，又叫倒喇叭式。内斜式与外斜式正好相反。

以上所说的三种槽形其主切削刃上各点的前角（非工作状态）是不变的。主切削刃上各点的前角不相等的槽型目前应用较少。

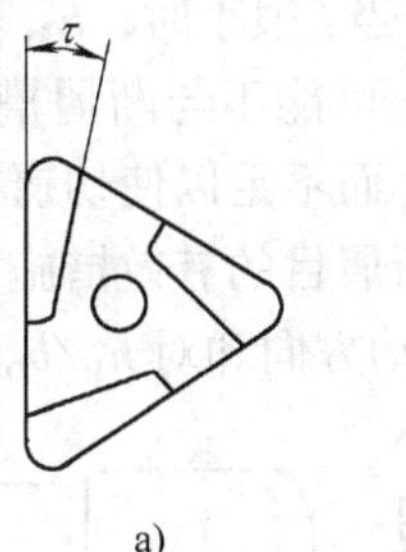

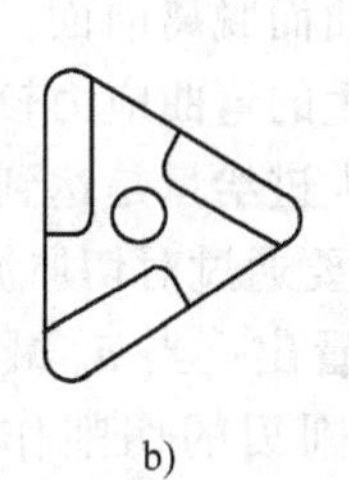

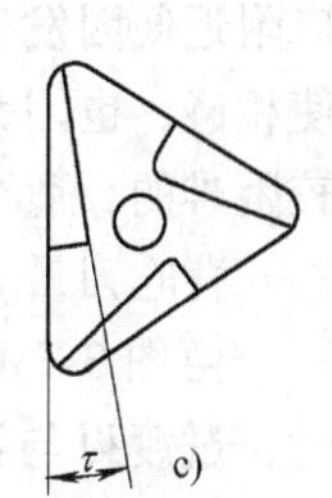

图3-5　断屑槽的槽斜角
a）外斜式　b）平行式　c）内斜式

内斜式槽形易形成卷得很紧（即螺距较小）的螺旋形切屑，达一定长度后靠自身重量折断。

虽然内斜式能产生较为理想的屑形，但断屑范围不大，主要适用于精车、半精车；外斜式的断屑范围较宽，能获得比较稳定可靠的断屑效果。但当背吃刀量a_p较大时，由于$\alpha_{槽}$太小，容易产生堵屑甚至损坏切削刃的现象，故主要适用于背吃刀量a_p不太大的场合。断屑斜角τ的数值主要按工件材料决定，一般ρ_{Br}在5°～15°范围内选取。平行式的断屑范围和外斜式相近，当背吃刀量a_p的变动范围较大时宜采用平行式。

2. 车刀的几何角度

（1）主偏角κ_r　主偏角κ_r是断屑的主要因素。其规律是：κ_r越大越易断屑，κ_r越小越不容易断屑。

因κ_r越小，切削层公称厚度h_D越小、切削层公称宽度b_D越大、h_D/b_D越小，切屑越不易折断。因此在相同的切削条件下，当选用主偏角较大的车刀时较易断屑，一般取κ_r=60°～90°。

(2) 刃倾角 λ_s　刃倾角 λ_s 主要通过切屑流动方向(出屑角 η)而影响断屑和屑形，如图 3-6 所示。当 λ_s 为正值时，有促使切屑流向已加工表面或切削表面的趋势，容易使切屑碰工件后断成 C 字形切屑；当 λ_s 为负值时，出屑角 η 增大，有使切屑流向待加工表面或沿断屑槽流动的趋势，较易使切屑碰后面折断或形成螺旋形切屑后折断。

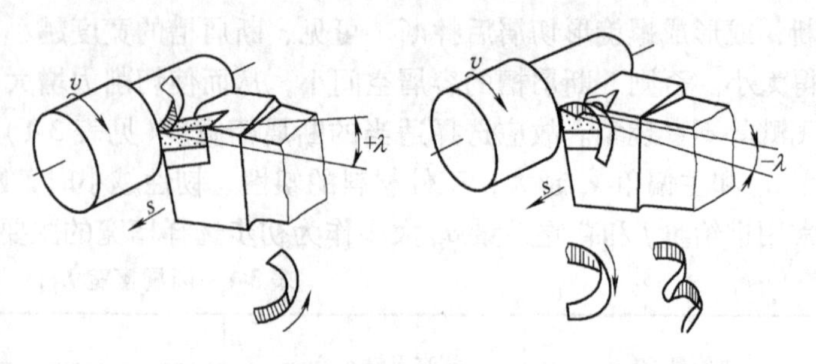

图 3-6　刃倾角 λ_s 对断屑与屑形的影响

(3) 前角 γ_o　前角 γ_o 对断屑的影响也是比较明显的。γ_o 越小则切屑在形成过程中的变形越大。因此减小前角有利于断屑，但这种办法一般是不用的。

3. 切削用量

切削用量中对断屑影响最大的是进给量 f，其次是背吃刀量 a_p。进给量 f 增大时，切削层公称厚度 h_D 和切屑厚度 $h_{屑}$ 成正比例增大，切屑与障碍物相碰后产生的弯曲应力也相应显著增大。因此 f 增大时较易断屑。当 f 很小时，$h_{屑}$ 也小就成为薄屑，很薄的切屑往往在刃口附近便因发生卷曲而脱离前面，很可能不与断屑槽阶台(反屑面)等障碍物相碰。或者即使相碰，也因为产生的弯曲应力较小而不足以使切屑折断。由此可见，当 f 很小时断屑是比较困难的，适当增大进给量是达到断屑目的有效措施之一。

背吃刀量 a_p 主要通过对切屑流动方向和对 h_D/b_D 的影响而影响断屑和屑形。

由图 3-7 可以看出：当 a_p 减小时，过渡刃与副切削刃的切削作用所占比例增大，因此使出屑角 η 增大。反之，当 a_p 增大时，η 减小。只有在出屑角 η 适当时才能使切屑在断屑槽阶台(反屑面)的作用下卷曲翻转后碰工件或刀具而折断，或者形成螺旋形切屑后摔断。

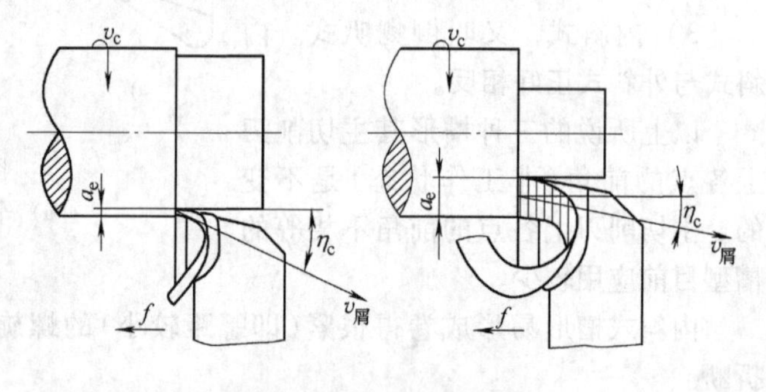

图 3-7　a_p 对 η 的影响

分析 a_p 对断屑的影响时，不能孤立地考虑 a_p，而应与 f 联系起来进行分析。即应考虑 f/a_p 或 h_D/b_D 对断屑的影响。例如，当 a_p 较小时，$h_{屑}$ 也较小，a_p 增大后使 h_D/b_D 减小，由于切屑薄而宽，因此不易断屑。当 f/a_p 较小，但是 f 较大时，则易形成圆卷产生 C 字形切屑。

切削速度 v_c 提高后，f 很小时不易断屑。这主要因为 v_c 提高后切屑上的温度较高，从而使其塑性有所增大的缘故。但当 f 较大时，由于切屑碰到障碍物后产生的弯曲应力较大，此时 f 起主要作用，v_c 的变化对断屑之影响便不明显了。

可见，在车削塑性金属材料(如钢)时，希望得到理想的断屑效果和屑形，必须选择适应的 f、a_p 和 f/a_p。

4. 工件材料

工件材料的塑性、韧性越大，强度越高，越不容易断屑。断屑的难易程度也是衡量工件材料加工性能的指标之一。

综上所述可以看出：影响断屑的因素很多，各有其一定的规律性。但各个因素对断屑的影响又不是孤立的，而是相互联系的。

5. 其他断屑方法

(1) 为了使切屑流出时可靠断屑　可在刀具前面上固定附加断屑挡块，使流出切屑碰撞挡块而折断，如图3-8所示。附加挡块利用螺钉固定在前面上，挡块的工作面可焊接耐磨的硬质合金等材料。工作面可调节成外倾式、平行式和内斜式。挡块对切削刃的位置应根据加工条件调整，以达到稳定断屑。使用断屑挡块的主要缺点是：占用较大空间，切屑易堵塞排屑空间。

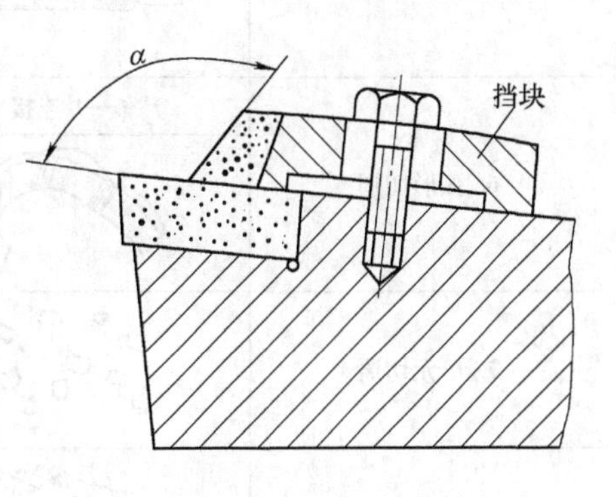

图3-8　附加断屑装置

(2) 间断进给断屑　在加工塑性高的材料或在自动生产线上加工时，采用振动切削装置，实现间断切削，使切削层公称厚度 h_D 变化，获得不等截面切屑，造成狭小截面处应力集中、强度减小，达到断屑目的。一般振幅为$(0.7\sim1.2)f$，频率小于40Hz，刀具振动方向应平行于进给方向。采取振动装置断屑可靠，但结构复杂。

(3) 切削刃上开分屑槽　在较长的切削刃上，磨制类似犬牙交错的分屑槽，使切屑分段变窄小，易于容屑和排屑，如钻头、铰刀、拉刀等，此种方法经常使用。

三、切屑形状的分类

生产中由于加工条件不同，形成的切屑形状有许多。根据国标GB/T 16461—1996的规定，切屑形状与名称分为八类，见表3-2。

表3-2　ISO切屑形状的分类

1. 带状切屑	1—1 长	1—2 短	1—3 缠乱
2. 管状切屑	2—1 长	2—2 短	2—3 缠乱
3. 盘旋状切屑	3—1 平	3—2 锥	
4. 环形螺旋切屑	4—1 长	4—2 短	4—3 缠乱

（续）

	5—1 长	5—2 短	5—3 缠乱
5. 锥形螺旋切屑		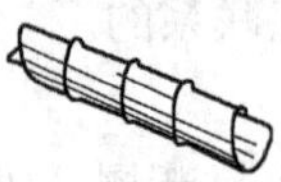	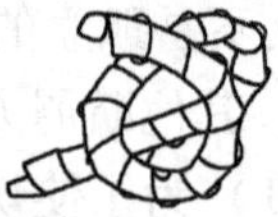
	6—1 连接	6—2 松散	
6. 弧形切屑	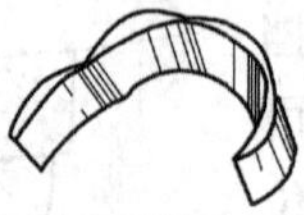	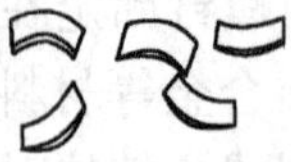	
7. 单元切屑			
8. 针形切屑	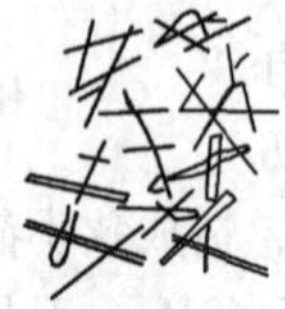		

如果在切削中能获得：短管状切屑(2—2)、平盘旋状切屑(3—1)、锥盘旋状切屑(3—2)、短环形螺旋切屑(4—2)和短锥形螺旋切屑(5—2)，以及带防护罩的数控机床和自动机床上得到单元切屑(7)和针形切屑(8)均可列为可接受的屑形。其中理想的屑形是短屑中的“C”、“6”形和100mm左右长度的螺旋切屑。衡量切屑可控制性的主要条件是：不妨碍加工的正常进行；不影响工人的安全；易于清理、搬运和存放。

第二节　工件材料切削加工性的改善

工件材料的切削加工性是指在一定的加工条件下工件材料被切削的难易程度。目前，模具工业的迅速发展，对工程材料的使用性能要求越来越高，因而对高性能材料的切削加工也就更加困难。讨论材料切削加工性的目的就是为了寻找改善材料切削加工性的途径。

一、材料切削加工性指标

1. 刀具寿命指标

刀具寿命指标是在刀具寿命为T(min)时，以允许的切削速度v_t(m/min)的高低来评定材料的切削加工性。v_t越高，加工性越好。如切削普通金属材料$T=60$min，则记作v_{60}；难加工材料$T=20$min，则记作v_{20}。v_{60}和v_{20}值越高，材料的切削加工性能就越好，反之越差。

为了对比各种材料的切削加工性，以45钢($\sigma_b=0.735$GPa)、$T=60$min时的切削速度v_{60}为基准[记作(v_{60})]，并将此与切削其他材料v_{60}的比值K_r表示，K_r为相对加工性。即

$$K_r=\frac{v_{60}}{(v_{60})}$$

当$K_r>1$时，该材料比45钢容易切削；$K_r<1$时，则难切削。常用材料的切削加工性K_r可分为8级，见表3-3。

表 3-3　材料切削加工性等级

加工性等级	名称及种类		相对加工性	代表性材料
1	很容易切削材料	一般有色金属	>3.0	5-5-5 铸锡青铜，9-4 铝青铜，铝镁合金
2	容易切削材料	易切削钢	2.5~3.0	退火 15Cr，σ_b=0.373~0.441GPa Y12(自动机钢)，σ_b=0.393~0.491GPa
3		较易切削钢	1.6~2.5	正火 30 钢，σ_b=0.441~0.549GPa
4	普通材料	一般钢及铸铁	1.0~1.6	45 钢，灰铸铁
5		稍难切削材料	0.65~1.0	2Cr13，调质，σ_b=0.834GPa 85 钢，σ_b=0.883GPa
6	难切削材料	较难切削材料	0.5~0.65	45Cr，调质，σ_b=1.03GPa 65Mn，调质，σ_b=0.932~0.981GPa
7		难切削材料	0.15~0.5	50CrV，调质；1Cr18Ni9Ti 某些钛合金
8		很难切削材料	<0.15	某些钛合金，铸造镍基高温合金

2. 加工材料的性能指标

工件材料的结构、金相组织及其物理和力学性能直接影响切削加工的难易程度，可用来综合分析判断加工性的好坏。

影响加工性的物理力学性能指标主要有：硬度、抗拉强度、伸长率、冲击韧度和热导率。通常根据其数值的大小来划分加工性等级，称分级加工性，见表 3-4。

表 3-4　材料分级加工性等级

切削加工性		易　切　削			较 易 切 削		较 难 切 削			难　切　削			
等级代号		0	1	2	3	4	5	6	7	8	9	9_a	9_b
硬度	HBW	≤50	>50~100	>100~150	>150~200	>200~250	>250~300	>300~350	>350~400	>400~480	>480~635	>635	
	HRC					>14~24.8	>24.8~32.3	>32.3~38.1	>38.1~43	>43~50	>50~60	>60	
抗拉强度 σ_b/(GPa)		≤0.196	>0.196~0.441	>0.441~0.588	>0.588~0.784	>0.784~0.98	>0.98~1.176	>1.176~1.372	>1.372~1.568	>1.568~1.764	>1.764~1.96	>1.96~2.45	>2.45
伸长率 δ(%)		≤10	>10~15	>15~20	>20~25	>25~30	>30~35	>35~40	>40~50	>50~60	>60~100	>100	
冲击韧度 a_K(kJ/m^2)		≤196	>196~392	>392~588	>588~784	>784~980	>980~1372	>1372~1764	>1764~1962	>1962~2450	>2450~2940	2940~3920	
热导率 λ/[(W/(m·k)]		418.68~293.08	<293.08~167.47	<167.47~83.74	<83.74~62.80	<62.80~41.87	<41.87~33.5	<33.5~25.12	<25.12~16.75	<16.75~8.37	<8.37		

金属材料的成分相同，但金相组织不同时，其物理力学性能也不同，自然影响加工性。如钢的金相组织有：铁素体、渗碳体、珠光体、索氏体、托氏体、奥氏体，其性能见表 3-5 所示。表 3-5 中可见，铁素体、奥氏体塑性较高，显然切削加工性不好。渗碳体、索氏体、托氏体等组织硬度高造成刀具磨损大，寿命低，切削加工性也不好。珠光体的塑性适中。当钢中含有珠光体和铁素体数量相近时，其切削加工性良好。

表 3-5 各种金相组织的物理性能

金相组织	HBW	σ_b/GPa(kgf/mm^2)	δ(%)	k/(W/m·K(cal/cm·s·℃)
铁素体	60~80	0.25~0.29(25~30)	30~50	77.03(0.184)
渗碳体	700~800	0.029~0.034(3~3.5)	极小	7.12(0.017)
珠光体	150~260	0.78~1.28(80~130)	15~20	50.24(0.120)
索氏体	250~320	0.69~1.37(70~140)	10~20	—
托氏体	400~500	1.37~1.67(140~170)	5~10	—
奥氏体	170~220	0.83~1.3(85~105)	40~50	—
马氏体	520~760	1.72~2.06(175~210)	2.8	—

而铸铁按金相组织，又分为白口铸铁、麻口铸铁、灰铸铁、球墨铸铁和可锻铸铁等。

灰铸铁是Fe_3C和其他碳化物与片状石墨的混合体。它的硬度虽与中碳钢相近，但强度、塑性和韧性均甚小，故切削力较小；但灰铸铁中碳化物硬度很高，对刀具有严重损伤，且切屑呈崩碎状，应力和热都集中作用在切削刃上、这对刀具是不利的。总的来说灰铸铁的切削加工性较好。

但白口铸铁是铁液急骤冷却后得到的组织，硬度高达52~55HRC，它的切削加工性是很差的。球墨铸铁中碳元素大都以球状石墨的形态存在，塑性提高，其加工性得到改善。麻口铸铁组织为细粒珠光体加少量碳化铁，硬度270HBW左右，也是较难加工的。可锻铸铁是白口铸铁经长时间退火后而成，石墨为团絮状，塑性较高，加工性较好。一般来讲，加工铸铁的切削速度都低于钢的切削速度。

3. 加工表面粗糙度指标

在切削条件相同的情况下，材料加工后表面粗糙值小，则加工性好；反之，则加工性差。

此外，还可以用断屑、切削力、切削温度等来评定材料的切削加工性。

二、改善材料切削加工性的途径

针对各种材料不易切削的原因，可选用下列某种措施：

(1) 适当调剂钢中化学元素和热处理　在钢中加入易切削元素，硫、铅等，硫能使材料结晶组织中产生硫化物，减少了组织结合强度，便于切削；铅能造成组织结构不连接，有利于断屑，并能形成润滑膜，减小摩擦系数。不锈钢中有硒元素，可改善硬化程度。在铸铁中加入合金元素铝、铜等能分解出石墨元素，易于切削。

运用适当的热处理方法也可改善加工性，通过热处理可以改变材料的金相组织，改变材料硬度等使其适宜于切削加工。例如，正火处理后的低碳钢，可提高硬度、降低韧性，易于切削。退火处理后的高碳钢，降低了硬度，易于切削；对于高强度合金钢，通过退火、回火或正火处理同样可以改善切削加工性。

(2) 合理选用刀具材料　如选用强度高、韧性、耐热、导热性好，同工件材料中某些元素发生化学反应的亲和力小等的刀具材料。如用硬质合金切削不锈钢时应采用YG8N、YG6A。切削高锰时采用YT5R、YW3。

(3) 合理选用切削用量和刀具几何参数　对于韧性好、强度高、易造成加工硬化的工件材料，宜采用前角较大且有负倒棱的刀具，以较低的切削速度、较高的进给量和背吃刀量，使刀具刃口既锋利又有一定强度，可改善散热条件和加工硬化情况。切削速度宜稍低，可以减小切削力；进给量及背吃刀量稍大，可以避免切削刃在工作表面硬化层中切削。

（4）采用新的切削加工技术　随着切削加工的发展，研制出了一些新的加工方法，例如，加热切削、低温切削、振动切削、在真空中切削和绝缘切削等，其中有的措施可有效地解决难加工材料切削。

例如，对耐热合金、淬硬钢和不锈钢等材料进行加热切削。通过切削区域中工件上温度增高，能降低材料的剪切强度，减小接触面间摩擦系数，因此，减小了切削力，减小冲击振动，增加切削稳定性而易于切削。图3-9为提高不锈钢材料的温度，使切削力 F 降低的变化曲线。加热切削能减少冲击振动，切削平稳，提高了刀具寿命。

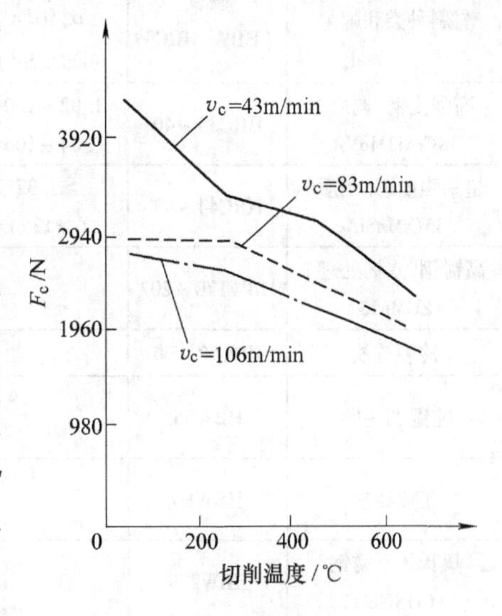

图3-9　切削不锈钢时切削温度与切削力 F_c 的关系

加热是在切削部位处加工工件上进行，可采用电阻加热、高频感应加热和电弧加热。加热切削时采用硬质合金刀具或陶瓷刀具。加热切削需附加热装置故成本较高。

第三节　难加工材料的加工

一、各种难加工材料的加工性

随着科学技术的发展，对机械产品及其零、部件的使用性能要求越来越高，制造它们的材料很多是难加工的。研究难加工材料的切削加工性，是当前金属切削研究的重要课题。

硬度或高温硬度高；强度特别是高温强度大；材料中含有硬度很高的质点；加工硬化大；导热性差；活性差；容易与刀具粘结……由于以上原因，加工这类材料时存在以下困难：

1）切削温度很高。

2）切削力和单位切削压力特别大。

3）刀具磨损很大。

难加工的金属材料有高强度钢、超高强度钢、高锰钢、冷硬铸铁、纯金属、不锈钢、高温合金、钛合金等，它们的物理力学性能见表3-6。

1．高强度钢、超高强度钢的切削加工性

高强度钢、超高强度钢的半精加工、粗加工常在调质状态下进行。调质后它们的金相组织为索氏体或托氏体，硬度较高（35～50HRC），抗拉强度也较高（σ_b＞0.981GPa），同时兼有足够的塑性和韧性。与加工正火的45钢相比，其切削力约增加20%～30%，切削温度也相应提高，故刀具磨损快，刀具寿命低。

表 3-6 难加工材料的物理力学性能

材料种类和牌号	硬度（HBW，HRC）	屈服强度 σ_s/GPa（kgf/mm²）	抗拉强度 σ_b/GPa（kgf/mm²）	伸长率 δ(%)	冲击韧度 a_K/MJ/m²（kg·m/cm²）	热导率 λ/[W/(m·K)] [cal/(cm·s·℃)]
高强度钢（调质）38CrNi3MoVA	HRC35～40	1.02～1.04（104～106）	1.08～1.12（110～114）	14～15	0.69～0.88（7～9）	29.31（0.07）
超高强度钢（调质）35CrMnSiA	HRC44～49	≥1.32（≥135）		≥9	0.49（≥5）	29.31（0.07）
高锰钢（水韧处理）ZGMn13	HBW170～207		0.98～1.03（90～105）	50～80	2.94～4.91（30～50）	12.98（0.031）
冷硬铸铁	HRC52～60					
纯铜 T1～T4	HBW35		0.235（24）	50		393.6（0.94）
工业纯铁	HBW80		0.245（25）	50	2.94（30）	41.9～62.8（0.1～0.15）
奥氏体不锈钢 1Cr18Ni9Ti	HBW229		0.642（65.5）	55	2.45（25）	16.3（0.039）
铁基高温合金 GH36	HBW275～310		0.92（94）	16	0.34～0.49（3.5～5）	17.17（0.041）
镍基高温合金 GH33	HBW255～310		0.93～1.08（95～110）	15～30	0.39～0.98（4～10）	13.82（0.033）
钛合金 TC4	HBW320～360		0.93（95）	10	0.491（5）	7.95（0.019）
45 钢①（正火）	HBW≤229 HRC≤21	0.35（36）	0.598（61）	16	0.491（5）	50.2（0.120）

① 45 钢（正火）的数据列于表中作对比用。

为此，应选用耐磨性强的刀具材料。在半精加工和粗加工时，应采用含有添加铅、铜的 YT 类硬质合金。高速精加工时，可采用 YN 类硬质合金、涂层硬质合金或氧化铝—碳化钛复合陶瓷。且刀具前角应较小，如车削加工 35CrMnSiA 钢时，取 $\gamma_o=-4°\sim0°$。在工艺系统刚性允许的情况下，应采用较小的主偏角和较大的刀尖圆弧半径，切削用量应比加工中碳正火钢时适当降低。

2. 高锰钢的切削加工性

高锰钢经水韧处理后，金相组织为均匀的奥氏体。它的原始硬度并不高，但因其塑性和韧性特别高，故加工硬化特别严重。加工硬化后，硬化层硬度可高达 500HBW 左右。切削过程中，工件表面上还会形成高硬度的氧化层（Mn_2O_3）。它的热导率很小，约为 45 钢的 1/4。因此，切削温度很高，切削力约比加工 45 钢提高 60%。

加工高锰钢，应选用硬度高，有一定韧性、热导率较大、高温性能好的刀具材料。粗加工时，可采用 YW 类硬质合金；精加工时，可选用 Al_2O_3—TiC 复合金属陶瓷。一般刀具角度取 $\gamma_o=-3°\sim3°$，$\alpha_o=8°\sim12°$，$\lambda_s=-5°$。且切削速度应较低，一般为 $v=20\sim40$m/min。只是在用复合陶瓷刀具时才采用高于 100m/min 的切削速度。但进给量和背吃刀量均不能过小，以避免切削刃或刀夹在上一道工序形成的硬化层中划过而加速刀具的磨损。

3. 冷硬铸铁的切削加工性

冷硬铸铁难加工的主要原因是它的硬度极高。塑性又很低，切屑接触长度很小，切削力和切削热都集中在切削刃附近，切削刃很容易崩损。

加工冷硬铸铁应选用硬度、强度都好的刀具材料。粗加工时，一般均采用细晶粒或超细晶粒的 YG 类硬质合金。半精加工和精加工时可选用 Al_2O_3—TiC 复合金属陶瓷或氮化硅陶瓷(Si_3N_4)。一般取 $\gamma_o=0°\sim4°$，$\alpha_o=4°\sim6°$，$\lambda_s=0°\sim-5°$，主偏角 κ_r 适当减小，刀尖圆弧半径 r_ε 适当加大。

4. 纯金属的切削加工性

常用的纯金属如纯铜、纯铝、纯铁等，其硬度、强度较低、热导率大，对切削加工有利；但其塑性很高，切屑变形大，易生成积屑瘤，加工表面粗糙度值大，断屑困难。同时，它们的线膨胀率较大，不易控制工件尺寸精度。

加工纯金属，可用高速钢刀具，也可用硬质合金刀具。加工纯铜、纯铝用 YG 类硬质合金，加工纯铁用 YT 类。高速精车纯铜、纯铝时也可选用聚晶金刚石刀具以获得极小的表面粗糙度值。常采用大前角($\gamma_o=25°\sim35°,\alpha_o=10°\sim12°$)，并应尽量采用较高的切削速度。

5. 不锈钢和高温合金的切削加工性

不锈钢按金相组织有铁素体、马氏体、奥氏体三种。铁素体、马氏体不锈钢的成分以铬为主，经常在淬火—回火或退火状态下使用，综合力学性能适中，切削加工一般不太难。奥氏体不锈钢的成分以铬、镍为主。淬火后为奥氏体组织，切削加工性较差。加工时的主要问题是：

1）塑性大，加工硬化严重，易形成积屑瘤使加工表面质量恶化。

2）切削力约比 45 钢(正火)高 25%，热导率小，只为 45 钢的 1/3，切削温度高。

3）由于切削温度高，加工硬化严重，加上钢中有碳化物(TiC 等)的硬质夹杂物，故刀具磨损快，寿命低。

高温合金按化学成分有铁基、镍基、钴基三种。高温合金的加工性比不锈钢更差，加工时的困难是：

1）强度高，抵抗塑性变形能力强，所以切削力很大，约为中碳钢的一倍。

2）硬度高，尤其是高温下硬度高，加工硬化严重。

3）热导率小，只为 45 钢的 1/4 ~ 1/3，故切削温度高，刀具磨损快。

4）合金中有高硬度化合物构成的硬质点，使刀具磨损加剧。

加工奥氏体不锈钢和高温合金而一般应采用 WC—TaC(NbC)—Co 类硬质合金，也可采用高性能高速钢。不宜采用 YT 类硬质合金，因为 YT 类硬质合金中的钛元素易与工件材料中的铁元素发生亲和而导致刀具的粘结磨损及扩散磨损加剧。加工奥氏体不锈钢时，应采用较大的前角($\gamma_o=15°\sim30°$)以减小切屑变形和抑制积屑瘤的生长，并采用中等的切削速度($v=50\sim80$m/min,硬质合金)。加工高温合金时，宜选用较小的前角($\gamma_o=0°\sim10°$)以提高切削刃的强度采用偏低的切削速度($v=30\sim50$m/min,硬质合金)。不论加上奥氏体不锈钢或高温合金，背吃刀量和进给量均宜适当加大些避免切削刃和刀尖划过加工硬化层。

6. 钛合金的切削加工性

钛合金的切削加工性很差，加工时刀具磨损快、寿命低，这主要是因为：钛合金中铁元素化学性能活泼，在高温下易与大气中的氧、氯等元素化合而使材料变脆，刀与切屑接触长度很短，只为45钢的1/4~1/3。热导率极小，只为45钢的1/7~1/5，切削热又集中在切削刃附近，故切削温度很高，约比加工45钢时提高一倍。加工表面经常出现硬而脆的外皮，给后续工序带来困难。

为避免工件、刀具中的钛元素发生亲和，加工钛合金时不宜采用YT类硬质合金而应选用YG类合金。为提高切削刃强度和改善散热条件，应采用较小的前角 $\gamma_o=5°\sim10°$，切削速度不宜过高，一般为 $v=40\sim50\text{m/min}$，背吃刀量与进给量宜适当加大。

二、难切削材料切削技术的新发展

目前难切削材料的切削加工多采用常规切削加工方法。尽管在研制新型刀具材料、更新刀具结构、选择刀具的合理几何参数、制定合理的切削用量、研究新的切削液及冷却、润滑方法、研制新机床等方面取得了重大进展，但仍不足以从根本上解决切削中存在的刀具磨损严重、已加工表面质量不理想、生产效率低等问题。近年来发展了一系列非常规的新型切削加工方法，为难切削材料的切削增添了许多新的途径。现简介如下，以拓展视野。

1. 振动切削

振动切削是在常规切削过程中利用专门的振动发生器迫使刀具和工件发生有规律的脉冲振动来进行切削的方法。按振动频率的高低，可分为高频振动切削（亦称超声振动切削）和低频振动切削（$f<200\text{Hz}$）。按振动方向可分为 v_c 方向、f 方向和 a_p 方向的振动切削。试验证明，无论高频还是低频振动切削，只要振动参数选择合适，就能获得良好的切削效果，并以 v_c 方向振动切削效果最好，应用较多。

振动切削过程中，因刀具与工件周期性接触和离开，从而对切削过程施加影响。但振动切削对刀具寿命有不利影响，必须采用韧性好的刀具材料。

2. 加热切削

加热切削是把工件的整体或局部通过某种方式加热到一定温度后再进行切削加工的一种方法。加热的目的在于软化工件材料，使其硬度、强度降低，易于切削，从而改善切削过程，减轻加工硬化，减小切削力，抑制积屑瘤和鳞刺的产生，改变切屑形态，减少振动，提高刀具寿命和生产率，减小已加工表面粗糙度值。

3. 低温切削

低温切削是使用液氮（$-180℃$）、液体 CO_2（$-76℃$）或其他低温液体作为切削液，在切削过程中冷却工件或刀具，以改善切削过程的一种方法。

4. 在惰性气体保护下切削

向切削区喷射惰性气体（如氨气），使切削区工件材料与空气隔离，避免切削过程中工件的某些化学性质活泼的金属元素与空气中的元素生成某些化合物而不利于切削的方法。

5. 特种加工方法

如电火花加工、电解加工、超声加工、激光加工、电子束加工、离子束加工等，技术日趋成熟和完善，在难切削材料的加工技术领域中有着广阔的发展前景。

第四节 切削液的合理选择

切削时，为了提高切削加工效果而使用的液体称为切削液。合理使用切削液，可减少切削过程中的摩擦，降低切削温度和切削力，提高刀具寿命和加工质量。

一、切削液的作用

1. 冷却作用

切削液是通过利用热传导、对流和汽化等方式带走切削区的大量切削热，降低切削温度和减小加工系统的热变形从而提高刀具寿命和加工质量。

2. 润滑作用

切削液渗透到刀具与切屑、工件表面之间形成润滑膜起到了润滑作用，因而减少了切屑、刀具之间接触面的摩擦，从而降低了切削力、切削温度和刀具磨损，抑制了积屑瘤和鳞刺的产生，使已加工表面粗糙度降低。

润滑性能的好坏与润滑膜的性能有关。润滑膜有物理吸附膜和化学吸附膜两种。前者主要依靠动、植物油等与金属接触后立即牢固地吸附在金属表面上，但在高温高压下会被破坏。化学吸附膜主要靠在切削液中添加化学元素与金属表面起化学反应形成化学吸附膜。化学吸附膜能在高温高压下不破裂并能有效地起到润滑作用。

3. 排屑和洗涤作用

在磨削、钻削、深孔加工和自动化生产中利用浇注或高压喷射切削液来排除切屑或引导切屑流向，并冲洗散落在机床及工具上的细屑与磨粒。

4. 防锈作用

切削液中加入防锈添加剂，使之与金属表面起化学反应生成保护膜，起到防锈、防蚀作用。

此外，切削液应具有抗泡性、抗霉菌能力、无变质气味排放、不污染环境、对人体无害和使用经济等要求。

二、切削液的添加剂

为了改善切削液的性能加入的物质称为添加剂。常用的添加剂有以下几种：

1. 油性添加剂

主要是动、植物油(猪油、豆油、菜籽油等)、脂肪酸、脂肪醇、脂类等。它们可降低润滑液与金属的表面张力，使切削油很快渗透到切削区，形成牢固的物理吸附薄膜，减少刀具与切屑、工件间的摩擦。由于油性添加剂熔点低，吸附薄膜只能在低温下起润滑作用，所以主要用于低速精加工。

2. 极压添加剂

是指含有硫、磷、氯、碘等具有高分子元素的有机化合物。它们能在高温下与金属表面起化合反应，形成硫化铁、磷化铁、氯化铁等化学吸附薄膜。它与物理吸附薄膜相比，能耐较高的温度和压力，在高温、高压时不破裂，且还能起到润滑作用。

3. 乳化剂(表面活性剂)

乳化剂是一种能使矿物油和水乳化从而形成稳定乳化液的添加剂。油水本来互不相容，加入乳化剂后，能形成水色油的乳化液，乳化剂在乳化液中除起乳化作用外，还能起油性添加剂的润滑作用。

乳化剂种类很多，常用的有石油磺酸钠、油酸钠皂、聚氯乙烯，脂肪醚等。

三、切削液的种类和选用

金属切削中常用的切削液有水溶液、乳化液和切削液。某些场合也有用气体或固体，如压缩空气、二硫化钼等起冷却或润滑剂的作用。

表 3-7 常用切削液的选用表(质量分数)

加工种类		工件材料						
		碳钢	合金钢	不锈钢及耐热钢	铸铁与黄铜	青铜	纯铜	铝合金
		切削液						
车削、镗孔、扩孔	粗加工	3%~5%乳化液	(1) 5%~15%乳化液 (2) 5%石墨化或硫化乳化液 (3) 5%氧化石蜡油制的乳化液	(1) 10%~30%乳化液 (2) 10%硫化乳化液	(1) 一般不用 (2) 3%~5%乳化液	一般不用	(1) 3%~5%乳化液 (2) 煤油	(1) 一般不用 (2) 中性或含游离酸小于4mg的弱酸性乳化液
	精加工	(1) 石墨化或硫化乳化液 (2) 低速用10%~15%乳化液，高速用5%乳化液		(1) 氧化煤油 (2) 煤油75%，油酸或植物油25% (3) 煤油60%，松节油20%，油酸20%	(1) 加工黄铜、青铜一般不用切削液 (2) 铸铁用煤油或煤油与矿物油的混合油		(1) 煤油 (2) 煤油与矿物油的混合油	(1) 煤油 (2) 松节油 (3) 煤油与矿物油的混合油 (4) 加工硬铝一般不用切削液
钻孔		(1) 3%~5%乳化液 (2) 5%~10%极压乳化液		(1) 3%肥皂、2%亚麻油水溶液(不锈钢钻孔) (2) 硫化切削液(不锈钢镗孔) (3) 10%~20%极压乳化液	(1) 一般不用 (2) 铸铁用煤油 (3) 黄铜用菜油 (4) 青铜用3%~5%乳化液		(1) 3%~5%乳化液 (2) 煤油 (3) 煤油与矿物油的混合油	(1) 一般不用 (2) 煤油 (3) 煤油与菜油的混合油
磨削		(1) 苏打水：$NaCO_3$0.7%，$NaNO_2$0.25%，其余为水 (2) 豆油+硫磺粉 (3) 乳化液			3%~5%乳化液			磺化蓖麻油1.5%，浓度0~40%的NaOH加至微碱性，煤油9%，其余为水
拉铰攻螺纹		(1) 10%~20%极压乳化液 (2) 含硫、氯的切削液 (3) 含硫化棉籽油的切削液 (4) 含硫、氯、磷的切削液		(1) 15%~20%极压乳化液 (2) 含氯的切削液 (3) 含氯的切削液 (4) 含硫、氯、磷的切削液	(1) 加工黄铜不用切削液 (2) 粗加工铸铁用10%~15%乳化液或10%~20%极压乳化液 (3) 铸铁精加工用煤油或煤油与矿物油混合油	(1) 10%~20%乳化液 (2) 10%~15%极压乳化液 (3) 含氯的切削油		(1) 10%~20%乳化液 (2) 10%~15%极压乳化液 (3) 煤油 (4) 煤油与矿物油的混合油
滚齿、插齿		(1) 20%~25%极压乳化油 (2) 含氯的切削液 (3) 含硫化棉籽油的切削液 (4) 含硫、氯的切削液 (5) 含硫、氯、磷的切削液					(1) 10%~25%乳化液 (2) 10%~20%极压乳化液 (3) 煤油 (4) 煤油与矿物油的混合油	
车螺纹		(1) 硫化乳化液 (2) 氧化煤油 (3) 煤油75%，油酸或植物油25% (4) 硫化切削油 (5) 变压器油70%，氯化石蜡30%		(1) 氧化煤油 (2) 硫化切削液 (3) 煤油60%，松节油20%，油酸20% (4) 硫化油60%，煤油25%，油酸15% (5) 四氯化碳90%猪油或菜油等	(1) 一般不用 (2) 铸铁用煤油 (3) 黄铜用菜油	(1) 一般不用 (2) 菜油		(1) 硫化油30%、煤油15%，2号或3号锭子油55% (2) 硫化油30%，煤油15%，油酸30%，2号或3号锭子油25%

1. 水溶液

主要成分是水，其中加入防锈剂、防霉剂，具有较好的冷却效果。加入乳化剂和油性添加剂后，有一定润滑作用，主要用于磨削。

2. 乳化液

乳化液是水和乳化油混合后经搅拌而形成的白色切削液。乳化油是一种油膏，它由矿物油、脂肪酸、皂以及表面活性乳化剂配制而成。在表面活性剂的分子上带极性的与水亲和，不带极性的与油亲和，从而能使水油均匀混合，再添加稳定剂(乙醇、乙二醇等)可以进一步防止乳化液中的水油分离。

乳化液是切削加工中广泛使用的切削液。低溶度的乳化液，主要起冷却作用，用于粗加工和磨削；高溶度的乳化液，主要起润滑作用，用于精加工。

3. 切削液

它的主要成分是矿物油(如全损耗系统用油、轻柴油、煤油等)。纯矿物油润滑作用不佳，加入油性或极压添加剂可提高润滑效果。动、植物油因易变质很少使用。切削液的种类和选用见表3-7。

第五节　提高已加工表面质量

已加工表面质量是经切削加工后零件的表面状态，即表面粗糙度、加工硬化，残余应力，表面微裂纹和表层金相组织等。它们对零件的使用性能有很大的影响，如表面粗糙度值大会影响零件的耐磨性、疲劳强度和耐蚀性等。

一、已加工表面的形成

切削时，工件材料在切削刃的挤压下分为两部分，一部分通过剪切区成为切屑；另一部分沿后面形成已加工表面。已加工表面是在切削刃前方复杂而集中的应力状态下，与切屑同时产生的。因切削刃不可能达到理想的锋利程度，它具有一定的钝圆半径 r_ε(高速钢刀具 $r_\varepsilon=3\sim10\mu m$，硬质合金刀具 $r_\varepsilon=18\sim32\mu m$)。在切削时，切削层中将有一层厚度为 $\Delta\alpha$(见图3-10)的金属层不会沿剪切面 OM 滑移成为切屑，而是被切削刃的钝圆部分(O 点以下)挤压到已加工表面上，使这层金属先受到压应力，又受到刀具磨损部分(AB 段)的挤压和剧烈摩擦，使工件表层受到剪应力，随后开始弹性恢复，已加工表面在 BC 段上继续与后面摩擦，这层经复杂和剧烈变形的金属层，就成为已加工表面。

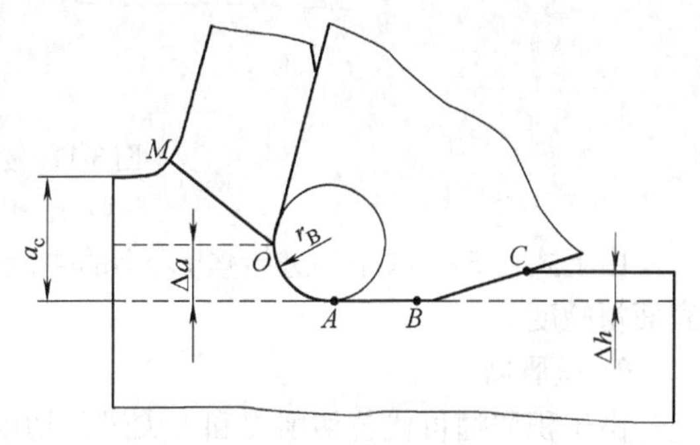

图3-10　已加工表面的变形

二、已加工表面的表面粗糙度

已加工表面粗糙度主要由以下几个因素决定。

1. 残留面积高度

切削时，由于刀具与工件相对运动及刀具几何形状的影响，有一部分金属未被切除而残留在已加工表面上，造成了已加工表面在进给方向上的不光整，这部分未切除金属的最大高

度 R_{max} 即为残留面积高度，它也是切削加工时的理论表面粗糙度。残留面积高度愈小，表面粗糙度值也愈小。

残留面积高度 R_{max} 可按图 3-11 中的几何关系求得。

当刀尖圆弧半径 r_ε，而且 $f=2r_\varepsilon\cos\kappa_r'$ 时

$$R_{max}=r_\varepsilon-\sqrt{r_\varepsilon^2-(f/2)^2} \tag{3-1}$$

整理后。略去高次项得

$$R_{max}\approx f^2/8r_\varepsilon^2 \tag{3-2}$$

当尖刀圆弧半径为 O 时

$$R_{max}=f/(\cot\kappa_r+\cot\kappa_r') \tag{3-3}$$

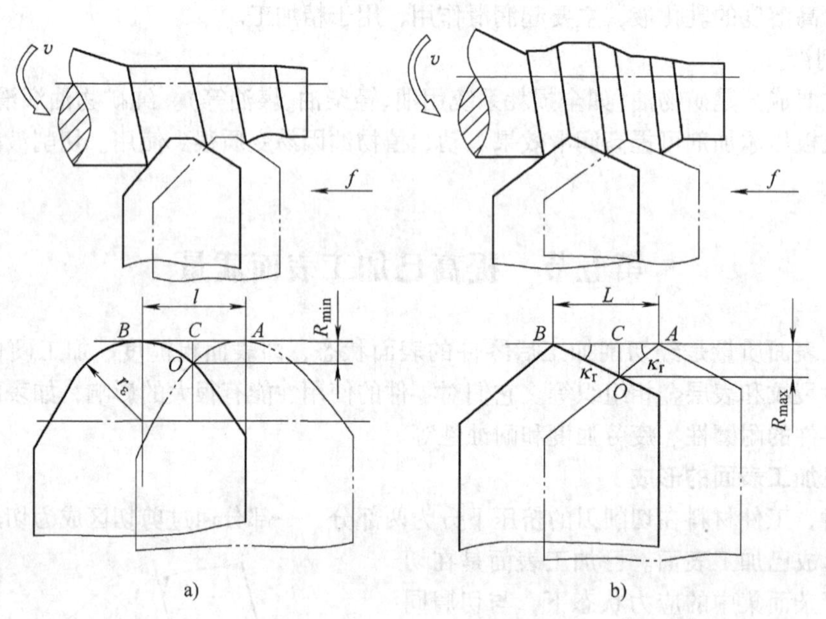

图 3-11 残留面积高度

a) $\gamma_\varepsilon>0$ b) $\gamma_\varepsilon=0$

由上式可知，取小的进给量 f，小的主副偏角 κ_r、κ_r'，增大刀尖圆弧半径 r_ε，都可减小表面粗糙度。

2. 积屑瘤

由于积屑瘤可代替切削刃和刀尖进行切削，引起过切现象，其形状又不规则，因此，在加工表面上刻划出深浅不一的纵向沟纹。当积屑瘤脱落时，粘附在已加工表面上形成毛刺，或被刀具挤平后形成硬质光点，因此积屑瘤使加工表面变得粗糙。

3. 鳞刺

它是在已加工表面上出现的鳞片状的毛刺，如图 3-12 所示，它使已加工表面变得很粗糙。它一般是在切削速度较低，加工塑性材料形成节状切屑、润滑不良时形成的。

4. 振动

切削过程中工艺系统的振动使已加工表面出现振纹。不仅明显加大工件表面粗糙度，振动除影响已加工表面质量外，还对机床精度和刀具磨损造成影响。

5. 其他因素

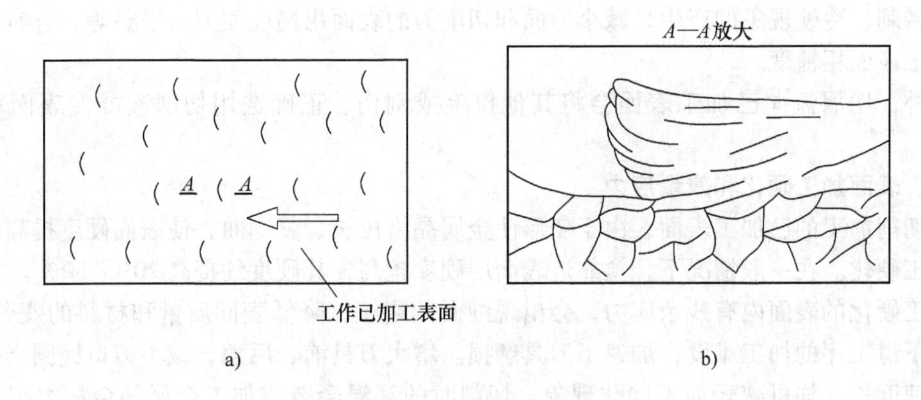

图3-12　鳞刺示意图

a）已加工表面上的鳞刺　b）顺切削运动方向、垂直于加工表面的鳞刺剖面

（1）工件材料　材料的塑性越好，积屑瘤和鳞刺越易生成，使表面粗糙度值越大。但是切削灰铸铁等脆性材料时，由形成崩碎切屑，石墨易从表面脱落形成凹痕，因此同样加工条件下，它的表面粗糙度值一般比碳素结构钢的大。

（2）切削用量

1）切削速度。以低、中速度切削塑性材料时，易产生积屑瘤和鳞刺；提高切削速度，积屑瘤和鳞刺则减小或消失，表面粗糙度值变小；以高速度切削时，积屑瘤会完全消失，表面粗糙度值降得很低，并稳定在一定值上，如图3-13所示。

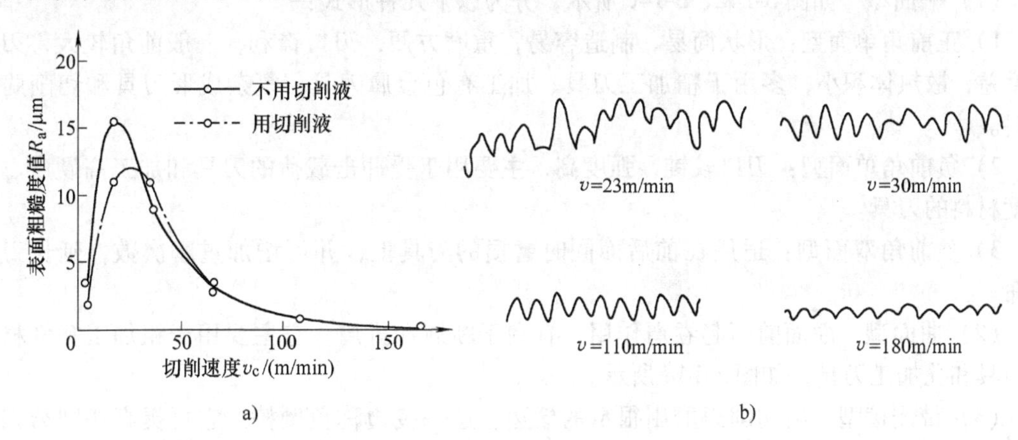

图3-13　切削速度对表面粗糙度的影响

a）切削速度对表面粗糙度R_{max}的影响　b）不同切削速度时测得表面粗糙度波形

加工条件：工件材料易切钢　　加工条件：工件材料45钢

刀具材料：高速钢　　刀具材料YT15、$\gamma_o=15°$、$\kappa_r=45°$

$a_p=1.2$mm　　$f=0.1$mm/r、$a_p=0.5$mm

切削脆性材料时，无积屑瘤产生，故切削速度对表面粗糙度无明显影响。

2）进给量。减小进给量，除了使残留面积减小外，还可抑制积屑瘤和鳞刺的产生，使表面粗糙度值变小，但降低了生产效率。

3）刀具方面。刀尖圆弧半径增大，副偏角减小，尤其使用$\kappa_r'=0°$的修光刃，可有效地使表面粗糙度值变小。增大刀具前、后角，使刃口锋利，减小了切削变形和摩擦，可抑制积屑瘤、鳞刺、冷硬现象的产生，减小刀面和切削刃的表面粗糙度使刀口平整等，都有利于减小已加工表面粗糙度。

此外，切屑流向已加工表面会将其他拉毛或刮伤。正确选用切削液能使表面粗糙度改善。

三、表面加工硬化和残余应力

经切削加工的已加工表面，由于变形使金属晶格拉长、紧、曲，使表面硬度提高的现象称为加工硬化。在一般情况下，愈靠近表面层硬度越高，其硬度约提高20%~30%。

加工硬化的表面内有残余应力，会出现细微的裂纹，降低表面质量和材料的疲劳强度，增加了下道工序的加工难度，加速了刀具磨损。增大刀具前、后角，减小刃口钝圆半径，提高切削速度等，均可减轻加工硬化现象。切削时的高温会造成加工金属的金相组织发生变化，影响材料性能，应合理选择切削参数和正确使用切削液。

第六节　刀具几何参数的合理选择

合理选择刀具几何参数对保证加工质量，延长刀具寿命，提高切削率和降低成本有重要意义。刀具几何参数包括刀具几何角度、前面形式、切削刃形状、刃区剖面形式等四个基本方面。

一、前面、前角

1. 前面有三种形式，如图3-14所示。

（1）平面型　如图3-14a、3-14c所示，分为以下几种形式：

1）正前角单面型：形状简易，制造容易，重磨方便，刃口锋利，一般前角较大，刃口强度差，散热体积小，多用于精加工刀具、加工有色金属刀具、复杂成形刀具和切削脆性材料。

2）负前角单面型：刃口较钝，强度高，主要用于受冲击载荷的刀具和加工高硬度、高强度材料的刀具。

3）负前角双面型：适用在前后面同时磨损的刀具上，并可增加重磨次数，延长刀具寿命。

（2）曲面型　曲面前面起卷屑作用，有利于断屑和排屑。它主要用于粗加工塑性材料的刀具和孔加工刀具，如图3-14d所示。

（3）带倒棱型　沿切削刃磨出很窄的棱边，这一棱边称负倒棱。它可提高切削刃强度和增大传热能力，提高刀具寿命。脆性大的硬质合金刀具应用较多。参数有：倒棱面宽度 $b_{r1}=(0.3\sim0.6)f$；倒棱负前角 $r_{o1}=-10°\sim0°$，如图3-14b所示。

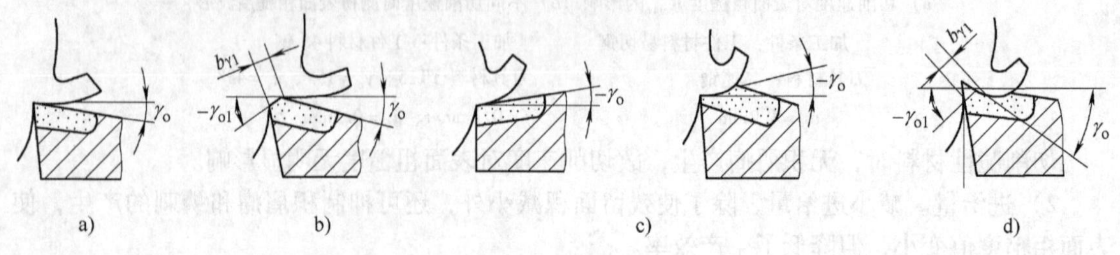

图3-14　前面形式

a）正前角平面型　b）正前角带倒棱型　c）负前角型　d）曲面型

2. 前角

增大前角，使切削变形和摩擦减小，故切削力小，切削热少，加工表面质量高，但刀具强度低，散热体积减小，切削刃温度易增高，前角过大会使切削刃刚度强度削弱，寿命下降。

前角的选择原则如下：在刀具强度许可的条件下，尽量选用大的前角。但成形刀具应采用较小的前角或零前角以减少刀具刃磨后截面产生误差。

选择方法从以下方面考虑：

（1）工件材料　工件材料强度和硬度越大，产生切削力越大，切削热越多，为使刀具有足够的强度和散热体积，应采用小的前角；切削塑性材料时，为减小切削变形，应选用大的前角；切削脆性材料时，变形小，前角作用不明显，可采用较小的前角。硬质合金车刀合理前角参考值见表3-8。

表3-8　硬质合金车刀合理前角参考值

工件材料	合理前角		工件材料	合理前角	
	粗　车	精　车		粗　车	精　车
低碳钢	20°~15°	25°~30°	不锈钢(奥氏体)	15°~20°	20°~25°
中碳钢	10°~15°	15°~20°	灰铸铁	10°~15°	5°~10°
合金钢	10°~15°	15°~20°	铜及铜合金	10°~15°	5°~10°
淬火钢	-15°~-5°		铝及铝合金	30°~35°	35°~40°

（2）刀具材料　抗弯强度和冲击韧度大的高速钢刀的前角与脆性大的硬质合金、陶瓷刀具的前角相比，前者要选大些。

（3）加工性质　粗加工时，余量大，切削力大，切削热多，应选较小前角；精加工则选较大前角。

二、后角

后角的主要作用是减小刀具后面与工件的摩擦，减轻刀具磨损。后角小使刀面与加工表面间摩擦加剧，刀具磨损加大，工件冷硬程度增大，加工表面质量差，尤其切削层公称厚度 h_D 较小时，由于刀尖圆弧半径的影响，上述情况更为严重。后角增大，摩擦减小，也减少了刀尖圆弧半径，这对切削厚度较小的情况有利，但使刃口强度和散热情况变差。

后角的选择原则如下：粗加工时以确保刀具强度为主，一般在 $\alpha_o=6°\sim8°$之间选择；精加工时以保证表面质量为主，一般取 $\alpha_o=8°\sim12°$。选择时可参考表3-9。

表3-9　硬质合金车刀后角参考值

工件材料	合理后角		工件材料	合理后角	
	粗　车	精　车		粗　车	精　车
低碳钢	8°~10°	10°~12°	灰铸铁	4°~6°	6°~8°
中碳钢	5°~7°	6°~8°	铜及铜合金	6°~8°	6°~8°
合金钢	5°~7°	6°~8°	铝及铝合金	8°~10°	10°~12°
淬火钢	8°~10°		钛合金 $\sigma_b\leqslant1.177GPa$	0°~15°	
不锈钢(奥氏体)	6°~8°	8°~10°			

加工塑性及较软材料时，后角取较大值，加工脆性、硬材料时，后角取较小值。

三、主偏角、过渡刃

1. 主偏角

主偏角主要影响切削层公称宽度 b_D 与切削层公称厚度 h_D 的比例，并影响刀具强度，如图3-15所示。减小主偏角使切削层公称宽度 b_D 增大，刀尖 ε_r 增大、刀具强度提高。散热性能变好，故刀具寿命得到提高。但切削抗力增大，引起振动和加工变形。

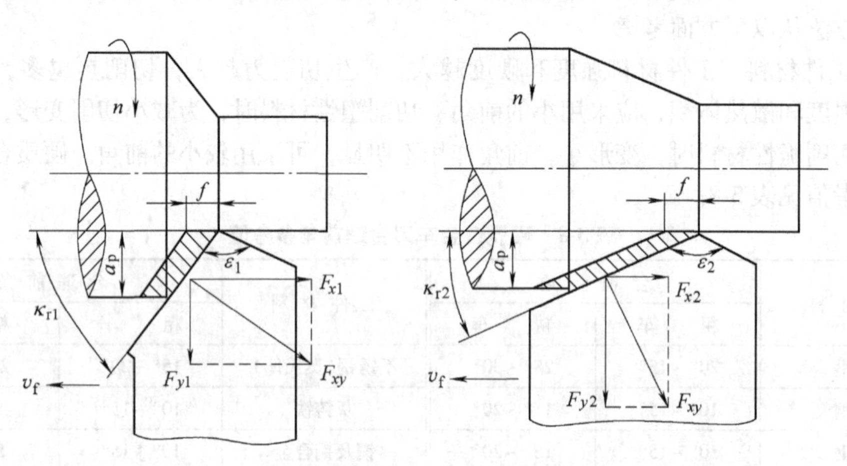

图3-15 主偏角对切削截面积和切削分力的影响

主偏角的选择原则如下：

在工艺系统刚性足够的情况下，主偏角宜小，这样有利于提高刀具寿命。主偏角大时，有利于减小振动和断屑；加工硬度很高的材料时，工艺系统刚性好，主偏角取小值可提高刀具寿命。选择时可参考表3-10。

表3-10 主偏角的参考值

工 作 条 件	主 偏 角
系统刚性高，切深较小，进给量较大，工件材料硬度高	10°~30°
系统刚性较好($l/d<6$)，加工盘类零件	30°~45°
系统刚性较差($l/d=6\sim12$)，切深较大或有冲击时	60°~75°
系统刚性差($l/d>12$)，车台阶轴，切槽及切断	90°~95°

注：l—工件长度；d—工件直径。

2. 过渡刃

过渡刃的作用是增加刀尖强度和改善散热条件，提高其寿命，降低表面粗糙度。它有两种形式：

（1）直线过渡刃　如图3-16a所示，参数有：过渡刃长度取 b_ε、过渡刃偏角 $\kappa_{r\varepsilon}$。一般取 $b_\varepsilon=0.5\sim2$mm，或 $b_\varepsilon=1/3$ 主切削刃工件部分长度；$\kappa_{r\varepsilon}=1/2\kappa_r$。

（2）圆弧过渡刃　如图3-16b所示，又称圆弧刀尖，参数为圆弧半径 r_ε。多用在单刃刀具上，如车、刨刀等。高速钢 $r_\varepsilon=1\sim3$mm，硬质合金和陶瓷车刀 $r_\varepsilon=0.5\sim1.5$mm。

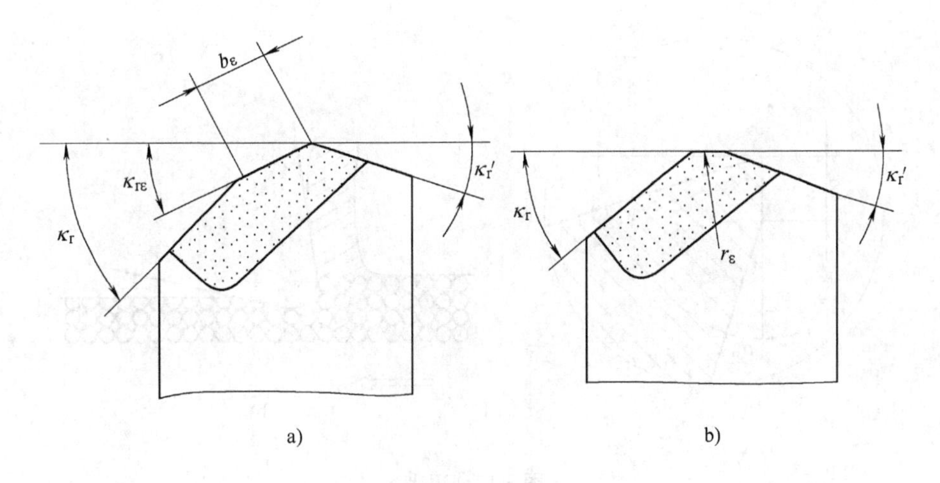

图 3-16 过渡刃

四、副偏角、修光刃

1. 副偏角

副偏角的作用主要是减少副切削刃和已加工表面的摩擦。

在工艺系统刚性足够时，应选较小值以降低表面粗糙度值和提高刀具寿命。通常粗车时可取：$\kappa_r' = 10° \sim 15°$；精车时取：$\kappa_r' = 5° \sim 10°$；切断时取：$\kappa_r' = 1° \sim 3°$。

2. 修光刃(见图 3-17)

修光刃相当于 $\kappa_{r\varepsilon} = 0°$，$b_\varepsilon$ 进给量的直线过渡刃或圆弧半径 r_ε 很大的圆弧过渡刃。它可以减小用大进给量切削时的残留面积高度，使表面粗糙度值降低。

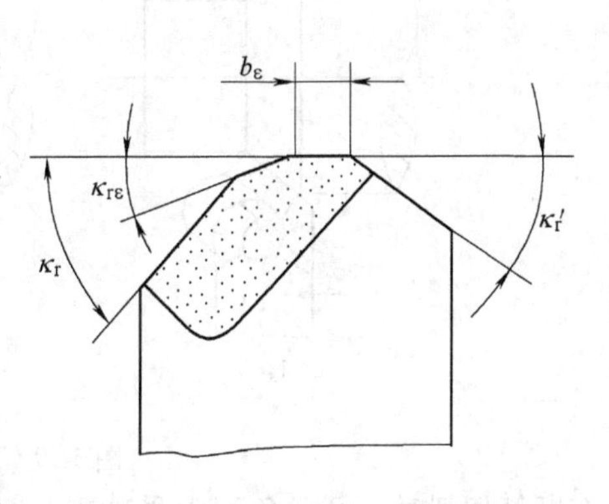

图 3-17 修光刃

五、副后角、刃带

1. 副后角

主要用来减小副后面和已加工表面的摩擦，其大小也影响刀具强度。

一般情况下副后角 α_o' 是数值与后角 α_o 的相同。在特殊情况下，为保证刀具强度，副后角取很小的数值，如切断刃等 α_o' 取 $1° \sim 2°$。

2. 刃带

沿切削刃或副切削刃磨出后角为零的窄棱面称为刃带，如图 3-18 所示。其主要作用是提高刀具的尺寸精度和刀具寿命，并起支撑、导向、稳定和消振作用。参数用宽度 b_{a1} 表示。

六、刃倾角

1. 刃倾角的功用

刃倾角主要影响切屑流向和刀尖强度。刃倾角为正值，切削开始时刀尖与工件先接触，切屑流向待加工表面，可避免缠绕和划伤已加工表面，对精加工、半精加工有利；刃倾角为负值时，刀尖后接触工件，切屑流向已加工表面，如图 3-19 所示。在粗加工开始，尤其是

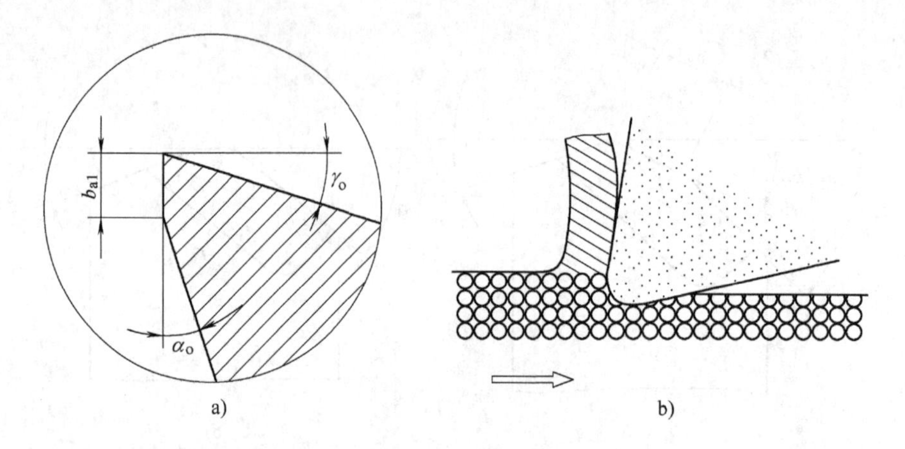

图 3-18 刃带

a）刃带 b）刃带的工作情况

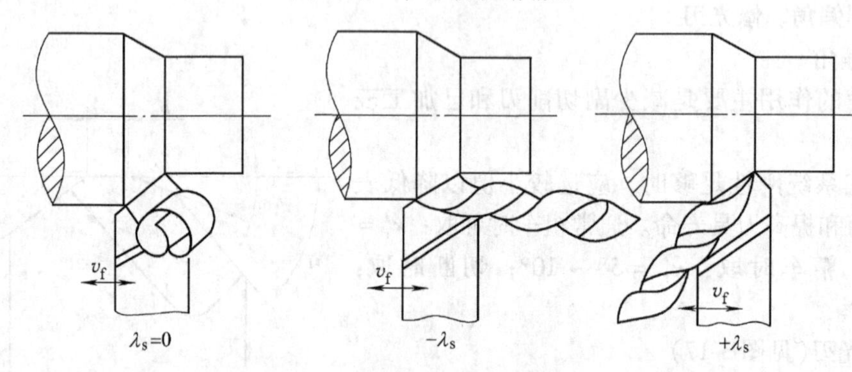

图 3-19 刃倾角对排屑方向的影响

在断续切削时，可避免刀尖受冲击，起保护刀尖的作用，如图 3-20 所示。并可改善刀具散热条件。

2. 刃倾角的选择

刃倾角主要根据刀具强度、排屑方向和加工条件而定。一般皆选用正刃倾角，有冲击时采用负刃倾角，选择时可参考表 3-11。

七、刀具几何参数选择举例

在选择刀具合理的几何参数时，主要是根据具体加工条件，针对生产要求，既要考虑单个参数的作用，更要重视各参数间的相互匹配。现以 75°强力车刀为例来加以说明，如图3-21 所示。刀片材料为 YT5 或 YT15；切削用量为：a_p = 15 ~ 20mm，f = 0.25 ~ 0.4mm/r，v_c =50 ~60m/min。

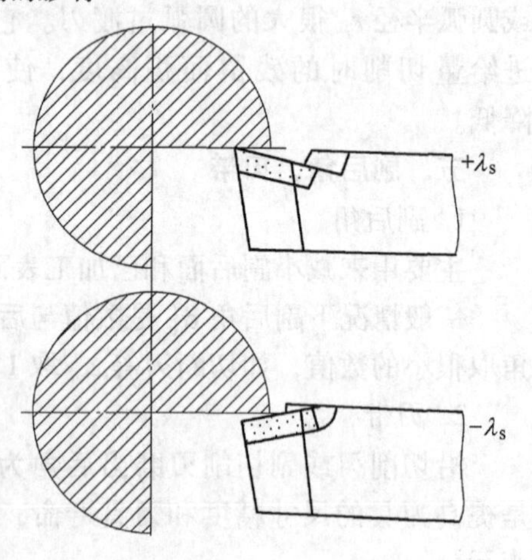

图 3-20 负刃倾角对刀尖的保护作用

表 3-11 刃倾角 λ_s 数值的选用表

λ_s 值	0° ~5°	5° ~10°	0° ~ -5°	-10° ~ -5°	-15° ~ -10°	-45° ~ -10°
应用范围	精车钢和细长轴	精车有色金属	粗车钢和灰铸铁	粗车余量不均匀钢	断续车削钢灰铸铁	带冲击切削淬硬钢

强力车削是采用较大切削用量的一种高效率的切削方法。适用于粗加工和半精加工。强力车削时，由于切削用量大，因此所引起的切削力大、表面粗糙度值大、断屑难、刀具强度差等问题较突出，故在选择刀具几何参数时，必须针对这些问题加以解决。

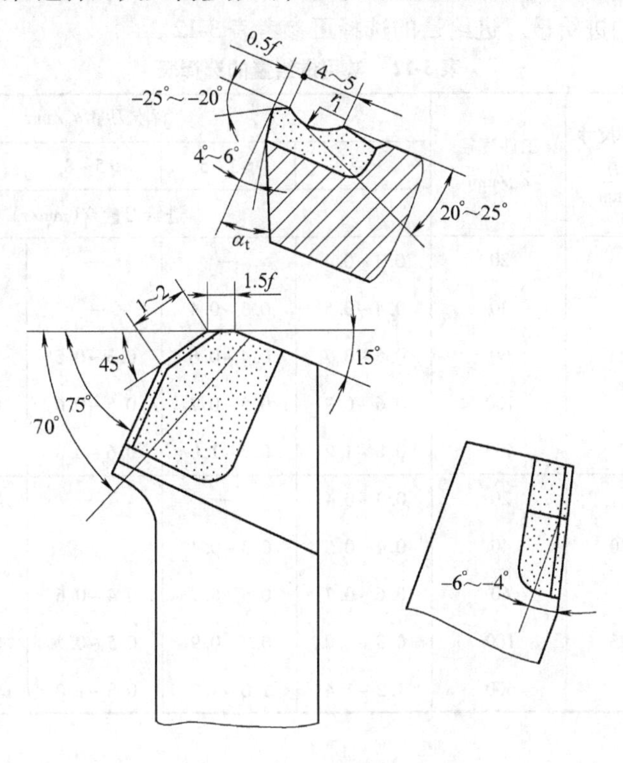

图 3-21　75°强力车刀

该车刀的特点是：选用较大前角和主偏角，使切削力减小；采用前倒棱、过渡刃和负刃倾角来提高刀具强度；修光刃解决由于进给量大所引起的表面粗糙度值大的问题；断屑困难由断屑槽来解决。

第七节　切削用量的合理选择

合理的切削用量对切削效率、刀具寿命和加工质量都有很大影响。

一、粗加工切削用量的选择

粗加工切削用量的选择应首先考虑能保证较高的金属切除率和经济合理的刀具寿命。增大切削速度、背吃刀量和进给量都能提高金属切除率，但降低了刀具的寿命。其中影响最大的是切削速度，其次是进给量，最小的是背吃刀量。所以，选择粗加工切削用量的次序是：先采用尽量大的背吃刀量，其次选择大的进给量，最后根据刀具寿命确定合理的切削速度。

1. 背吃刀量 a_p

根据工件的加工余量和工艺系统的刚性确定。在留出精加工、半精加工余量的前提下，应尽量将粗加工余量 h 一次切除，即 $a_p = h$；若加工余量过大，工艺系统刚性不足或断续切削时，可以最少次数给进逐次切除。

2. 进给量 f

进给量决定于工艺系统刚性和粗加工后残留面积的高度，能否被精加工或半精加工的切削余量完全切除。工艺系统刚性好，精、半精加工又有足够的余量时，则可选用大的进给量，反之则选用小的进给量。进给量的选择可参考表 3-12。

表 3-12 常用进给量的选择表

工件材料	车刀刀杆尺寸 $\frac{B}{mm}\times\frac{H}{mm}$	工件直径 d_w/mm	背吃刀量 a_p/mm				
			≤3	>3~5	>5~8	>8~12	12 以上
			进给刀量 f/(mm/r)				
碳素结构钢和合金结构钢	16×25	20	0.3~0.4	—	—	—	—
		40	0.4~0.5	0.3~0.4	—	—	—
		60	0.5~0.7	0.4~0.6	0.3~0.5	—	—
		100	0.6~0.9	0.5~0.7	0.5~0.6	0.4~0.5	—
		400	0.8~1.2	0.7~1.0	0.6~0.8	0.5~0.6	—
	20×30 25×25	20	0.3~0.4	—	—	—	—
		40	0.4~0.5	0.3~0.4	—	—	—
		60	0.6~0.7	0.5~0.7	0.4~0.6	—	—
		100	0.8~1.0	0.7~0.9	0.5~0.7	0.4~0.7	—
		600	1.2~1.4	1.0~1.2	0.8~1.0	0.6~0.9	0.4~0.6

3. 切削速度 v_c

在保证合理刀具寿命的前提下，确定合理的切削速度。满足合理刀具寿命所允许的切削速度可通过计算求得。但在生产实践中，一般都按经验或有关手册资料来选取切削速度，见表 3-13。切削用量选完后，应校验机床功率是否足够。

二、半精加工、精加工切削用量的选择

半精加工、精加工时首先要保证加工精度和表面质量，并兼顾刀具寿命和生产率。选择顺序和方法如下：

1. 背吃刀量

应保证切除前道切削工序加工的残留面积高度及表面变质层。一般半精加工取 a_p = 0.5~2mm，精加工取 a_p = 0.1~0.4mm。

2. 进给量

主要受加工精度和表面粗糙度的限制。选择时可根据工件材料、表面粗糙度、刀尖圆弧半径，预选一个切削速度后，再在表 3-14 中选取进给量。

3. 切削速度

半精加工、精加工的切削速度主要受刀具寿命的限制。为防止中速时易产生积屑瘤和鳞刺，硬质合金刀具常采用较高的切削速度(1.33~1.6m/s)，高速钢刀具采用较低的切削速度(0.05~0.13m/s)。切削速度也可按刀具寿命允许的切削速度计算或按表查出。

表 3-13　YT15 硬质合金车刀车削碳钢、钢、镍钢及铸铁的切削速度表

钢 σ_b/GPa								进给量 f/(mm/r)															
0.431~0.481	0.49~0.539	0.549~0.608	0.618~0.686	0.696~0.775	0.785~0.873	0.883~0.981	>0.981																
背吃刀量 a_p/mm																							
1.4	—	—	—	—	—	—	—	0.25	0.38	0.54	0.75	0.97	1.27	1.65	2.15	—	—	—	—	—	—	—	—
3	1.4	—	—	—	—	—	—	0.14	0.25	0.38	0.54	0.75	0.97	1.27	1.65	2.15	—	—	—	—	—	—	—
7	3	1.4	—	—	—	—	—	—	0.14	0.25	0.38	0.54	0.75	0.97	1.27	1.65	2.15	—	—	—	—	—	—
15	7	3	1.4	—	—	—	—	—	—	0.14	0.25	0.38	0.54	0.75	0.97	1.27	1.65	2.15	—	—	—	—	—
	15	7	3	1.4	—	—	—	—	—	—	0.14	0.25	0.38	0.54	0.75	0.97	1.27	1.65	2.15	—	—	—	—
		15	7	3	1.4	—	—	—	—	—	—	0.14	0.25	0.38	0.54	0.75	0.97	1.27	1.65	2.15	—	—	—
			15	7	3	1.4	—	—	—	—	—	—	0.14	0.25	0.38	0.54	0.75	0.97	1.27	1.65	2.15	—	—
				15	7	3	1.4	—	—	—	—	—	—	0.14	0.25	0.38	0.54	0.75	0.97	1.27	1.65	2.15	—
					15	7	3	—	—	—	—	—	—	—	0.14	0.25	0.38	0.54	0.75	0.97	1.27	1.65	2.15
						15	7	—	—	—	—	—	—	—	—	0.14	0.25	0.38	0.54	0.75	0.97	1.27	1.65
							15	—	—	—	—	—	—	—	—	—	0.14	0.25	0.38	0.54	0.75	0.97	1.27
加工性质								切削速度 v_c/(m/s)															
外圆纵车								4.17	3.71	3.30	2.93	2.60	2.31	2.05	1.82	1.62	1.44	1.28	1.14	1.01	0.90	0.80	0.71

车刀寿命 T 对切削速度的修正系数 k_{T_v}

刀具寿命 T/s	1800	2700	3600	5400	7200	10800
k_{T_v}	1.15	1.06	1.0	0.92	0.87	0.80

表 3-14 硬质合金外圆车刀半精车时的进给量

工件材料	表面粗糙度/μm	切削速度范围 v_c/(m/min)	刀尖圆弧半径 r_ε/mm		
			0.5	1.0	2.0
			进给量 f/(mm/r)		
铸铁、青铜、铝合金	R_a10 ~ 5	不限	0.25 ~ 0.40	0.40 ~ 0.50	0.50 ~ 0.60
	R_a5 ~ 2.5		0.15 ~ 0.25	0.25 ~ 0.40	0.40 ~ 0.60
	R_a2.5 ~ 1.25		0.10 ~ 0.15	0.15 ~ 0.20	0.20 ~ 0.35
碳钢及合金钢	R_a10 ~ 5	<50	0.30 ~ 0.50	0.45 ~ 0.60	0.55 ~ 0.70
		>50	0.40 ~ 0.55	0.55 ~ 0.65	0.65 ~ 0.70
	R_a5 ~ 2.5	<50	0.18 ~ 0.25	0.25 ~ 0.30	0.30 ~ 0.40
		>50	0.25 ~ 0.30	0.30 ~ 0.35	0.35 ~ 0.50
	R_a2.5 ~ 1.25	<50	0.10	0.11 ~ 0.15	0.15 ~ 0.22
		50 ~ 100	0.11 ~ 0.16	0.16 ~ 0.25	0.25 ~ 0.35
		>100	0.16 ~ 0.20	0.20 ~ 0.25	0.25 ~ 0.35

第八节 超高速切削简介

一、超高速切削的切削速度

超高速切削是比常规切削速度高很多的高生产率的先进切削方法。对于不同加工方法和不同加工材料，超高速切削的切削速度各不相同。按目前加工技术，通常认为切削钢和铸铁的切削速度在1000m/min以上，切削铜、铝及其合金的切削速度在3000m/min以上，可称为超高速切削。

国外超高速切削已用于切削高合金钢、镍基合金、钛合金和纤维强化复合材料，例如耐热合金为300m/min、钛合金达200m/min。

就加工工种来说，超高速切削的车削速度700 ~ 7000m/min、铣削速度300 ~ 6000m/min和磨削速度达5000 ~ 10000m/min。

二、超高速切削的特点

1）早期国外研究认为，在超高速切削情况下剪切角度随切削速度提高而迅速增大，因而使切削变形减小的幅度较大。

2）超高速切削时，由于切削温度影响使加工材料软化。因此，切削力 F 应减小。例如车削铸铝合金的切削速度达800m/min，切削力 F 比通常切削速度降低50%。

3）超高速切削产生热大部分被切屑带走，因此工件上温度不高。此外，资料表明，当超高速增加一定值时，切削温度随之降低。

4）经实验可知，常规切削速度 v 对刀具寿命 T 影响程度的指数 m 较小，即切削速度提高，刀具寿命急速下降，但在超高速切削阶段，m 指数增大，即使刀具寿命降低的速率较小。

三、超高速切削刀具

超高速切削可选用添加 TaC、NbC 的含 TiC 高的硬质合金、超细颗粒硬质合金、涂层硬质合金、金属陶瓷、立方氮化硼等刀具材料等。

选用刀具角度推荐为：加工铝合金，前角 12° ~ 15°、后角 13° ~ 15°；加工钢，前角 0° ~5°、后角 12° ~15°；加工铸铁，前角 0°、后角 12″等。

此外，应具有高效的切屑处理装置、高压冷却喷射系统和安全防护装置。

超高速切削技术应在相适应的超高速切削机床上使用，机床具有高转速、大功率，其主轴系统、床身、移动系统和控制系统均有特殊要求。

随着科研工作深入展开，超高速切削将在我国模具制造业以及汽车制造业、航空制造业，高生产率的机械制造工业中得到更多的应用。

复习思考题

1. 分析已加工表面的形成过程。
2. 加工中导致表面粗糙的原因有哪些？当已加工表面粗糙度达不到要求时，应从哪些方面着手改善？
3. 表面质量有哪些内容？提高表面质量的途径有哪些？
4. 什么叫加工硬化？它是怎样产生的？对切削过程有什么影响？
5. 切削液的主要作用是什么？
6. 修光刃和副切削刃有什么关系？
7. 粗加工时切削用量的选择原则是什么？为什么？
8. 粗加工时进给量的选择受哪些因素的限制？
9. 何谓残余应力？产生原因有哪些？如何控制？
10. 主偏角、副偏角的功用是什么？它们的选择原则是什么？
11. 刃倾角的功用及选用原则是什么？
12. 加工灰铸铁和普通碳素结构钢时，刀具几何参数的选择有何不同？为什么？
13. 试述难切削材料切削技术的新发展。

第四章　刀 具 材 料

本章应知

1. 了解各种刀具材料及其性能。

2. 了解各种刀具材料的适用性。

本章应会

依加工条件的不同合理选择刀具材料，常用的有高速钢和硬质合金材料。

第一节　概　　述

由机床、刀具、夹具、工件等组成的切削加工工艺系统中，刀具是最活跃的成员。刀具材料性能的好坏取决于其材料和结构。其中，刀具材料起决定作用，它直接影响切削生产率、刀具寿命、加工成本、加工精度和表面质量等的高低。刀具材料包括刀体材料和刀具切削部分材料两部分，但通常刀具材料是指刀具切削部分材料。

一、刀具材料的性能

（1）切削性能　刀具材料部分在高温下承受着很大切削力与剧烈摩擦。在断续切削工作时，还伴随着冲击与振动，引起切削温度的波动。因此，刀具材料应具有的切削性能是高硬度(在室温下60HRC以上的硬度)和高耐磨性，足够的强度与韧性，高的耐热性。

（2）工艺性能　刀具材料应具备好的制造性能、热处理性能、焊接性能、磨削加工性能等。

（3）经济性能　在具有上述性能的同时，刀具材料尽可能满足资源充足、价格低廉的要求。

（4）适应性能　随着科学的发展，各种高强度、高硬度、耐腐蚀和抗拉工程材料愈来愈多的被采用，刀具材料应能适应新型难加工材料的需要。

二、刀具材料的类型

1. 刀体材料

一般刀体均用普通碳钢或合金钢制作。如焊接车、镗刀的刀柄，钻头、铰刀的刀体常用45钢或40Cr制造。尺寸较小的刀具或切削负荷较大的刀具宜用合金钢或高速钢整体制成，如螺纹刀具、成形铣刀、拉刀等；尺寸较小的精密刀具(如小镗刀、小铰刀)也可用硬质合金整体制成。

机夹、可转位硬质合金刀具、镶硬质合金钻头、可转位铣刀等可用合金工具钢，如9SiCr或GCr15等制成刀体。

2. 切削部分材料

目前刀具材料分四大类：工具钢(包括碳素工具钢、合金工具钢、高速钢)、硬质合金、陶瓷及超硬刀具材料等。刀具材料的硬度按照由大到小的顺序为：金刚石刀具、立方氮化硼刀具、陶瓷刀具、硬质合金刀具、高速钢刀具。刀具材料的抗弯强度按照由大到小的顺序为：高速钢刀具、硬质合金刀具、陶瓷刀具、金刚石刀具和立方氮化硼刀具。各种刀具材料的物理力学性能见表4-1。下面分别介绍各种刀具材料的组成、性能、使用等。

表4-1 各种刀具材料的物理力学性能

材料种类		相对密度或密度/(g/cm³)	硬度/HRC (HRA)[HV]	抗弯强度 σ_{bb}/GPa	冲击韧度 α_K/(MJ/m²)	热导率 λ/[W/(m·K)]	耐热性/℃	切削速度大致比值
工具钢	碳素工具钢	7.6~7.8	60~65 (81.2~84)	2.16	—	≈41.87	200~250	0.32~0.4
	合金工具钢	7.7~7.9	60~65 (81.2~84)	2.35	—	≈41.87	300~400	0.48~0.6
	高速钢	8.0~8.8	63~70 (83~86.6)	1.96~4.41	0.098~0.588	16.75~25.1	600~700	1~1.2
硬质合金	钨钴类	14.3~15.3	(89~91.5)	1.08~2.16	0.019~0.059	75.4~87.9	800	3.2~4.8
	钨钛钴类	9.35~13.2	(89~92.5)	0.882~1.37	0.0029~0.0068	20.9~62.8	900	4~4.8
	含有碳化钽、铌类	—	(≈92)	≈1.47	—	—	1000~1100	6~10
	碳化钛基类	5.56~6.3	(92~93.3)	0.78~1.08	—	—	1100	6~10
陶瓷	氧化铝陶瓷	3.6~4.7	(91~95)	0.44~0.686	0.0049~0.0117	4.19~20.93	1200	8~12
	氧化铝碳化物混合陶瓷			0.71~0.88			1100	6~10
	氮化硅陶瓷	3.26	[5000]	0.735~0.83	—	37.68	1300	—
超硬材料	立方氮化硼	3.44~3.49	[800~9000]	≈0.294	—	75.55	1400~1500	—
	人造金刚石	3.47~3.56	[10000]	0.21~8	—	146.54	700~800	≈25

第二节 高 速 钢

工具钢中的碳素工具钢、合金工具钢的性能早已讲过，下面重点讲述高速钢。

一、高速钢刀具材料的性能

高速钢(High Speed Steel,简称HSS)是一种加入了较多的钨(W)、锰(Mo)、铬(Cr)、钒(V)等合金元素的高合金工具钢。高速钢刀具在强度、韧性及工艺性等方面具有优良的综合性能，在复杂刀具，尤其是制造孔加工刀具、铣刀、螺纹刀具、拉刀、切齿刀具等一些刃形复杂刀具时，高速钢占据着重要地位。由于钨(W)、钴(Co)等主要元素的资源紧缺，高速钢刀具在所有刀具材料的比重逐渐下降，今后高速钢的使用比例还将逐渐减少。高速钢刀具的发展方向包括：发展各种少钨(W)的通用型高速钢，扩大使用各种无钴(Co)、少钴(Co)的高性能高速钢，目前，推广使用粉末冶金高速钢(PMHSS)和涂层高速钢。

二、高速钢刀具材料的种类和特点

1. 通用型高速钢

通用型高速钢约占高速钢总产量的75%~80%。按钨钼的含量可分钨系、钨钼系两类。

这类高速钢碳(C)的质量分数为0.7%~0.9%，钨钼钢中钨(W)的质量分数的不同，可分为12%或18%的钨钢、钨(W)的质量分数为6%或8%的钨钼钢、钨(W)的质量分数为2%或不含钨(W)的钼钢。通用型高速钢具有一定的硬度(63~66HRC)和耐磨性、高的强度和韧性、良好的塑性和加工工艺性，因此广泛用于制造各种复杂刀具。

(1) 钨钢 我国长期使用的通用型高速钢中的钨钢，其典型牌号为W18Cr4V，具有较好的综合性能，在600℃时的高温硬度为48.5HRC，可用于制造各种复杂刀具。它有可磨削性好、脱碳敏感性小等优点，但由于碳化物含量较高、分布较不均匀、颗粒较大、强度和韧性不高，特别是热塑性差，不宜做大截面的刀具。钨钢已很少采用，逐渐淘汰，而由钨钼系高速钢取代。

(2) 钨钼钢 钨钼钢是指将钨钢中的一部分钨用钼代替所获得的一种高速钢。钨钼钢的典型牌号是W6Mo5Cr4V2(简称M2)。W6Mo5Cr4V2的碳化物颗粒细小均匀，强度、韧性和高温塑性都比W18Cr4V好。其主要缺点是含钒量稍多，磨削加工性比W18Cr4V差，脱碳敏感性大、淬火温度范围较窄。钨钼钢为W9Mo3Cr4V(简称W9)，其热稳定性略高于W6Mo5Cr4V2钢，抗弯强度和韧性都比W6Mo5Cr4V2好，具有良好的可加工性能。这种钢易轧、易锻，热处理范围较宽、脱碳敏感性小、磨削性能较好。此外，我国还开发了W3Mo2Cr4VSi和W4Mo3Cr4VSiN等低合金高速钢，其价格比W6Mo5Cr4V2钢便宜15%~20%。实验证明，用它们制作低、中速切削的刀具，如中心钻、丝锥、小直径麻花钻等，其切削性能不比W6Mo5Cr4V2差。

2. 粉末冶金高速钢

普通高速钢和高性能高速钢都是用熔炼方法制成的。粉末冶金高速钢(PMHSS)是将高频感应炉熔炼出的钢液，用高压氩气或纯氮气使之雾化，再急冷得到细小均匀的结晶组织(高速钢粉末)，用此粉末在高温、高压下压制成刀坯，或先制成钢坯再经过锻造、轧制成刀具形状，再通过各种加工而成刀具。与熔融法制造的高速钢相比具有以下优点：

1) 粉末冶金高速钢没有碳化物偏析的缺陷，不论刀具截面尺寸有多大，其碳化物晶粒小且均匀，达2~3μm(一般熔炼钢为8~20μm)。因此，粉末冶金高速钢具有较高的力学性能，其强度和韧性分别是熔炼钢的2倍和2.5~3倍。

2) 与熔炼高速钢相比，粉末冶金高速钢的常温硬度能提高1~1.5HRC，热处理后硬度可达69.5~70HRC，600℃时的高温硬度比熔炼钢高2~3HRC，高温硬度提高尤为显著。由于PMHSS碳化物颗粒均匀，分布的表面积较大，且不易从切削刃上剥落，故PMHSS刀具的耐磨性也提高20%~30%。

3) 由于碳化物细小均匀且含钒量适当提高，PMHSS的可磨削性较好。

4) 由于物理力学性能各向同性，可减少热处理变形和应力。PMHSS适合制造钻头、拉刀、螺纹刀具、滚刀、插齿刀等复杂刀具。在粉末冶金高速钢表面进行PVD涂层TiC、TiCN、TiAlN后，切削速度可进一步提高。

表4-2为我国常用高速钢的主要牌号和性能，表4-3为我国粉末冶金高速钢的主要牌号，表4-4为国内外常用几种粉末冶金高速钢的牌号及化学成分。

表 4-2 我国常用高速钢的主要牌号和性能

牌号		硬度/HRC	抗弯强度 σ_{bb}/MPa	冲击韧度 a_K/(MJ/m^2)	600℃时硬度/HRC
通用高速钢	W18Cr4V	63~66	3000~3400	0.18~0.32	48.5
	W6Mo5Cr4V2	63~66	3500~4000	0.3~0.4	47~48
	W9Mo3Cr4V	65~67	4000~4500	0.35~0.4	
含铝高速钢	W6Mo5Cr4V2Al	68~69	3430~3730	0.23~0.3	55
	W10Mo4Cr4V3Al	68~69	3010	0.2~0.8	54
含钴高速钢	W12Mo3CrV3Co5Si	69~70	2350~2650	0.1~0.22	54
	W9Mo3Cr4V3Co10	66~69	2310		55
	W7Mo4Cr4V2Co5	65~68	2450~2950	0.23~0.3	54
	W2Mo9Cr4VCo8	66~70	2450~2950	0.23~0.3	55
含钒高速钢	W12Cr4V4Mo	63~66	3140	0.1	52
	W6Mo5Cr4V3	63~66	3140	0.24	51.7
	W9Cr4V5	63~66	3140	0.245	

表 4-3 我国粉末冶金高速钢的主要牌号

钢型	代号	牌号	性能
粉末冶金高速钢	FI15	W12Cr4V5Co5	可用来制造大尺寸、承受重载、冲击大的刀具，也可用来制造精密刀具
	FR71	W10Mo5Cr4V2Co12	
	GF1	W18Cr4V	
	GF2	W6Mo5Cr4V2	
	GF3	W10Mo5Cr4V3Co9	
	PT1	W18Cr4V	
	PVN	W12Mo3Cr4V3N	

表 4-4 国内外常用几种粉末冶金高速钢的牌号及化学成分

牌号		成分(质量分数)(%)						
		C	Cr	Mo	W	Co	V	Nb
法国	ASP2017	0.8	4.2	3	3	8	1	
	ASP2023	1.28	4.2	5	6.4		3.1	
	ASP2030	1.28	4.2	5	6.4	8.5	3.1	1
	ASP2053	2.45	4.2	3.1	4.2		8	
	ASP2060	2.3	4.2	7	6.5	10.5	6.5	
美国	CPM M2	0.9	4.2	5	6.4		2	
	CPM M42	1.1	3.8	9.5	1.5	8	1.2	
日本	HAP10	1.3	4	6	3		4	
	HAP20	1.5	4	7	2	5	4	
	HAP40	1.3	4	5	6.5	8	3	
	HAP50	1.5	4	6	8	8	4.5	
	HAP70	1.9	4	10	12	12	4.5	
	HAP72	1.9	4	8	10	10	5	

（续）

牌号		成分（质量分数）（%）						
		C	Cr	Mo	W	Co	V	Nb
中国	FT15	1.5	4	<1	12	5	5	
	FR71	1.2	4	5	10	12	2	
	GF1	0.85	4		18		1	
	GF2	1.1	4	5	6		2	
	GF3	1.5	4	5	10	9	3	

第三节　硬质合金

硬质合金是由硬度和熔点很高的碳化物（称硬质相）和金属（称粘结相）通过粉末冶金工艺制成的。硬质合金刀具中常用的碳化物有 WC、TiC、TaC、NbC 等。常用的粘结剂是 Co，碳化钛的粘结剂是 Mo、Ni。其物理力学性能取决于合金的成分、粉末颗粒的粗细以及合金的烧结工艺。由于有高硬度、高熔点的性质，常温硬度达 89 ~ 94HRA，耐热温度达 800 ~ 1000℃。切削钢时，切削速度可达 220m/min 左右。加入熔点更高的 TaC、NbC，可使耐热温度提高到 1000 ~ 1100℃，切削钢时，切削速度进一步提高到 200 ~ 300m/min。

硬质合金按晶粒大小可分为普通硬质合金、细晶粒硬质合金和超细晶粒硬质合金。按主要化学成分可分为碳化钨基硬质合金和碳（氮）化钛[TiC(N)]基硬质合金。碳化钨基硬质合金包括钨钴类（YG）、钨钴钛类（YT）和添加稀有碳化物类（YW）三类。

ISO（国际标准化组织）将切削用硬质合金分为三类：①K 类，包括 K10 ~ K40，相当于我国的 YG 类（主要成分为 WC—Co）；②P 类，包括 P01 ~ P50，相当于我国的 YT 类（主要成分为 WC—TiC—Co）；③M 类，包括 M10 ~ M40，相当于我国的 YW 类[主要成分为 WC—TiC—TaC(NbC)—Co]。每种中的牌号分别以一个 01 ~ 50 之间的数字表示从最高硬度到最大韧性之间的一系列合金，以供各种被加工材料的不同切削工序及加工条件时选用。

一、碳化钨基硬质合金

1. 钨钴类（YG）硬质合金（GB/T 2075—2007 标准中 K 类）

这类硬质合金由 WC 和 Co 组成。我国生产的常用牌号有 YG3、YG3X、YG6、YG6X 和 YG8 等。YG 类合金主要用于加工铸铁、有色金属和非金属材料。这类合金的硬度为 89 ~ 91.5HRA，抗弯强度为 1100 ~ 15000MPa。YG 类硬质合金的晶粒有粗细之分。一般硬质合金（如 YG6、YG8）均为中等晶粒，YG3X 和 YG6X 为细晶粒硬质合金。在含钴量相同时，细晶粒硬质合金的硬度和耐磨性要高些，但抗弯强度和韧性则要低一些。细晶粒硬质合金适用于加工一些特殊的硬铸铁、奥氏体不锈钢、耐热合金、钛合金、硬青铜、硬的和耐磨的绝缘材料等。表 4-5 为常用钨钴类（YG）硬质合金刀具材料的性能。

表 4-5　常用钨钴类（YG）硬质合金刀具材料的性能

牌号	成分（质量分数）	硬度 HRA	强度 /MPa	弹性模量/GPa	热导率 λ /[W/(m·K)]	线胀系数 $\times10^{-6}/K^{-1}$	密度 /(g/cm³)	相近的 ISO 牌号
YG3	WC + 3% Co	91.0	1080	667 ~ 677	87.86	—	14.9 ~ 15.3	K01
YG3X	WC + 3% Co	91.5	1100	—	—	4.1	15.0 ~ 15.3	

（续）

牌号	成分(质量分数)	硬度 HRA	强度 /MPa	弹性模量/GPa	热导率 λ /[W/(m·K)]	线胀系数 $\times10^{-6}/K^{-1}$	密度 $/(g/cm^3)$	相近的 ISO 牌号
YG6	WC+3%Co	89.5	1450	630~640	79.6	4.5	14.6~15.0	K10
YG6X	WC+3%Co	91.0	1400	—	79.6	4.4	14.6~15.0	K05
YG8	WC+3%Co	89.0	1500	600~610	75.4	4.5	14.5~14.9	K20

注：Y 表示硬质合金；G 表示钴，其后的数值表示钴的质量含量；X 表示细晶粒硬质合金。

2. 钨钴钛类(YT)硬质合金(GB/T 2075—2007 标准中 P 类)

此种合金中的硬质相除 WC 外，另含有 5%~30%(质量分数)的 TiC。常用牌号有 YT5、YT14、YT15 及 YT30，TiC 含量(质量分数)分别为 5%、14%、15% 和 30%。这类合金的硬度为 89.5~92.5HRA，抗弯强度为 900~1400MPa。随着合金成分中 TiC 含量提高和 Co 含量的降低，硬度和耐磨性提高，抗弯强度则降低。与 YG 类硬质合金比较，YT 类合金的硬度提高了，但抗弯强度特别是冲击韧度显著降低。因此，在焊接及刃磨时需注意防止过热而使刀片产生裂纹。YT 类硬质合金的突出优点是耐热性好，且 TiC 含量愈高，耐热性愈好。因此，当要求刀具有较高的耐热性时，应选用 TiC 含量较高的牌号。当刀具在切削过程中受冲击和振动而引起崩刃时，则选用 TiC 含量低的牌号。表 4-6 为常用钨钴钛类(YT)硬质合金刀具材料的性能。

表 4-6 常用钨钴钛类(YT)硬质合金刀具材料的性能

牌号	成分(质量分数)	硬度 /HRA	强度 /MPa	弹性模量 /GPa	热导率 λ /[W/(m·K)]	线胀系数 $\times10^{-6}/K^{-1}$	密度 $/(g/cm^3)$	相近的 ISO 牌号
YT30	WC+30%TiC+4%Co	92.5	900	400~410	20.9	7.0	9.3~7	P01
YT15	WC+15TiC+6%Co	91.0	1150	520~530	33.58	6.5	11.0~11.7	P10
YT14	WC+14TiC+8%Co	90.5	1200	—	33.5	6.2	11.2~12.0	P20
YT5	WC+5TiC+10%Co	89.5	1400	590~600	62.8	6.1	12.5~13.2	P30

注：Y 表示硬质合金；T 表示碳化钛，其后的数值表示碳化钛的含量。

3. 添加稀有碳化物类(YW)硬质合金(GB/T 2075—1998 标准中 M 类)

在普通硬质合金中添加 TiC、NbC 后，能够有效地提高常温与高温硬度及高温强度，细化晶粒，提高抗扩散和抗氧化磨损的能力，从而提高了耐磨性。在 YT 类硬质合金中加入 TiC(NbC)可提高其抗弯强度、疲劳强度、冲击韧度、高温强度、抗氧化能力和耐磨性。常用牌号有 YW1 和 YW2(国际上为 M 类)。YW 类合金兼具 YG、YT 类合金的性能，终合性能好，它既可用于加工钢料，又可用于加工铸铁和有色金属。这类合金如适当增加钴含量，强度可很高，可用于各种难加工材料的粗加工和断续切削。表 4-7 为常用合金(YW)硬质合金刀具材料的性能。

表 4-7 常用合金(YW)硬质合金刀具材料的性能

牌号	成分(质量分数)	硬度 /HRA	强度 /MPa	热导率 λ/[W/(m·K)]	线胀系数 $\times10^{-6}/K^{-1}$	密度 $/(g/cm^3)$	相近的 ISO 牌号
YW1	WC+6%TiC+4%TaC(NbC)+6%Co	91.5	1200	—	—	12.8~13.3	M10

（续）

牌号	成分（质量分数）	硬度/HRA	强度/MPa	热导率 λ/[W/(m·K)]	线胀系数 $\times10^{-6}/K^{-1}$	密度/(g/cm^3)	相近的ISO牌号
YW2	WC +6% TiC +4% TaC (NbC) +8% Co	90.5	1350	—	—	12.6 ~13.0	M20

注：Y 表示硬质合金；W 表示通用合金。

二、碳(氮)化钛基硬质合金

20 世纪 80 年代初估计世界已探明的钨(W)资源只够用 50 年，而 Ti 储量约为 W 的 1000 倍。碳(氮)化钛基硬质合金[TiC(N)]是以 TiC 代替 WC 为硬质相，以 Ni、Mo 等作粘结相制成的硬质合金，其中 WC 含量较少，其耐磨性优于 WC 基硬质合金，介于陶瓷和硬质合金之间，也称为金属陶瓷。

TiC(N)基硬质合金的特点：由于 TiC(N)基硬质合金有接近陶瓷的硬度和耐热性，加工时与钢的摩擦系数小，且抗弯强度和断裂韧度比陶瓷高。因此，TiC(N)基硬质合金可作为高速切削加工刀具材料，用于精车时，切削速度比普通硬质合金提高 20%~50%。在钢的高速切削，特别是对表面粗糙度值要求较低的粗加工和半精加工中，TiC(N)基合金是最好的。

三、超细晶粒硬质合金

超细晶粒硬质合金是一种高硬度、高强度兼备的硬质合金，它具有硬质合金的高硬度和高速钢的强度。普通硬质合金晶粒为 3 ~5μm，一般细晶粒硬质合金的晶粒度为 1.5μm 左右，微细晶粒合金为 0.5 ~1μm，而细晶粒硬质合金 WC 的晶粒度在 0.5μm 以下。晶粒细化后，不但可以提高合金的硬度、耐磨性、抗弯强度和抗崩刃性，而且高温硬度也将提高。超细晶粒硬质合金比同样成分的普通硬质合金的硬度可提高 2HRA 以上，抗弯强度可提高 600 ~800MPa。

第四节 陶 瓷

陶瓷刀具具有硬度高、耐磨性能好、耐热性和化学稳定性优良等特点，且不易与金属粘结。

陶瓷刀具广泛用于高速切削、干切削、硬切削以及难加工材料的切削加工。陶瓷刀具可以高效加工传统刀具根本不能加工的高硬材料，实现“以车代磨”；陶瓷刀具的最佳切削速度可以比硬质合金刀具高 2 ~10 倍，从而大大提高了切削加工生产率。

陶瓷刀具材料大多数为复合陶瓷，其中以氧化铝(Al_2O_3)或以氮化硅(Si_3N_4)应用最多。在上述基体中，相应添加 TiC、SiC、TiB_2 等作粘结剂烧结即成为陶瓷刀具坯料。

一、陶瓷刀具的特性

（1）硬度高、耐磨性能好　陶瓷刀具的硬度虽然不及金刚石刀具(PCD)和立方氮化硼刀具(PCBN)高，但大大高于硬质合金和高速钢刀具，达到 93 ~95HRA。最佳切削速度比硬质合金刀具高 2 ~10 倍，而且寿命长，可减少换刀次数，大大提高了切削加工生产效率。陶瓷刀具可以加工传统刀具难以加工的高硬材料，适合于高速切削和硬切削。

（2）耐高温、耐热性好　陶瓷刀具在 1200℃以上的高温下仍能进行切削。陶瓷刀具具有很好的高温力学性能，在800℃时的硬度为87HRA，在1200℃时的硬度仍达到80HRA。随温度的升高，陶瓷刀具的高温力学性能降低很慢。Al_2O_3 陶瓷刀具的抗氧化性能特别好，切削刃即使处于赤热状态，也能连续使用。因此，陶瓷刀具可以实现干切削，从而可省去切削液。

(3) 化学稳定性好 陶瓷刀具不易与金属产生粘接，且耐腐蚀，化学稳定性好，可减小刀具的粘结磨损。

(4) 摩擦系数低 陶瓷刀具与金属的亲和力小，摩擦系数低，可降低切削力和切削温度。

(5) 原料丰富 陶瓷刀具材料使用的主要原料 Al_2O_3、SiO_2、碳化物等，它们由地壳中最丰富的元素组成，这对发展陶瓷刀具材料十分有利。

二、陶瓷刀具的制备

陶瓷刀具材料的制备工艺。首先对原材料进行处理(如除去杂质)，再按一定的配比进行配料，得到的混合料需进一步细化球磨。球磨是在球磨机上进行的，依靠球对原料的击碎、磨削作用，使粉末细化。在球磨时，既有粉碎作用又有混合作用，湿式球磨的效率比干磨高。常用的球磨介质为纯酒精或丙酮，所采用的球一般为硬质合金球或陶瓷球。球磨后浆料需要进行干燥，干燥后在氮气流中过筛。干燥得到的粉料即可烧结成型。成型块可通过各种方法(如磨削加工,电火花线切割等)加工成陶瓷刀具产品。烧结方法主要有三种，即冷压法、热压法和热等静压法。

三、陶瓷刀具的种类

1. 氧化铝—碳化物系陶瓷

将一定量的碳化物(TiC)添加到 Al_2O_3 中，并采用热压工艺制成，称混合陶瓷或组合陶瓷。TiC 的质量分数达30%左右时即可有效地提高陶瓷的密度、强度与韧性，改善耐磨性及抗热振性，使刀片不易产生热裂纹，不易破损。

混合陶瓷适合在中等切削速度下切削难加工材料，如冷硬铸铁，淬硬钢等。把 TiB_2 加入到 Al_2O_3 基体中制成的 Al_2O_3/TiB_2 陶瓷刀具材料，有利于提高材料物理力学性能和切削加工性能，是高效加工某些难加工材料最有前途的刀具材料。如用 Al_2O_3/TiB_2 所做的刀具加工 40CrNiMoA 时，刀具寿命为 Al_2O_3/TiC 所做刀具的3倍。

2. 氮化硅基陶瓷刀具

Si_3N_4 陶瓷刀具材料是陶瓷刀具品种的一大突破，断裂韧度显著提高，热稳定性和抗热裂性高于 Al_2O_3 基陶瓷刀具，线胀系数低，化学稳定性好，抗热冲击性能好。Si_3N_4 陶瓷刀具更适于高速加工铸铁及铸铁合金、冷硬铸铁等高硬度材料。加工钢件时，其性能不如 Al_2O_3 基陶瓷刀具材料。

Si_3N_4/TiC 陶瓷刀具，具有优良的耐磨性、热硬性和抗热冲击性。TiC 作为弥散相提高了刀具的硬度和耐磨性。与硬质合金刀具相比，刀具寿命可提高十几倍，切削速度可提高3~10倍。

第五节 超硬刀具材料

超硬刀具材料指金刚石与立方氮化硼。

一、金刚石

金刚石是碳的同素异构体，是目前最硬的物质，现已采用高温高压人工合成金刚石（PCD）。

1. 金刚石刀具材料性能特点

（1）极高的硬度和耐磨性　天然金刚石的显微硬度达10000HV，是自然界已经发现的最硬的物质。金刚石具有极高的耐磨性，天然金刚石的耐磨性为硬质合金的80～120倍，人造金刚石的耐磨性为硬质合金的60～80倍。加工高硬度材料时，金刚石刀具的寿命为硬质合金刀具的10～100倍，甚至高达几百倍。

（2）各向异性　单晶金刚石晶体不同晶面的硬度、耐磨性能、微观硬度、研磨加工的难易程度以及工件材料之间的摩擦系数等相差很大，因此，设计和制造单晶金刚石刀具时，必须正确选择晶体方向，对金刚石原料必须进行晶体定向。金刚石刀具的前、后面的选择是设计单晶金刚石刀具的一个重要问题。

（3）具有很低的摩擦系数　金刚石与一些有色金属之间的摩擦系数比其他刀具都低，约为硬质合金刀具的一半。通常在0.1～0.3之间。如金刚石与黄铜、铝和纯铜之间的摩擦系数分为0.1、0.3和0.25。摩擦系数低，导致加工时变形小，可减小切削力。

（4）切削刃非常锋利　金刚石刀具的切削刃可以磨得非常锋利，切削刃钝圆半径一般可达0.1～0.5μm。天然单晶金刚石刀具可高达0.002～0.008μm。因此，天然金刚石刀具能进行超薄切削和超精密加工。

（5）具有很高的导热性能　金刚石的热导率为硬质合金的1.5～9倍，为铜的2～6倍。由于热导率及扩散率高，切削热容易散出，刀具切削部分温度低。

（6）具有较低的线胀系数　金刚石的线胀系数比硬质合金小许多，约为高速钢的1/10。因此，金刚石刀具不会产生很大的热变形，即由切削热引起的刀具尺寸的变化很小，这对尺寸精度要求很高的精密和超精密加工来说尤为重要。

2. 金刚石刀具材料的种类

（1）天然单晶金刚石刀具　单晶金刚石可分为天然单晶金刚石和人工合成单晶金刚石。

天然单晶金刚石刀具是将经研磨加工成一定几何形状和尺寸的单颗粒大型金刚石，用焊接式、粘接式、机夹式或粉末冶金方法固定在刀杆或刀体上，然后装在精密机床上使用。目前，天然金刚石刀具超精密镜面切削技术得到迅速发展，应用市场迅速扩大，需求量迅速增大。目前，主要用于铜及铜合金、铝和铝合金以及金、银、铑等贵重特殊工件的超精加工，如录像机磁盘、光学平面镜、多面镜、二次曲面镜等。

单晶金刚石用于制作切削刀具必须是大颗粒（质量大于0.1g，最小径长不得小于3mm）。由于人工合成大颗粒单晶金刚石制造技术复杂、生产率低、制造成本高，所以仍没有大量进入应用领域。设计和制造单晶金刚石刀具时，必须正确选择晶体方向，对金刚石原料必须进行定向。

（2）人造聚晶金刚石（Poly Crstalline Diamond，简称PCD）　人造金刚石是通过合金触媒的作用，在高温高压下由石墨转化而成。PCD的硬度低于单晶金刚石，但PCD属各向同性材料，使得刀具制造中不需要定向；由于PCD结合剂具有导电性，使得PCD便于切割成型，且成本远低于天然金刚石；PCD原料来源丰富，其价格只有天然金刚石的几十分之一至几分之一。因此，PCD应用远比天然金刚石刀具广泛。

PCD 刀具无法磨出极其锋利的刃口，所加工工件的表面质量也不如天然金刚石，PCD 只能用于有色金属和非金属的精切，很难达到超精密精面切削。

(3) CVD 金刚石刀具　CVD 金刚石是指用化学气相沉积法(CVD)在异质基体(如硬质合金、陶瓷等)上合成金刚石膜，CVD 金刚石具有天然金刚石完全相同的结构和特性。

CVD 金刚石不含任何金属或非金属添加剂，因此 CVD 金刚石的性能与天然金刚石相比十分接近，兼具单晶金刚石和聚晶金刚石(PCD)的优点，在一定程度上又克服了他们的不足。CVD 金刚石被看做是一种有前景的新金刚石材料。目前研制的 CVD 金刚石膜产品的径向直径已超过 110μm，厚度达毫米级，而且可调。

二、立方氮化硼

立方氮化硼(Cubic Born Nitride，简称 CBN)是自然界中不存在的物质，CBN 是氮化硼(BN)的同素异构体之一。它是由六方氮化硼(白石墨)在高温高压下转化而成的，有单晶体和多晶体之分。

1. 立方氮化硼刀具材料的种类

结构与金刚石相似，由于立方氮化硼与金刚石在晶体上的相似性，决定了它与金刚石有相近的硬度，又具有高于金刚石的热稳定性和对铁元素的高化学稳定性，CBN 单晶主要用于制作磨料和磨具。

PCBN(Polycrystalline Cubic Born Nitride)是在高温高压下将微细的 CBN 材料通过结合相(如 TiC、TiN、Al、Ti 等)烧结在一起的多晶材料，是目前利用人工合成的硬度仅次于金刚石的刀具材料，它与金刚石统称为超硬刀具材料。PCBN 克服了 CBN 单晶容易解理和各向导性等的不足。因此，PCBN 主要用于制作刀具和其他工具。

2. 立方氮化硼的主要性能特点

立方氮化硼的硬度虽略次于金刚石，但却远远高于其他高硬度材料。CBN 的突出优点是稳定性比金刚石高得多，可达 1200℃以上(金刚石为 700～800℃)，另一个突出优点是化学惰性大，与铁元素在 1200～1300℃下也不起化学反应。立方氮化硼的主要性能特点如下：

(1) 高的硬度材料和耐磨性　具有与金刚石相近的硬度和强度。硬度达到 3000～5000HV。耐磨性为硬质合金刀具的 50 倍，为陶瓷刀具的 25 倍。特别适合于加工高硬度材料，能获得较好的工件表面质量，实现“以车代磨”。

(2) 具有很高的热稳定性　热硬性可达 1400～1500℃，比金刚石的热硬性(700～800℃)几乎高 1 倍。可用比硬质合金刀具高 3～5 倍的速度高速切削高温合金和淬硬钢。

(3) 优良的化学稳定性　CBN 的化学惰性大，在还原性的气体介质中，对酸和碱都是稳定的，在大气和水蒸气中，在 900℃以下无任何变化，且稳定。它与铁系材料在 1200～1300℃时也不起化学作用，与各种材料的粘结和扩散作用比硬质合金小得多。它具有很高的抗氧化能力，在 1000℃时也不会产生氧化现象。

(4) 具有较好的热导性　CBN 的热导性虽然赶不上金刚石，但是在各类刀具材料中 PCBN 的热导性仅次于金刚石，大大高于高速钢和硬质合金。CBN 的热导率是纯铜的 3.2 倍，是硬质合金的 20 倍，立方氮化硼与陶瓷的热导率的比率为 37.1，热扩散率比值为 65.5，而且随着温度的升高，PCBN 刀具热导率高可使刀尖处温度降低，减小刀具的磨损，有利于加工精度的提高。在同样切削条件下 PCBN 刀具的切削温度要低于硬质合金刀具。

(5) 具有较低的摩擦系数　CBN 与不同材料间的摩擦系数约为 0.1～0.3，比硬质合金的摩擦系数(0.4~0.6)小得多。低的摩擦系数可导致切削时切削力减小，切削温度降低，加工表面质量提高。

3. 立方氮化硼刀具适合加工的工件材料

PCBN刀具适合加工的工件材料有硬度在45HRC以上的淬硬钢和耐磨铸铁、35HRC以上的耐热合金以及30HRC以下而其他刀片很难加工的珠光体灰铸铁。PCBN刀具既能胜任淬硬钢(45~5HRC)、轴承钢(60~2HRC)、高速钢(>62HRC)、工具钢(57~0HRC)、冷硬铸铁的高速半精车和精车，又能胜任高温合金、热喷涂材料、硬质合金及其他难加工材料的切削加工。被加工材料的硬度越高越能体现PCBN刀具的优越性。如果被加工材料硬度过低，则PCBN刀具的优势不太明显。

复习思考题

1. 对刀具材料应有哪些基本要求？它们对刀具的切削性能有何影响？
2. 高速钢刀具材料有哪些性能特点？适用于什么加工范围？
3. 常用硬质合金刀具材料有哪些种类？各有何性能特点？适用于什么加工范围？
4. 陶瓷及超硬刀具材料各有什么优缺点？其主要用途是什么？
5. 粗车下列工件材料外圆时，可选择什么刀具材料？

(1) 45钢　(2) 灰铸铁　(3) 黄铜　(4) 铸铝

(5) 不锈钢　(6) 钛合金　(7) 高锰钢　(8) 高温合金

6. 简单分析刀具材料的发展方向。

第五章　车刀及成形车刀

本章应知

1. 熟悉认识各种车刀。
2. 绘制普通车刀工作图。
3. 会设计成形车刀。

本章应会

1. 会选择车刀，会磨制一般车刀。
2. 会车削加工操作(车台阶、外圆、内孔、螺纹等)。

车刀是应用最广的一种刀具。本章主要讲解焊接、机夹及可转位三种类型车刀的选择与使用要点。虽然车刀是单刃刀具，但却是学习、研究多刃刀具的基础。

第一节　车刀的类型

车刀按加工表面特征分：外圆车刀、车槽车刀、螺纹车刀、内孔车刀等。表5-1为常用车刀的形式及代号。

表5-1　常用车刀的形式及代号

编号	代号	形式及用途	示意图	编号	代号	形式及用途	示意图
1	02	45°端面车刀		7	07	切断车刀	
2	06	90°正切(右)外圆车刀			04	车槽车刀	
3	16	外螺纹车刀		8	13	内孔车槽车刀	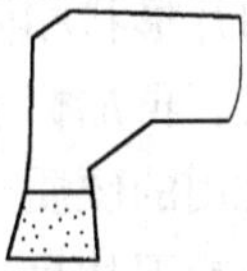
4	14	70°外圆车刀		9	12	内螺纹车刀	
5		成形车刀		10	09	95°内孔车刀	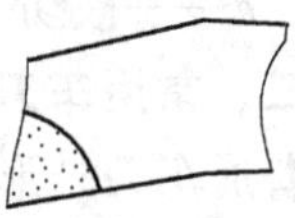
6	06L	90°反切(左)外圆车刀		11	08	75°内孔车刀	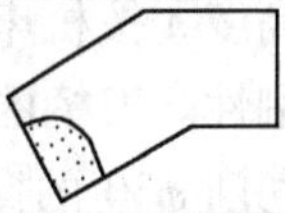

车刀按结构分类，有整体式、焊接式、机夹式和可转位式四种形式，如图5-1所示。

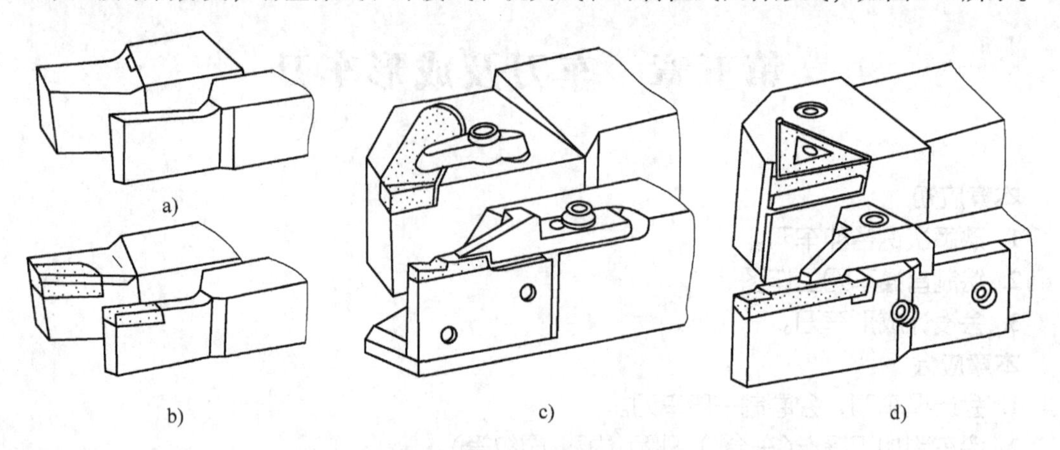

图5-1 车刀的结构类型

a）整体式 b）焊接式 c）机夹式 d）可转位式

第二节 焊接车刀

焊接车刀是由刀片和刀柄通过焊接连接成一体的车刀。一般刀片选用硬质合金，刀柄用45钢。选购焊接车刀时，应根据车床种类、加工用途等因素考虑车刀形式、刀片材料与型号、刀柄材料、外形尺寸及刀具几何参数等。

一、硬质合金焊刀片的选择

选择硬质合金焊接刀片除材料牌号外还应合理选择型号。刀片形式和尺寸由一个字母和三位数字组成。字母和第一位数字代表刀片的形式，后二位数字表示刀片的主要尺寸。如：

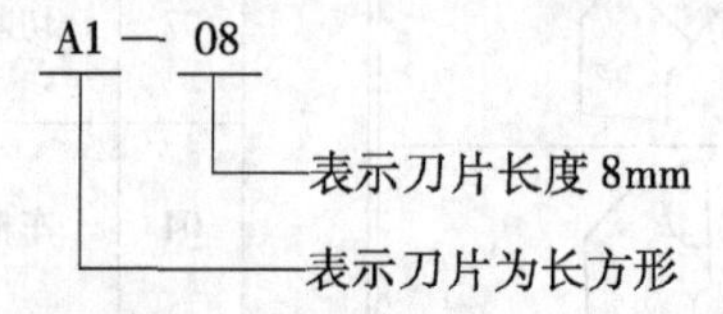

刀片形状相同，有不同尺寸规格时，数字后加字母A。用于反(左)切刀(见表5-1中6)的形式，再加标字母L。

常用的硬质合金刀片形状，如图5-2所示。

选择刀片尺寸时，主要考虑的是刀片长度，一般为切削宽度的(1.6~2倍)，车槽车刀的刃宽不应大于工件槽宽，其中切断车刀的宽度B可按如下经验估算

$$B=0.6\sqrt{d}$$

式中 d——被切工件直径。

二、常用车刀刀柄形式及尺寸

普通车刀外形尺寸主要是高度、宽度和长度。刀柄截面形状为矩形或方形，一般选用矩形，高度 h 按机床中心选择，见表5-2。当刀柄高度尺寸受到限制时，可加宽为方形，以提高其刚性。刀柄的长度一般为其高度的6倍。切断车刀工作部分的长度需大于工件的半径。例如切断 $\phi30$ 的棒料，切断车刀的工作长度须大于15mm。

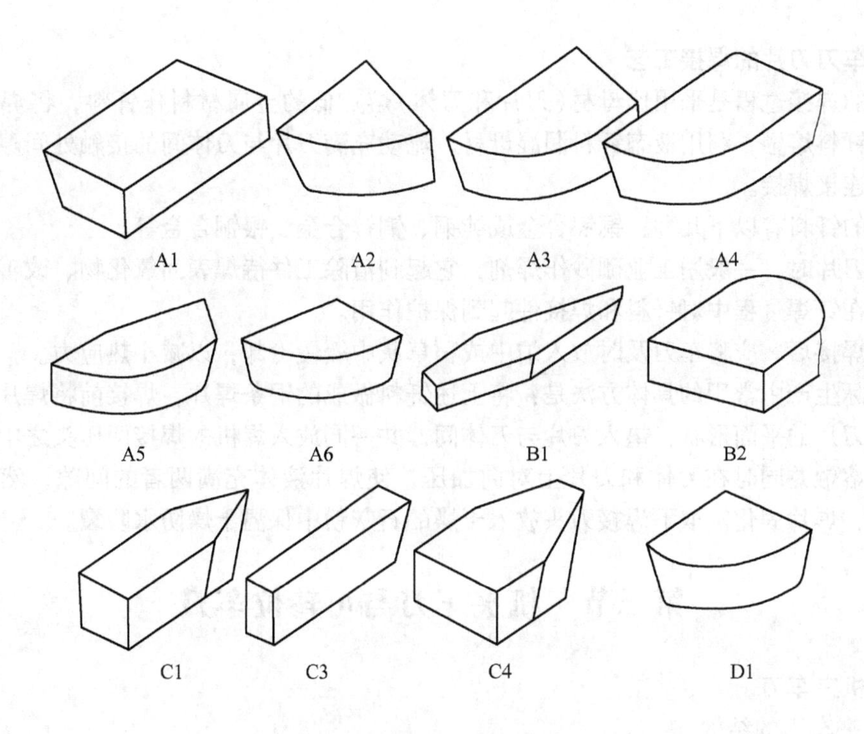

图 5-2　常用焊接刀片形式

表 5-2　常用车刀刀柄截面尺寸

机床中心高/mm	150	180~200	260~300	350~400
方刀柄断面 H^2/mm²	16^2	20^2	25^2	30^2
矩形刀断面(B/mm)×(H/mm)	12×20	16×25	20×30	25×40

内孔车刀用的刀柄，其工作部分截形一般做成圆形，长度需大于工件孔深。

螺纹车刀或成形车刀，因工作切削刃较长，可选用特殊的弹性刀柄，以防切削时扎刀。

车刀刀柄刀片定位安装并焊接的刀槽形式应根据车刀形式与刀片形式选择，见表 5-3。

表 5-3　刀片槽型与使用特点

简图					
名称	开口槽	半封闭槽	封闭槽	坎入槽	V 形槽
特点	焊接面最小 刀片应力小 制造简单	夹持牢固 焊接面大 易产生应力	夹持牢固 焊接应力大 易产生裂纹	增加焊接面， 提高结合强度	
用途	外圆车刀 弯头车刀 车槽车刀	90°外圆车刀 内孔车刀	螺纹车刀	底面较小的刀片， 如车槽车刀等	
配用刀片	A1　C3　C4 B1　B2	A2　A3　A4 A5　A6　D1	C1	A1　C3	

三、车刀刀片的焊接工艺

刀片的焊接过程是采用比母材（刀片和刀体）熔点低的金属材料作钎料，将焊接件和钎料加热后钎料熔融，利用液态钎料润湿母材，流动充满刀片与刀体间的接触处间隙，冷却固化后实现连接焊接。

常用的钎料有以下几种：铜镍合金或纯铜、铜锌合金、银铜合金等。

焊接刀片时，一般用工业硼砂作焊剂，它起到清除工件待焊表面氧化物、改善润滑性的作用，并在钎焊过程中对钎料和焊接件起到保护作用。

刀片焊接后，应将车刀及时放入炉中或稻草灰中缓慢冷却，以减小热应力。

在实际生产中常用的具体方法是：将上述钎料做成的铜条焊片，焊接前将焊片剪成所焊硬质合金刀片的平面形状，垫入刀片与刀体间，并一同放入焊机的焊接两压头之中，用电加热使焊片熔融并同时在刀体和刀片上对向加压，使焊片液体充满两者的间隙；然后停电降温，停压，焊片固化。取下焊接刀头放入干燥的石灰粉中保温干燥防水防裂。

第三节　机夹车刀与可转位车刀

一、机夹车刀

1. 机夹车刀的结构

机夹车刀是用机械方法定位、夹紧刀片，通过刀片体外刃磨与安装倾斜后，综合形成刀具角度的车刀。使用中刃口磨损后将刀片拆下重磨，再装入刀体中即可使用。

机夹车刀的优点在于避免焊接引起的裂纹、崩刃及硬度下降等，刀柄能多次使用，刀具几何参数设计选用灵活。如采用集中刃磨对提高刀具质量、方便管理、降低刀具费用等方面都有利。机夹车刀的结构形式很多，现介绍以下几种：图 5-3a 为上压式机夹车刀，利用螺钉、压板将刀片压紧在刀槽中调整螺钉可调整刀片的位置；图 5-3b 为靠切削力夹紧的自锁式，它是利用切削合力将刀片夹紧在 1∶30 的斜槽中；图 5-3c 为上压式弹性夹紧切刀；图 5-3d 为侧压立装式车刀；图 5-3e 为削扁销机夹螺纹车刀；图 5-3f 为利用刀柄上开的弹性槽夹紧刀片，利用切削合力将刀片夹紧在斜槽中。

2. 重磨

在已定后角结构情况时只磨前面，适用于立装刀片的结构。刀片立装的优点是可增大刀片的承载能力，还可减少前面的重磨面积。这种结构适合于重切削、刨、铣等有冲击工作的刀具。刀片沿后面伸出调节，也可经多次重磨使用。

机夹车刀一般需重磨两个面，但也可选用重磨三个面的车刀（见图 5-3b），甚至只磨一个刀面的车刀（见图 5-3e、f）。

重磨三个面的车刀所有角度都是通过刃磨得到的，变化几何角度灵活方便，刀槽不需倾斜，设计制造简单，但由于刃磨带来的热裂缺陷可能性较大，一般使用较少。

只磨一个刀面的车刀，重磨工作量最小，便于实现机械化刃磨。但不磨刀面的倾斜角度必须通过刀片的安装来形成。因此，这种机夹车刀设计制造较复杂。同时刃倾角与倾斜安装形成的后角有关，不能随意变化。

二、可转位车刀

1. 可转位车刀的结构

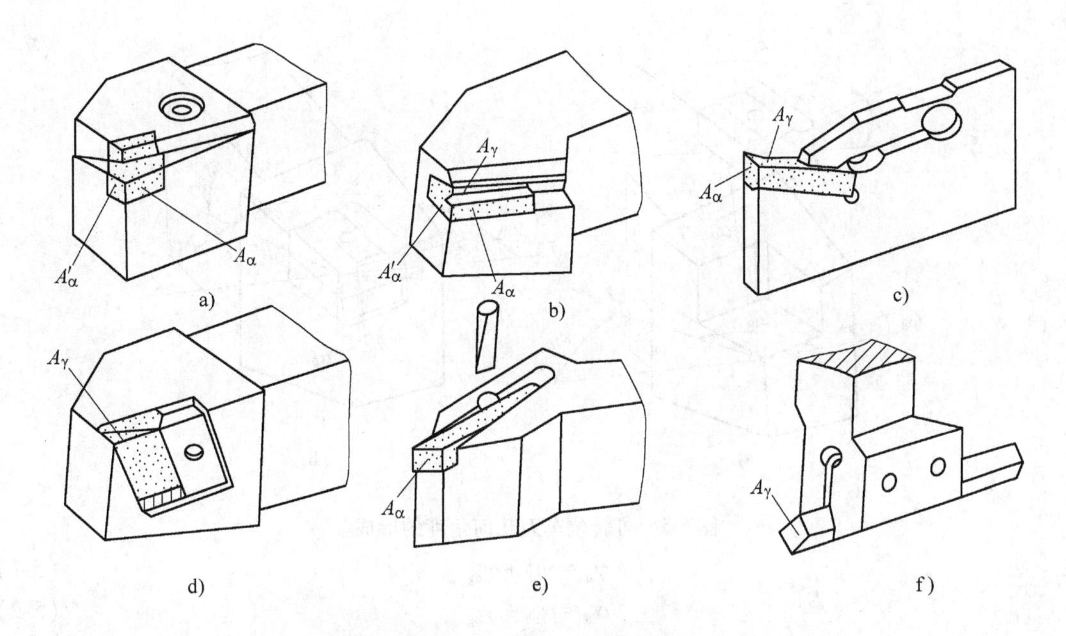

图 5-3　机夹刀具的结构形式

a）上压式机夹车刀　b）切削力自锁车刀　c）弹性夹紧式切刀

d）侧压立装式车刀　e）削扁销机夹螺纹车刀　f）弹性夹紧式刨刀

可转位车刀由刀片、刀垫、刀柄及夹紧元件等组成，如图 5-4 所示。刀片上已压出断屑槽，周边各面已精磨加工，符合使用要求。使用时，按某种装夹方式装在刀体上，即可直接使用，刃口磨钝后，可方便转位换刃，不需重磨。

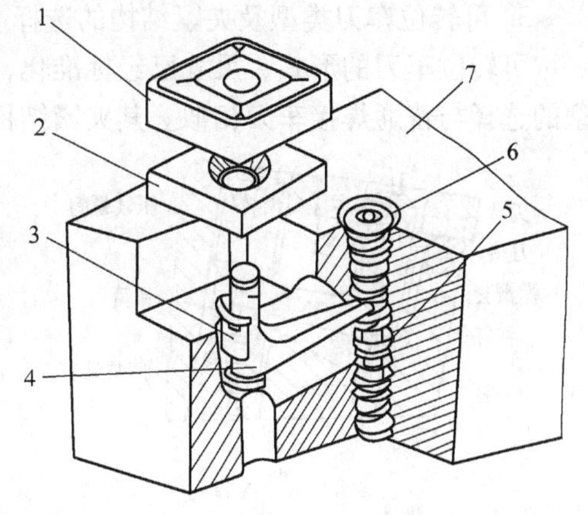

图 5-4　可转位车刀的组成

1—刀片　2—刀垫　3—卡簧　4—杠杆

5—弹簧　6—螺钉　7—刀柄

2. 可转位车刀刀片

（1）刀片形状、代号及其选择　可转位车刀刀片形状、尺寸、精度、结构等已有国家标准详细规定（见 GB/T 2076—1987 至 GB/T 2081—1987）。

（2）可转位车刀几何角度的计算　图 5-5 为可转位车刀的几何角度关系，可见可转位车刀的几何角度是由具有一定刀具角度的刀片装配到具有一定刀槽角度的刀杆上综合形成的。刀片的独立角度有：法向前角 γ_{nt}、法向后角 α_{nt}、刃倾角 λ_{st}、刀尖角 ε_t。一般常用的刀片 $\alpha_{nt}=0°$，$\lambda_{st}=0°$。

刀片角度是以刀片底面为基准度量，安装到车刀上相当于法平面参考系角度。

刀槽角度以刀柄底面为基面度量，相当于正交平面参考系角度。刀槽的独立角度有：前角 γ_{og}、刃倾角 λ_{sg}、刀尖角 ε_{tg}、主偏角 κ_{rg}。通常刃柄设计成 $\varepsilon_{tg}=\varepsilon_r$、$\kappa_{rg}=\kappa_r$。

在使用可转位车刀时，选定的刀片角度和刀槽角度后，必须对所选刀片安装在刀杆上所形成的综合刀具角度进行验算，确定其是否合理。验算的公式如下

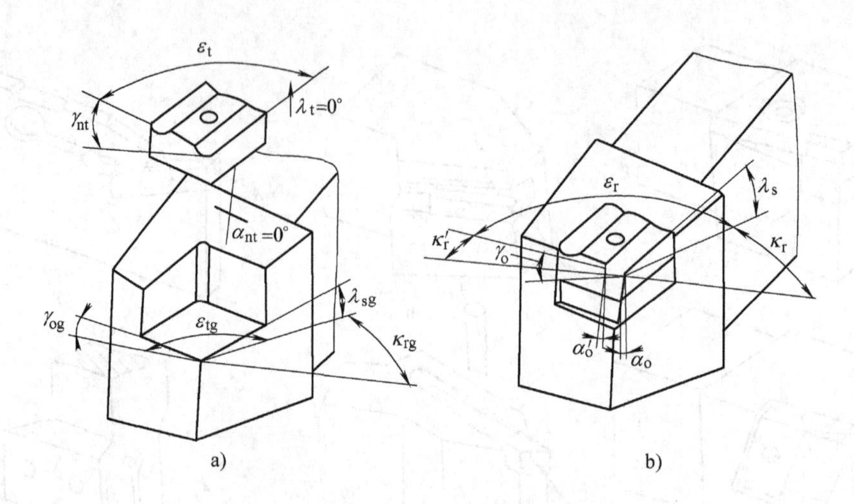

图 5-5　可转位车刀几何角度的形成

$$\gamma_o \approx \gamma_{nt} + \gamma_{og} \tag{5-1}$$

$$\alpha_o \approx \alpha_{nt} + \gamma_{og} \tag{5-2}$$

$$\kappa_r \approx \gamma_{og} \tag{5-3}$$

$$\lambda_s \approx \lambda_{og} \tag{5-4}$$

$$\kappa_r' \approx 180° - \kappa_r - \varepsilon_t \tag{5-5}$$

$$\tan\alpha_o' \approx \tan\gamma_{og}\cos\varepsilon_t - \tan\lambda_{sg}\sin\varepsilon_r \tag{5-6}$$

3. 可转位车刀类型及夹紧结构的选择

可转位车刀的形式、尺寸已经标准化，可按国标或有关车刀生产厂家的标准选择，其类型的选择与普通焊接车刀相似。其夹紧结构的选择参考图 5-6。

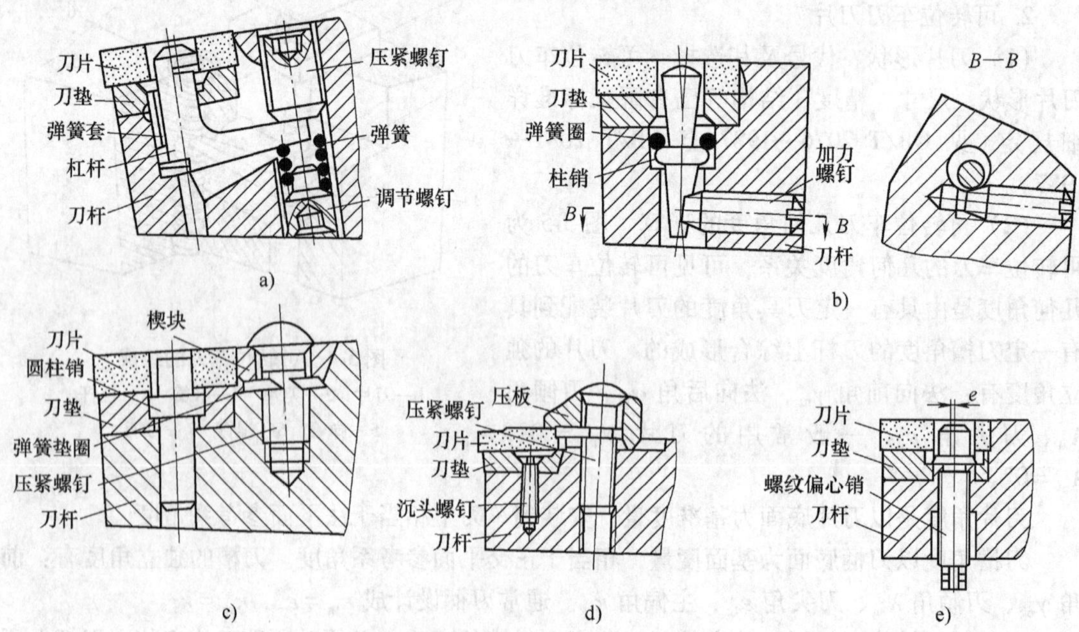

图 5-6　可转位刀片夹紧结构

a）杠杆式　b）杠销式　c）斜楔式　d）上压式　e）偏心式

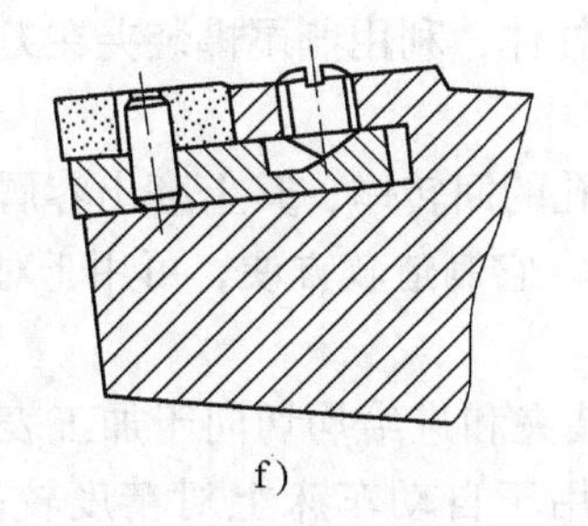
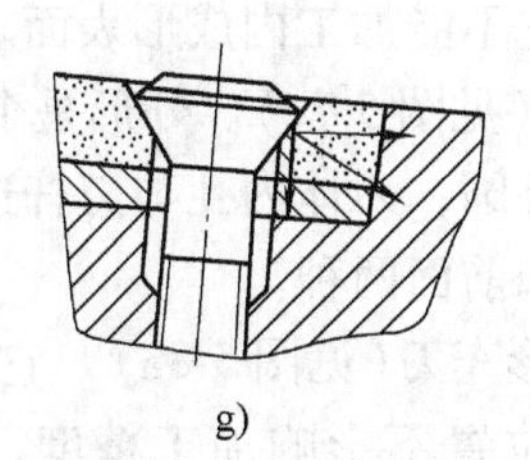

f)　　g)

图 5-6　可转位刀片夹紧结构(续)
f) 拉垫式　g) 压孔式

可转位车刀上述的各项选择必须结合加工用途、机床等具体实际情况进行。

第四节　成 形 车 刀

成形车刀是在普通车床、自动车床上加工内外成形表面的专用刀具，其切削刃按工件的廓形设计。它能一次切出成形表面，故操作简便、生产率高，加工后的成形面能达到较高的互换性，而且成形车刀的使用寿命较长。成形车刀制造较为复杂，因同时参加工作的切削刃较长，易产生振动，故其工件加工精度只能达 IT8 ~ IT10、$Ra10\mu m$ 左右。它主要用于批量加工中、小尺寸的零件。

一、成形车刀的种类与用途

根据成形车刀工作时进给方向的不同，可分为径向成形车刀、切向成形车刀和斜向成形车刀三大类。

(1) 径向进给成形车刀　如图 5-7 所示，顾名思义此类车刀在切削时沿零件半径方向进给。这类成形车刀按形状和结构不同分为三种：

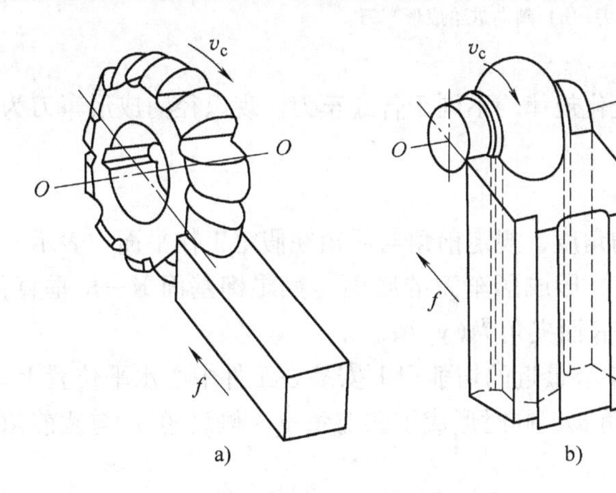

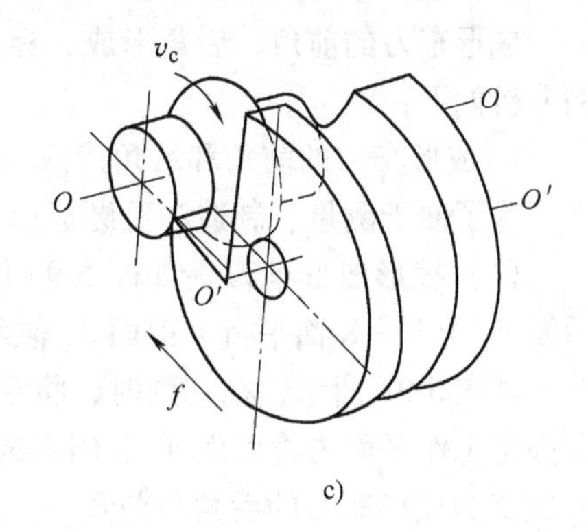

图 5-7　径向成形车刀
a) 平体形　b) 棱形　c) 圆形

1) 平体形成形车刀(见图 5-7a)。其结构与普通车刀相似，它常用于加工简单的成形表面，例如铲齿、车螺纹和车圆弧等。

2）棱形成形车刀(见图5-7b)。其外形为棱柱体，利用燕尾榫装夹在刀杆燕尾槽中，用于加工外成形表面。它不能加工内成形表面。

3）圆形成形车刀(见图5-7c)。外形是个带孔的回转体，其上磨出容屑缺口和前面，切削刃位于回转体圆周外圆，刀体内孔与刀杆连接。它制造较方便，可用于对内、外成形表面加工，但加工精度不如前面两种。

（2）切向进给成形车刀(见图5-8a)　它的装夹和进给均切向于加工表面。其特点是切削力小，且切削终了位置不影响加工精度，常用于自动车床上对精度较高的小尺寸零件加工。

（3）斜向进给成形车刀(见图5-8b)　它的进给方向与工件轴线不垂直，成斜向。它用在车削直角台阶表面时，具有较合理的后角。

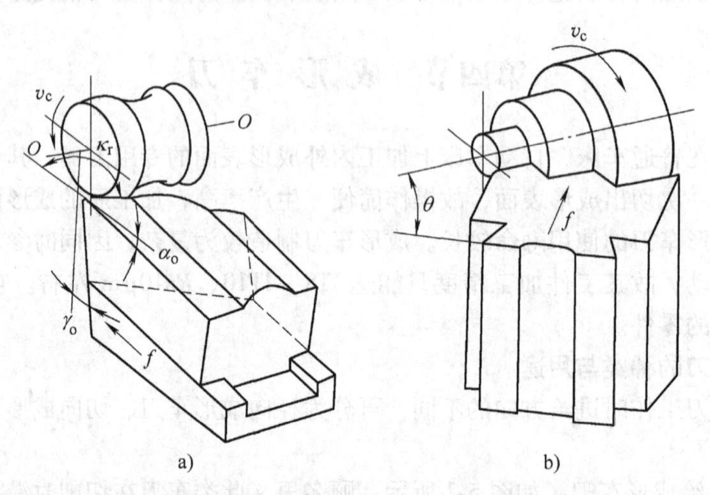

图5-8　切向进给和斜向进给成形车刀

a）切向进给成形车刀　b）斜向进给成形车刀

二、成形车刀的几何角度

成形车刀的前角、后角形成、标注和变化规律均不同于普通车刀。现以径向成形车刀为例分析如下：

1. 成形车刀的前角和后角形成

为了便于测量、制造和重磨成形车刀的角度，规定前角与后角在假定工作平面中表示。

（1）棱形成形车刀　如图5-9a所示，棱形成形车刀的底面与燕尾榫基面K—K垂直，后面A_α与K—K面平行、前面A_γ倾斜并与底面夹角为($\gamma_f+\alpha_f$)。

如图5-9b所示，在切削时，将距工件中心最近的切削刃1′安装在工件中心水平位置上，在假定工作平面内将后面A_a装斜形成侧后角a_f，同时形成了侧前角γ_f。侧后角α_f与侧前角γ_f定义为成形车刀的后角与前角。

如图5-9b所示，除切削刃1′外，其余各点(如2′点)均低于工件中心线，因此切削刃上各点的切削平面和基面的位置都在变化。由它们与后面A_a或前面A_γ形成的后角或前角均各不相同，距工件中心越远，后角越大、前角越小，即：$\alpha_f<\alpha_{f2}$；$\gamma_f>\gamma_{f2}$。

（2）圆形成形车刀　如图5-9c所示，制造时将圆形成形车刀磨出容屑缺口，并使前面低于刀具中心的距离为h，h应为

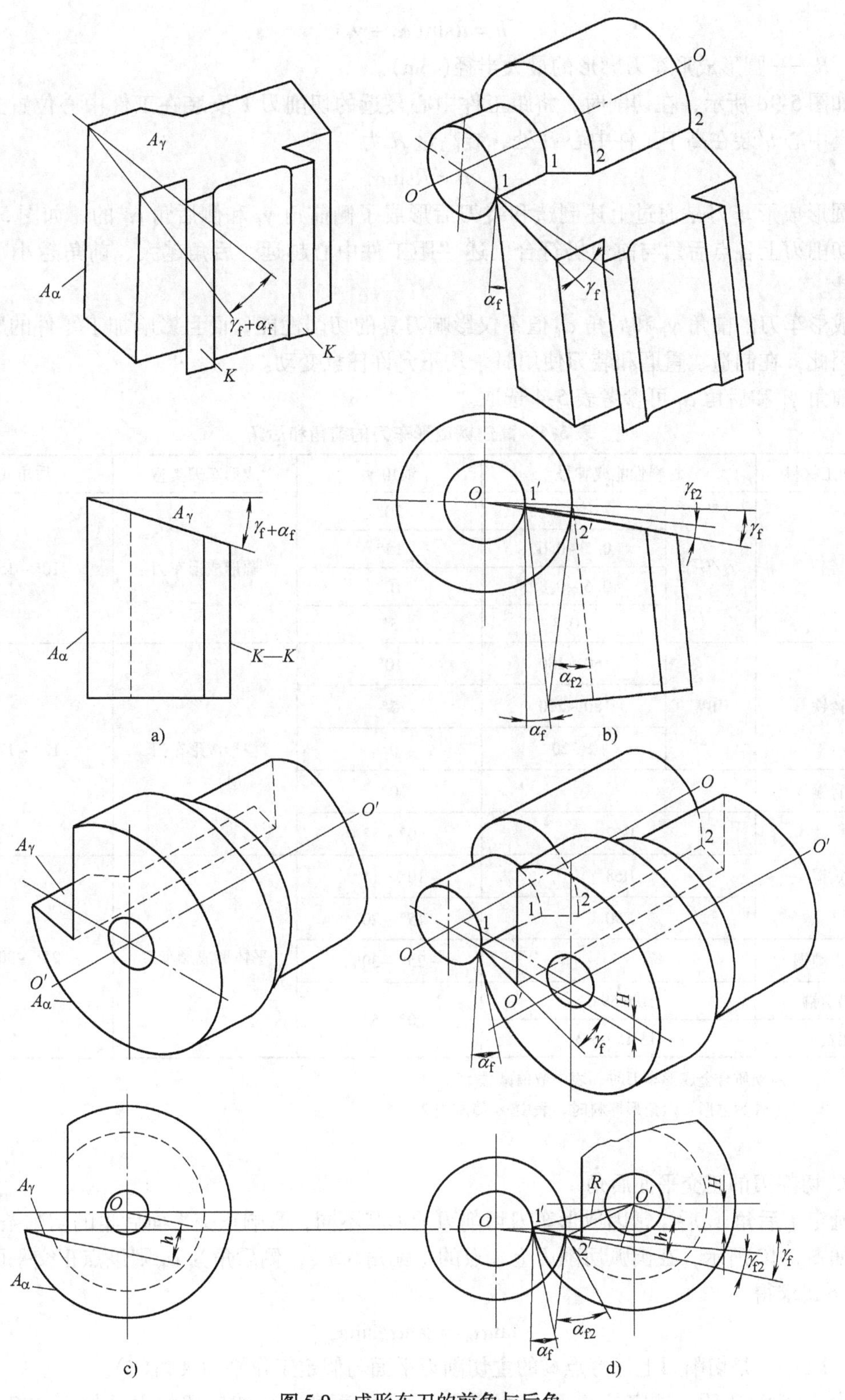

图 5-9　成形车刀的前角与后角

a）棱形车刀　b）工作时棱形车刀　c）圆形车刀　d）工作时圆形车刀

$$h = R\sin(\alpha_f + \gamma_f) \tag{5-7}$$

式中　R——圆形成形车刀廓形的最大半径(mm)。

如图 5-9d 所示，在切削时，将距工件中心最近的切削刃 1′安装在工件中心位置上，并将刀具中心 o'装在高于工件中心 H 处，装高量 H 为

$$H = R\sin\alpha_f \tag{5-8}$$

圆形成形车刀是通过上述制造和装刀后形成了侧前角 γ_f 和侧后角 α_f 的，如图 5-9d 所示。切削刃上各点后角与前角仍符合上述“距工件中心越远，后角越大、前角越小”的变化规律。

成形车刀的前角 γ_f 和后角 α_f 值不仅影响刀具的切削性能，而且影响加工零件的廓形精度，因此，在制造、重磨和装刀使用时，均不允许任意变动。

前角 γ_f 和后角 α_f 可参考表 5-4 选取。

表 5-4　高速钢成形车刀的前角和后角

<table>
<tr><th>被加工材料</th><th colspan="2">材料性能或牌号</th><th>前角 γ_f</th><th>成形车刀类型</th><th>后角 α_f</th></tr>
<tr><td rowspan="4">钢</td><td rowspan="4">σ_b/GPa</td><td><0.5</td><td>20°</td><td rowspan="4">圆形成形车刀</td><td rowspan="4">10°~15°</td></tr>
<tr><td>0.5~0.6</td><td>15°</td></tr>
<tr><td>0.6~0.8</td><td>10°</td></tr>
<tr><td>>0.8</td><td>5°</td></tr>
<tr><td rowspan="3">铸铁</td><td rowspan="3">HBW</td><td>160~180</td><td>10°</td><td rowspan="5">棱形成形车刀</td><td rowspan="5">12°~17°</td></tr>
<tr><td>180~220</td><td>5°</td></tr>
<tr><td>>220</td><td>0°</td></tr>
<tr><td>青铜</td><td colspan="2"></td><td>0°</td></tr>
<tr><td rowspan="3">黄铜</td><td colspan="2">H62</td><td>0°~5°</td></tr>
<tr><td colspan="2">H68</td><td>10°~15°</td><td rowspan="5">平体形成形车刀</td><td rowspan="5">25°~30°</td></tr>
<tr><td colspan="2">H90</td><td>15°~20°</td></tr>
<tr><td>铝、纯铜</td><td colspan="2"></td><td>25°~30°</td></tr>
<tr><td>铅黄铜</td><td colspan="2">HPb 59-1</td><td rowspan="2">0°~5°</td></tr>
<tr><td>铝黄铜</td><td colspan="2">HA 159-3-2</td></tr>
</table>

注：1. 若为硬质合金成形车刀时，表中数值减去 5°。
2. 若工件为方形、六角形棒料时，表中 γ_f 值减去 2°~5°。

2. 切削刃的正交平面后角

确定了后角 α_f 后，常因成形车刀切削刃的形状不同，影响正交平面后角的切削条件。

如图 5-10 所示，在圆弧切削刃上 x 点的主偏角为 κ_{rx}，侧后角为 α_{fx}则该点正交平面后角 α_{ox}由下式求得

$$\tan\alpha_{ox} = \tan\alpha_{fx}\sin\kappa_{rx} \tag{5-9}$$

式中　κ_{rx}——是切削刃上任意点 x 的主切削刃平面与假定工作平面夹角(°)。

由式(5-9)表明，选定了 α_f 后，α_{ox}随着 κ_{rx}减小而变小。如果切削刃某处 $\kappa_{rx} \leqslant 7.5°$时，则计算后得 $\alpha_{ox} \leqslant 2°$。显然，在切削时因后角太小会发生摩擦。所以，在设计成形车刀时，

应检验各切削刃处后角 α_{ox}，使其满足 $\alpha_{ox}>2°\sim3°$。

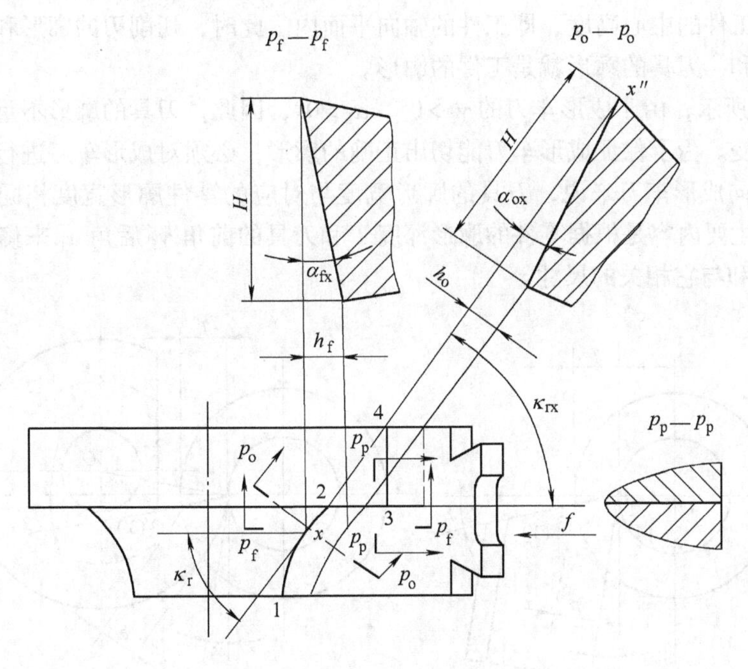

图 5-10　正交平面后角 α_{ox}

如图 5-10 中的端面切削刃 23 上主偏角为零，使该处后面紧贴加工表面而无法切削，所以在 α_{ox}为零处，可采取图 5-11 所示的改善措施。

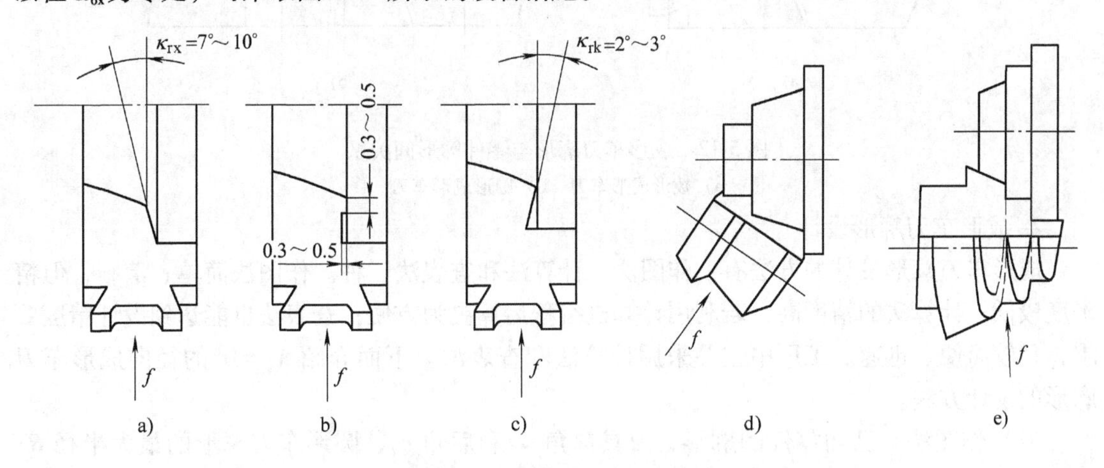

图 5-11　$\alpha_{ox}\leqslant2°$时的改善措施

a）改变廓形　b）磨出凹槽　c）作出侧隙角　d）斜装成形车刀　e）螺旋面成形车刀

图 5-11a 是在不影响零件使用性能条件下，改变零件廓形；图 5-11b 是在成形车刀端面切削刃的后面上磨出凹槽，以减少摩擦面积；图 5-11c 在端面切削刃上作出 2°~3°侧隙角；图 5-11d 采用斜装成形车刀，以形成 $\kappa_{rx}>7°$；图 5-11e 采用具有 $\alpha_{ox}>2°\sim3°$的螺旋后面圆形车刀。

三、成形车刀的廓形设计

1. 廓形设计的必要性

成形车刀的廓形设计，就是根据零件廓形来确定刀具廓形。当 $\gamma_f=0°$，$\alpha_f=0°$时，则全部切削刃都在工件的中心高度，即工件的轴向平面内。此时，切削刃的廓形和工件的廓形应完全相同并吻和，刀具的廓形就是工件的廓形。

如图 5-12 所示，由于成形车刀的 $\gamma_f>0°$、$\alpha_f>0°$，因此，刀具的廓形不重合于零件的廓形而产生了畸变。为了保证成形车刀能切出正确的廓形，必须对成形车刀进行修正设计。对于 $\lambda_s=0°$的径向成形车刀来说，刀具的廓形宽度与对应的零件廓形宽度相同，因此，成形车刀廓形设计主要内容是根据零件的廓形深度 T 和刀具的前角 γ_f 后角 α_f 来修正计算成车刀的廓形深度 P 和与它相关的尺寸。

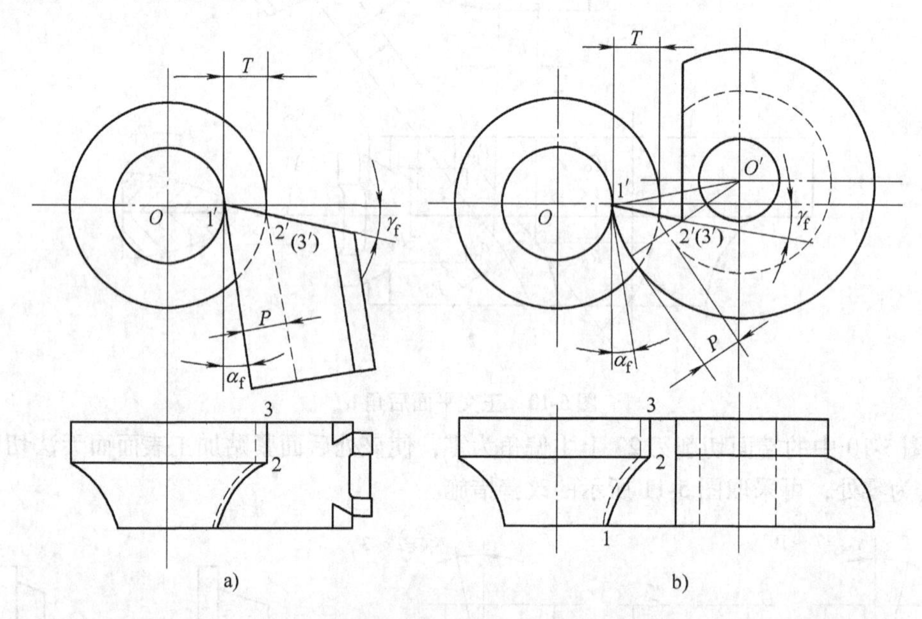

图 5-12 成形车刀廓形与零件廓形间关系

a）棱形成形车刀 b）圆形成形车刀

2. 成形车刀廓形设计

成形车刀廓形设计的方法有：作图法、计算法和查表法三种。作图法简单、清晰，但精确度较低；计算法的精度高，若利用计算机编程运算更为方便；查表法也能达到设计精度要求，且较简便、迅速。工厂中主要采用计算法和查表法。下面介绍 $\lambda_s=0°$的径向成形车刀廓形的设计方法。

（1）作图法 已知零件的廓形、刀具前角 γ_f 和后角 α_f、圆形车刀廓形的最大半径 R，通过作图找出切削刃在垂直后面的平面上投影。

1）按比例取平均尺寸画出零件的主、俯视图（见图 5-13）；在俯视图选定 1、2、3、4、5 图点为转折点，直径最小处为 1 点，在主视图中为 1′，1′为计算基准点。

2）以 1′点为基准作倾斜 γ_f 角的前面投影和倾斜 α_f 角的后面投影。

3）前面投影与各转折点所在圆的交点 2′、3′、4′、（5′）就是前面上相应的切削刃点，再由切削刃各点求作后面投影。

4）计算基准点至各切削刃点的后面之间的垂直距离 T_n，即为所求棱形刀的截形深度。

5）根据截形深度和截形宽度（与零件廓形对应的宽度相等），利用作图投影原理，画出

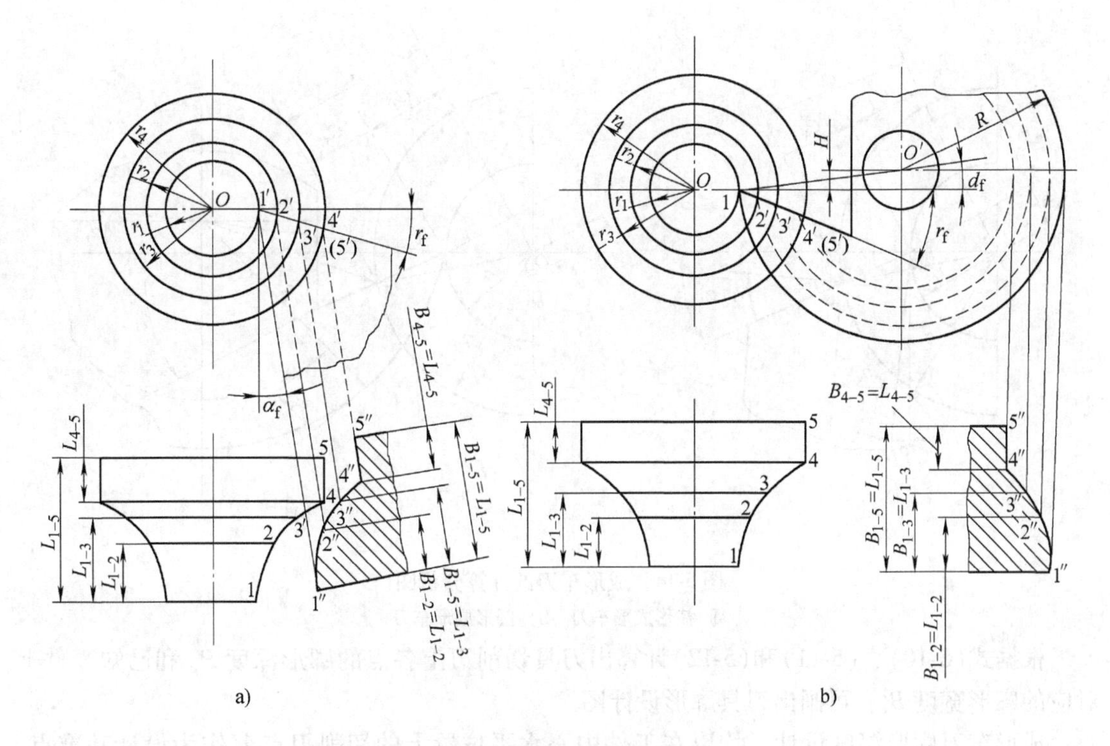

图 5-13　作图法设计成形车刀廓形

a) 棱形成形车刀　b) 圆形成形车刀

刀具法向剖面内的截形，曲线部分用光滑圆弧连接。

6) 按比例量出各截形深度，然后将各实际尺寸标在截形图中。

(2) 计算法　计算法是利用解析几何的方法，建立成形车刀廓形深度的计算公式。这些公式较为简单，且能达到很高的精确度。考虑到实用，常取计算数字位数为 0.001mm、最终精确度为 0.01mm、角度最终精确度为 1′。

1) 棱形成形车刀。图 5-14a 为棱形车刀的计算分析图。图中已知条件为：零件廓形半径 r_1、r_2、r_3、…，刀具前角为 γ_f，后角为 α_f，求刀具切削刃上任一点的廓形深度 P_x。

由图 5-14a 中可知：由 $h = r_1\sin\gamma_f$；$C = \sqrt{r_x^2 - h^2}$；$C_1 = r_1\cos\gamma_f$

$$C_x = C - C_1 = \sqrt{r_x^2 - h^2} - r_1\cos\gamma_f = \sqrt{r_x^2 - (r_1\sin\gamma_f)^2} - r_1\cos\gamma_f \text{ 得}$$

$$P_x = C_x\cos(\gamma_f + \alpha_f) = [\sqrt{r_x^2 - (r_1\sin\gamma_f)^2} - r_1\cos\gamma_f]\cos(\gamma_f + \alpha_f) \tag{5-10}$$

2) 圆形成形车刀。图 5-14b 为圆形成形车刀的计算分析图，已知条件为：零件廓形半径尺寸为 r_1、r_2、r_3、…，刀具前角为 γ_f、后角为 α_f、刀具廓形最大半径为 R，则刀具切削刃上任一点廓形深度 P_x 应为刀具廓形最大半径 R 与该切削刃点所在位置处的半径 R_x 之差，

即
$$P_x = R - R_x \tag{5-11}$$

由余弦定理得
$$P_x = \sqrt{R^2 + C_x^2 - 2RC_x\cos(\alpha_f + \gamma_f)} \tag{5-12}$$

将 $h = \gamma_1\sin\gamma_f$，$C_x = C - C_1$，$C = \sqrt{\gamma_x^2 - h^2}$，$C_1 = \gamma_1\cos\gamma_f$，代入式(5-11)和式(5-12)即可求出刀具廓形深度 P_x。从上述公式中可知，r_1、γ_f、α_f、R 为常数，刀具廓形深度 P_x 决定于所在点零件廓形半径 r_x。

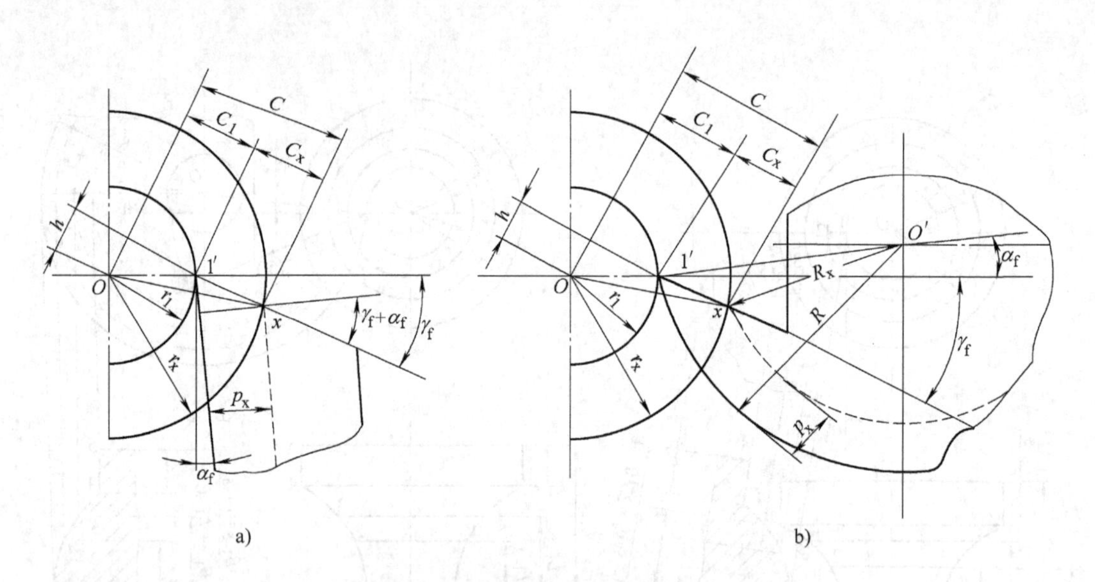

图 5-14 成形车刀的计算分析图

a）棱形成形车刀 b）圆形成形车刀

根据式(5-10)、(5-11)和(5-12)计算出刀具切削刃上各点的廓形深度 P_x 和已知零件上对应的廓形宽度 B_x，可画出刀具廓形设计图。

成形车刀廓形深度设计，均以在工件中心水平位置上的切削刃点 1′作为设计基准点，而在刀具廓形设计图中，廓形深度尺寸的标注基准应取被加工零件直径的精度最高处，如果两基准不重合，应将设计尺寸换算成标注尺寸。

3. 成形车刀加工双曲线误差概念

用 $\gamma_f>0°$ 的成形车刀加工圆锥表面会产生双曲线误差。

如图 5-15a 所示，通过棱形车刀前面剖面剖切得到的零件廓形为双曲线，但切削刃仍制成直线，因此产生了过切量 δ，使加工后零件廓形出现了双曲线误差；如图 5-15b 所示，由

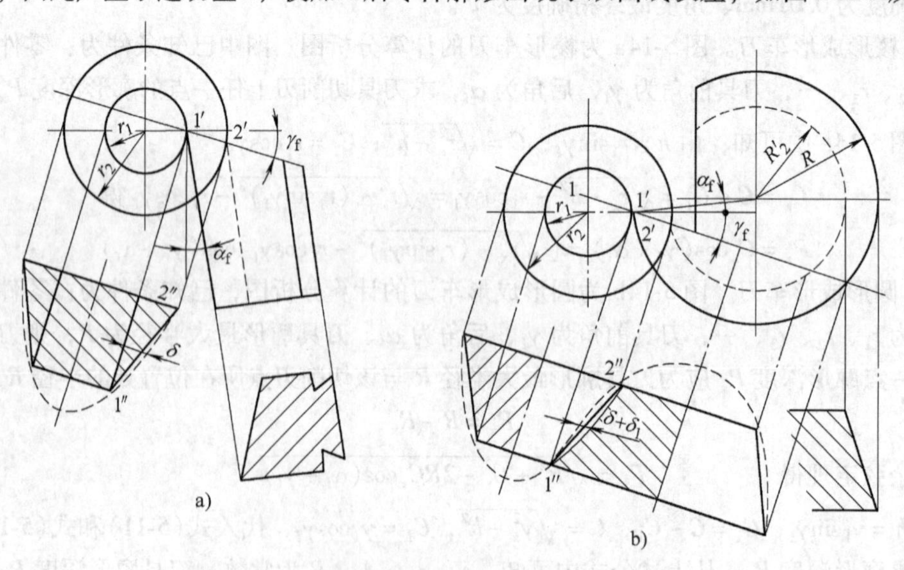

图 5-15 加工圆锥表面时产生的双曲线误差

a）用棱形车刀加工 b）用圆形车刀加工

于圆形车刀 $\gamma_f>0°$ 与 $\alpha_f>0°$ 的影响，通过圆形车刀前面剖面的零件廓形为双曲线，而切削刃形状为反向双曲线，因此产生了过切量 $\delta+\delta_1$，使加工后零件廓形双曲线误差更大。

由上可知，与圆形车刀比较用棱形车刀加工圆锥表面产生的双曲线误差较小，若减小成形车刀的前角或将切削刃作成双曲线，则可减小或消除加工误差。通常在加工精度较低的圆锥体时，双曲线误差可略去不计。

四、成形车刀的结构设计

1. 成形车刀的附加切削刃

通常成形车刀切削刃的两侧超出零件廓形的宽度，该超出部分称作附加切削刃。附加切削刃用于对零件两侧端面去毛刺、倒角、修光和切断预加工。但其切入深度不应超过零件廓形的最大深度。成形车刀廓形总宽度 L 是零件廓形宽度与两侧附加切削刃宽度之和。为了防止振动，通常总宽度应满足 $L/d_{wmin}\leqslant 3$，d_{wmin} 为加工表面的最小直径。如果加工零件廓形过宽，可采用分段切削或采用辅助支承以提高加工系统刚性。

如前所述，成形车刀切削刃的设计基准点 1′距零件中心最近，且处于零件中心位置上。但有了附加切削刃后，其上切削刃均超过设计基准点 1′，更接近或高于零件中心。为减小附加切削刃对加工精度影响，并简化刀具廓形设计，可不改变设计基准点，但应减小附加切削刃的超越量 Δ，取 $\Delta\approx 0.5$mm。

2. 成形车刀刀体设计

成形车刀刀体结构形式和尺寸与机床类型、夹持刀体的刀夹有关。图 5-16a 列举了一种可在普通车床上使用的刀夹，它是通过刀具上燕尾榫插入刀夹上燕尾槽内定位与夹紧的，定位面是燕尾基面。倾斜后角的刀具装在刀夹上。刀体底面有固定螺钉可用于调整刀夹位置高低。

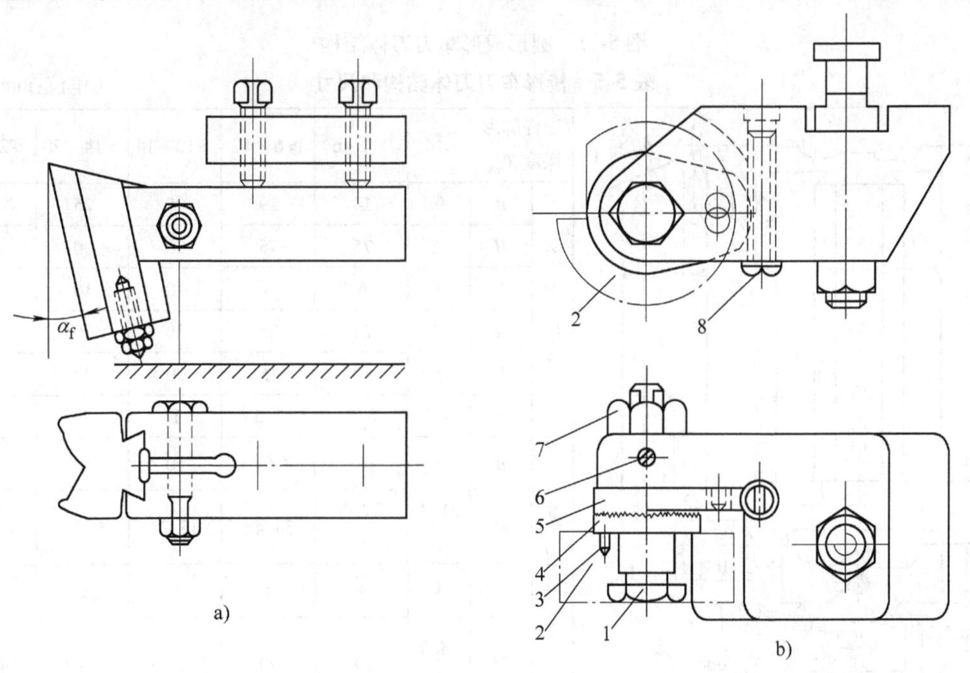

图 5-16　成形车刀的装夹

a）棱形成形车刀　b）圆形车刀

1—螺栓　2—圆形车刀　3—定位销　4—齿环　5—扇形板　6—止动螺钉　7—螺母　8—螺杆

图 5-16b 为在自动机床上装夹圆形成形车刀的单支承式刀夹。齿环 4 上定位销 3 插入圆形车刀 2 的定位孔中，齿环另一侧面上齿纹与扇形板 5 端面齿纹咬合，拧动螺杆 8，带动扇形板、齿环与圆形成形车刀一起转动可调节成形车刀刀尖位置，然后利用拧紧螺母 7 通过螺栓 1 将扇形板、齿环与圆形成形车刀固紧在一起，止动螺钉 6 可防止螺栓 1 转动。

由于圆形成形车刀的外径 D 是设计成形车刀廓形的原始数据，因此，按照有关资料或厂标，在已有尺寸系列中应先选定。图 5-17 为供自动机床上使用的圆形成形车刀结构形式，图 5-17 中Ⅰ、Ⅱ、Ⅲ型按自动机床的型号、加工工件的廓形宽度尺寸和廓形深度尺寸来选取。它们的组成尺寸可参照厂标或设计资料确定。表 5-5 列出了带燕尾榫棱形车刀刀体的结构尺寸，根据加工零件廓形的最大深度 T_{max} 确定各尺寸参数。

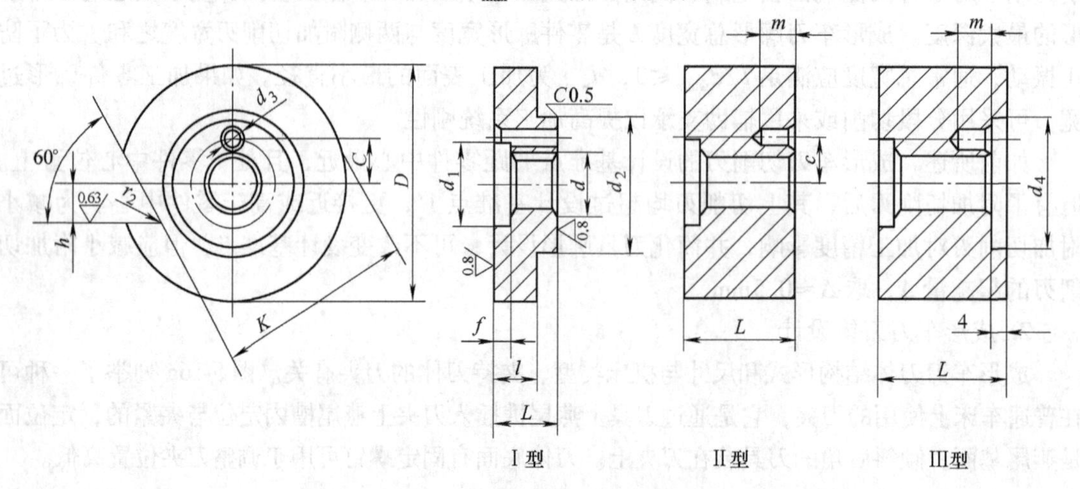

图 5-17 圆形成形车刀刀体结构

表 5-5 棱形车刀刀体结构和尺寸 （单位：mm）

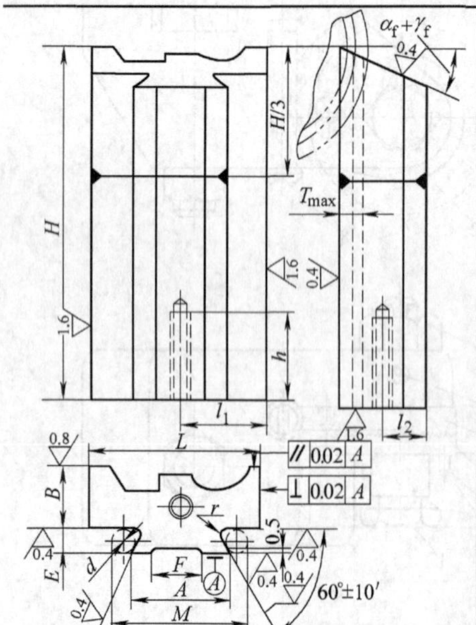

	工件廓形深度 T_{max}		≤4	>4～6	>6～10	>10～14	>14～20	>20～28
	车刀尺寸	B	9	14	19	25	25	45
		H	75	75	75	90	90	100
		E	4	6	6	10	10	15
		A	15	20	25	30	30	60
		F	7	10	15	20	20	40
		r	0.5	0.5	0.5	1	1	1
		d	4	6	6	10	10	15
	燕尾尺寸	M	21.31	29.46	34.46	45.77	55.77	83.66
		d	3	4	4	6	6	8
		M	18.577	24	29	34.845	44.845	64.536

注：1. 据 T_{max} 允许选用较大的车刀尺寸，例如 T_{max} =7mm 时，允许按 T_{max} =10～14mm 选取表中尺寸。

2. 车刀宽度超过 2.5A 时，应选用较大的燕尾尺寸。

五、成形车刀的技术条件

1. 成形车刀廓形尺寸公差

成形车刀廓形尺寸公差应根据零件廓形尺寸公差、刀具廓形的制造公差和刀具磨损公差等来确定，一般工厂常用成形车刀廓形尺寸公差为对应的零件廓形尺寸公差的1/3～1/2，但不超过±0.01mm。

成形车刀廓形深度尺寸的标注基准，选定在加工零件的直径公差最小处。廓形宽度尺寸的标注基准与零件廓形宽度尺寸标注基准一致。

2. 成形车刀刀体的技术条件

棱形成形车刀燕尾榫的基面(K—K)(图5-9a)和圆形成形车刀心轴孔均为定位基准面，因此切削刃对该基准面有较高的位置精度。棱形成形车刀刀体上主要尺寸公差、形位公差与表面粗糙度已在表5-5的图中注明。

成形车刀前面与切削刃上不允许有裂纹、烧伤及毛刺痕迹。

成形车刀材料一般选用W6Mo5Cr4V2制造，也有用W6Mo5Cr4V2Al及其他高性能高速钢和硬质合金制造。若采用焊接式结构，则刀体用45钢或40Cr钢。工作部分热处理硬度63～66HRC、刀体硬度为40～45HRC。

3. 成形车刀样板

设计成形车刀还须设计成形车刀样板，用以检验成形车刀的廓形是否符合要求。样板分工作样板和校对样板两种：工作样板用于检验成形车刀制造和使用时的廓形；校对样板是用于检验工作样板的磨损程度。

工作样板工作面的形状与成形车刀廓形吻合，因此，其尺寸及其标注基准一致。样板的各尺寸公差是成形车刀廓形公差的1/3～1/2，并呈对称分布，精度高的不超过±0.01mm。样板工作表面粗糙度值R_a0.32～0.08μm。

样板的材料为20、20Cr钢，须经渗碳处理或用T8A、T10A碳素工具钢制造。热处理硬度40～62HRC。

六、成形车刀的安装及修磨

1. 成形车刀的安装

成形车刀的安装与工作位置会影响加工零件精度，因此，调整径向成形车刀时应注意：

1）刀具上设计基准点1′装于零件中心水平位置上。

2）安装后应形成设计要求的前角γ_f和后角α_f值。

3）成形车刀上定位基准应与零件轴线平行。

4）成形车刀试切控制尺寸是零件直径精度最高的尺寸。

2. 成形车刀重磨

成形车刀磨损后重磨是在万能工具磨床上，用碗形砂轮沿前面进行。重磨的基本要求是保持其原始前角和后角不变。

如图5-18所示，重磨成形车刀时，使棱形成形车刀的前面与砂轮的工作端面平行；使圆形成车刀的中心与砂轮的工作端面偏移h值：$h=R\sin(\alpha_f+\gamma_f)$。

为检验磨出的前面位置正确与否，对于棱形成形车刀可测量其侧楔角$\beta_f=90°-(\alpha_f+\gamma_f)$值；对于圆形成形车刀可检验它的前面是否与端面上划出的检验圆相切，检验圆是以h值为半径作的圆。

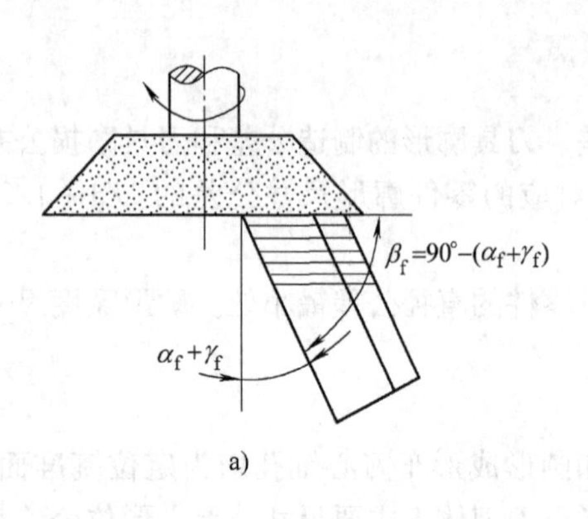

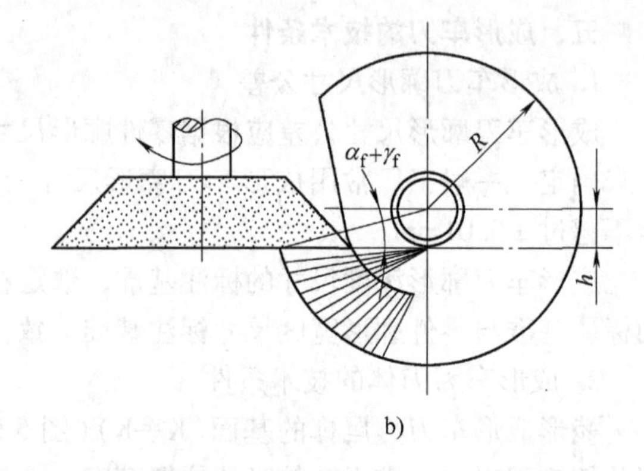

图 5-18 成形车刀重磨示意图

a）棱形成形车刀 b）圆形成形车刀

七、棱形成形车刀设计举例

1. 已知条件和设计要求

已知：图 5-19 为加工零件图，材料为 Y15 易切钢，$\sigma_b=0.49\text{GPa}$。用棱形成形车刀加工，按表 5-4 选取前角 $\gamma_f=15°$、后角 $\alpha_f=12°$。

要求：用计算法设计棱形成形车刀，绘制棱形成形车刀设计图、样板设计图，编写计算说明书。

2. 设计内容

设计棱形成形车刀各项目的内容列于表 5-6中。

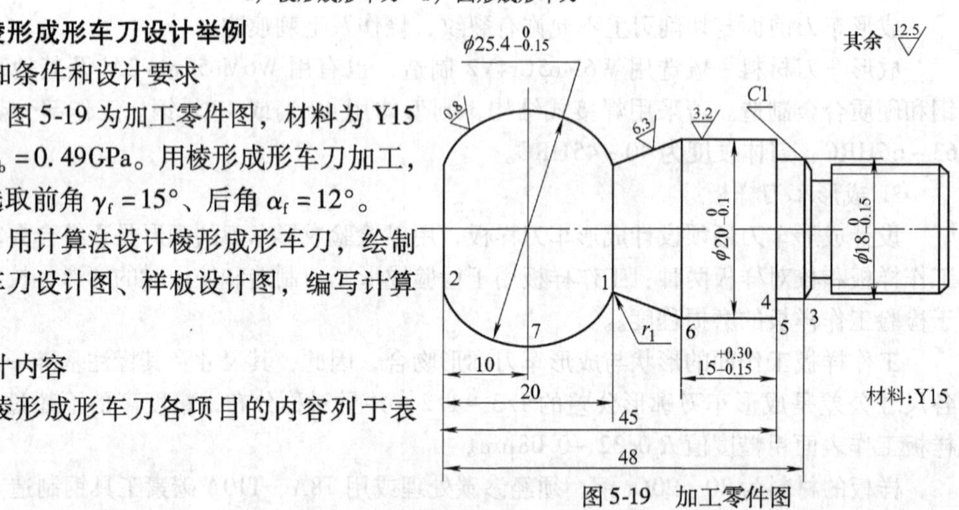

图 5-19 加工零件图

表 5-6 棱形成形车刀设计说明书 （单位：mm）

零件计算分析图	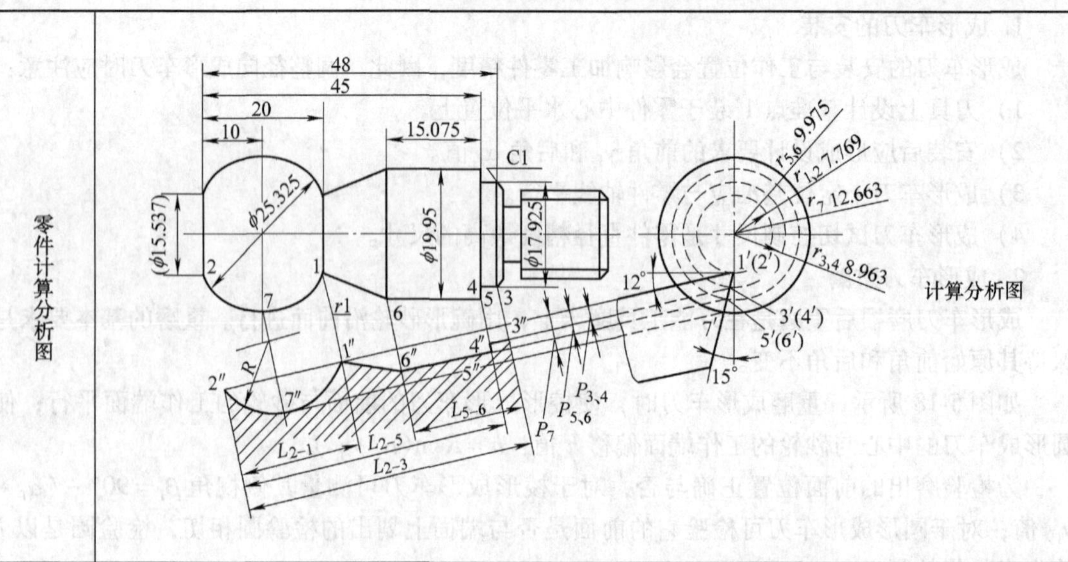

（续）

<table>
<tr><td>零件平均尺寸</td><td colspan="3">取刀具上 1′(2′) 为刀具廓形设计基准点
零件设计点 1、2、3、4、5、6、7 点。各点的平均直径为
$d_7=\dfrac{25.25+25.4}{2}=25.325$　$r_7=12.663$　$B_{2、7}=10$
$d_{1、2}=2\times\sqrt{12.663^2-10^2}=15.537$　$r_{1、2}=7.769$　$B_{2、1}=20$
$d_{3、4}=\dfrac{17.85+18}{2}=17.925$　$r_{3、4}=8.963$　$B_{2、3}=48$
$d_{5、6}=\dfrac{19.9+20}{2}=19.95$　$r_{5、6}=9.975$　$B_{5.6}=\dfrac{14.85+15.3}{2}=15.075$</td></tr>
<tr><td rowspan="3">刀具廓形设计</td><td colspan="3">计算刀具廓形深度
$h=r_{1、2}\sin\gamma_f=7.769\times\sin15^\circ=2.011$
$h^2=4.044$
$r_{1、2}\cos\gamma_f=7.769\times\cos15^\circ=7.504$
$\cos(\gamma_f+\alpha_f)=\cos(15^\circ+12^\circ)=0.891$</td></tr>
<tr><td colspan="3">$P_x[\sqrt{r_x^2-(r_{1、2}\sin\gamma_f)^2}-r_{1、2}\cos\gamma_f]\cos(\gamma_f+\alpha_f)$　　式(5-10)
$P_{3、4}=[\sqrt{8.963^2-4.044}-7.504]\times0.891=1.096$　　$P_{3、4}=1.096$
$P_{5、6}=[\sqrt{9.975^2-4.044}-7.504]\times0.891=2.019$　　$P_{5、6}=2.019$
$P_7=[\sqrt{12.663^2-4.044}-7.504]\times0.891=4.453$　　$P_7=4.453$</td></tr>
<tr><td colspan="3">刀具廓形深度 P_7：$P_7=4.453$
近似圆弧半径 $R=R_7$
$$\tan\theta=\frac{P_7}{B_{27}}=\frac{4.453}{10}=0.4453\quad \theta=24^\circ$$
$$R_7=\frac{B_{27}}{\sin2\theta}=\frac{10}{\sin48^\circ}=13.459$$
圆心的位置对称圆弧中心线上。</td></tr>
<tr><td>校验</td><td colspan="3">检验$\overline{4''5''}$切削处后角 $\alpha_{04''5''}$
因 $\kappa_{r4''5''}=0$，故 $\alpha_{04''5''}=0$，改善措施，磨出 $\kappa_{r4''5''}=8^\circ$。
校验刀具廓形宽度 $\sum L\leqslant 3d_{wmin}$
$\sum L=48+1+2.5\times2=54$　(2.5+2.5 为附加切削刃宽)
$\dfrac{\sum L}{d_{wmin}}=\dfrac{54}{18}=3$</td></tr>
<tr><td>刀体尺寸</td><td>由 $T_{max}=T_7=4.894$，取棱形刀体尺寸为
$B=14$　$H=75$　$E=6$　$A=25$
$F=10$　$r=0.5$
燕尾测量尺寸为
$d=6$　$M=29.46$</td><td>廓形深度尺寸标注</td><td>刀具廓形深度标注基准为 $d_{5、6}$ 处
刀具廓形深度设计基准为 $d_{1、2}$
基准不重合，故标注廓形深度应为
$p'_{1、2}=p_{5、6}=2.019$
$p'_{3、4}=p_{5、6}-p_{3、4}=2.019-1.096$
$=0.923$
$p'_7=p_7-p_{5、6}=4.453-2.019$
$=2.434$</td></tr>
</table>

3. 设计工作图

图 5-20 为棱形成形车刀设计图，其中包括刀体图、廓形放大图。图 5-21 为工作、校对样板设计图。

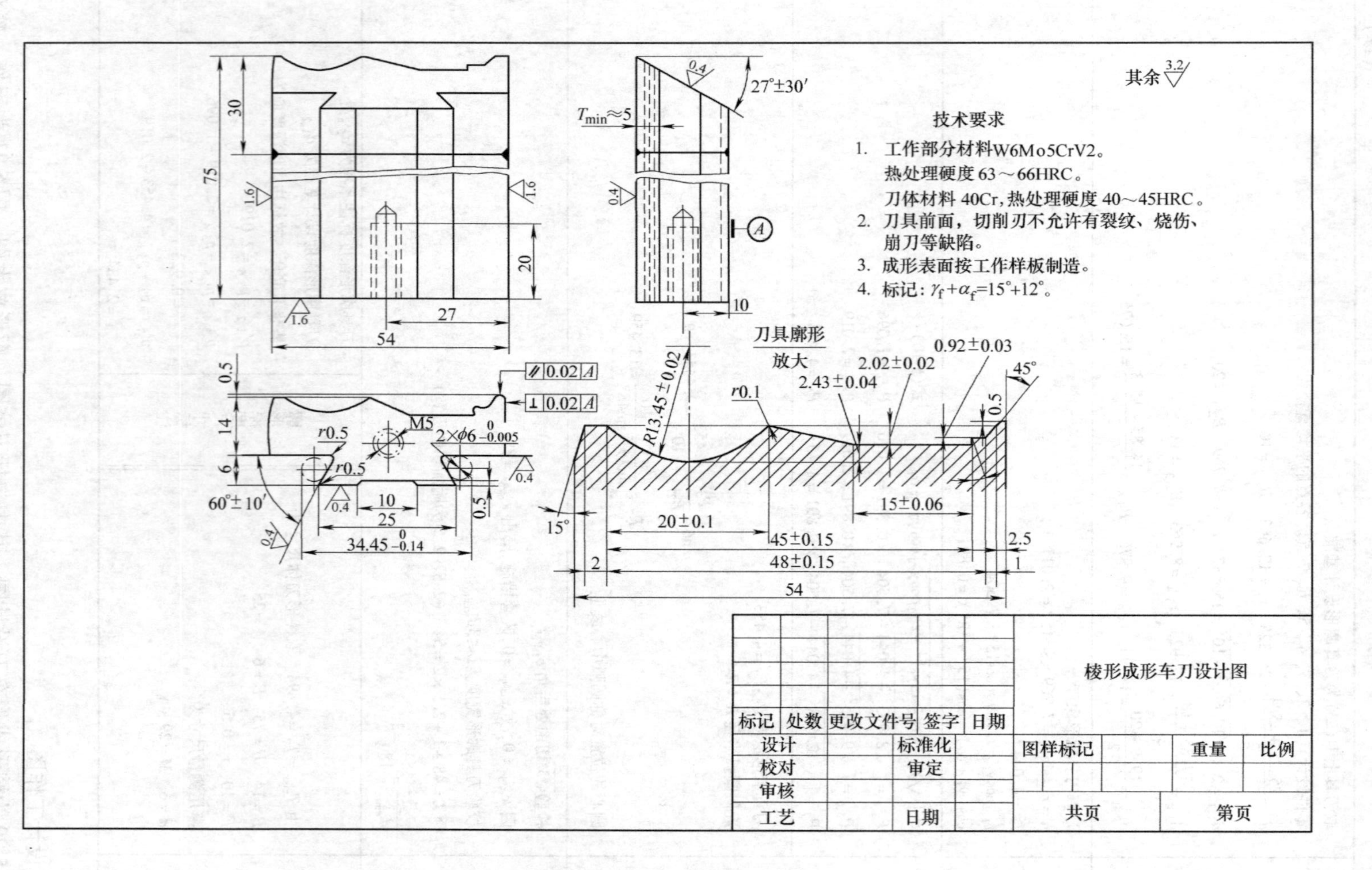

图 5-20 棱形成形车刀设计图

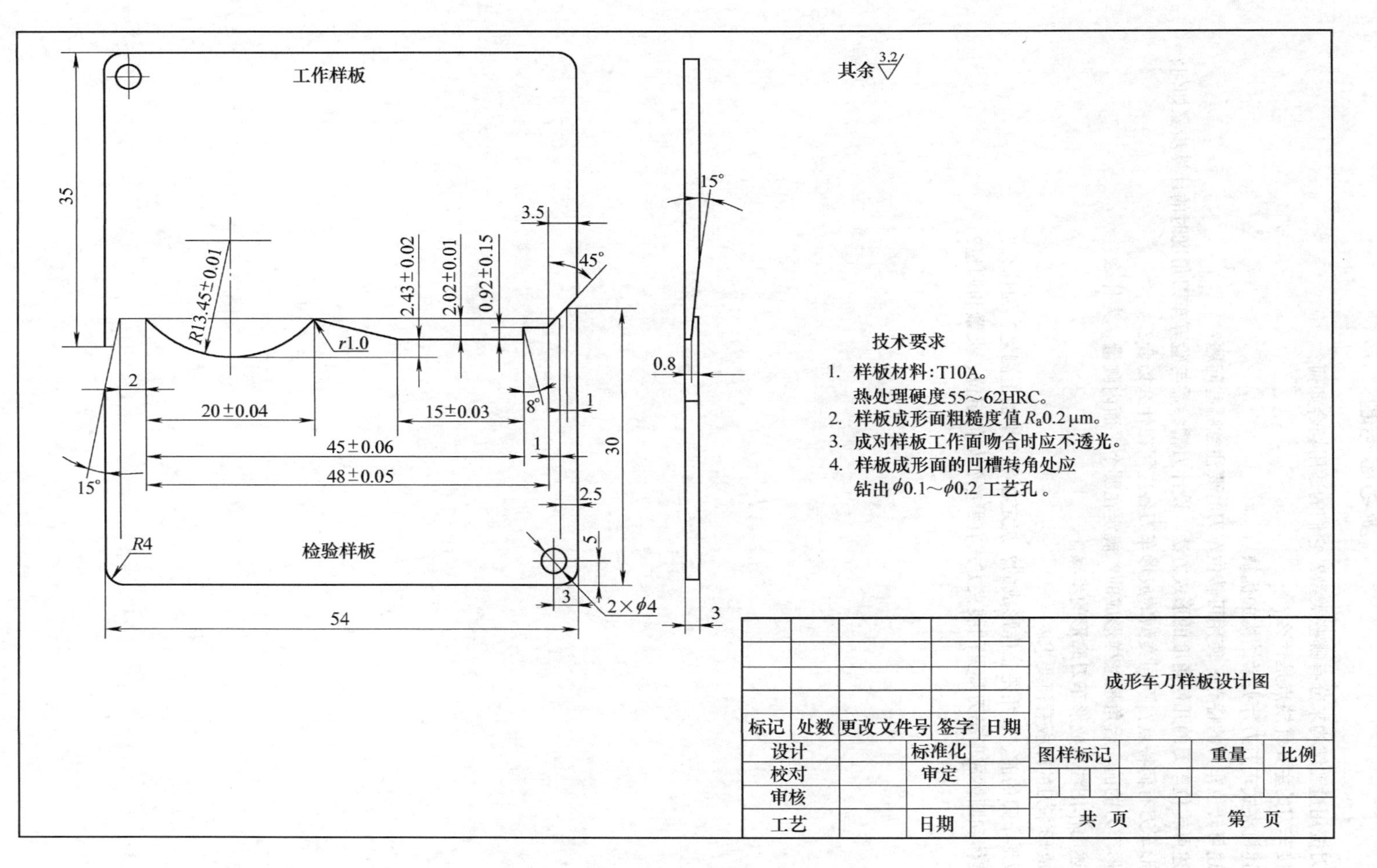

图 5-21　成形车刀样板设计图

复习思考题

1. 车刀按用途和结构来分有哪些类型？它们的适用场合如何？
2. 焊接车刀的主要优缺点是什么？
3. 简述机夹式车刀刀片夹紧结构的优缺点。
4. 简述可转位车刀的特点。使用可转位车刀时要注意哪些问题？
5. 试述可转位车刀的几何角度的形成方法。设计刀槽参数与验算车刀角度时的计算步骤如何？
6. 成形车刀有何特点？不同类型的成形车刀各应用在什么场合？
7. 成形车刀的前、后角是怎样形成的？规定在哪个平面内测量，为什么？
8. 试述用作图法求成形车刀廓形的步骤。
9. 对成形车刀的样板有何要求？
10. 成形车刀的前、后角是怎样形成的？规定在哪个平面上测量？为什么？
11. 棱体和圆体成形车刀常见的装夹方式有哪些？如何定位、夹紧和调整？

第六章　钻　　头

本章应知

1. 了解各种钻头的结构，并重点掌握麻花钻的结构。

2. 会绘制麻花钻的工作图。

3. 了解掌握钻削切削用量。

本章应会

1. 依加工条件不同合理选择切削用量，正确使用各类钻削工具(各类钻夹头等)进行钻孔、扩孔、铰孔等操作。

2. 会磨制并改磨常用钻头。

机械加工中的孔加工刀具分为两类：一类是在实体工件上加工出孔的刀具，如扁钻、麻花钻、中心钻及深孔钻等；另一类是对工件上已有孔进行再加工的刀具，如扩孔钻、锪钻、铰刀及镗刀等。

这些孔加工刀具有着共同的特点：刀具均在工件内表面切削，工作部分处于加工表面包围之中，刀具的强度、刚度及导向、容屑、排屑及冷却润滑等都比切削外表面时问题更突出。

钻削在金属切削中应用很广，麻花钻是最常用的钻孔或扩孔刀具。本章介绍钻削、钻削特点及钻头，并重点讲述麻花钻结构、几何参数及其合理使用。同时介绍麻花钻刃形的改进和各类钻头的结构与应用。

1. 扁钻(见图 6-1)

扁钻是使用最早的钻孔工具，因为其结构简单、刚性好、成本低、刃磨方便。近十几年来经过改进又得到了较多应用，特别是在微孔(<1mm)及大孔(>38mm)加工中更方便、经济。

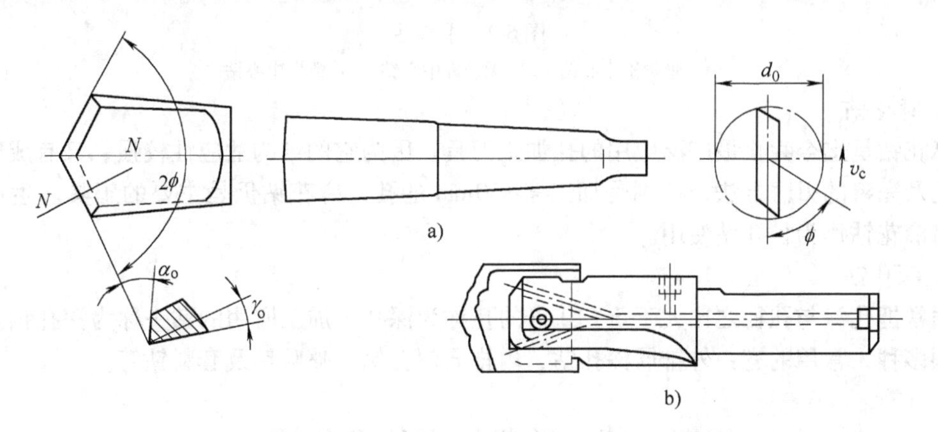

图 6-1　扁钻

a）整体式　b）装配式

扁钻有整体式和装配式两种。前者适于数控机床，常用于较小直径（<12mm）孔加工，后者适于较大直径（>63.5mm）孔加工。

2. 中心钻

中心钻是用来加工轴类工件中心孔的，有三种结构形式：带护锥中心钻（见图6-2a），无护锥中心钻（见图6-2b）和弧形中心钻（见图6-2c）。

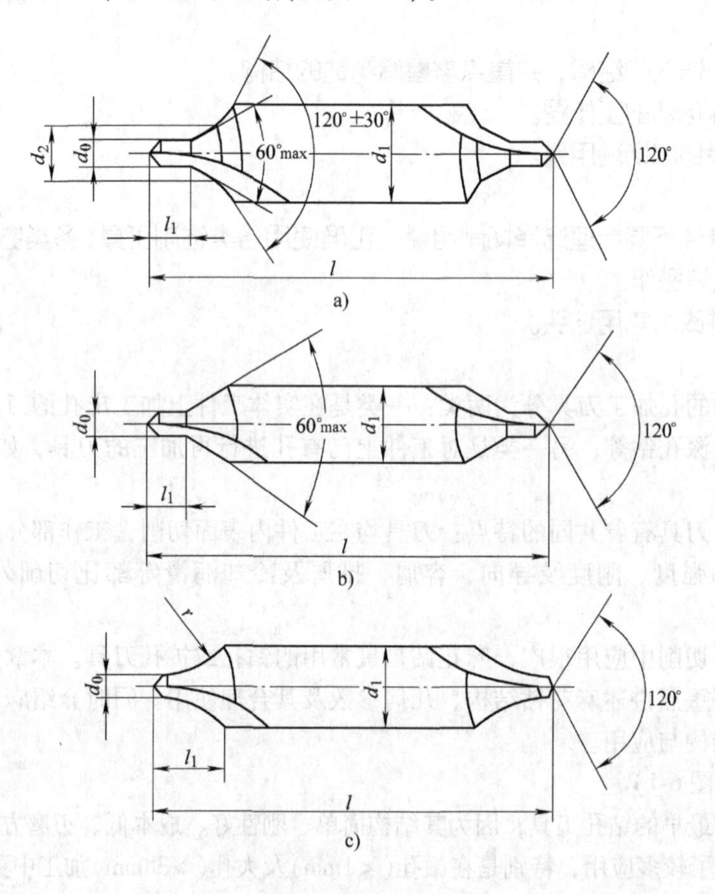

图6-2 中心钻

a）带护锥中心钻 b）无护锥中心钻 c）弧形中心钻

3. 麻花钻

麻花钻是迄今为止最广泛应用的孔加工刀具。因为它的结构适应性较强、又有成熟的制造工艺及完善的刃磨方法，特别是加工<ϕ30mm的孔，麻花钻仍是主要的工具。生产中也可以将麻花钻作为扩孔钻使用。

4. 深孔钻

通常把孔深与孔径之比大于5~10倍的孔称为深孔，加工所用的钻头称为深孔钻。深孔钻有很多种，常用的有：外排屑深孔钻、内排屑深孔钻、喷吸钻及套料钻等。

第一节 钻削的方法及其特点

本节介绍钻削及钻削过程特点，它是研究各类钻头及孔加工刀具的基础。

一、钻削的方法

1. 在钻床上钻孔

（1）工件装夹 工件装夹与工件的生产批量与孔的加工要求有关。单件、小批生产或加工要求较低时，工件经划线、打样冲眼确定孔心位置后，多数装在通用工具(也称辅助工具)中钻孔，根据工件形状常选用手虎钳、机床用平口虎钳、V形块和压板、螺钉等辅助工具来装夹，如图6-3所示。大批量钻孔或工件孔位置精度要求较高时，须用钻模来钻孔。

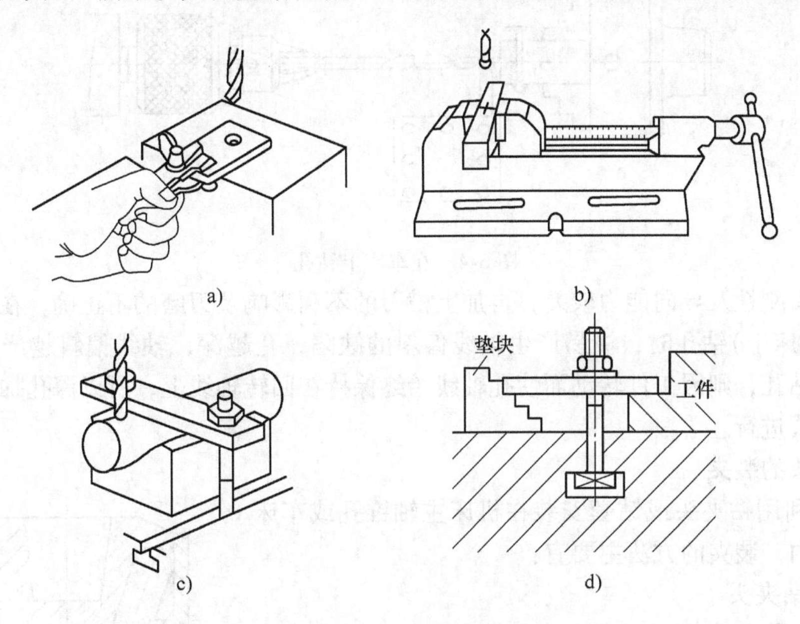

图6-3 工件装夹方法

（2）钻孔方法及注意事项 在单件或小批量钻孔时，先用样冲将孔中心眼打大一些，再试钻锪出小窝，检查小窝是否与所划圆周线同心。若稍有偏离，可移动工件调整；若偏离较多。可用尖錾或样冲在偏离的反方向錾几条槽来纠正，直到钻出完整的圆锥孔坑，并与所钻孔的找正用圆周线重合方可正式钻孔。

在斜面上钻孔时，为防止钻头偏斜将孔钻歪，需先用铣刀铣出平台后再钻孔；钻半圆孔时，需将两件对合起来钻孔；钻不通孔时，要按钻孔深度调整好挡铁来控制孔深；对直径大于30mm的孔，一般分两次钻；第一次用0.7~0.8倍孔径钻头钻孔，第二次按所需直径的钻头扩孔。

孔即将钻穿时，钻头阻力减小，此时须减小进给量，变机动进给为手动进给，以防进给量骤增发生“啃刀”现象，损坏钻头影响孔的质量；在钻深孔时，需经常退出钻头将切屑排除，防止切屑堵塞和钻头过热而退火，从而引起钻头折断；钻孔时，需用切削液充分冷却，降低切削温度，提高钻头寿命。

钻孔时，往往由于钻头刃磨不好、切削用量选择不当，工件装夹不妥，切削液使用不好等原因，从而引起孔径偏大、孔壁粗糙、孔轴线偏斜、折断钻头等问题，这就需要根据具体生产情况，分析原因，找出解决方法。

2. 在车床上钻孔

在车床上钻孔时，工件装夹在三爪自定心或四爪单动卡盘内，麻花钻通过钻夹头、钻套或直接装夹在尾座套筒锥孔内。工件的旋转是主运动，刀具作进给运动。钻孔前，首先车平工件端面，为了起更好的定心作用，可在工件端面车一个凹坑或用中心钻钻出中心孔，也可在方刀架上夹一钢棒(见图6-4)，轻轻抵住钻头前端，帮助钻头定心，防止钻头晃动将孔钻大或钻偏。钻孔时，开动车床，转动尾座手轮作均匀进给，即可将孔钻出。其他事项与钻床上钻孔基本相同。

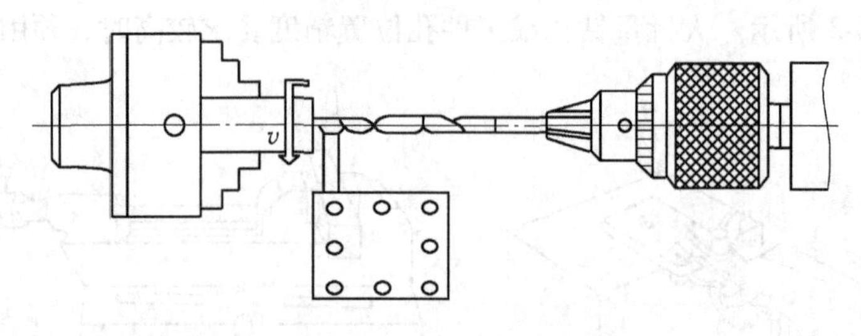

图6-4　在车床上钻孔

由于钻头刚性及导向能力较差，再加上横刃的不利影响及刃磨的不正确，在以工件不动方式(如在钻床上)钻孔时，极易产生轴线偏斜的缺陷，孔越深，轴线偏斜越严重。而以工件转动方式钻孔，则因工件转动而使孔轴线始终保持在回转轴线上，所以深孔加工都采用工件旋转的方式进行。

二、钻头的装夹

钻头是利用钻夹头或钻套安装在机床主轴锥孔或车床的尾座锥孔内，装夹的方法主要有：

1. 直柄钻夹头

当钻头柄部是直柄时，应先将与钻床主轴锥孔莫氏锥度号数相同的钻夹头装进主轴体内，再将钻头装在钻夹头内。

钻夹头的用途及构造：钻夹头的锥柄可直接装在钻床主轴锥孔内，钻夹头用来装夹直径在13mm以下直柄钻头。钻夹头的结构如图6-5所示，夹头体上有锥孔与钻夹锥柄紧配；夹头套与内螺纹圈紧配；钥匙用来旋动夹头套；夹爪用来夹紧钻头直柄；内螺纹圈用来使爪伸出或缩进。

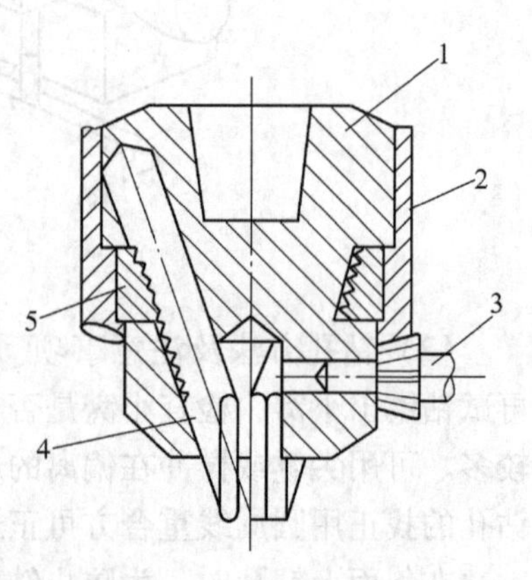

图6-5　钻夹头

1—夹头体　2—夹头套　3—夹头钥匙　4—夹爪　5—内螺纹圈

2. 锥柄钻夹头

当钻头柄部是锥柄时，如果钻头锥柄莫氏锥度号数与机床主轴锥孔莫氏锥度号数相同时，可直接将钻头锥柄装入机床主轴孔内。如钻头锥柄锥度号数小于机床主轴锥孔的锥度号数时，当钻头的锥柄莫氏锥体号数较小不能直接装到钻床主轴上时，钻头上需装一个过渡锥套，使外锥体与钻床主轴孔内锥体一致，内锥孔与钻头锥柄一致。这个锥套，内外表面都是锥体，称为钻套，如图6-6所示。

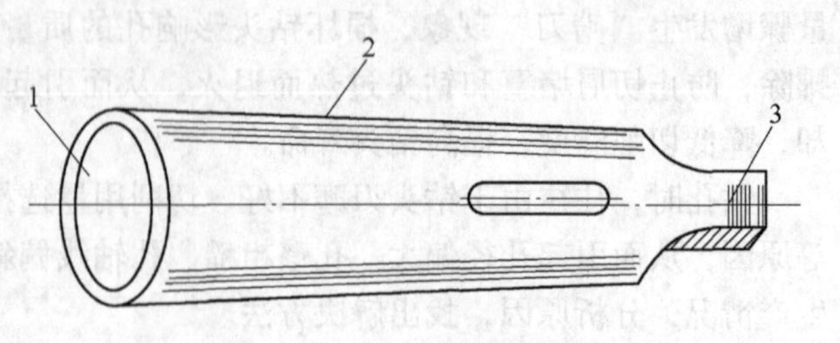

图6-6　钻套

1—内锥孔　2—外圆锥　3—扁尾

钻套规格有钻套的规格详见表6-1。也有特殊的钻套，如外表面是4号莫氏锥体，内表面是2号莫氏锥体，这时一般称为内2外4锥套。表6-2为莫氏锥度表。

表6-1 钻套规格

号 数	内锥孔(号数)	外圆锥(号数)	号 数	内锥孔(号数)	外圆锥(号数)
1	1	2	4	4	5
2	2	3	5	5	6
3	3	4			

表6-2 莫氏锥度表 （单位:mm）

圆锥符号		D	D1	d2	d3	l3	l4	a	b	e	c	R	r
莫氏	0	9.045	9.212	6.115	5.9	56.3	59.5	3.2	3.9	10.5	6.5	4	1
	1	12.065	12.240	8.972	8.7	62.0	65.5	3.5	5.2	13.5	8.5	5	1.25
	2	17.780	17.980	14.059	13.6	74.5	78.5	4.0	6.3	16.5	10.5	6	1.5
	3	23.825	24.051	19.131	18.6	93.5	98.0	4.5	7.9	20.0	13.0	7	2
	4	31.267	31.542	25.154	24.6	117.7	123.0	5.3	11.9	24.0	15.0	9	2.5
	5	44.399	44.731	36.547	35.7	149.2	155.5	6.3	15.9	30.5	19.5	11	3
	6	63.348	63.760	52.419	51.3	209.6	217.5	7.9	19.0	45.5	28.5	17	4

3. 其他钻夹头

（1）自动退卸钻头装置的用途及结构　自动退卸钻头装置就是在拆卸钻头时，不需要用斜铁插入主轴的半圆弧孔内敲打。只要将主轴向上轻轻提起，使装置的外套上端面碰到装在钻床主轴箱上的垫圈，这时装置中的横销就会将钻头推出，结构如图6-7所示。

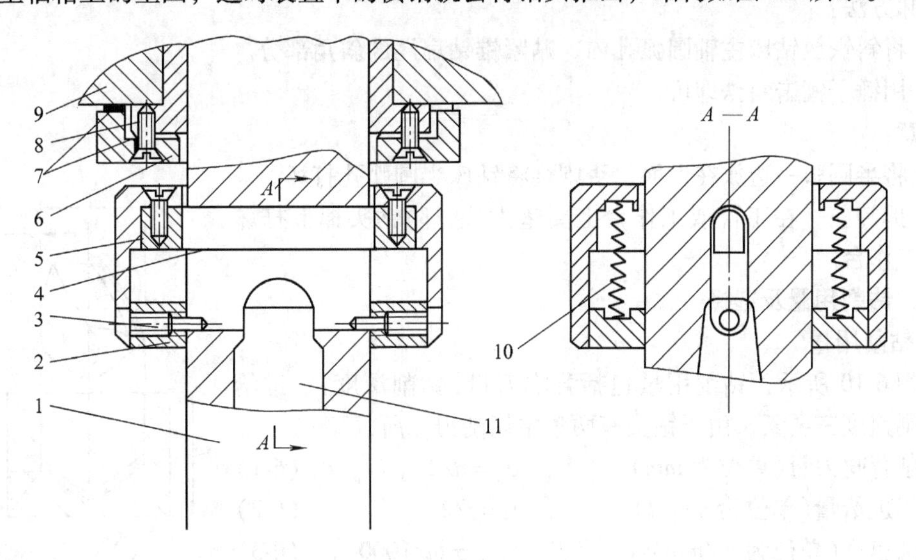

图6-7 自动推卸钻头装置

1—主轴 2—挡圈 3—螺钉销 4—横销 5—外套 6—垫圈 7—硬橡胶垫 8—导向套 9—主轴箱 10—弹簧 11—钻头

（2）快换钻夹头的用途及构造　是快换钻夹头可以不停机装换钻头，用于同一工件上多规格的钻孔，其结构如图6-8所示。

在钻床上加工孔时，往往需用不同的刀具经过几次更换和装夹才能完成（如使用钻头扩孔钻、锪钻、铰刀等）。在这种情况下，采用快换夹头，能在主轴旋转的时候，更换刀具，装卸迅速，减少更换刀具的时间。更换刀具的时候，只要将滑环2向上提起，钢珠1受离心力的作用就跑到外环下部槽中，可换套3不再受到钢珠的卡阻，而和刀具一起自动落下，这时立即用手接住，然后再把另一个装有刀具的可换套装上，放下外环，钢珠又落入可换套筒的凹入部分。于是更换过的刀具便跟着插入主轴内的锥柄夹头体1一起转动，继续进行加工。弹簧环2用来限制外环的上、下位置。

从钻床主轴锥孔中拆卸钻套或钻头的工具及方法，拆卸工具有斜铁（8°18′锥形，一边半圆弧，一边方形）如图6-9所示。

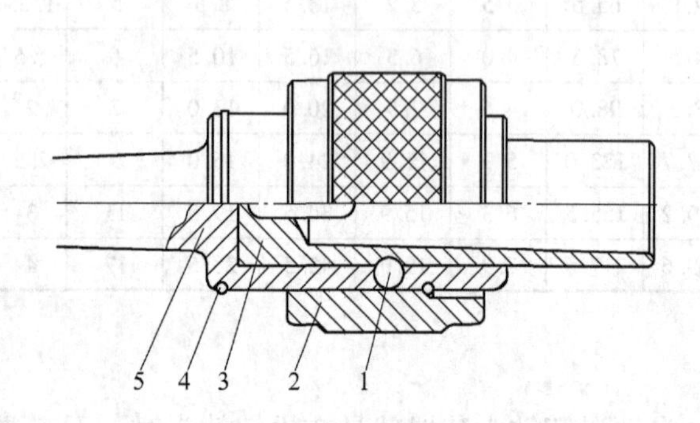

图6-8　快换钻夹头

1—钢珠　2—滑环　3—可换套　4—弹簧环　5—夹头体

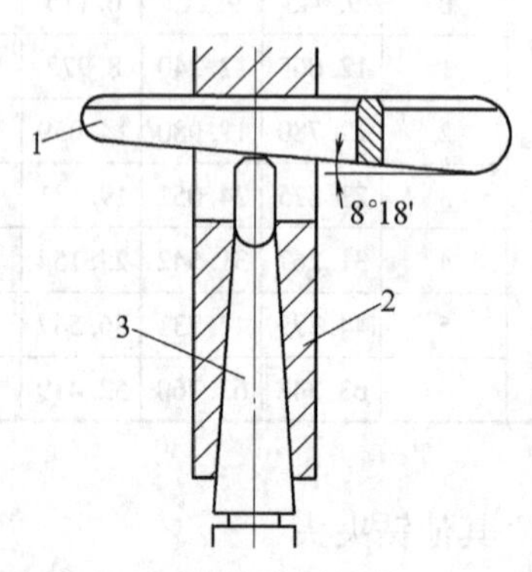

图6-9　拆卸钻头

1—斜铁　2—主轴　3—钻头

拆卸方法：

① 将斜铁放钻床主轴圆弧孔内，贴紧锥钻扁尾的斜角部分。

② 用锤子锤击斜铁即可。

注意：

① 将半圆弧一边放在上面，否则会将钻床半圆弧孔打坏。

② 拆卸前，在工件或工作台上要垫木块，防钻头掉下打坏工件或工作台。

三、钻削用量及选择

1. 钻削用量

如图6-10所示，钻削用量包括背吃刀量（钻削深度）、进给量、切削速度三要素，由于钻头有两条主切削刃，所以

钻削背吃刀量（单位为mm）　　$a_p = d/2$　　(6-1)

每刃进给量（单位为mm/z）　　$f_z = f/2$　　(6-2)

钻削速度（单位为m/min）　　$v_c = \pi dn/1000$　　(6-3)

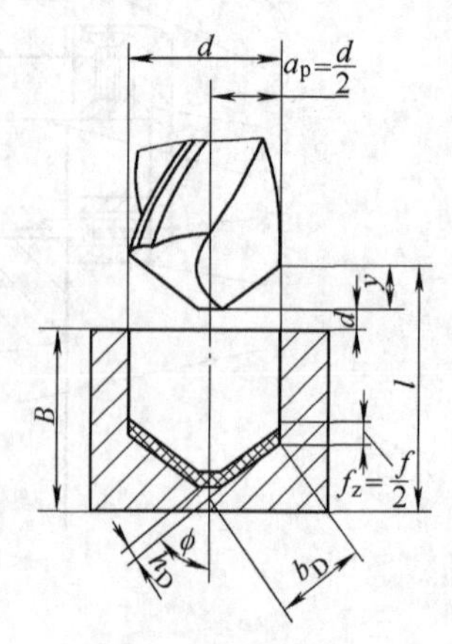

图6-10　钻削用量与切削层参数

2. 钻削用量选择

（1）钻头直径　钻头直径应由工艺尺寸决定，尽可能一次钻出所要求的孔。当机床性能不能达到要求时，才采用先钻孔再扩

孔的工艺。需扩孔者，钻孔直径取孔径的50%~70%。

合理刃磨与修磨，可有效地降低进给力，能扩大机床钻孔直径的范围。

（2）进给量　一般钻头进给量受钻头的刚性与强度限制。大直径钻头才受机床进给机构动力与工艺系统刚性限制。

普通钻头进给量可按以下经验公式估算

$$f=(0.01\sim0.02)d \tag{6-4}$$

合理修磨的钻头可选用$f=0.03d$。直径小于3~5mm的钻头，常用手动进给。

（3）钻削速度　高速钢钻头的钻削速度推荐按表6-3选用，也可参考有关手册、资料。

表6-3　高速钢钻头钻削速度

加工材料	低碳钢	中高碳钢	合金钢	铸铁	铝合金	铜合金
钻削速度/（m/min）	25~30	20~25	15~20	20~25	40~70	20~40

四、钻削过程特点

1. 钻削变形特点与切屑形状

钻削过程的变形规律与车削相似。但钻孔是在半封闭的空间内进行的，横刃的切削角度又不甚合理，使得钻削变形更为复杂。主要表现在以下几点：

钻心处切削刃前角为负角度，特别是横刃，切削时产生刮削挤压，切屑呈粒状并被压碎。钻心处直径几乎为零，切削速度也为零，但仍有进给运动，使得钻心横刃处工作后角为负角度，相当于用具有楔角的錾子劈入工件，称作楔劈挤压。这是导致钻削轴向力增大的主要原因。

主切削刃各点前角、刃倾角不同，使切屑变形、卷曲、流向也不同。又因排屑受到螺旋槽的影响。切削塑性材料时，切屑卷成圆锥螺旋形，断屑比较困难。

钻头刃带无后角，与孔壁摩擦。加工塑性材料时易产生积屑瘤，易粘在刃带上影响钻孔质量。

2. 钻削力

钻头每一切削刃都产生切削力，包括切向力（主切削力）、背向力（径向力）和进给力（轴向力）。当左右切削刃对称时，背向力抵消，最终构成对钻头影响的是进给力F_f与切削转矩M_c，如图6-11所示。

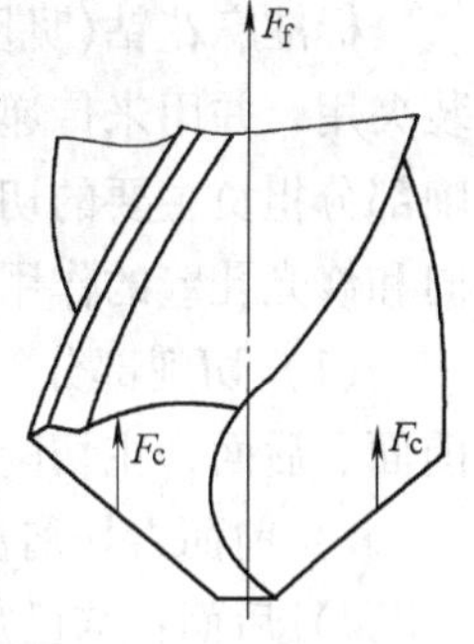

图6-11　钻削力

通过钻削实验，测量钻削力，可知影响钻削力的因素与规律。钻头各切削刃上产生切削力的比例大致见表6-4。

表6-4　钻削力的分配

钻削力	主切削刃	横刃	刃带
进给力F_f	40%	57%	3%
转矩M_c	80%	8%	12%

3. 钻头磨损特点

高速钢钻头磨损的主要原因是相变磨损。其磨损过程与规律与车刀相同。但钻头切削刃各点负荷不均，外圆周切削速度最高，因此磨损最为严重。

钻头磨损的形式主要是后面磨损。当主切削刃后面磨损达到一定程度时，还伴随有刃带磨损。刃带磨损严重时使外径减小，形成锥度，如图 6-12 所示。此时一段副切削刃 *AB* 变为主切削刃的一部分，切下宽而薄的切屑，转矩急增，容易咬死而导致钻头损坏。

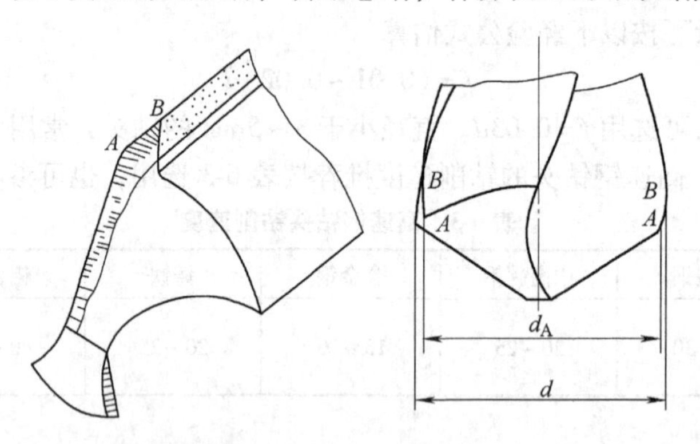

图 6-12　钻头刃带的磨损

影响钻头寿命的因素很多，主要包括：钻头材料与热处理状态、钻头结构、刃形参数、切削条件等。钻头硬度高、结构刚性好、刃形几何参数与加工材料搭配得合理、刃磨对称度高、切削用量优化得合理，则钻头寿命长。

第二节　麻花钻及其修磨

一、标准麻花钻的结构

标准麻花钻(见图 6-13)由柄部、颈部、工作部分组成。柄部包括钻柄和颈部，钻柄供装夹用，并用来传递钻孔时所需的转矩和轴向力。工作部分又分为切削部分和导向部分。切削部分担负主要的切削工作，它包括横刃和两个主切削刃。导向部分在钻孔时起引导钻头方向和修光孔壁的作用，同时还是切削部分的备磨部分。

(1) 切削部分　切削部分是指钻头前端有切削刃的部分。标准麻花钻切削部分主要由前面、后面、主切削刃和横刃四个部分组成，如图 6-14 所示。

1) 前面：切屑流过的表面。

2) 后面：与已加工表面相对应的表面。

3) 主切削刃：前面与后面的交线。

4) 横刃：两个后面的交线。

切削部分由两个前面、后面、副后面组成。前面是螺旋沟形成的螺旋面。后面的形状依需要磨成不同的曲面、圆锥面、螺旋面等特殊曲面。副后面就是刃带棱面。前后面相交为主切削刃，两主后面相交为横刃，两条刃沟与刃带棱面相交的两条螺旋线是副切削刃。

普通麻花钻一般有五条刃(两主切削刃、横刃、两副切削刃)一尖(钻头)，即五刃一尖。

(2) 导向部分　导向部分用于导向、排屑，也是切削部分的后备部分。外圆柱上两条螺旋形棱边也称刃带，可保持孔形和钻头进给方向。两条螺旋刃沟是排屑的通道。钻体心部称钻心，连接两条刃瓣。导向部分由下列部分组成(见图 6-15)：

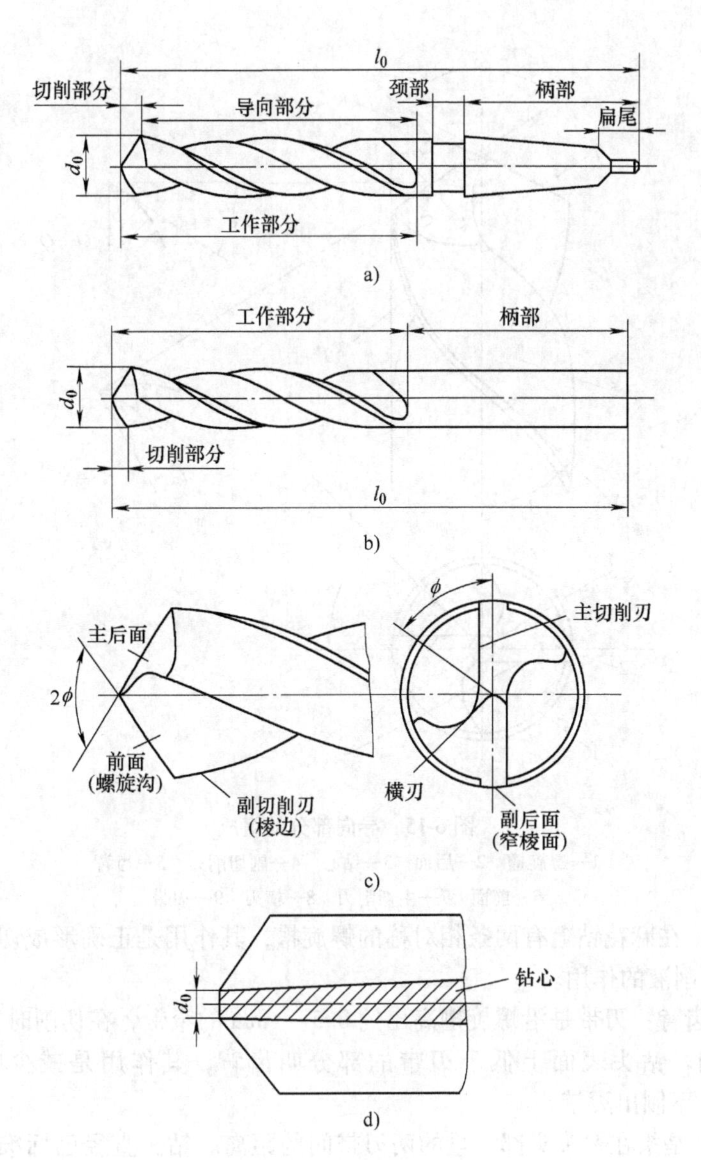

图 6-13 标准麻花钻

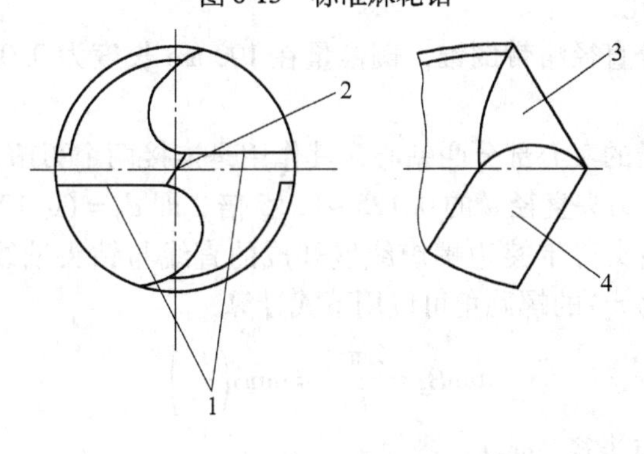

图 6-14 切削部分的组成

1—主切削刃 2—横刃 3—后面 4—前面

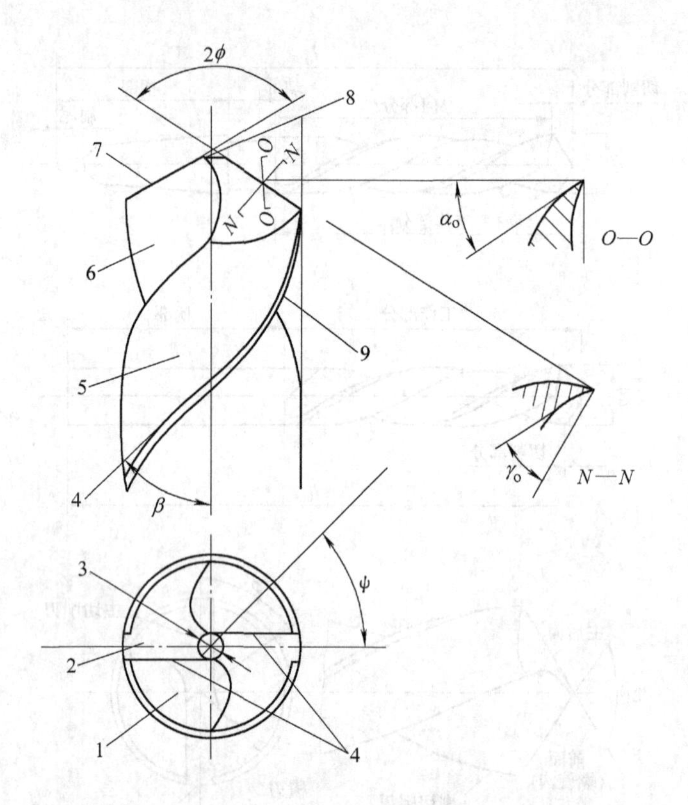

图6-15 导向部分的组成

1—螺旋槽 2—后面 3—钻心 4—副切削刃 5—齿背
6—前面 7—主切削刃 8—横刃 9—刃带

1）螺旋槽：在麻花钻上有两条相对称的螺旋槽，其作用是正确形成切削刃和前角，并起排屑和输送切削液的作用。

2）刃带和齿背：刃带是沿螺旋槽高出约0.5～1mm的窄带，在切削时它跟孔壁相接触，以保持钻头方向。钻头表面上低于刃带的部分叫齿背，其作用是减少摩擦。直径小于0.5mm的钻头，不制出刃带。

3）直径d：是指在钻头头部测量的两刃带间的距离。钻头直径已标准化，其直径公差的大小与直径大小成正比。

4）倒锥：导向部分直径略带倒锥，倒锥量在100mm长度为0.03～0.12mm，其作用是减少摩擦。

5）钻心：两螺旋槽的实心部分叫钻心，其作用是连接两个刃瓣，以保持钻头的强度和刚度。钻心直径d_0应是钻头直径d的0.125～0.15倍，即$d_0=(0.125\sim0.15)d$。

6）螺旋角β：指钻头刃带棱边螺旋线展开成的直线与钻头轴线的夹角。如图6-16所示，前面上x点（半径为r_x）的螺旋角可以用下式计算

$$\tan\beta_x=\frac{2\pi r_x}{P_h}=\tan\beta\left(\frac{r_x}{r}\right) \tag{6-5}$$

式中 r_x——钻头选定点半径（mm）；

P_h——螺旋槽导程（mm）。

式(6-1)说明钻头愈近中心处，螺旋角愈小。刃带处的螺旋角一般为25°～32°。

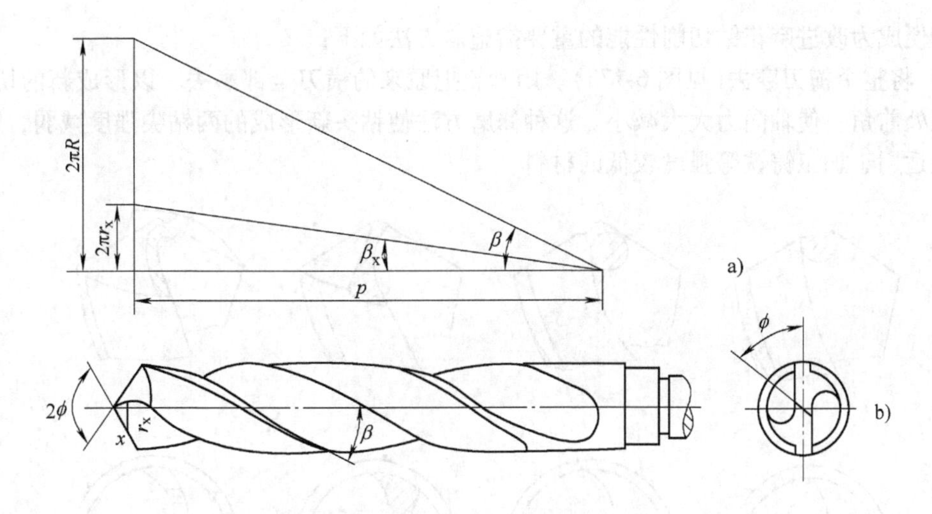

图 6-16 钻头的螺旋角

(3) 柄部 柄部是指钻头切削部分以外的部分，包括钻柄与颈部。直径在 ϕ13mm 以下的做成圆柱柄，ϕ13mm 以上的做成莫氏锥柄。锥柄端部做成扁尾，以供使用斜铁将钻头从钻套中击出。颈部直径略小，供磨削时砂轮退刀用，此外印有厂标、规格、材质等标记。

二、麻花钻的修磨

钻头的修磨是指根据生产实际情况和工件的具体工艺要求进行补充的刃磨。手工修磨钻头灵活、方便，手工修磨钻头方法的要点(口诀)是："左倾刃平砂轮面，由上向下磨后面，刃处背面最高处，锋角合理刃对称。"钻头修磨后的要求是：两主刃左右对称，刃长短一致，主、副刃交点高度一致，锋角符合需要，在整个后背面上，主刃处于最高位置。但很难磨得对称，最好使用刃磨夹具或刃磨机床。

1. 麻花钻的修磨原因

1) 钻头在使用过程中，切削刃部分容易变钝。

2) 在钻削不同工件材料时，麻花钻切削部分的角度和形状都略有不同，通过进行修磨来改变形状和角度，满足加工要求。

2. 标准麻花钻的结构缺点

1) 钻头主切削刃上各点前角变化很大($-30° \sim +30°$)，外径处前角太大，到里面前角又小，近中心处为负前角，切削性能相差悬殊。

2) 横刃太长，横刃上有很大的负前角，切削条件非常差。实际上不是在切削而是在刮削和挤压。据试验，钻削时 50% 的轴向力和 15% 的转矩是由横刃产生的。横刃长了，定心也不好。

3) 主切削刃全宽参加切削，各点切削流出速度相差很大，切屑卷成很宽的螺旋卷，所占体积大，排屑不顺利，切削液也不易注到切削刃上。

4) 棱刃上没有后角，棱边与孔壁发生摩擦，因为棱边有倒锥，所以主切削刃与棱边交点处摩擦最剧烈。此处切削速度最高，产生热量多，而且尖角处抗磨性差，所以此处磨损较快。影响切削性能，因此钻头常进行针对性的修磨。

3. 修磨标准麻花钻的常用方式

(1) 修磨横刃 麻花钻的横刃给切削过程带来极坏的影响，很容易造成引偏。因此修磨横刃便成为改进麻花钻切削性能的重要措施。方法如下：

1）将整个横刃磨去（见图6-17a）。用砂轮把原来的横刃全部磨去，以形成新的切削力，加大该处前角，使轴向力大大减小。这种修磨方法使钻头新形成的两钻尖强度减弱，定心不好，只适用于加工铸铁等强度较低的材料。

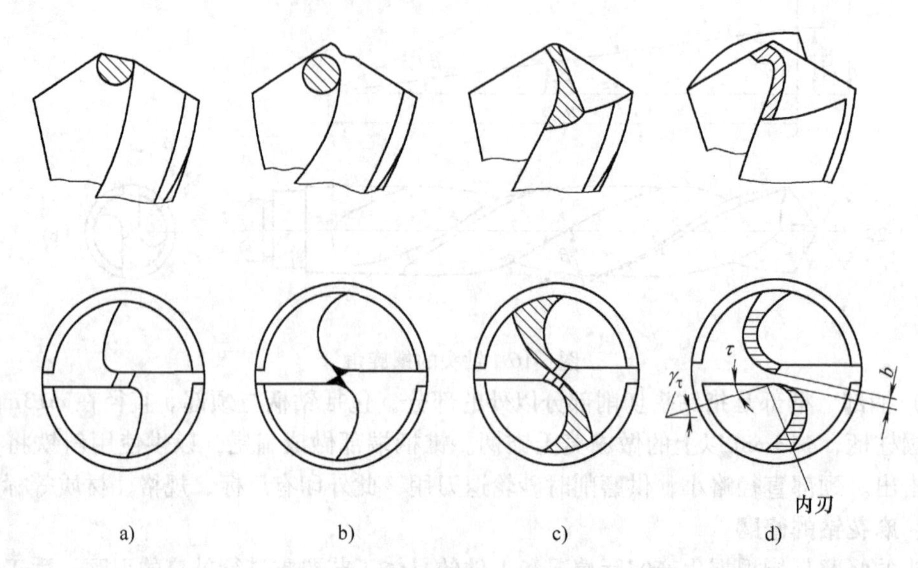

图6-17 横刃修磨形式

2）磨短横刃（见图6-17b）。采用这种修磨方法可以减少因横刃造成的不利因素。

3）加大横刃前角（见图6-17c）。横刃长度不变，将其分为两半，分别磨出一定前角（可磨出正的前角），从而改善切削条件，但修磨后钻尖被削弱，不宜加工硬材料。

4）磨短横刃并加大前角（见图6-17d）。这种修磨方法是沿钻刃后面的背棱刃磨至钻心，将原来的横刃磨短（约为原来横刃长度的1/5～1/3）并形成两条新的内直刃。内刃斜角 τ（内刃与主刃在端面投影的夹角）大约为20°～30°，内刃前角 r_τ = 7°～15°，如图6-17d所示。这种修磨方法不仅有利于分屑，增大钻尖处排屑空间和前角，而且短横刃仍保持定心作用。

（2）修磨前面　由于主切削刃前角外大内小，故当加工较硬材料时，可将靠外缘处的前面磨去一部分（见图6-18a），使外缘处前角减小，以提高该部分的强度和刀具寿命；当加工软材料（塑性大）时，可将靠近钻心处的前角磨大而外缘处磨小（见图6-18b），这样可使切削轻快、顺利。当加工黄铜、青铜等材料时，前角太大会出现“扎刀”现象，为避免“扎刀”也可采用将钻头外缘处前角磨小的修磨方法，如图6-18a所示。

（3）修磨切削刃及断屑槽　由于主切削刃很长并全部参加切削，故切屑易堵塞。加之锋角较大，造成轴向力加大和形成刀尖角 ε 较小，使刀尖薄弱。针对主切削刃上述问题，可以采用以下几种修磨方法：

1）修磨过渡刃（见图6-19）。在钻尖主切削刃与副切削刃相连接的转角处，磨出过渡刃（$B=0.2d_0$）。过渡刃的锋角 ϕ = 70°～75°，使钻头具有双重刃，由于减小了外刃锋角，使轴向力减小、刀尖角增大，从而强化了刀尖。由于主切削刃分成两段，切屑宽度（单段切削刃）变小，切屑堵塞现象减轻。对于大直径的钻头有时还修磨双重过渡刃（三重锋角）。

2）修磨圆弧刃（见图6-20）。将标准麻花钻的主切削刃外缘段修磨成圆弧，使这段切削

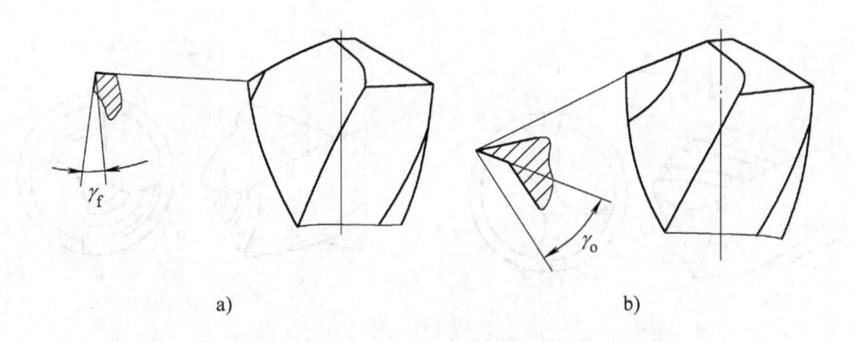

图 6-18　修磨前面

a）修磨外缘处前面　b）修磨近钻心处前面

刃各点的锋角不等，由里向外逐渐减小。靠钻心的一段切削仍保持原来的直线，直线刃长度 f_0 约为原主切削刃长度 L 的 1/3，圆弧刃半径 $R=(0.6\sim0.65)d_0$。

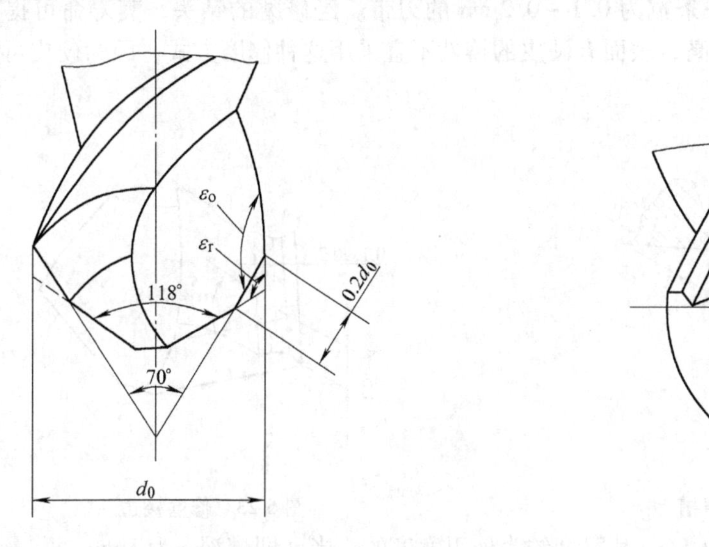

图 6-19　修磨过渡刃

图 6-20　修磨圆弧刃

圆弧刃钻头，由于切削刃增长、锋角平均值减小，可减轻切削刃上单位长度上的负荷，改善了转角处的散热条件(刀尖角增大)，从而提高了刀具寿命，并可减少钻透时的毛刺，尤其是钻比较薄的低碳钢板小孔时效果较好。虽然圆弧刃长度较长，但由于主切削刃仍分两段，故保持修磨过渡刃的效果。

3）修磨分屑槽(见图 6-21)。在钢件等韧性材料上钻较大、较深的孔时，因孔径大、切屑较宽，所以不易断屑和排屑。为了把宽的切屑分割成窄的切屑，使排屑方便，并为了使切削液易进入切削区，从而改善切削条件，可在钻头切削刃上开分屑槽。分屑槽可开在钻头的后面上(见图 6-21a)也可开在钻头前面上(见图 6-21b)。前一种修磨法在每次重磨时都需修磨分屑槽，而后一种在制造钻头时就已加工出分屑槽，修磨时只需修磨切削刃就可以了。

4）磨断屑槽。钻削钢件等韧性较大的材料时，切屑连绵不断往往会缠绕钻头，使操作不安全，严重时会折断钻头。为此可在钻头前面上沿主切削刃磨出断屑槽(见图 6-22)，能起到良好的断屑作用。

（4）修磨棱边　直径大于 12mm 的钻头在加工无硬皮的工件时，为减少棱边与孔壁的

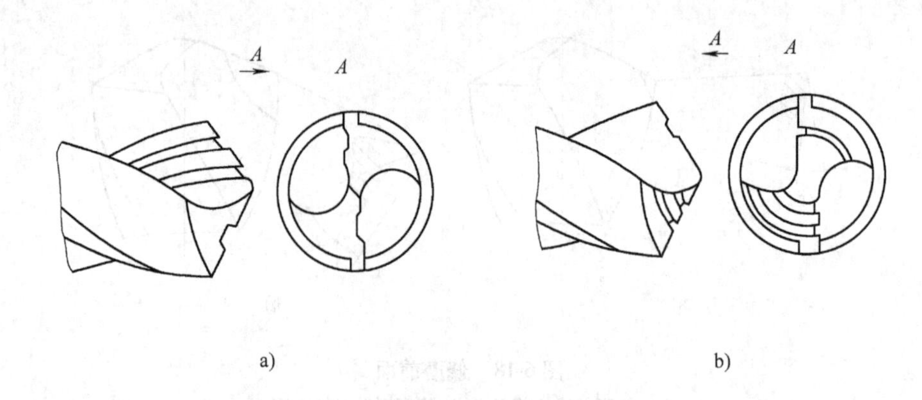

图 6-21 修磨分屑槽

摩擦，减少钻头磨损，可按图 6-23 所示修磨棱边即将棱边磨窄，磨出后角。使原来的副后角由 0°磨成 6°～8°，并留一条宽为 0.1～0.2mm 的刃带。经修磨的钻头，其寿命可提高一倍左右。并可使表面质量提高，表面有硬皮的铸件不宜采用这种修磨方式，因为硬皮可能使窄的刃带损坏。

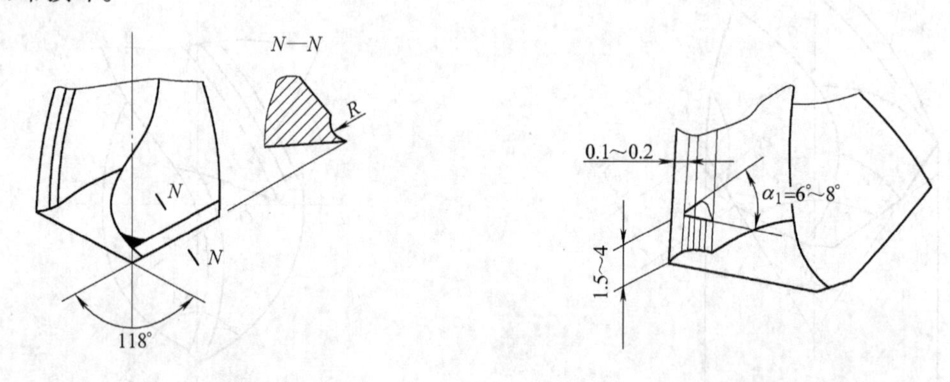

图 6-22 磨断屑槽　　图 6-23 修磨棱边

在一边外刃上磨出分屑槽 4，其宽度约为外刃宽度的一半，即槽深 c 为 1mm。

三、群钻

群钻是我国群众创造的，它是在标准钻头的基础上，通过切削部分的再加工刃磨，而产生的新型钻头（见图 6-24），已形成一系列先进钻形。

1. 群钻的刃形

群钻的刃形特点：三尖七刃锐当先，月牙弧槽分两边，一侧外刃开屑槽，横刃磨低窄又尖。其修磨方法是：先磨两条外刃（AB），然后在两个后面上分别磨出对称的半径为 R 的月牙形圆弧刃（BC），最后修磨横刃，使之变短、变低、变尖，以形成内直刃（CD）和一条窄横刃（b），对较大直径钻头在一边外刃上可磨出分屑槽。

2. 群钻的刃磨

圆弧刃 BC 是月牙槽后面 2 与螺旋槽的交线，近似可看作圆弧。圆弧半径 R 约为钻头直径 D 的 1/10，即 $R \approx 0.1D$。

内刃 CD 是修磨的内刃前面 3 与月牙槽后面 2 的交线。三个尖一钻心尖和两边的刀尖 B。在主切削刃上磨出月牙形圆弧槽是群钻的最大特点，将主切削刃分成几段，能够分屑、断

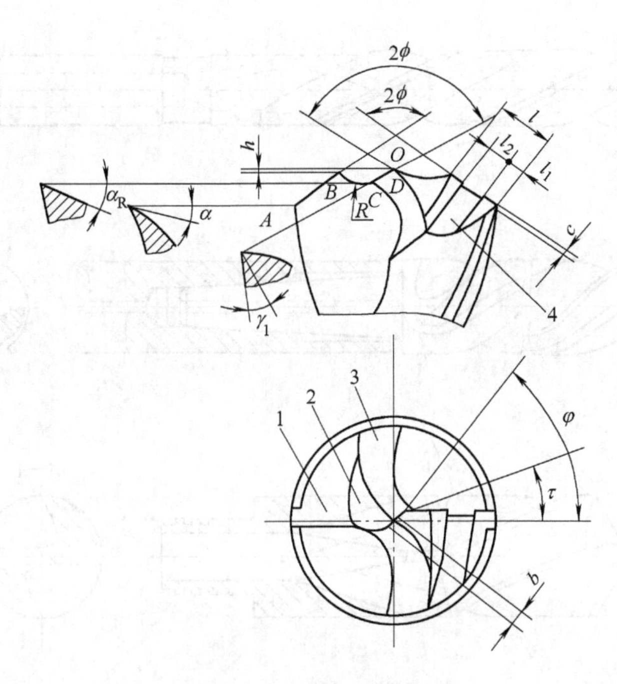

图 6-24 中型标准群钻

1、2—后面 3—前面 4—分屑槽

屑。而且圆弧刃上各点前角比原来平刃上的大，切屑省力。

横刃变短、变尖又磨低。变短是由于磨出前面 3，使横刃长度 6 变短，约为标准麻花钻横刃长度的 1/7～1/5，或约等于 0.03D。变尖是由于磨了月牙槽后面 2，使横刃部分的楔角稍变尖。磨低是由于月牙槽后面 2 向内凹，使新的横刃位置降低，即尖高很小，约为钻头直径 D 的 3%，即约为 0.03D。

由于降低了钻尖高度，可以把横刃处磨得较锋利，使切削力大大降低而不致影响钻尖强度。圆弧刃在孔底上划出一道圆环肋，它与钻头棱边共同起着稳定钻头方向的作用，限制了钻头的摆动，可以加强钻头的定心作用。

3. 群钻圆弧刃的作用

群钻磨出左右对称的圆弧刃，在钻削中起到了多方面的作用：

1）圆弧刃在工件上切出凸起的圆环肋，它正好嵌在钻头圆弧刃中，使钻削时起很好的定心作用，可防止钻孔的偏斜，减小孔径的扩大，加强了定心导向作用。

2）圆弧刃与外直刃转折点处，切屑流向有较大的变化，形成了自然的分屑点。外刃切屑呈带状，圆弧刃切屑呈卷曲扇面形，容易自行折断。

3）圆弧刃改变了中段切削刃的主偏角与刃倾角，使该段正交平面前角增大。

4）圆弧刃使外刃与内刃参数得以分别控制。可磨大内刃顶角，这样横刃虽经修磨变窄变尖，但钻尖强度仍不被削弱。

另外，为了改善排屑及冷却条件，出现了带喷油孔的麻花钻，切削液可以从钻柄后部直接进入切削区，如图 6-25 所示。这样，切削液起冷却作用又有助于切屑的排出。这种钻头的制造比较困难，多用来钻削不太深的孔，近年来在数控机床上使用较多。

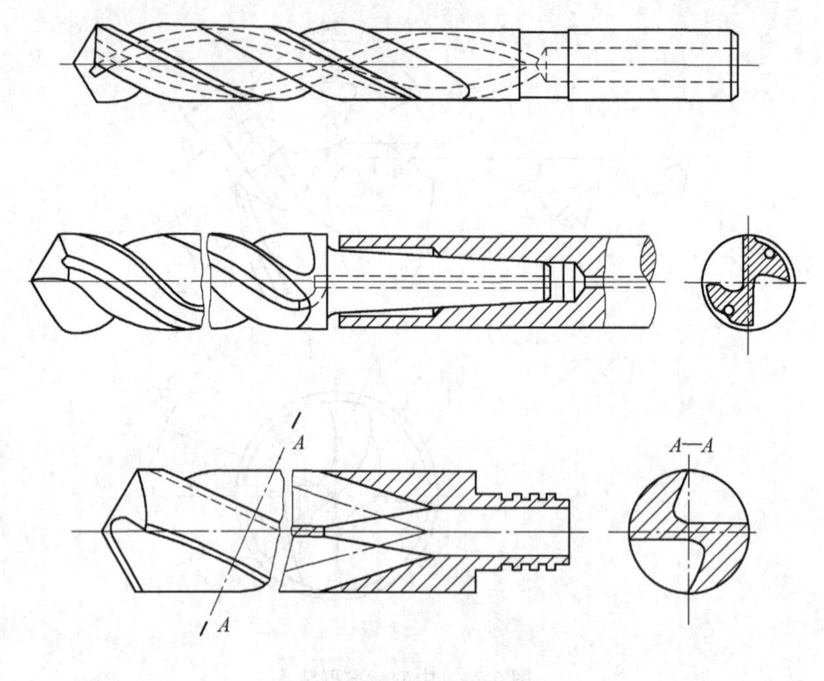

图 6-25　带喷油孔的麻花钻

第三节　硬质合金钻

硬质合金钻头应用广泛。这种钻头不仅能对普通的钢铁材料进行高速切削，且可加工各种有色金属和硬脆材料、合金铸铁，如淬硬钢、硬橡胶、玻璃及大理石及印制线路板等复合压层材料。

硬质合金钻头的结构基本上与高速钢钻头相同如图 6-26 所示，但由于硬质合金本身的特点，在结构上也有相应的差别。主要有：

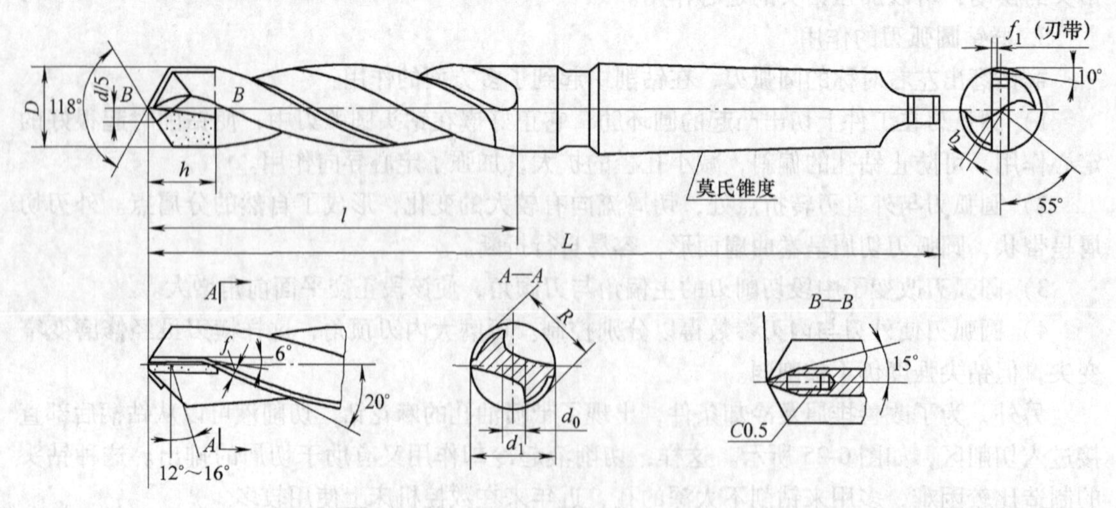

图 6-26　镶片硬质合金钻头

1）硬质合金刀具要求较小的前角，相应的β角也要小。但为了改善排屑，可在导向部分做成较大的β角，而切削部分的β_1则做得较小$\beta_1=6°$。

2）硬质合金刀具要求较高的刚度和强度，故钻心较粗（$d=0.27\sim0.30D_2$），但为了减少横刃的不利情况，均修磨。同时为了不致因增加钻心而减少排屑容积，因此容屑槽较宽。

3）硬质合金钻头本身备磨量较高速钢钻头少得多，为了增加刚度及节约刀杆材料，工作部分长度较短。

4）为了适应硬质合金切削用量较大的情况，应采用加强锥柄，以保证可靠的工作。此外，为了减少因切削速度较高时摩擦发热的情况，倒锥做得较大，每100mm长为0.6~0.8mm。

小直径的硬质合金钻做成整体的；大直径硬质合金钻都做成镶片结构。刀片用YG类常用YG8、YT类因较脆，用得较少、刀体用9CrSi。也可重磨几次。

第四节 深 孔 钻

深孔指孔的深度与直径比$L/D>5$的孔。一般深孔$L/D>5\sim10$还可用深孔麻花钻加工，但$L/D>20$的深孔则必须用深孔刀具才能加工，包括深孔钻、镗、铰、套料、滚压工具等（见图6-27）。

一、深孔加工的难点

深孔加工的难点有：不能观测到切削情况，只能听声音、看切屑、测油压来判断排屑与刀具磨损的情况；切削热不易传散，需有效的冷却；孔易钻偏斜；刀柄细长、刚度差、易振动，影响孔的加工精度，排屑不良，易损坏刀具等。

二、深孔加工刀具必须解决的问题

1）要解决好排屑问题。深孔钻排屑情况如果不好，就使得切削温度升高过快，很容易使钻头堵塞。而经常从孔中退出钻头排屑，要花费大量时间，造成生产效率降低。

2）要解决好冷却、润滑问题。把切削液、润滑油引到切削区，有利于改善排屑及提高刀具寿命。

3）要使好钻头在工作中具有比较精确的导向。在加工深孔中极易使钻头偏离中心，导致产生废品。

三、几种典型的深孔加工刀具

1. 枪钻

枪钻属于小直径深孔钻，如图6-28所示。枪钻由两部分组成，有切削部分和钻杆部分。钻杆是一个带有纵向直槽的无缝钢管直槽，经压制成形以便排屑。为使其易切削及有较好的导向，钻尖相对于钻头轴线有一定的偏移量e（见图6-29），其偏移量大约为1/4钻头的直径。

钻心偏移量e影响切削力的分布。选择参数e时，应使内、外刃形成的背向力F_p大小适当。过大会使孔壁与钻头支承区摩擦加剧，孔壁拉毛，发热量大。过小钻头导向性差，不易稳定，容易振动，影响加工精度。若形成$F_p<0$（反方向），则深孔钻不能工作，切削刃要切入孔壁，使孔径超差。

切削部分即钻头有一条由外刃与内刃两部分组成的切削刃，切削刃两段的偏角通常选取

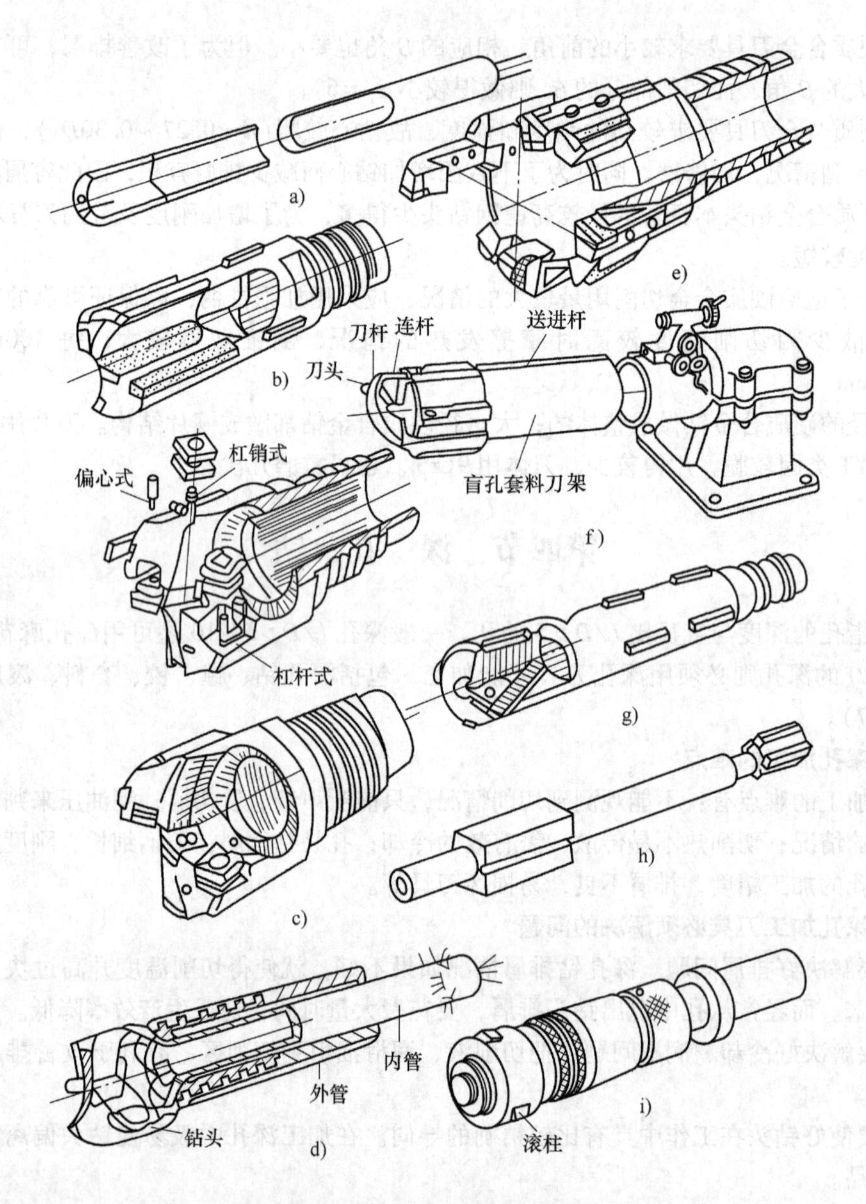

图 6-27 常用深孔刀具外形结构图

a）单刃外排屑小深孔钻 b）错齿内排屑深孔钻 c）不重磨内排屑深孔钻 d）喷吸钻 e）外排屑机夹套料钻 f）不通孔套料刀 g）机夹单刃内排屑深孔镗刀 h）小深孔拉铰刀 i）深孔滚压头

60°左右，后角选取 12°~15°，其目的是为了减小钻头对孔壁的摩擦。在工作部分每 100mm 长有 0.1~0.3mm 的倒锥，并磨出小平面。工作时工件旋转，钻头进给，一定压力的切削液从钻杆尾端注入。冷却切削区后再沿钻杆凹槽表面连同切屑一起排出，也称外排屑。排出的切削液经过过滤、冷却后再流回液池，可循环使用(见图 6-30)。

枪钻具有较好的导向性，改善了排屑条件，能够将切削液输送到切削区，从而提高了刀具的寿命。并能连续切削及能够得到较高的被加工表面质量。但是因为只有一条切削刃，生产率不高。它的切削部分常采用高速钢或硬质合金。

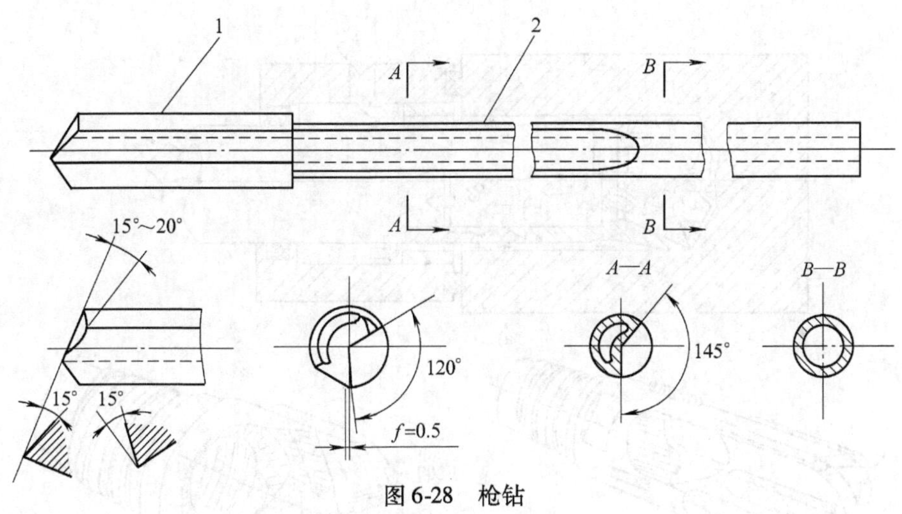

图 6-28　枪钻
1—工作部分　2—钻杆

枪钻加工直径为 2～20mm、长径比达 100 的中等精度的小深孔甚为有效。常选用 $v_c = 40\text{m/min}$，$f = 0.01 \sim 0.02\text{mm/r}$，浇注乳化切削液以压力为 6.3MPa、流量为 20L/min 为宜。

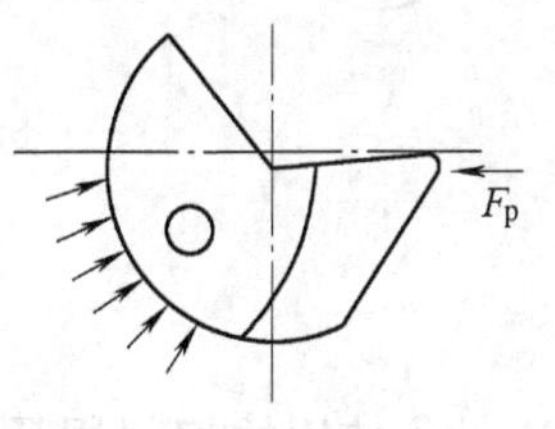

2. 错齿内排屑深孔钻（BTA 深孔钻）

BTA（Boring and Trepanning Association）深孔钻由钻头和钻杆组成，通过多头矩形螺纹连接成一体。钻孔时，切削液从钻杆外圆与工件孔壁间流入，经切削区后汇同切屑从钻杆内孔内排出（见图 6-31a），称内排屑。钻杆断面为管状，刚性好，因而切削效率高于外排屑。它主要用于加工直径在 18～185mm、深径比在 100 以内的深孔。

通常直径为 18.5～65mm 的钻头制成焊接式（见图 6-31b），而直径大于 65mm 制成可转位式（见图 6-31c）。

BTA 深孔钻除具有无横刃、内外切削刃余偏角不等、有钻头偏距等特点外，还有切削刃分段、交错排列的特点，保证可靠分屑和断屑，而且中心和外缘刀片可选用不同材料，外缘刀片用耐磨性好的刀片，中心用韧性好的刀片。

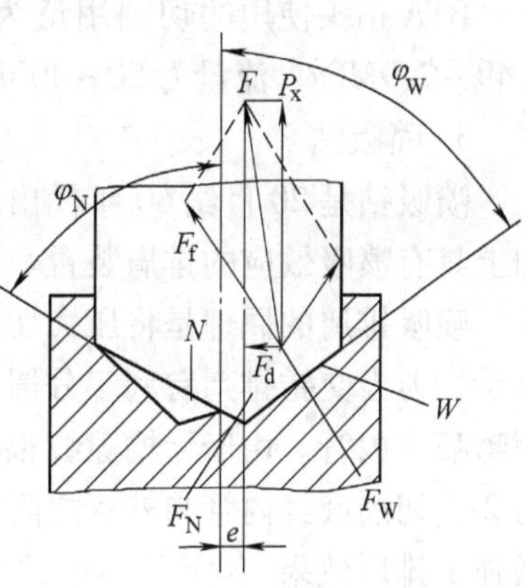

图 6-29　枪钻的钻心偏移

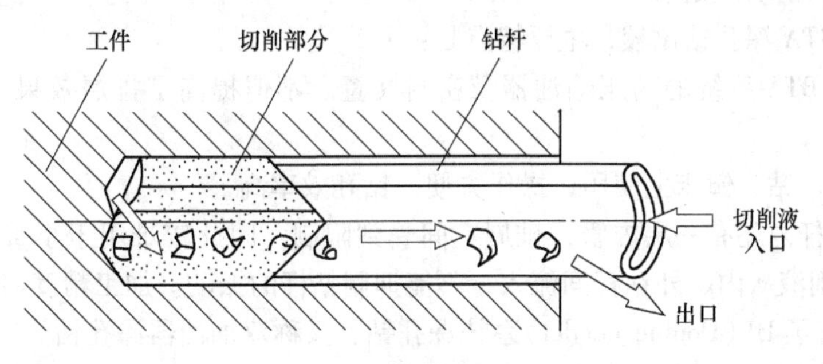

图 6-30　枪钻工作原理

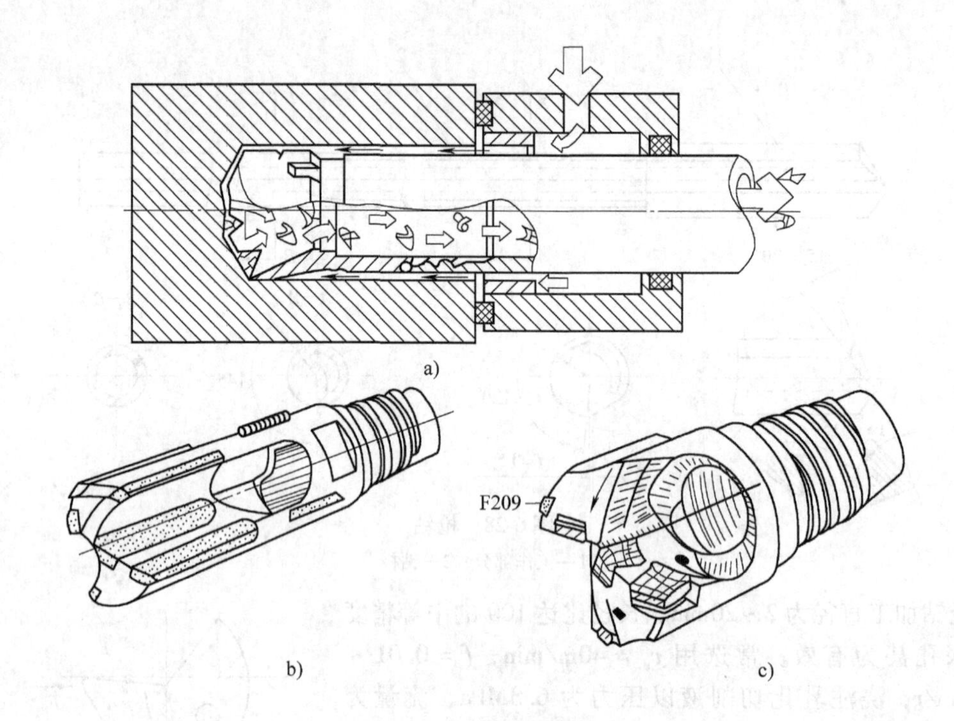

图 6-31 BTA 深孔钻

a）工作原理 b）、c）外形结构

BTA 钻头使用的切削用量为 $v_c = 60 \sim 120\text{m/min}$，$f = 0.03 \sim 0.25\text{mm/r}$。切削液压力为 $0.49 \sim 2.9\text{MPa}$、流量为 $50 \sim 400\text{L/min}$。

3. 喷吸钻

喷吸钻是 20 世纪 60 年代出现的新型深孔钻，它采用了 BTA 深孔钻的内排屑结构，再加上具有喷吸效应的排屑装置。

喷吸排屑的原理是将压力切削液从刀体外压入切削区并用喷吸法进行内排屑，如图 6-32 所示，刀齿交错排列有利于分屑。切削液从进液口流入连接套，其中 1/3 从内管四周月牙形喷嘴喷入内管。由于牙槽隙缝很窄，切削液喷出时产生的喷射效应能使内管里形成负压区。另 2/3 切削液经内管与外管之间流入切削区，汇同切屑被负压吸入内管中，迅速向后排出，增强了排屑效果。

喷吸钻附加一套液压系统与连接套，可在车床、钻床、镗床上使用。适用于中等直径的深孔加工，钻孔的效率较高。

喷吸钻与 BTA 深孔钻比较，主要特点是：

1）不需要 BTA 系统的高压输油器及密封装置。不但提高了排屑效果，又改进了工作条件。

2）可在车、钻、镗床上使用，操作方便，钻孔效率高。

3）由于钻杆内还有一层内管，排屑空间受到限制，因此较难用于小直径（一般直径大于 18mm）。切削液从内、外钻杆间流入，不能抑制钻杆的振动。加工精度略低于 BTA 钻头。

近年来又有了 DF（Double Feeder）系统深孔钻，又称双加油器深孔钻。

工作系统在零件端面放置一个 BTA 系统的密封装置，后面放置一个产生喷吸效应的装

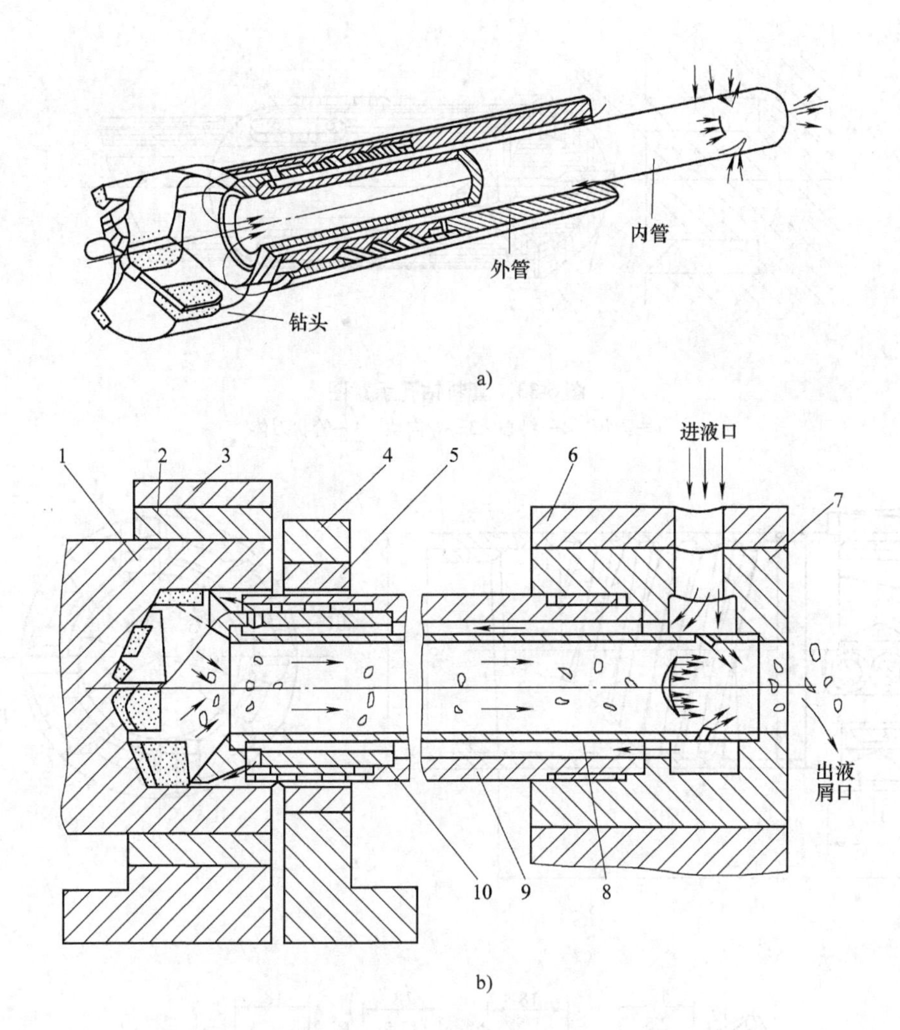

图 6-32　喷吸钻

a）喷吸钻体　b）喷吸钻装置

1—工件　2—夹爪　3—中心架　4—引导架　5—向导管

6—支持座　7—连接套　8—内管　9—外管　10—钻头

置。由于发挥了推、吸双重作用，排屑效果进一步得到改善。特别适合直径 6 ~ 20mm 小深孔以及用于不易断屑材料的加工。DF 系统只有一个钻杆，内有压力切削液的支托，振动小、排屑空间大、加工精度好、效率高，是很有发展前途的深孔加工方法。

4. 套料钻

套料钻(见图 6-33)是空心圆柱体，端面固定有切削齿，切削齿的齿数在 3 ~ 12 范围内。在套料钻的外圆开有容屑槽，容屑槽向非工作端面加宽。在刀体尾部圆周有四条导向块，以保证套料钻的定心。套料钻可采用综合式的切削图形，该切削图形为四齿硬质合金套料钻。四个刀齿的切削部分齿宽逐齿递增(见图 6-34)，是将切削宽度与进给量在单独的刀齿之间分段。刀齿前面上的卷屑槽或断屑台可使切屑粉碎。套料钻在工作时，切削液在压力下进入切削区，切屑在液流中呈悬浮状态排出。

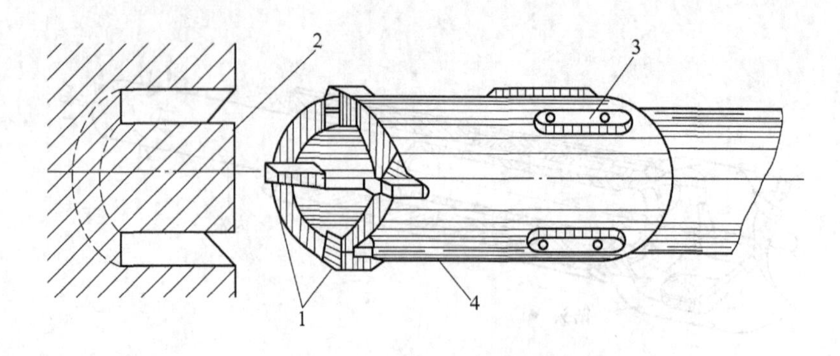

图 6-33 套料钻孔示意图

1—刀齿 2—料心 3—导向块 4—管状刀体

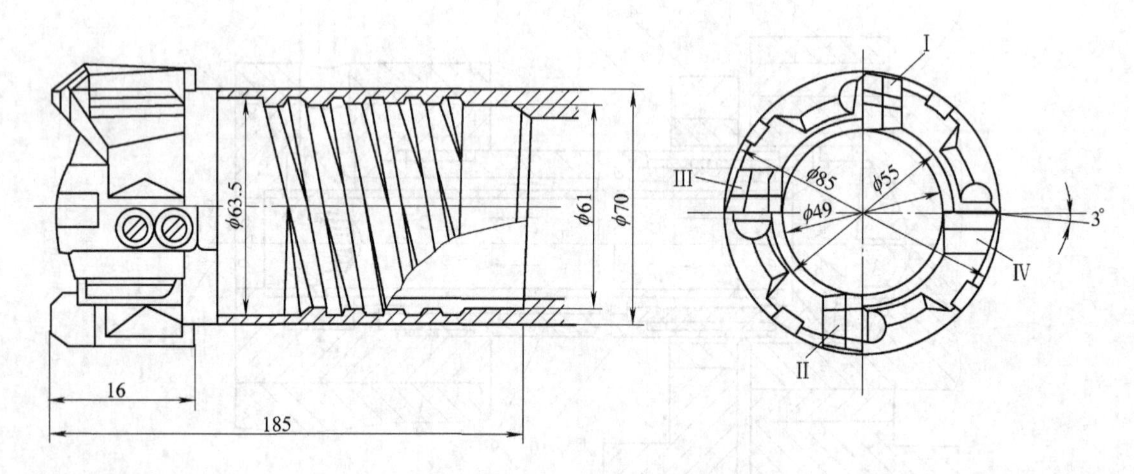

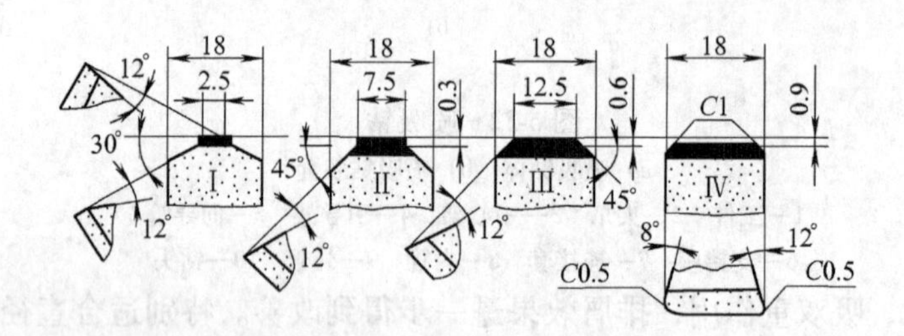

图 6-34 四齿硬质合金套料钻

复习思考题

1. 试述孔加工刀具的类型及其用途。
2. 作图表示麻花钻结构、标注结构参数与刃磨角度。
3. 分析麻花钻前角、后角、主偏角及端面刃倾角的变化规律。
4. 为什么要对麻花钻进行修磨？有哪些修磨方法？

第七章　扩孔钻、锪钻、镗刀、铰刀及复合孔刀具

本章应知

1. 了解扩孔钻、锪钻、镗刀、铰刀等结构。
2. 会设计铰刀。

本章应会

1. 会扩孔、锪孔操作。
2. 会依据机床，工件材料、刀材等具体因素的变化来确定铰刀直径的公差。
3. 会改制铰刀操作。

本章简要介绍扩孔钻、锪钻、镗刀的结构特点及其选用，以便为孔加工刀具的选用打下基础。

第一节　扩孔钻和锪钻

一、扩孔钻

扩孔钻(见图7-1)适用于扩大孔径，一般常在钻孔后使用。它可修正钻孔中心线位置和降低表面粗糙度值，提高孔质量的刀具。它可用于孔的最终加工或铰孔、磨孔前的预加工。扩孔钻加工的公差等级为IT9～IT10，表面粗糙度为R_a6.3～3.2μm。扩孔钻与麻花钻相似，但齿数较多，一般有3～4齿，导向性好，扩孔余量较小，无横刃，加之改善了切削条件，且容屑槽较浅，钻心较厚，扩孔钻的强度和刚度较高，可选择较大切削用量，扩孔的进给量为钻孔的1.5～2倍。扩孔钻的加工质量和生产率均比麻花钻高。国家标准规定，高速钢扩孔钻ϕ7.8～ϕ50mm做成锥柄，ϕ25～ϕ100mm做成套式。在实际生产中，许多工厂也使用硬质合金扩孔钻和可转位扩孔钻。有整体式(直径ϕ10～ϕ32mm)和套式(直径ϕ25～ϕ100mm)。工作部分材料常用高速钢或硬质合金。扩孔的方法与钻孔的方法基本相同，可在钻床、车床上等机床上进行。

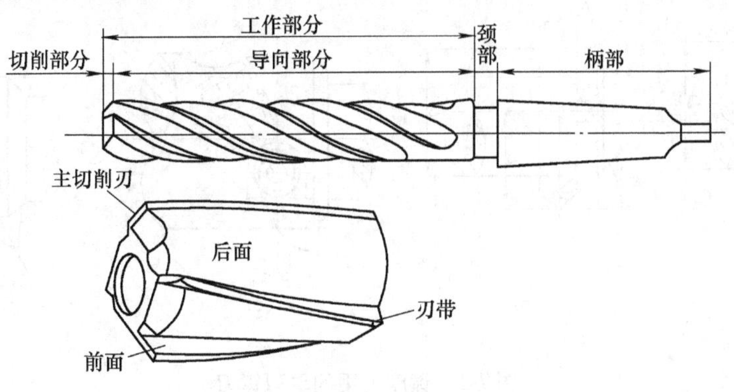

图7-1　扩孔钻

二、锪钻

锪钻用于加工各种埋头螺钉沉孔、锥孔和凸台面等。常用锪钻如图 7-2 所示，锪钻可制成高速钢锪钻、硬质合金锪钻、可转位锪钻。在单件小批生产时，常把麻花钻锋角磨制成 180°，即两主刃处于同一平面，作为锪钻来使用。

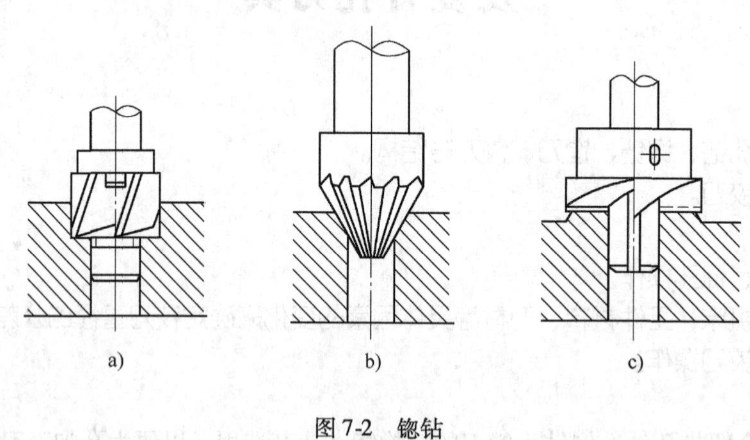

图 7-2 锪钻

第二节 镗 刀

镗刀是广泛使用的孔加工刀具。一般镗孔公差等级达到 IT8 ~ IT9，精细镗孔时公差等级能达到 IT6，表面粗糙度值为 R_a1.6 ~ 0.8μm。镗孔能纠正孔的直线度误差，获得高的位置精度，特别适合于箱体零件的孔系加工。镗孔是加工大孔的惟一精加工方法。镗刀种类很多，可分为单刃镗刀和双刃镗刀。

一、单刃镗刀

如图 7-3，单刃镗刀切削刃只有一个，它具有结构简单、制造方便、通用性好等优点。为了使镗刀头在镗杆内有较大的安装长度，并具有足够的位置安置压紧螺钉和调节螺钉，在镗盲孔或阶梯孔时，镗刀头在镗杆内的安装倾斜角 δ 一般取 10° ~ 45°（见图 7-3a、c、d）；镗通孔时取 δ = 0°（见图 7-3b）。在设计不通孔镗刀时，应使压紧螺钉不妨碍镗刀进行切削。

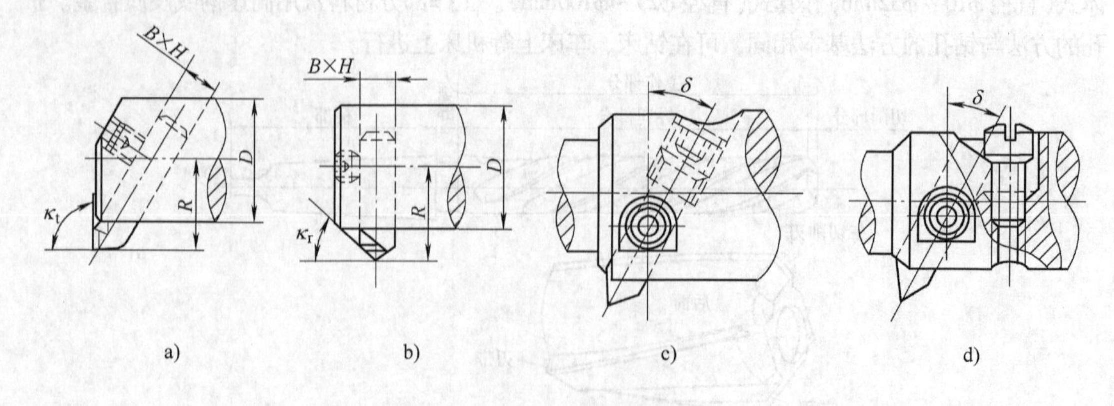

图 7-3 镗床上用的单刃镗刀

在坐标镗床和数控机床上常使用一种微调镗刀，其结构如图7-4所示，在镗杆7中装有镗刀头1，镗刀头上装有刀片9，在镗刀头的外螺纹上装有微调螺母2和调节螺母5，固定座套8及螺钉3将整个镗刀头固定在镗杆上。波形垫圈4可防松，导向键7防止刀头转动。它调节尺寸容易，且调节精度高，在调节尺寸范围内，可将镗刀片调到所需的直径。

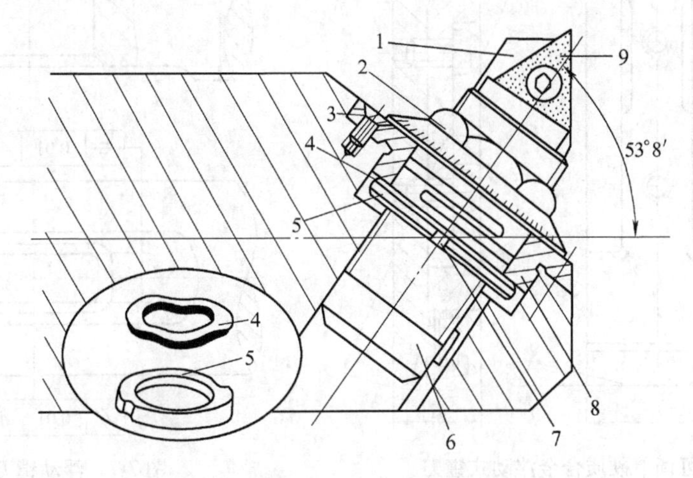

图7-4 微调镗刀

1—镗刀头 2—微调螺母 3—螺钉 4—波形垫圈
5—调节螺母 6—镗杆 7—导向键 8—固定座套 9—刀片

二、双刃镗刀

双刃镗刀有两个切削刃在两个对称方向同时参加切削的镗刀，背向力互相抵消，不易引起振动。常用的有固定式(见图7-5)和浮动式镗刀(见图7-6)两类。

目前双刃镗刀多采用图7-6所示的结构，刀片由高速钢或硬质合金制造。镗孔时，浮动镗刀以间隙配合(H7/h6)状态浮动地装入镗杆的方孔中，不夹紧，通过作用在两端切削刃的切削力保持其平衡位置，自动补偿由于镗刀块的安装、机床主轴及镗杆的径向圆跳动引起的误差。因此能获得较高的加工精度(公差等级IT6～IT7)，加工铸件孔时，表面粗糙度值为R_a0.8～0.2μm，加工钢件孔时为R_a0.6～0.4μm。由于镗刀块浮动安装，所以无法纠正孔的直线度误差和位置误差。浮动镗刀结构简单、刃磨方便、操作费事，但镗刀杆方孔制造要求较高。图7-7为刀杆上安装浮动镗刀用的两种结构，其装刀片孔的平行度、垂直度、对称度等均有严格的技术要求。

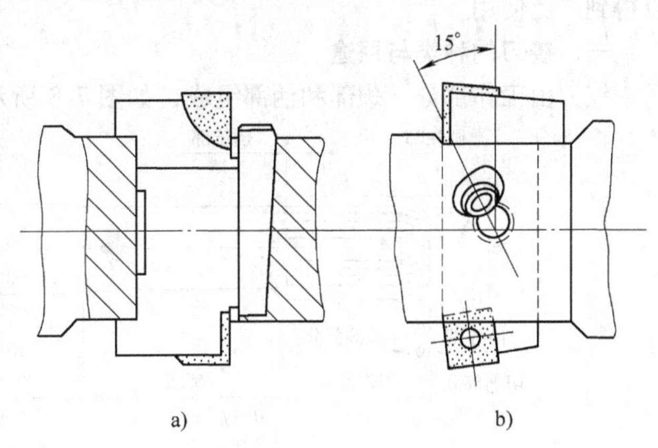

图7-5 固定式镗刀块及其装夹

a）用楔夹紧 b）用双向倾斜的螺钉夹紧

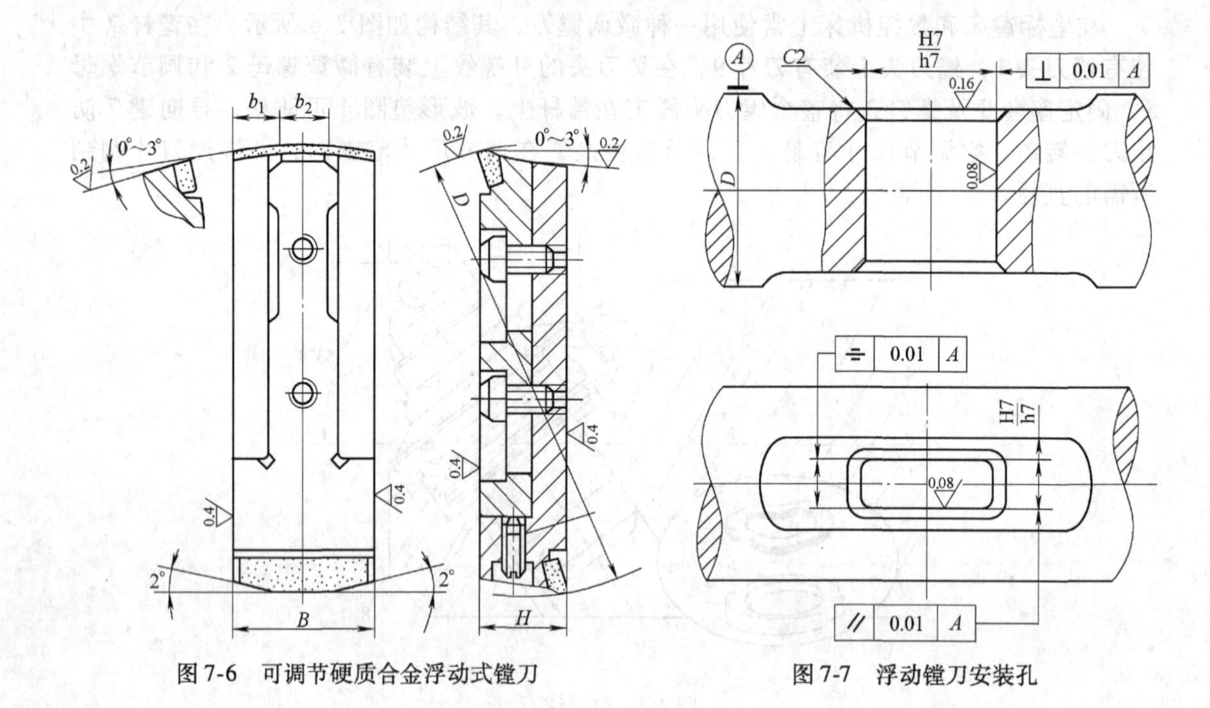

图 7-6 可调节硬质合金浮动式镗刀

图 7-7 浮动镗刀安装孔

第三节 铰 刀

铰刀用于中小直径孔的半精加工和精加工。铰刀的加工余量小，齿数多，刚性和导向性好，铰孔的公差等级可达 IT6 ~ IT7 级，甚至 IT5 级。表面粗糙度值可达 $R_a 1.6 \sim 0.4\mu m$，所以得到广泛使用。

一、铰刀的种类与用途

铰刀由工作部分、颈部和柄部组成，如图 7-8 所示。工作部分有切削部分和校准部分。

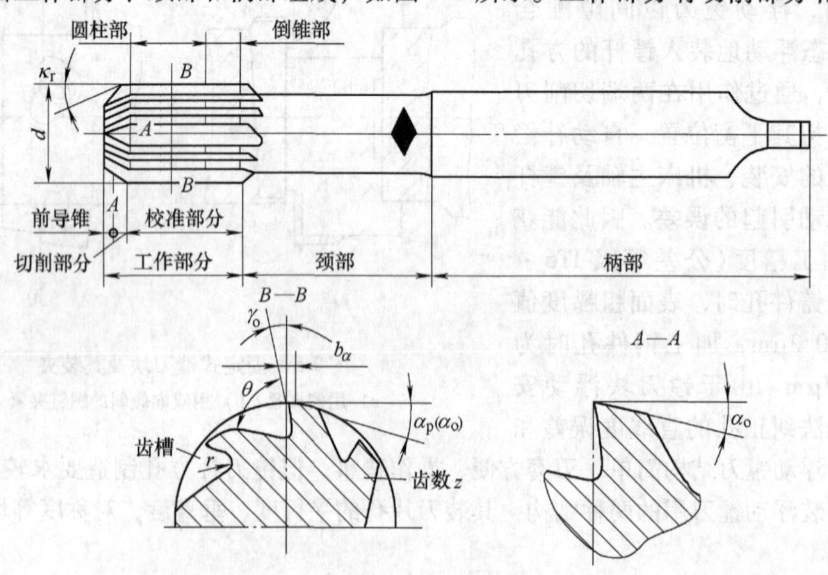

图 7-8 铰刀结构

其主要结构参数有直径 d、齿数 z、主偏角 κ_r、背前角 γ_p、后角 α_o 和槽形角 θ。

铰刀种类很多，如图 7-9 所示。按使用方式可分为手用铰刀和机用铰刀。

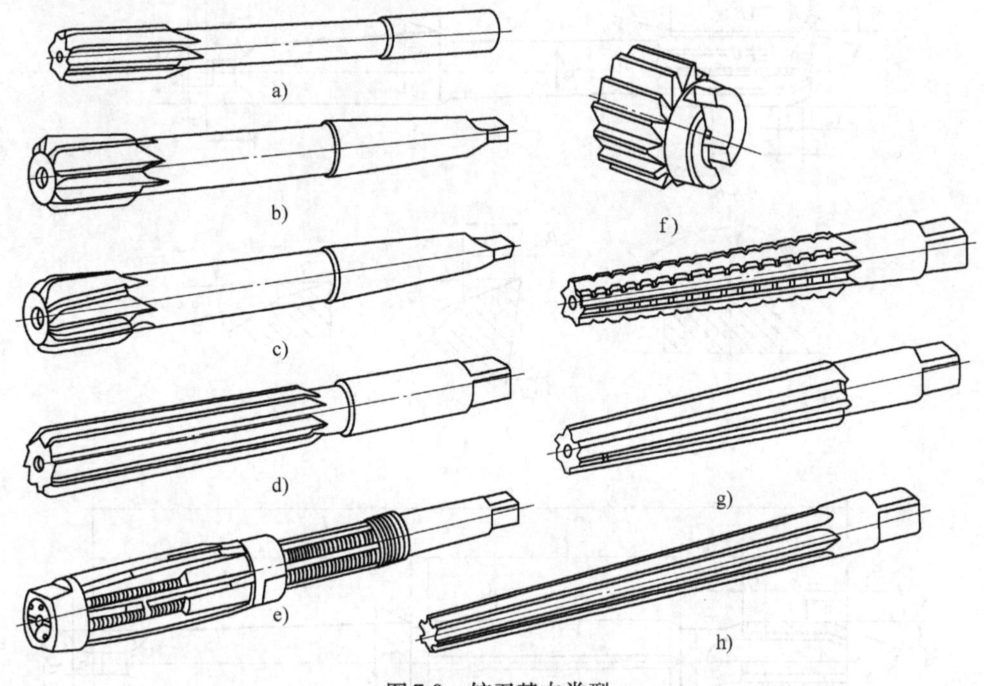

图 7-9　铰刀基本类型

a）直柄机用铰刀　b）锥柄机用铰刀　c）硬质合金锥柄机用铰刀　d）手用铰刀
e）可调节手用铰刀　f）套式机用铰刀　g）直柄莫氏锥度铰刀　h）手用 1∶50 锥度销子铰刀

1. 手用铰刀

手用铰刀柄部制成方头，主偏角小、工作部分较长。它有非调式和可调式两种，分别如图 7-9d、e 所示。

2. 机用铰刀

机用铰刀又可分为高速钢机用铰刀和硬质合金机用铰刀。直径 $d=1\sim20$mm 时做成直柄，$d=5.5\sim50$mm 时做成锥柄(常用莫氏锥度)，直径 $d=25\sim100$mm 时做成套式(见图 7-9f)。通常要配以相应的夹头或变径锥套与机床连接进行低速铰孔。在圆柱孔上铰制莫氏公制锥度孔时，因余量大、工作刃宽，为减小切削力，通常将此类铰刀做成两把一套，并将粗铰刀切削刃上开螺旋分布的分屑槽，如图 7-9g 所示。

铰刀按精度分为三级，分别适用于铰削 H7、H8、H9 级的孔。

二、圆柱机用铰刀设计

圆柱机用铰刀和带导向圆柱机用铰刀的结构如图 7-10 所示，各结构要素的确定方法如下：

1. 铰刀直径及其公差

(1) 铰刀公称直径　铰刀公称直径等于被加工孔的直径。

(2) 铰刀直径公差　铰刀直径公差对铰孔尺寸精度、铰刀制造成本和铰刀寿命有直接影响。铰孔时，因机床主轴偏移、铰刀安装误差、铰刀刀齿的刃口锋利，其各齿径向圆跳动、切削用量不合理(特别是进给量过小)和积屑瘤等因素影响，铰出孔的直径往往大于铰

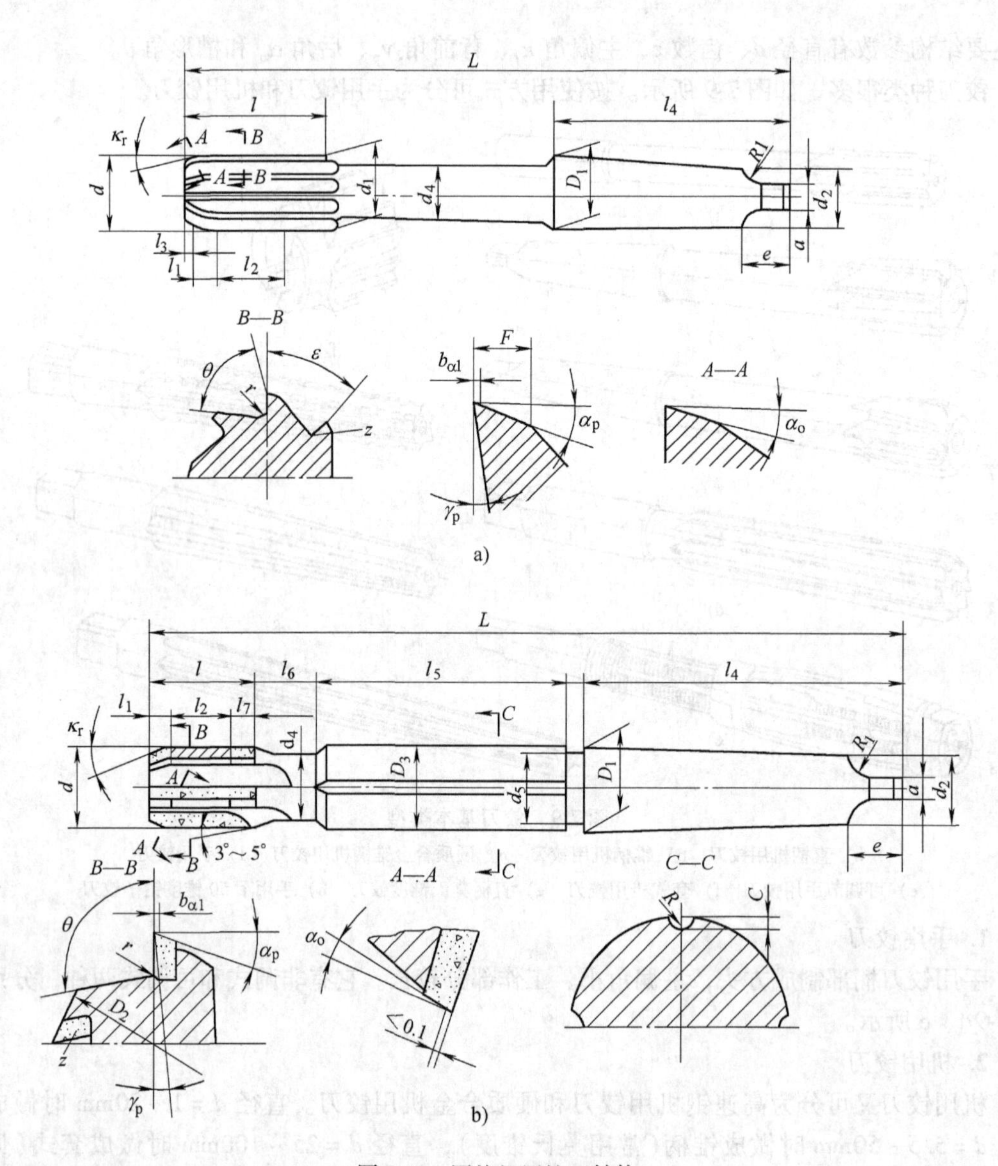

图7-10 圆柱机用铰刀结构

a）圆柱机用铰刀 b）带导向圆柱机用铰刀

刀直径，其差值称为扩张量。又由于已加工表面的弹性变形和热变形恢复等原因也会产生孔径收缩现象，铰出的孔小于铰刀直径，其差值为收缩量。可见铰孔时的扩张量、收缩量和铰刀几何参数和加工条件等有关，其数据常用实验测定或根据经验数据来决定。一般扩张量在0.003~0.02mm之间；收缩量在0.005~0.02mm之间。如果加工条件相同合理，铰刀直径公差的具体大小可依铰刀切削部分材料和被加工孔的公差大小来确定。

下面介绍两种确定公差直径的经验法：

1）高速钢铰刀的直径公差确定。把工件上将被铰孔的直径公差分成三等份，取其1/3作为扩张量，1/3作为备磨量，其余1/3作为铰刀制造公差，即工件被铰孔公差的1/3~2/3作为铰刀的制造偏差。

例如，需铰削的孔的尺寸为$\phi 20H8(^{+0.033}_{0})$

则铰刀的直径 d　上偏差为 es = +0.033mm − (0.033mm × 1/3) = +0.022mm

下偏差为 ei = +0.033mm − (0.033mm × 2/3) = +0.011mm

即铰刀的直径及其公差为 $\phi20^{+0.022}_{+0.011}$mm。

2）硬质合金铰刀直径公差的确定。将被铰孔的直径公差值分成四等份，取孔公差 1/4 作为铰刀直径的制造上偏差，孔公差的 1/2 作为铰刀直径制造的下偏差。

例如，需加工孔的大小为 $\phi20H8(^{+0.033}_{0})$

则铰刀的直径 d　上偏差为 es = +0.033mm − (0.033mm × 1/4) = +0.025mm

下偏差为 ei = +0.033mm − (0.033mm × 1/2) = +0.016mm

即铰刀的直径及其公差为 $\phi20^{+0.025}_{+0.016}$mm。

上述两种刀具材料的铰刀设计中，铰刀的直径及公差的差异是因为硬质合金铰刀切削刃没有高速钢铰刀切削刃锋利。切削中，除切削外，尚有挤压，且挤压趋势比高速钢铰刀大，从而造成的弹性恢复量略大些，即铰出的孔直径有略小于高速刀铰出的孔直径的趋势，故其铰刀的尺寸偏差略靠近工件孔直径的上偏差。在生产实践中已经证明，上述铰刀直径公差的确定方法简单易懂、易掌握，特别是在处理现场具体实际问题中效果非常可靠，可供参考。

2. 齿数与槽形

增多铰刀齿数，使切削厚度减薄，铰刀导向性好，提高孔的加工质量，但刀齿容屑空间减小。通常按直径确定齿数，见表 7-1。为了便于测量铰刀直径，齿数应取偶数。

表 7-1　根据铰刀直径确定齿数

高速钢机用铰刀	直径 d/mm	1～3.5	4～13	14～28	30～48	50～55
	齿数	4	6	8	10	12
硬质合金机用铰刀	直径 d/mm	<6	6～18	19～34	35～40	>40
	齿数	≤3	4	6	8	≥10

铰刀刀齿在圆周上可采用等齿距和不等齿距分布，如图 7-11 所示。等齿距分布制造容易，得到广泛应用。为避免铰刀颤振时使刀齿切入的凹痕定向重复加深。因而目前手用铰刀常采用不等齿距分布，为了便于制造和测量，做成对顶齿间角相等的不等齿距分布。

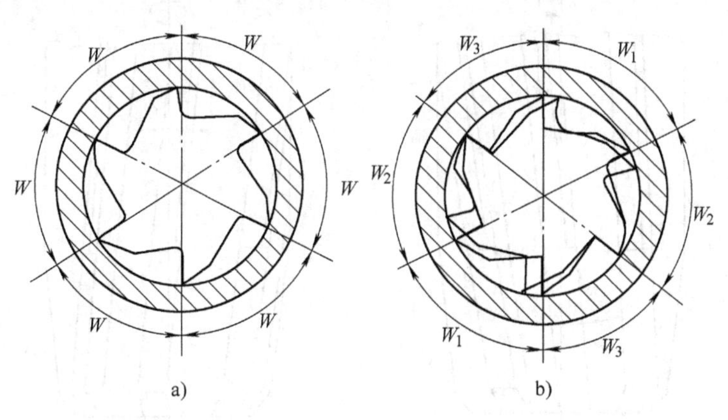

图 7-11　刀齿分布形式

a）等齿距分布　b）不等齿距分布

铰刀常用的齿槽形状如图 7-12 所示。直线齿背制造简单，一般机用和手用铰刀都采用这种槽形。铰刀直径 $d=4\sim7\text{mm}$ 时，$\theta=80°$；$d=14\sim20\text{mm}$ 时，$\theta=70°$。圆弧齿背形有较大的容屑空间，通常 $d>20\text{mm}$ 时采用它，圆弧 R 一般取 15、20、25mm。圆弧直线齿背形结构较简单，制造刃磨方便，主要用于硬质合金铰刀，其结构尺寸见表 7-2。

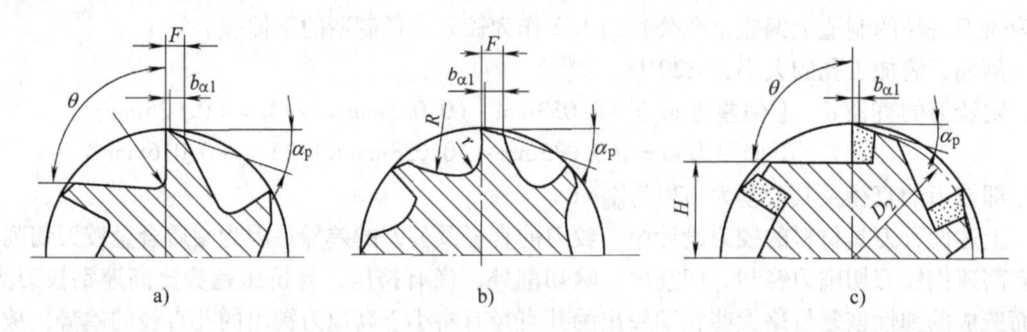

图 7-12 铰刀齿槽形状

a）直线齿背 b）圆弧齿背 c）圆弧直线齿背

表 7-2 圆弧直线齿背形结构尺寸 （单位：mm）

d	10	11	12	14	15	16	18	19	20	22	24	25	26	27	28	29	30	32
D_2	9.4	10.4	11.2	13	14	15	17	18	19	20.8	22.8	23.8	24.6	25.6	26.6	27.6	28.6	30.4
H	5	6	7	8.4	8.8	9.8	11.2	12.8	13.8	14.8	16.8	17.4	16.8	17.8	18.8	19.6	20.6	22.6
θ	85°		100°						85°				80°			85°		

铰刀的齿槽可制成直槽或螺旋槽。直槽铰刀制造、刃磨和检验方便，故广泛使用。螺旋槽铰刀具有切削轻快、平稳、排屑好等优点，主要用于铰削深孔和带断续表面的孔。螺旋方向有左旋和右旋两种，如图 7-13 所示。右旋铰刀切削时切屑向后排出，适用于加工不通孔。左旋铰刀切削时切屑向前排出，故适用于加工通孔。加工灰铸铁和硬钢时，一般取 $\beta=7°\sim8°$；加工软钢、中硬钢、可锻铸铁时，取 $\beta=12°\sim20°$；加工铝、轻金属时，取 $\beta=$

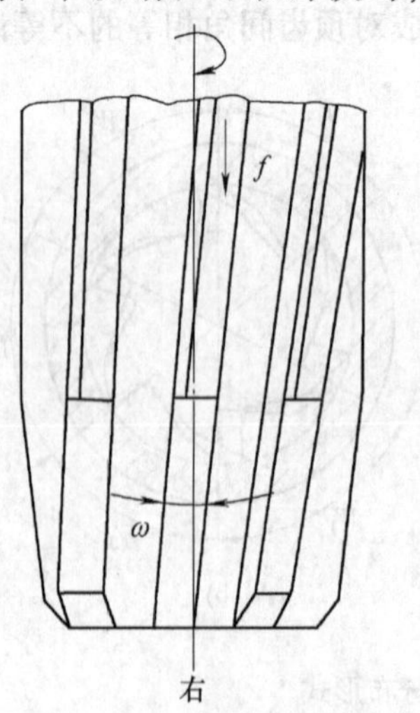

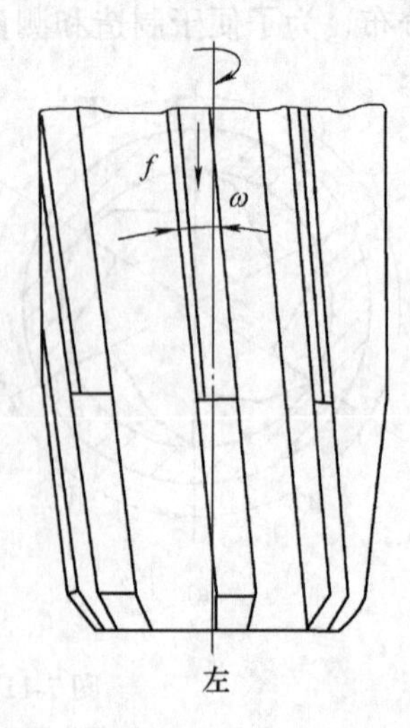

图 7-13 铰刀螺旋槽方向

35°~45°。

3. 铰刀几何角度

（1）前角 γ_p 铰削时切屑较薄，前角的大小对切削变形的影响并不显著。通常高速钢铰刀在精铰时取 $\gamma_p=0°$ 粗铰韧性材料时，取 $\gamma_p=5°\sim10°$，硬质合金铰刀一般取 $\gamma_p=0°\sim5°$。

（2）后角 α_p 铰削时切削厚度较小，铰刀后面磨损较为显著，通常选择较大后角。为了使铰刀使用时径向尺寸变化缓慢，以及铰刀重磨后直径尺寸变化不易过大，通常取 $\alpha_p=6°\sim10°$。高速钢铰刀切削部分切削刃应锋利不留刃带，铰刀校准部分均留有刃带，刃带宽度通常取0.05~0.3mm。起挤压、导向作用，以保证切削刃径向圆跳动较小。而硬质合金铰刀切削部分切削刃和校准部分均刃带，分别为0.01~0.07mm和0.1~0.25mm，同时也便于铰刀制造和检验。

（3）刃倾角 λ_s 带刃倾角的铰刀具有螺旋齿铰刀相似优点，适用于铰削余量大、塑性材料的通孔。高速钢铰刀一般取 $\lambda_s=15°\sim20°$。硬质合金铰刀一般取 $\lambda_s=0°$，但为了使切屑流向待加工表面，避免切屑划伤已加工表面，也可取 $\lambda_s=3°\sim5°$。

（4）主偏角 κ_r 一般可把主偏角看成是切削部分的锥角。主偏角的大小主要影响被加工孔的表面质量、精度及铰削时轴向力的大小。选用过大的主偏角则切削部分太短，导向性差；过小的主偏角使切削厚度过小，切屑变形大。对于手用铰刀，为了获得良好的导向性，减小轴向力，应选用较小的主偏角（0°30′~1°30′）用于机用铰刀。为了减少机动时间，可取得大些，加工钢材取12°~15°，加工铸铁等脆性材料取3°~5°；加工不通孔取45°。

4. 铰刀工作部分尺寸

（1）前导锥 l_3 在切削部分前端作出 C1~C2 前导锥，便于铰刀引入工件，并对切削刃起保护作用。

（2）切削部分长度 l_1 l_1 根据主偏角 κ_r 和铰削余量 A 来决定，取 $l_1=(1.3\sim1.4)A\cot\kappa_r$。

（3）校准部分 高速钢机用铰刀校准部分由圆柱部分和倒锥部分组成。倒锥部分可减少校准部分与孔壁的摩擦，减小扩张量。其倒锥量为0.005~0.02mm。一般当3~32mm时，取机用铰刀工作部分长度 $L=(0.8\sim3)d$，圆柱部分长度 $L_2=(0.25\sim0.5)d$。

一般取硬质合金铰刀工作部分长度等于刀片长度。刀片结构尺寸及其选择见表7-3。硬质合金铰刀校准部分允许倒锥量为0.005mm。在校准部的末端应作出后锥，后锥角为3°~5°，后锥长度为3~5mm，以防止退刀时划伤孔壁和挤碎刀片。

表7-3 E5型硬质合金刀片结构尺寸及其选择 （单位:mm）

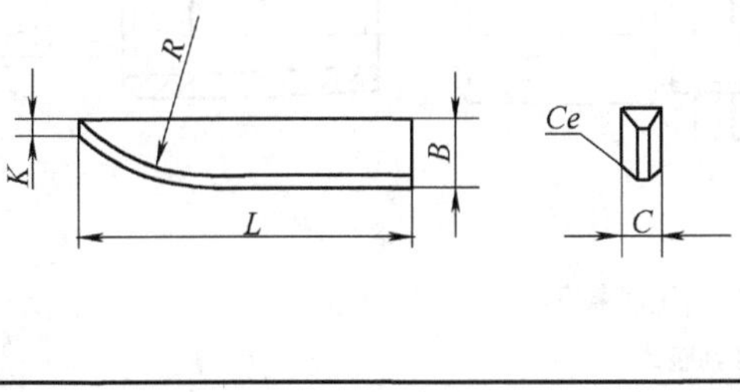

铰刀直径/mm	型号	尺寸					
		L	B	C	R	K	e
6~9	E501	15	2.5	1.3	20	1	—
10~14	E503	18	3	1.5	25	1	—
15~20	E505	22	3.5	2	25	1	—
20~25	E507	25	4	2.5	30	1.5	—
25~38	E509	30	5	3	30	1.5	0.5

5. 铰刀非工作部分结构尺寸

普通铰刀非工作部分由柄部与颈部组成，带有导向的铰刀，含有导向部分。柄部有圆锥柄和圆柱柄两种形式，按铰刀直径大小而定。根据加工工艺系统并参照国标来决定形式和尺寸。

三、先进铰刀

1. 大螺旋角推铰刀

大螺旋角推铰刀如图 7-14 所示。推铰刀主要特点是具有很小的主偏角和很大的螺旋角，由于螺旋角大，使切屑沿前面产生很大的滑动速度，从而使切屑不易粘结在前面上，抑制积屑瘤形成，铰削时不产生沟痕，并且使扭丝状切屑流向待加工表面。不会出现切屑挤伤孔壁现象。此外，推铰刀切削过程平稳，不易引起振动，因此推铰刀的加工表面粗糙度值能稳定地达到 R_a1.6～0.8μm，但推铰刀制造较困难。

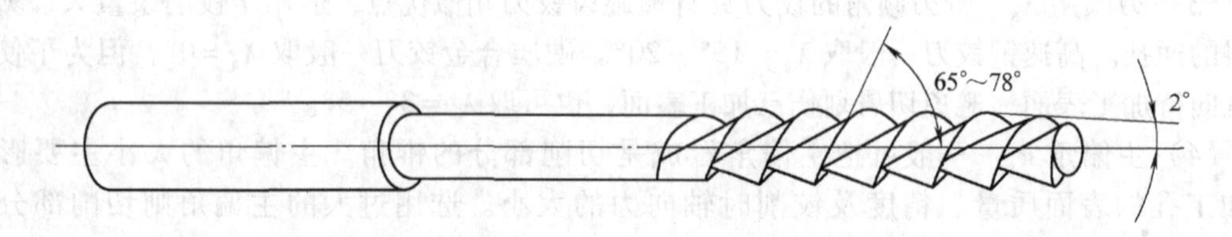

图 7-14 大螺旋角推铰刀

2. 金刚石或立方氮化硼铰刀

金刚石或立方氮化硼铰刀是以金属镍、钴等作为结合剂，利用电镀法或压砂法把金刚石或立方氮化硼颗粒包镶在铰刀基体上，再经磨削而制成。如图 7-15 所示，它由前导部、工作部、后导部和柄部组成。而工作部又分为切削部分、圆柱校准部分和后倒锥部分，通常在铰刀圆柱面上间隔 1～3 条左螺旋槽。由于电镀层薄，磨料颗粒细，所以加工余量不能太大，一般不能大于 0.03～0.05mm，通常分 2～4 次铰削。粗铰余量为 0.01～0.03mm；半精铰余量为 0.007～0.015mm，精铰余量为 0.0025～0.005mm，超精铰余量为 0.0025mm 以下。立方氮化硼铰刀的耐热性好，与铁族元素化学惰性大；适用于铰削普通钢、淬硬钢、耐热钢和

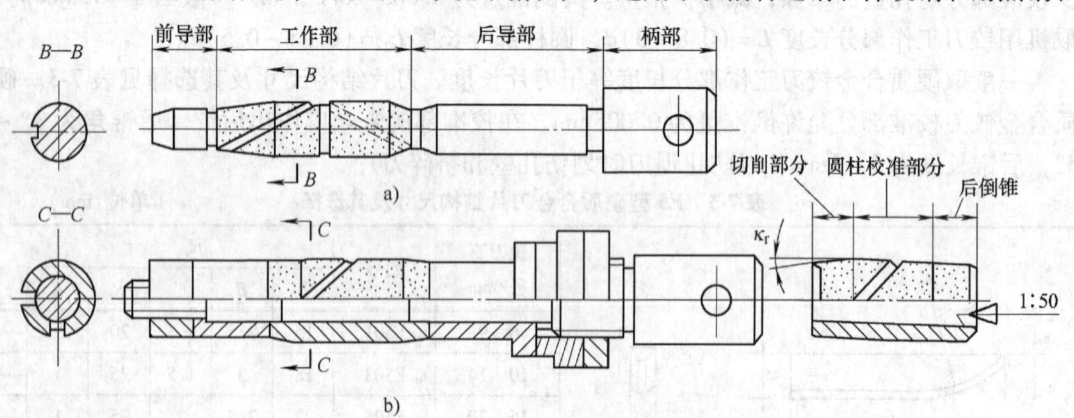

图 7-15 金刚石或立方氮化硼铰刀

a）固定式 b）可调整式

钛合金等材料。金刚石铰刀主要用于铰削铝和铜等材料。金刚石、立方氮化硼铰刀的公差等级可达 IT4 ~ IT5，表面粗糙度值可达 $R_a0.05\mu m$。

四、铰刀的合理使用

1. 铰刀的重磨与研磨

工具厂提供给用户的铰刀往往留有研磨量，用户经研磨等加工才能达到要求的铰孔精度。磨损了的铰刀可以通过磨削外径，研磨外径和刀具磨床磨削前后角等加工手段可改制为铰削其他配合精度孔的刀具。已改制后的铰刀需经过试切实测加以确定。铰刀研磨量一般为 0.01mm 左右。铰刀的研磨可在车床上利用开有斜口的铸铁研磨套等工具并配以相应的研磨膏进行。铰刀研磨达到所需的直径要求后，为保证刃口锋利，必须磨削前面，若刀齿刃带超宽，还必须磨削后面保证刃带宽度。

2. 合理选择切削用量

铰孔时，在直径方向的余量可取为：粗铰 0.15 ~ 0.5mm；精铰 0.05 ~ 0.2mm。余量太大时，则孔的精度不高，表面粗糙，铰刀寿命降低；过小时，则切不掉上道工序的痕迹。

铰孔时的进给量应根据孔径、精度及表面粗糙度要求选择，一般粗铰可采用的进给量为 0.8 ~ 1.2mm/r；精铰时为 0.7 ~ 1.0mm/r；铰制铸铁时为 0.8 ~ 1.6mm/r。小直径铰刀应适当减小其进给量。

粗铰钢件时，切削速度为 6 ~ 14m/min；精铰时为 2 ~ 4m/min；加工铸铁时为(硬质合金铰刀)12 ~ 20m/min。用单刃硬质合金铰刀加工铸铁孔时，可适当提高切削速度相减小进给量，如切削速度为 60m/min，进给量为 0.05mm。

3. 正确选择切削液

铰孔时正确选择和使用切削液特别重要，它不仅能提高表面质量和刀具寿命，而且可抑制振动、消除噪声。使用煤油、全损耗系统用油及乳化液等都能起好效果，采用有添加剂的极压切削液效果更为显著。

五、带导向硬质合金铰刀设计举例

在 Z32K 摇臂钻床上精铰 $\phi19$mm 铸铁(HT200)孔。余量 0.2mm，切削速度 8m/min，进给量 0.8mm/r，使用柴油作为切削液，加工示意图如图 7-16 所示。试设计带导向的硬质合金铰刀。

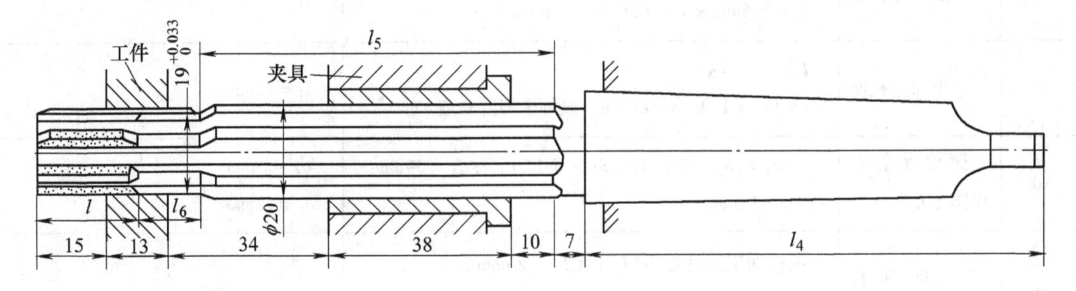

图 7-16　加工示意图

设计步骤与计算方法见表 7-4。铰刀设计结果如图 7-17 所示。

表 7-4 带导向硬质合金铰刀设计举例

顺序	设计项目	数据来源及计算式	采用值
1	直径与公差	依经验法 2 可知 工件孔为 $\phi19^{+0.033}_{0}$ mm 铰刀上偏差为：+0.033mm -（0.033mm × 1/4）≈ +0.025mm 铰刀下偏差为：+0.033mm -（0.033mm × 2/4）≈ +0.0165mm	$\phi19^{+0.0250}_{+0.0165}$ mm
2	刀具材料及热处理	刀片型号和尺寸按表 7-3 决定 刀体材料及热处理按“铣刀，铰刀生产图册”和“刀具设计手册”	刀片牌号：YG6 刀片型号：E505 刀片尺寸：$L=22$mm，$B=3.5$mm，$C=2$mm，$R=25$mm 刀体材料：9SiCr 导向部硬度：57 ~ 62HRC 柄部硬度：30 ~ 45HRC
3	齿数	见表 7-1	$z=6$ 采用等齿距分布
4	槽形与尺寸	槽形按“齿数与槽形”一节选择 槽的尺寸由表 7-2 查得	槽形：圆弧直线齿背形 槽的尺寸：$D_2=18^{\ 0}_{-0.24}$ mm，$H=12.8$mm，$\theta=85°$
5	齿槽方向		直槽
6	几何参数	见“铰刀几何角度”一节	$\kappa_r=5°$，$\gamma_p=0°$ 后锥角3°，后锥长度为3，切削部：$\alpha_o=8°$，$b_{\alpha1}=0.01 \sim 0.07$mm 校准部：$\alpha_o=10°$，$b_{\alpha1}=0.15$mm
7	前导锥长度和锥角	$l_3=1 \sim 2$mm，为了制造方便，取前导锥角等于 κ_r	$l_3=2\text{mm}\times5°$
8	切削部分长度	$l_1=(1.3 \sim 1.4)A\cot\kappa_r$ $l_1=1.4\text{mm}\times0.1\times11.43\approx1.6$mm	$l_1=2$mm
9	工作部分长度	$l=(0.8 \sim 3)d$ $l=1.1\times1.9\text{mm}\approx21$mm，取等于刀片长度	$l_1=22$mm
10	颈部直径 d_4 和长度 l_6	取 $d_4=D_2$，按加工示意图 7-17 所示 $d_6=34\text{mm}-22\text{mm}=12$mm	$d_4=18$mm $l_6=12$mm
11	导向部直径 D_3	根据加工示意图 7-17 所示 $D_3=20$mm 按“刀具设计手册”，导向部分公差按照 $\frac{H6}{g5}$	$D_3=20^{-0.007}_{-0.016}$ mm

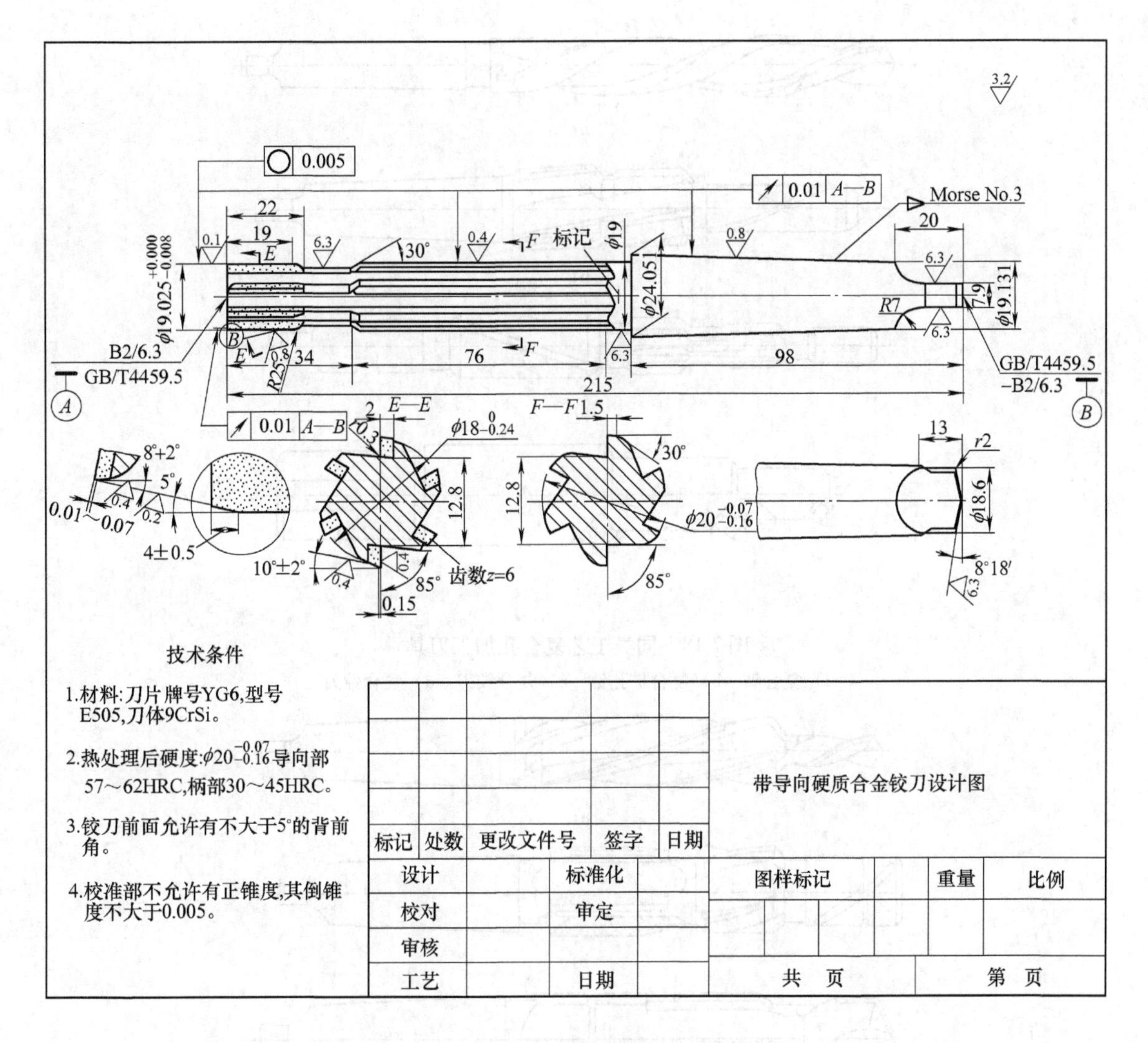

图 7-17 铰刀设计图

第四节 复合孔加工刀具

复合孔加工刀具是由两把或两把以上同类或不同类孔加工通用刀具组合而成。它的优点是生产率高，能保证各加工表面间相互位置精度，可以集中工序，减少机床台数。但制造复杂，重磨和尺寸调整较困难。

此类刀具种类繁多，按零件工艺类型可分为同类工艺复合孔加工刀具，如图 7-18 所示，有复合钻、复合扩孔钻、复合铰刀和复合镗刀等；不同类工艺复合孔加工刀具，如图 7-19 所示钻—扩、扩—铰、钻—铰等复合孔加工刀具。按结构分可分为整体式、焊接式和镶装式。复合孔加工刀具设计时，应着重考虑以下问题。

一、正确选择复合程度和形式

选择复合程度高的复合刀具，可减少机床台数、提高生产率，并且易保证零件互相位置精度。通常根据零件的工艺、加工表面形状、尺寸、精度和表面粗糙度来确定。

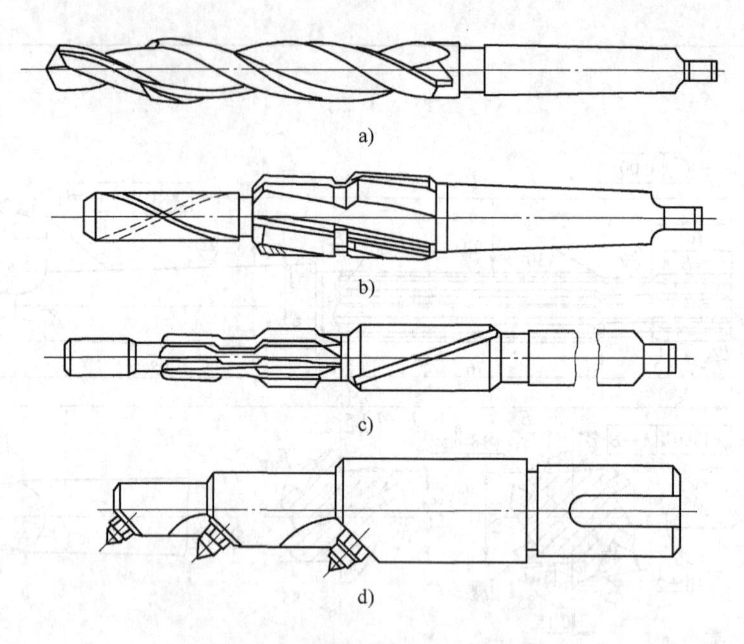

图 7-18 同类工艺复合孔加工刀具

a）复合钻 b）复合扩孔钻 c）复合铰刀 d）复合镗刀

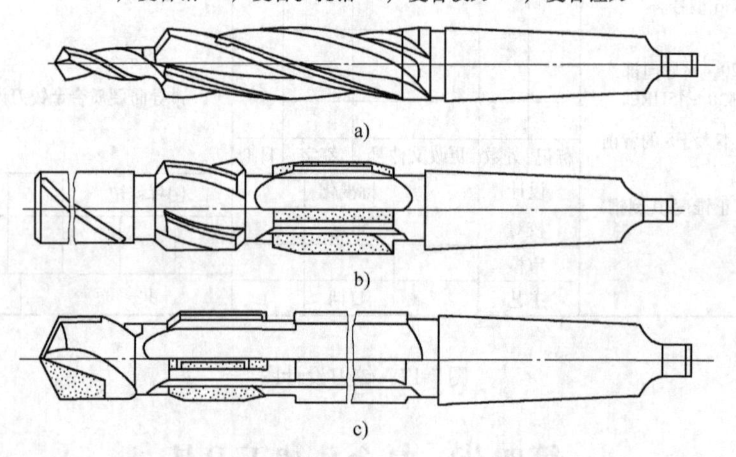

图 7-19 不同类工艺复合孔加工刀具

a）钻—扩 b）扩—铰 c）钻—铰

二、复合孔加工刀具的结构形式

复合孔加工刀具有整体式和镶装可调式。整体式复合孔加工刀具如图 7-20 所示，刚性好。能使各单刀间保持高的同轴度、垂直度等位置精度；但重磨后尺寸不能调整，刀具利用率低，适用于小尺寸复合孔加工刀具。镶装式的复合孔加工刀具如图 7-21 所示，钻头和扩钻分别固定在刀体上。刀片通过锥形沉头螺钉夹紧在刀体上。它结构简单刀片转位迅速，节省了刀具重磨、调刀时间。

三、强度和刚性

复合刀具切削时产生较大的切削力。它的大小与各单刀切削面积及排屑阻力有关。为此复合刀具应满足刀体强度高、连接牢固、刚性足够、各单刀受力达到互相平衡要求，如图 7-22 所示。

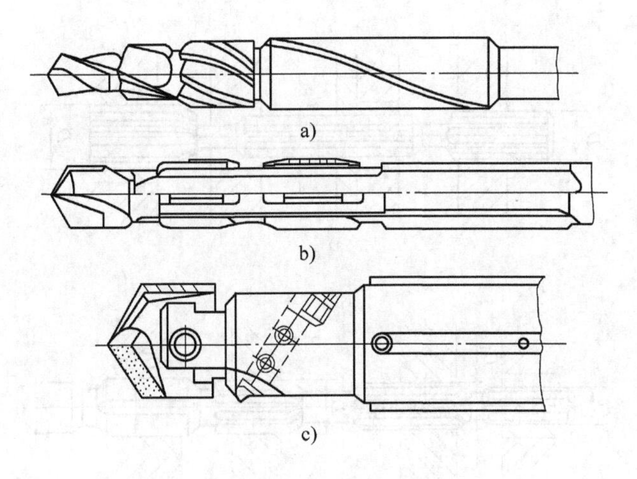

图 7-20　整体式复合孔加工刀具

a）钻—扩—铰　b）钻—铰—铰　c）扁钻—镗

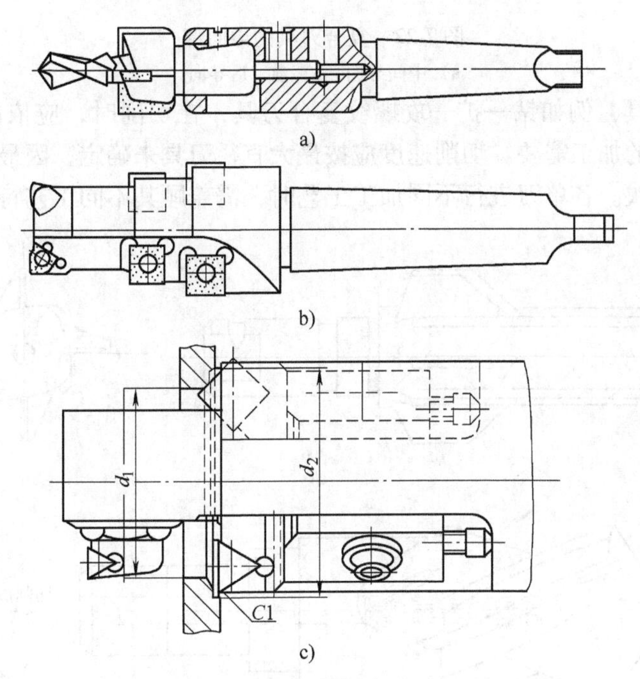

图 7-21　镶装式复合孔加工刀具

a）钻—扩镶装可调整的复合刀具　b）可转位复合扩孔钻　c）镶装可转位复合镗刀

四、排屑、分屑和断屑

应避免各单刀的切屑相互干扰和堵塞，要求各单刀都具有独立宽敞的容屑槽。为了减小切屑宽度，可在切削刃上磨出分屑槽，还应充分利用切削液排屑，如图 7-23 所示。

五、切削用量的合理选择

复合刀具的切削用量受工艺要求和刀具切削性能的限制，应考虑复合刀具上各把刀具的位置、尺寸及对其所加工表面的要求不同等特点。复合孔加工刀具的背吃刀量由相邻单刀的直径差来决定，不宜过大。进给量是各刀共有的，进给量应按最小尺寸的单刀来选定。对于

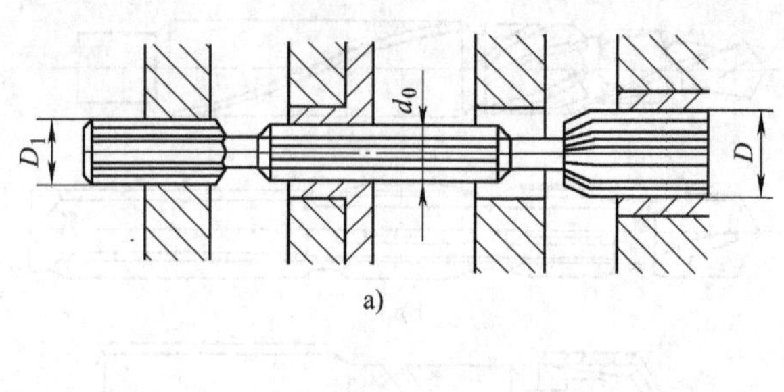

a)

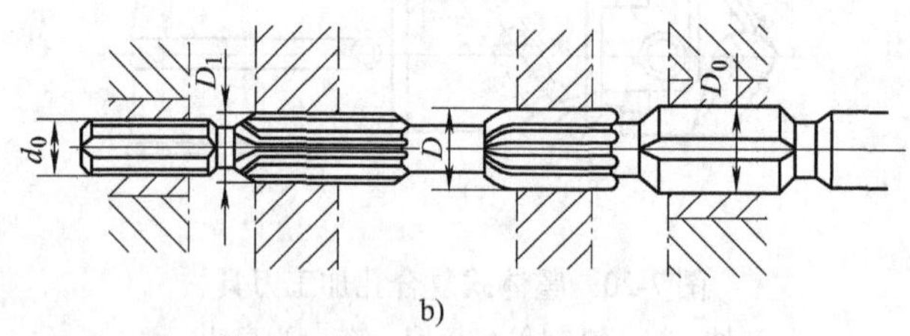

b)

图 7-22 复合刀具的导向部

a）中间导向 b）前、后导向

先后切削的复合刀具，例如钻—扩—攻螺纹复合刀具，在切削时，应依次相应的改变进给量，以适应各单刀的加工需要。切削速度应按最大直径刀具来确定，因最大直径刀具的切削速度最高，磨损最快。各单刀进行不同加工工艺时，需兼顾其不同工艺特点。

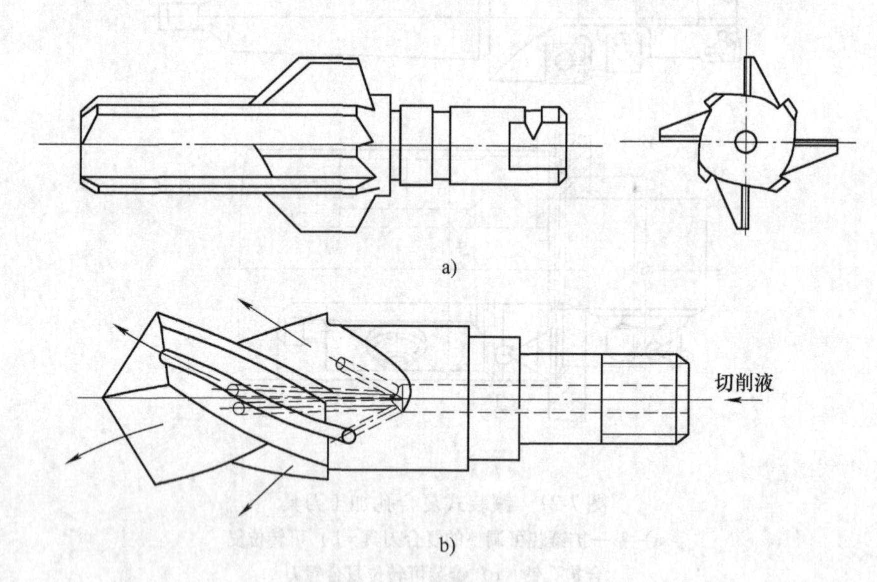

图 7-23 妥善处理切屑的复合刀具

a）容屑槽交错分布的复合刀具 b）有切削液通道的复合刀具

复习思考题

1. 单刃镗刀和浮动镗刀加工孔时有何特点？这类刀具工作时要考虑什么问题？
2. 基本型群钻的几何参数有哪些特征？
3. 深孔钻有哪几种类型？它们在结构与应用方面有何特点？
4. 试分析枪钻、内排屑深孔钻的结构特点与应用范围。

5. 铰削过程的特点是什么？铰刀设计有哪些要点？
6. 铰刀直径公差如何确定？
7. 孔加工复合刀具有哪些问题？它们的设计要点是什么？
8. 试述群钻的结构特点？分析群钻为什么会降低切削力、提高生产效率？
9. 内排屑深孔钻和喷吸钻的工作原理各是什么？结构上有什么不同？

第八章　拉　刀

本章应知

1. 了解拉刀的作用、种类及其结构。
2. 明确拉削的各种方式。

本章应会

1. 掌握圆孔内拉刀的各参数，会绘制拉刀设计图，设计拉刀。
2. 对拉刀强度会进行验算，对拉刀强度的不足能采取有效的措施。

拉刀是高效率、高精度、高寿命、高难度的多齿刀具。拉削时，利用拉刀上相邻刀齿尺寸的变化来切除加工余量。它能加工各种形状贯通的内、外表面(见图 8-1)，拉削后公差等级能达到 IT7 ~ IT9，表面粗糙度值 R_a0.5 ~ 3.2μm，主要用于大量、成批的零件加工。本章主要介绍拉刀设计的基本原理和使用知识。

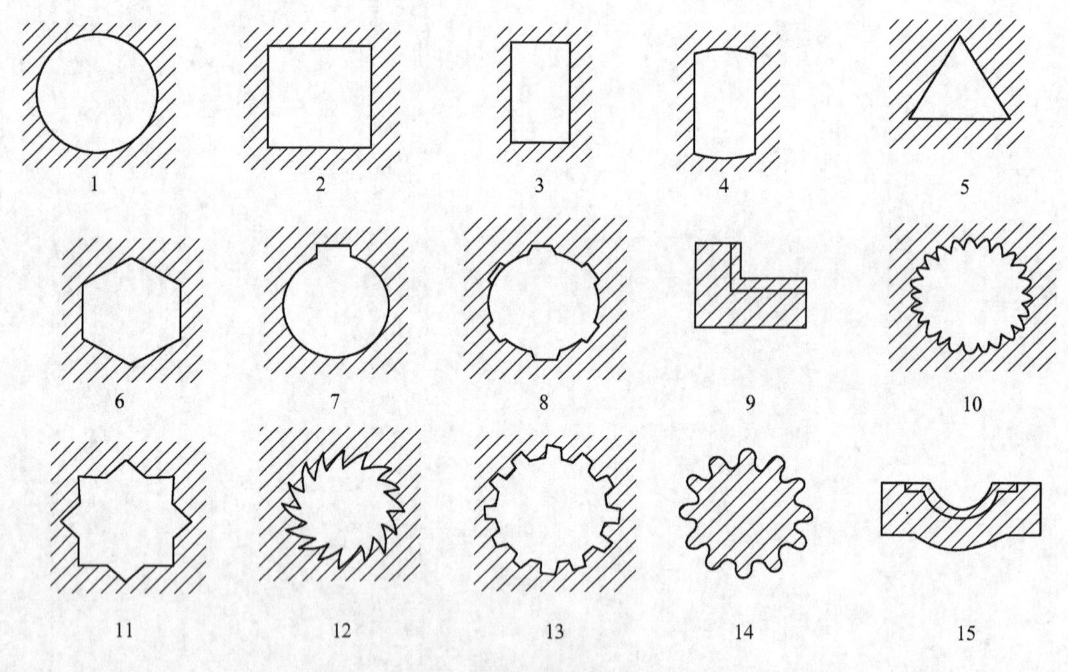

图 8-1　拉削加工的典型工件截面形状

1—圆孔　2—方孔　3—长方孔　4—鼓形孔　5—三角孔　6—六角孔
7—键槽　8—花键槽　9—相互垂直平面　10—齿纹孔　11—多边形孔
12—棘爪孔　13—内齿轮孔　14—外齿轮　15—成形表面

第一节　拉刀的种类与用途

拉刀种类很多，可根据被加工表面部位、拉刀结构、受力方式的不同来分类。

一、按被加工表面部位分类

按被加工表面部位可分为内拉刀与外拉刀。

如图 8-2 所示为常用的拉刀，其中圆拉刀、花键拉刀、四方拉刀、键槽拉刀和平面拉刀等。

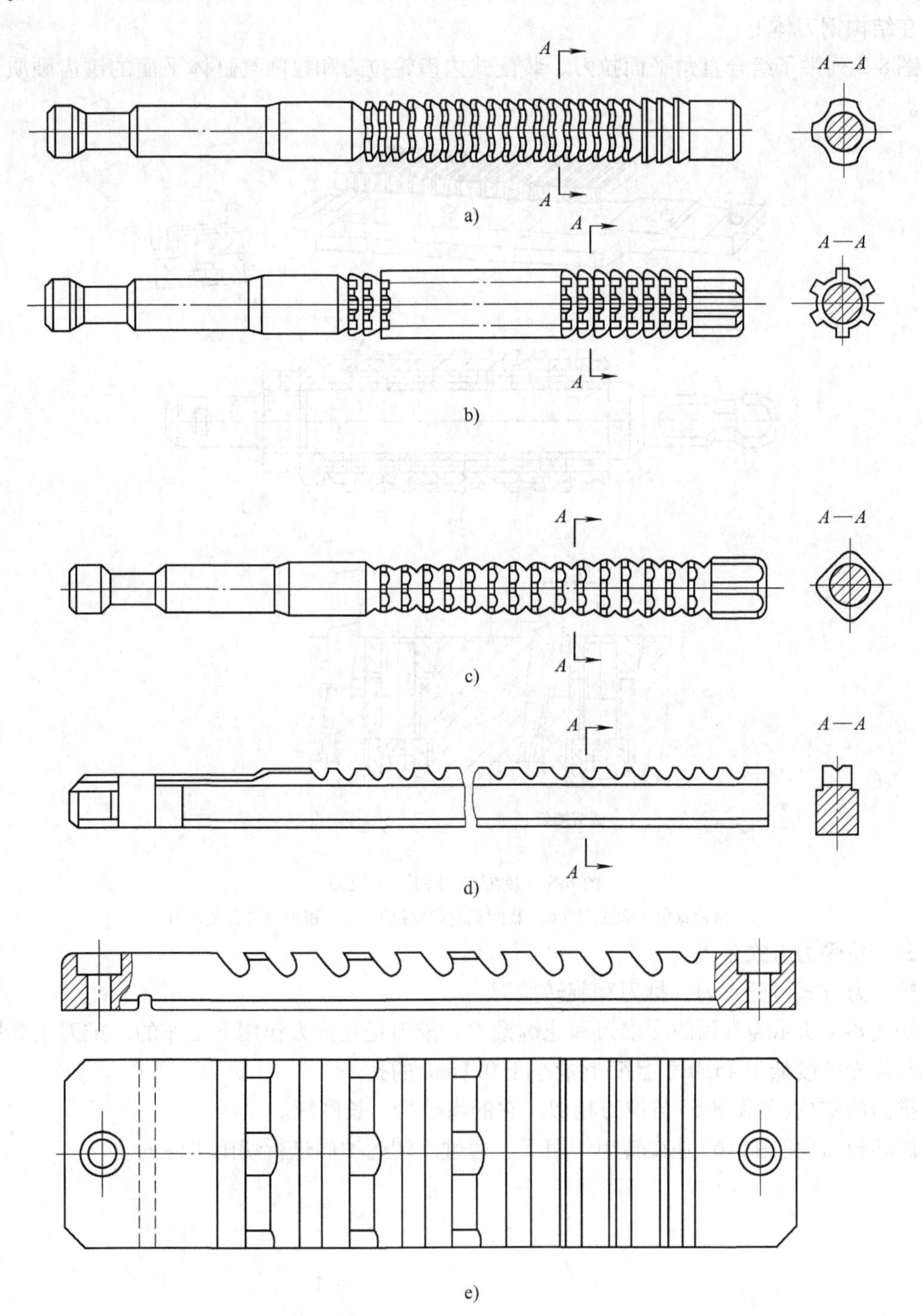

图 8-2 各种内拉刀和外拉刀

a）圆拉刀 b）花键拉刀 c）四方拉刀 d）键槽拉刀 e）平面拉刀

二、按拉刀结构分类

按拉刀结构可分为整体拉刀、焊接拉刀、装配拉刀和镶齿拉刀。

加工中、小尺寸表面的拉刀，常用高速钢制成整体形式。加工大尺寸、复杂形状表面的拉刀，则可由几个零部件组装而成。对于硬质合金拉刀，利用焊接或机械镶装的方法将刀齿固定在结构钢刀体上。

图 8-3 列举了组合直角平面拉刀、装配式内齿轮拉刀和拉削气缸体平面的镶齿硬质合金拉刀。

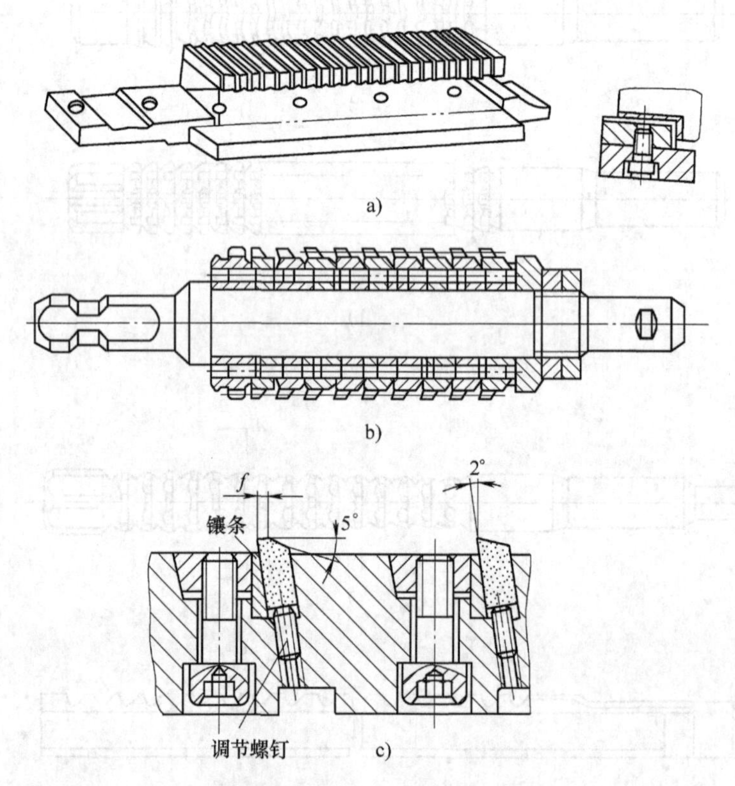

图 8-3 装配拉刀和镶齿拉刀

a）组合直角平面拉刀 b）装配式内齿轮拉刀 c）镶齿硬质合金拉刀

三、按受力方式分类

按受力方式可分拉刀、推刀和旋转拉刀。

如图 8-4 所示为常用的圆推刀和花键推刀。推刀是在推力作用下工作的。推刀主要用于校正与修光硬度低于 45HRC 且变形量小于 0.1mm 的孔。

推刀的结构(见图 8-5)与拉刀相似，它的齿数少，长度短。

旋转拉刀(见图 8-6)是在转矩作用下，通过旋转运动而进行切削工件的。

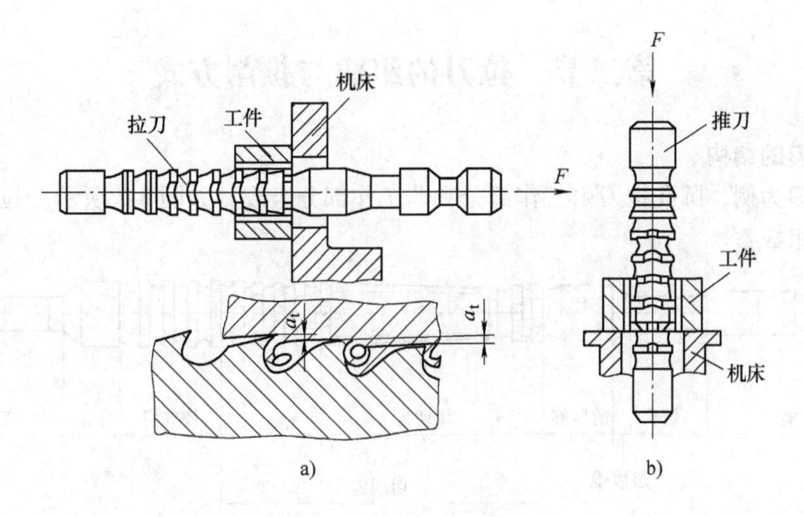

图 8-4 拉刀(推)削工件原理

a) 拉削 b) 推削

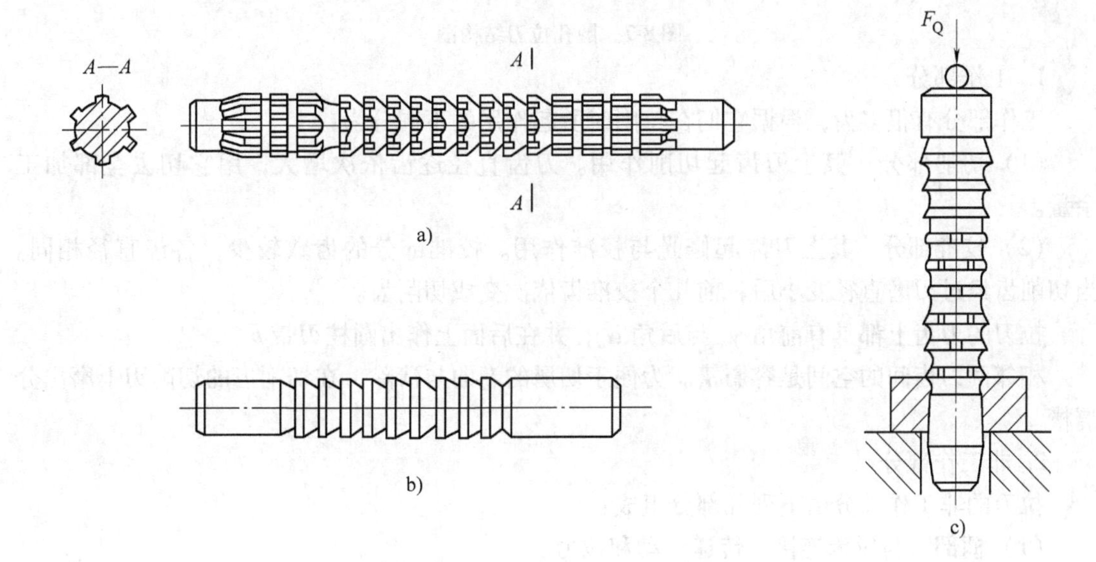

图 8-5 推刀

a) 花键推刀 b) 圆推刀 c) 推刀工作示意图

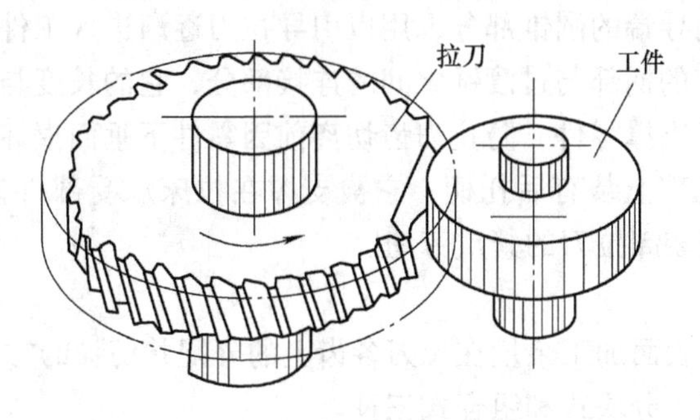

图 8-6 旋转拉刀

第二节 拉刀的组成与拉削方式

一、拉刀的结构

以圆拉刀为例，圆孔拉刀由工作部分和非工作部分组成，如图 8-7 所示。拉刀一般由以下几个部分组成：

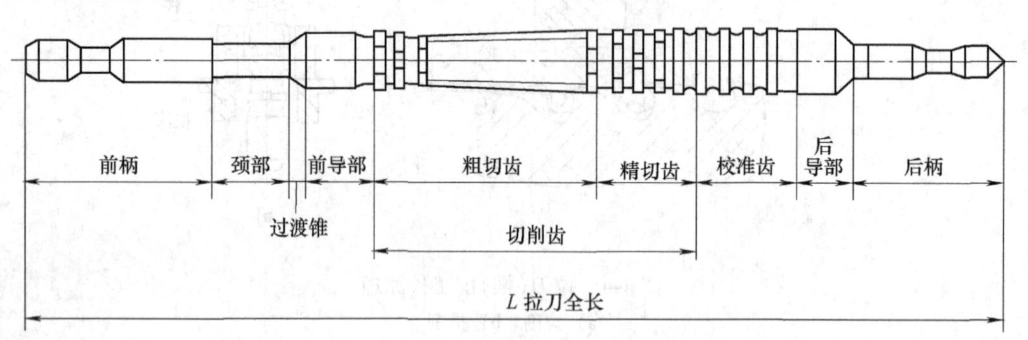

图 8-7 圆孔拉刀结构图

1. 工作部分

工作部分有很多齿，根据它们在拉削时所起作用的不同分为：

(1) 切削部分 其上刀齿起切削作用。刀齿直径逐齿依次增大，用它切去全部加工余量。

(2) 校准部分 其上刀齿起修光与校准作用。校准部分的齿数较少，各齿直径相同。当切削齿经过刃磨直径变小后，前几个校准齿依次变成切削齿。

拉刀的刀齿上都具有前角 γ_o 与后角 α_o，并在后面上作出圆柱刃带 b。

相邻两刀齿间的空间是容屑槽。为便于切屑的卷曲与清除，在切削齿的切削刃上磨出分屑槽。

2. 非工作部分

拉刀的非工作部分由下列几部分组成：

(1) 柄部 与拉床连接，传递运动和拉力。

(2) 前导部 零件预制孔套在拉刀前导部上，用以保持孔和拉刀的同心度，防止因零件安装偏斜造成拉削厚度不均而损坏刀齿。

(3) 过渡锥 是前导端的圆锥部分，用以引导拉刀逐渐进入工件内孔。

(4) 颈部 是拉刀的柄部与过渡锥之间的连接部分，它的长度与机床有关。

(5) 后导部 用于支撑零件，防止刀齿切离前因零件下垂而损坏加工表面和拉刀刀齿。

(6) 后托部 后托部上装有后托柄，它被支撑在拉床承受部件上，从而能防止拉刀因自重而下垂，并可减轻装卸拉刀的繁重劳动。

二、拉削方式

拉削方式是指工件表面加工余量在拉刀各齿上的分配并切除的方式。如图 8-8 所示，拉削方式主要分为分层式、分块式和组合式三种。

1. 分层式(见图 8-8a)

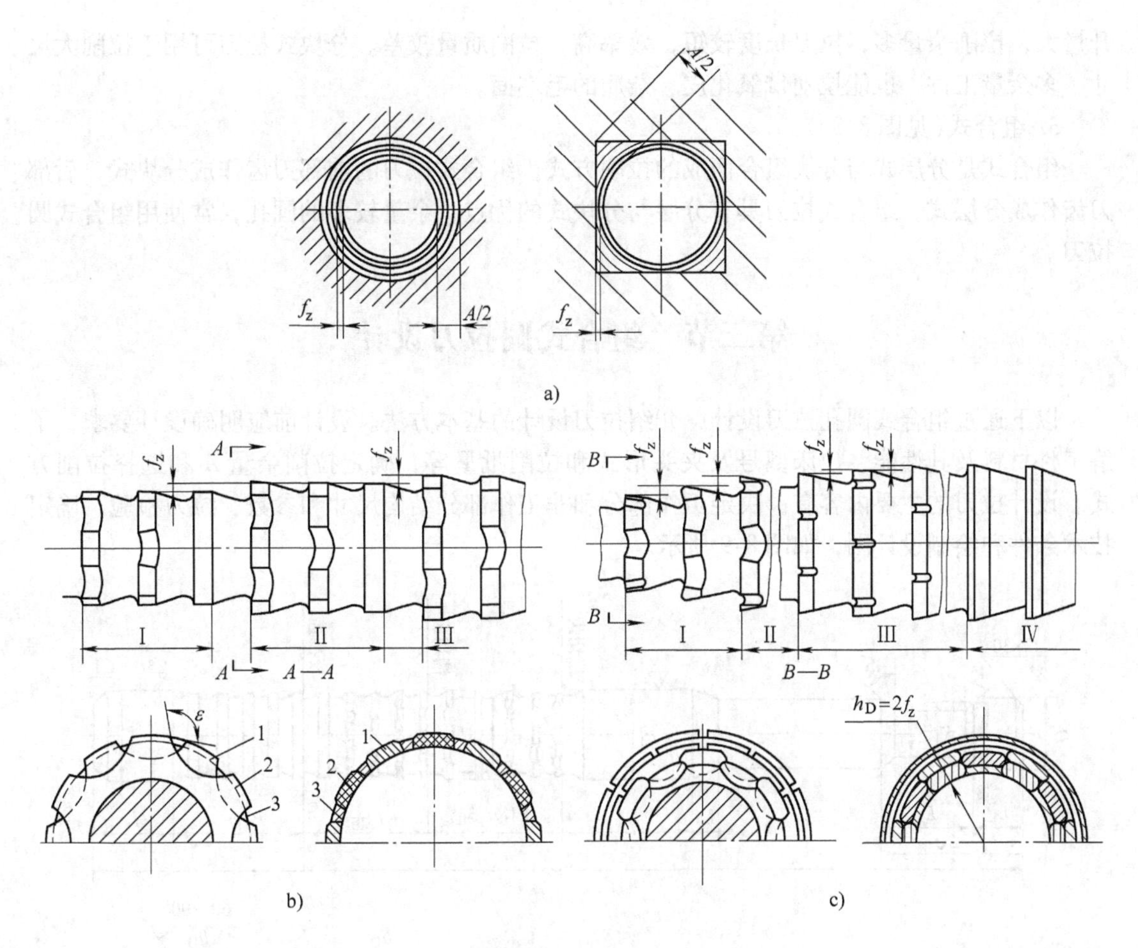

图 8-8 拉削方式

a) 分层式 b) 分块式 c) 组合式

1、2、3—刀齿

分层式是每层加工余量各用一个刀齿切除。在分层式中，根据工件表面最终廓形的形成过程不同，又分成：

(1) 同廓式 同廓式指各刀齿廓形与加工表面最终廓形相似，最终廓形是经过最后一个切削齿切削后而形成的。

(2) 渐成式 渐成式指每个拉刀刀齿形状和该齿加工后的表面形状不完全同于工件表面的最终轮廓，而工件表面最终廓形是经各刀齿上部分切削刃依次切削后逐渐衔接而形成的。

2. 分块式(轮切式)(见图 8-8b)

分块式是拉刀分成多个齿组，若干齿组成一组，每层加工余量经一组若干刀齿切除，每一组齿的前几齿交错切除该层加工余量(因齿上交错分布有分屑槽)该组最后的一刀齿做成圆形，起修光作用(较前齿径向尺寸小 0.04mm)。此外，可不分齿组，各切削齿均有较大齿升量，相邻刀齿上切削刃交错分布以进行交错分块拉削。

上述两种拉削方式的主要特点是，分层式拉刀的拉削余量少，齿升量小，拉削质量高。使用渐成式拉刀不易提高拉削质量，但用于拉削成形表面，拉刀制造较易；分块式拉刀的齿升量大，拉削余量多，拉刀长度较短，效率高，拉削质量较差。分块式拉刀可用于拉削大尺寸、多余量工件，也能拉削带氧化皮、杂质的毛坯面。

3. 组合式(见图 8-8c)

组合式是分层式与分块组合而成的拉削方式。组合式拉刀的前部刀齿作成分块式，后部刀齿作成分层式，组合式拉刀具有分层与分块式的优点，余量较多的圆孔，常使用组合式圆拉刀。

第三节 组合式圆拉刀设计

以下通过组合式圆孔拉刀设计，介绍拉刀设计的基本方法。设计前应明确设计要求，了解工件材料及其性能、拉床型号及夹头形式和拉削批量等，确定拉削余量 A 和选择拉削方式。设计拉刀的主要内容有：决定工作部分和非工作部分结构尺寸和参数、拉刀检验、确定技术条件和绘制设计图，如图 8-9 所示。

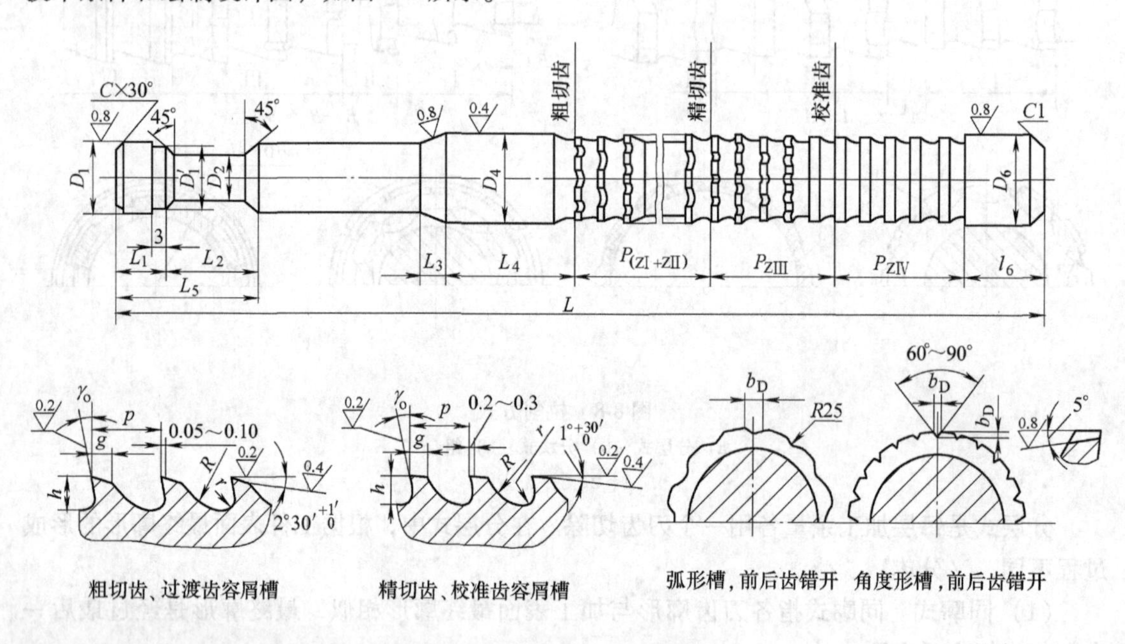

图 8-9 组合式圆孔拉刀设计图

一、工作部分设计

1. 确定齿升量 f_z、齿数 z 和刀齿直径 D_x

(1) 齿升量 f_z 齿升量是拉刀的重要设计参数。组合式圆拉刀的齿升量是相邻刀齿半径之差，刀齿由分块拉削方式的粗切齿、过渡齿和同廓分层拉削方式的精切齿、校准齿组成。各刀齿齿升量的确定原则是：在保证被加工表面质量和拉刀强度许可条件下，尽量取大些。

1) 粗切齿齿升量 $f_{z\mathrm{I}}$：按加工材料性能选取，应尽量取大，使各齿切除量是总余量的 60%~80% 左右，其各齿升量 $f_{z\mathrm{I}}$ 相同。例如拉削碳钢，直径小于 50mm 的孔，$f_{z\mathrm{I}}$ = 0.03 ~0.06mm。

2) 精切齿齿升量 $f_{z\mathrm{III}}$：按加工质量要求选取，一般 $f_{z\mathrm{III}}$ = 0.01 ~ 0.02mm，但不小于 0.005mm，各齿齿升量 $f_{z\mathrm{III}}$ 相同。

3）过渡齿齿升量$f_{z\text{II}}$：在各齿上是变化的，变化规律应在$f_{z\text{I}}$与$f_{z\text{III}}$之间逐齿递减，以使拉削力平稳变化。

4）校准齿齿升量$f_{z\text{IV}}$：$f_{z\text{IV}}=0$，是起最后修光、校准拉削表面的作用。

（2）齿数　拉刀各刀齿齿数，综合考虑机床、工件、拉刀本身等诸多因素后，合理分配各组齿加工余量，即可确定拉刀各组齿齿数。

粗切齿z_{I}，可按下式计算

$$z_{\text{I}}=\frac{A_{\text{I}}}{2f_{z\text{I}}} \tag{8-1}$$

式中　A_{I}——为粗切齿组齿的拉削余量(mm)。

同理可求其他齿数：一般过渡齿：$z_{\text{II}}=4\sim8$；精切齿：$z_{\text{III}}=3\sim7$；校准齿：$z_{\text{IV}}=5\sim10$。

（3）刀齿直径　各刀齿直径的确定方法是：

第一个刀齿直径D_1决定于预制孔表面质量和加工精度，若表面较粗糙，为使刀齿起光整作用，则D_1与预制孔径最小极限尺寸相等：$D_1=d_{\text{wmin}}$；预制孔表面较光整，刀齿层开始起切削余量，则$D_1=d_{\text{wmin}}+2f_{z\text{I}}$。

校准齿直径D与拉削后孔的最大极限尺寸相等$D=d_{\text{wmax}}$，它作为刀齿磨损后补充切削齿用。

其余各刀齿直径按下式推算

$$D_x=D_{x-1}+2f_{zx} \tag{8-2}$$

2. 刀具几何参数

拉刀刀齿的局部形状如图8-10所示。

（1）前角γ_o　按被加工材料不同，γ_o在$5°\sim15°$间选取。加工韧性金属时，因切屑呈连续状态，故前角宜取大些。在加工脆性金属时，因切屑已呈碎裂状，同时塑性变形也很小，故前角可选小些。

（2）后角α_o　在拉削过程中，为了减少刀齿各刀面与工件加工表面之间的摩擦和防止切屑阻塞，取较小后角，拉刀刀齿应有后角，一般后角不宜过大，以防止拉刀磨损后重磨，尺寸变化太大，通常$\alpha_o=1.5°\sim2.5°$。

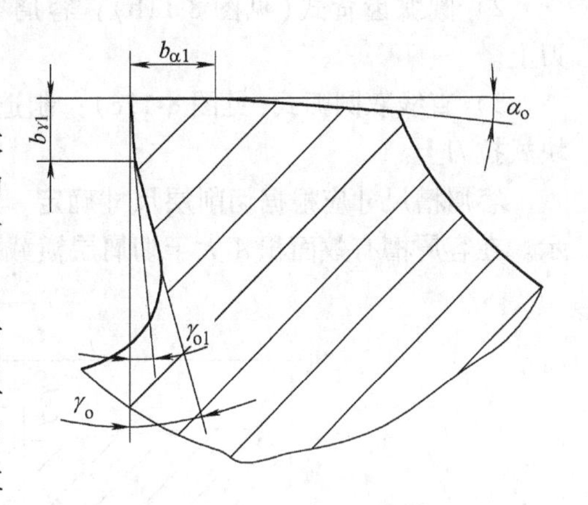

图8-10　拉刀刀齿的局部形状

（3）刃带后角和宽度　刀齿上的刃带$b_{\alpha1}$是起支承刀齿、保持重磨后直径不变和便于检测直径的作用，一般取$b_{\alpha1}=0.1\sim0.3\text{mm}$；刃带上无后角，即$\alpha_{b_{\alpha1}}=0°$。

3. 齿距p、容屑槽和分屑槽

拉削属于封闭式切削，如果切屑在封闭刀槽中产生堵塞，则会严重影响加工表面质量、刀齿强度和拉刀寿命，所以合理设计齿距、容屑槽和分屑槽，可以起到确保卷屑、断屑和防止切屑堵塞的重要作用。

（1）齿距　齿距p为相邻刀齿间的轴间距离。通常按下列经验公式计算

$$p=1.25\sim1.8\sqrt{L} \tag{8-3}$$

对于分层拉削时，上式中的系数可取为$1.25\sim1.8$；对于分块拉削时，系数则可取为

1.45 ~1.8。

齿距 p 值影响刀齿在加工长度 L 中的同时工作齿数 z_e，为了确保拉削过程的平稳性，应满足 $z_e=3\sim8$。同时工作齿数 z_e 按下式检验

$$z_e = L/p + 1 > 3 \tag{8-4}$$

如果计算的 $z_e<3$，则将若干零件叠夹一起进行拉削，或适当减小 p。精加工和校准齿的齿距可以适当减小，取 $0.6\sim0.8p$。

（2）容屑槽　目前工厂生产中常选的容屑槽形状和尺寸如图 8-11 所示。

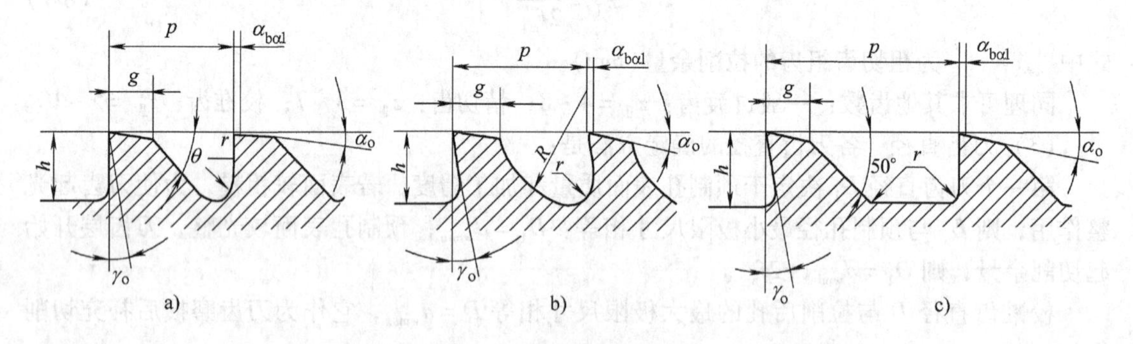

图 8-11　容屑槽的形式

a）直线齿背式　b）圆弧齿背式　c）直线双圆弧式

1）直线齿背式（见图 8-11a）：制造简单，主要适用于拉削脆性材料和分层式拉刀上。

2）圆弧齿背式（见图 8-11b）：容屑空间较大，主要适用于拉削塑性材料和组合式拉刀上。

3）直线双圆弧式（见图 8-11c）：制造较易，容屑空间大，主要适用于拉削余量多的分块式拉刀上。

容屑槽尺寸应根据切削层尺寸确定，拉塑性材料时，切屑卷曲成圆筒形，如图 8-12 所示。在容屑槽有效面积 A 大于切屑层横截面积 A_D 的条件下，则容屑槽的深度 h 应为

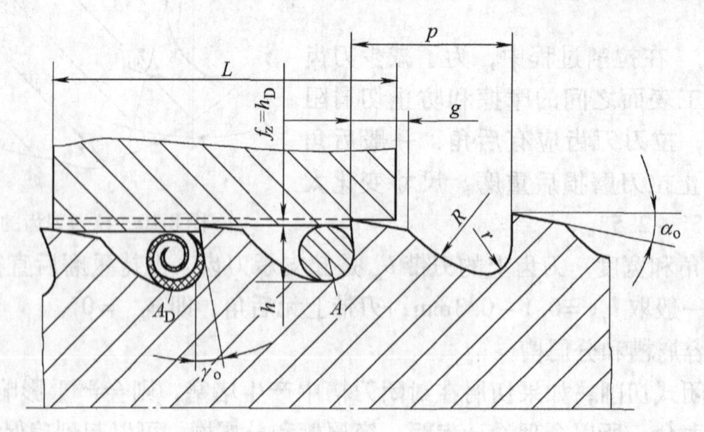

图 8-12　容屑槽有效面积

$$A > A_D \tag{8-5}$$

式中　$A=\dfrac{\pi h^2}{4}$；

$A_D = KLh_D$；

即　$\frac{\pi h^2}{4} > KLh_D$

经整理得　　$h = 1.13\sqrt{KLh_D}$　　(8-6)

式中　L——拉削长度(mm)；

K——容屑系数，按分块式拉削的齿距和齿升量，可从表8-1中选取。考虑到齿距 p 小，容屑槽不易制造，故表中齿距 p 小、容屑槽系数 K 大。

表8-1　分块式拉削的容屑系数 K

h_D/mm	齿　距　p/mm		
	4.5~9	10~15	16~25
≤0.05	3.5	3.0	2.8
0.05~0.10	3.0	2.8	2.5
<0.10	2.5	2.2	2.0

根据上述计算求得的齿距 p 和容屑槽深度值，可在表8-2的工具厂系列标准件中选取接近的标准值，并确定容屑槽的各尺寸参数。

表8-2　直线和圆弧齿背的容屑槽尺寸　(单位：mm)

齿　距	深　槽				基　本　槽				浅　槽			
p	h	g	r	R	h	g	r	R	h	g	r	R
7	3	2.5	1.5	5	2.5	2.5	1.3	4	2	2.5	1	4
8	3	3	1.5	5	2.5	3	1.3	5	2	3	1	5
9	4	3	2	7	3.5	3	1.8	5	2.5	3	1.3	5
10	4.5	3	2.3	7	4	3	2	7	3	3	1.5	7
11	4.5	4	2.3	7	4	4	2	7	3	4	1.5	7
12	5	4	2.5	8	4	4	2	8	3	4	1.5	8
13	5	4	2.5	8	4	4	2	8	3.5	4	1.8	8
14	6	4	3	10	5	4	2.5	10	4	4	2	10
15	6	5	3	10	5	5	2.5	10	4	5	2	10
16	7	5	3.5	12	6	5	3	12	5	5	2.5	12
17	7	5	3.5	12	6	5	3	12	5	5	2.5	12
18	8	6	4	12	7	6	3.5	12	6	6	3	12
19	8	6	4	12	7	6	3.5	12	6	6	3	12
20	9	6	4.5	14	7	6	3.5	12	6	6	3	14

(3) 分屑槽　通常拉削宽度 b_D 超过3~5mm时，应在切削刀齿上作出分屑槽。常用分屑槽有两种形式。

1）弧形槽(见图8-13a)：在槽角处强度高、散热快，主要用于分块式拉刀和组合式拉刀。

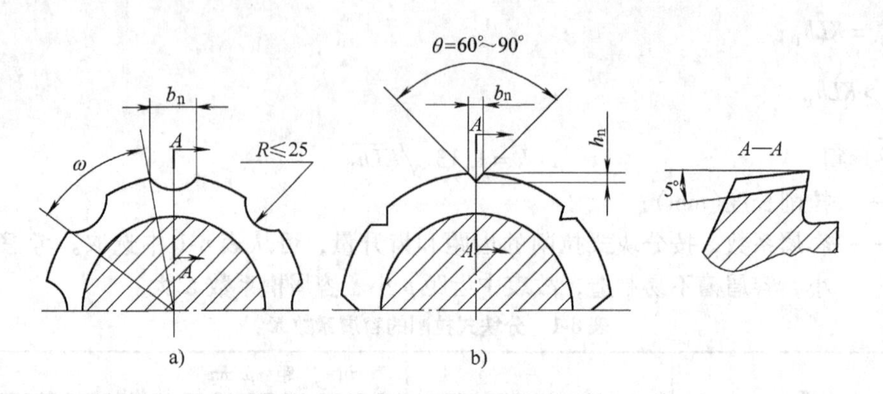

图 8-13 分屑槽形式

a）弧形槽 b）角度槽

2）角度槽（见图 8-13b）：制造方便，但磨削时砂轮易失形，主要用于分层式拉刀。

当拉刀直径 $D=8\sim50$mm 时，分屑槽的尺寸参数为：

1）弧形槽：槽数 $n=4\sim12$、圆弧半径 $R\leqslant25$mm。

2）角度槽：槽数 $n=8\sim24$、槽宽 $b_n=0.5\sim0.8$mm、槽深 $h_n\leqslant0.5$mm。

相邻刀齿上分屑槽交错分布。弧形槽的相邻齿两侧切削刃重叠长度各 0.25mm。分屑槽槽底后角 $\alpha_n=\alpha_o+2°$，校准齿上不作分屑槽。

二、非工作部分设计

1. 前柄部与后托柄

圆柱形前柄部与后托柄如图 8-14 所示。它们的柄部直径分别根据预制孔和拉削后孔径确定，柄部各个尺寸参数可参考国家标准 GB/T 3832.2(3)—2004 选取。

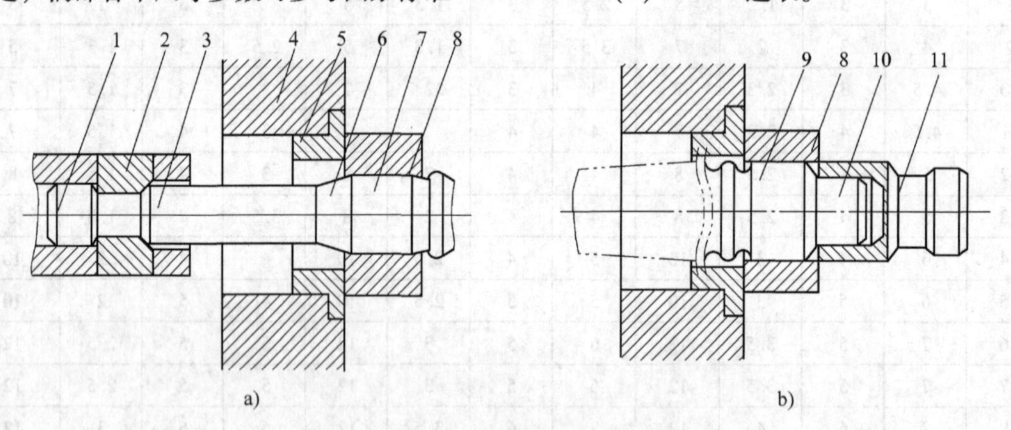

图 8-14 拉刀非工作部分组成及作用

1—柄部 2—拉床夹头 3—颈部 4—床壁 5—衬套 6—过渡锥 7—前导部 8—工件 9—后导部 10—后柄 11—承托柄

2. 过渡锥

颈部的直径小于前柄直径，它的长度是由拉床夹头、床壁和夹具等尺寸而定。过渡锥长度有 10mm、15mm、20mm 三种尺寸。

3. 前导部和后导部

前导部和后导部直径的基本尺寸分别为预制孔和拉削后孔径的最小极限尺寸，偏差分别为 f8、f7。它们的长度应大于 2/3 的工件长度。

三、拉刀强度验算

生产中常因工件材料强度高，拉刀齿升量过大，拉刀上受力面积小，及切屑严重堵塞而引起拉刀折断，故拉刀进行强度验算。为使拉刀强度足够，应使拉削时产生的拉应力应小于拉刀材料的许用拉应力$[\sigma]$，即

$$\sigma = F_c / A_{min} \leqslant [\sigma] \tag{8-7}$$

式中 F_c——作用于拉刀上的切削力(N)；

A_{min}——拉刀上强度最薄弱处的截面积，通常是颈部或第一刀齿槽底的截面积(mm^2)；

$[\sigma]$——拉刀材料的许用应力(MPa)，对于高速钢材料$[\sigma]$ = 350 ~ 400MPa。

作用在刀齿上切削力 F_c，可按下列实验公式求得

$$F_c = F_c' b_D z_e K \tag{8-8}$$

式中 F_c'——作用在刀齿单位切削宽度上的切削力(N/mm)，它与加工材料和齿升量 f_z 有关，可参考表 8-3 选取。

K——拉刀前角、拉刀磨损和切削液等对拉削力影响的修正系数，通常均忽略不计。

若验算不合格，则可适当调整加工余量 A、齿升量 f_z、容屑槽深度 h 和同时工作齿数 z_e。此外，也可由一把拉刀拉削改为两把拉刀拉削。

表 8-3 单位切削宽度上切削力 F_c' (单位:N)

拉削层厚度 h_D/mm	工件材料及硬度								
	碳钢			合金钢			灰铸铁		可锻铸铁
	≤197 HBW	>197 ~ 229HBW	>229 HBW	≤197 HBW	>197 ~ 229HBW	>229 HBW	≤180 HBW	>180 HBW	
0.01	65	71	85	76	85	91	55	75	63
0.015	80	88	105	101	110	124	68	82	68
0.02	95	105	125	126	136	158	81	89	73
0.025	109	121	144	142	152	168	93	103	84
0.03	123	136	161	157	169	186	104	116	94
0.04	143	158	187	184	198	218	121	134	109
0.05	163	181	216	207	222	245	140	155	125
0.06	177	195	232	238	255	282	151	166	134
0.07	196	217	258	260	282	312	167	184	153
0.075	202	226	269	270	292	325	173	192	156
0.08	213	235	280	280	302	335	180	200	164
0.09	231	255	304	304	328	362	195	216	179
0.10	247	273	325	328	354	390	207	236	192
0.11	266	294	350	351	381	420	226	254	206
0.12	285	315	375	378	407	150	243	268	220

四、拉刀技术条件的制订

圆拉刀的技术条件在国家标准 GB/T 3831—1995 和 JB/T 6357—1992 中作了规定。其中包括：拉刀外观、拉刀表面粗糙度、尺寸公差，形位公差、几何角度公差、材料和热处理硬度等。

拉刀的材料和热处理是影响拉刀寿命的重要因素。拉刀的柄部材料常用40Cr，工作部分除用W18Cr4V外，许多工厂已选用W6Mo5Cr4V2和铝高速钢W6Mo5Cr4V2Al，也选用钴高速钢W2Mo9Cr4VCo8和粉末冶金高速钢。这些高性能高速钢可提高热处理硬度，以利于对合金钢、不锈钢、高温合金及其他难加工材料的拉削。

在标准中规定：刀齿和后导部热处理硬度是63～66HRC，前导部是60～66HRC，柄部是40～52HRC。

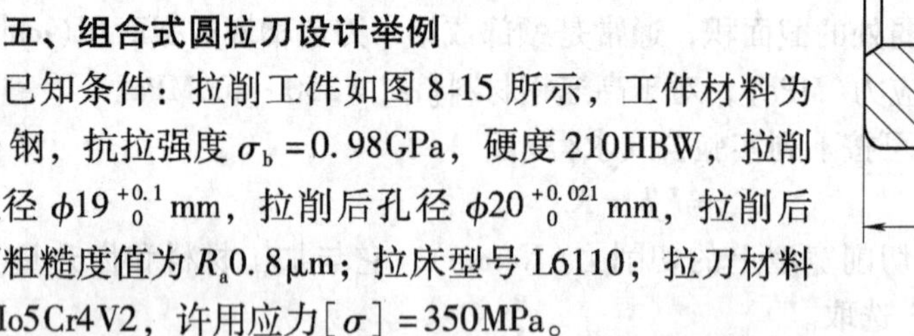

五、组合式圆拉刀设计举例

已知条件：拉削工件如图8-15所示，工件材料为40Cr钢，抗拉强度$\sigma_b = 0.98\text{GPa}$，硬度210HBW，拉削前孔径$\phi19^{+0.1}_{0}$mm，拉削后孔径$\phi20^{+0.021}_{0}$mm，拉削后表面粗糙度值为$R_a0.8\mu m$；拉床型号L6110；拉刀材料W6Mo5Cr4V2，许用应力$[\sigma] = 350\text{MPa}$。

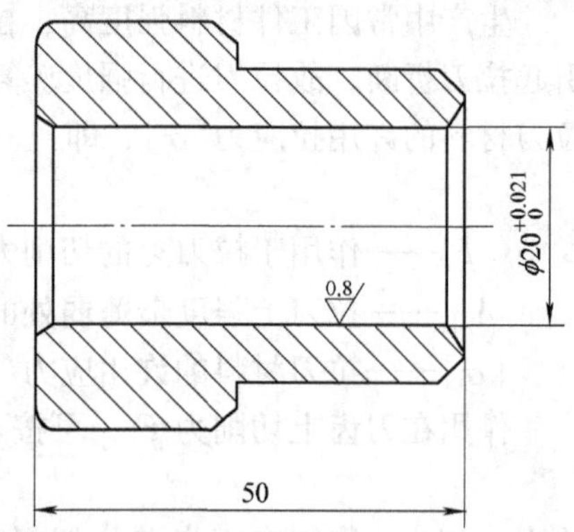

图8-15 拉削工件图

拉刀设计各项目的内容列于表8-4和图8-16中。

表8-4 设计步骤

序号	设计项目	设计内容	结果	资料来源
1	直径方向拉削余量A	$A = D_{mmax} - d_{wmin} = 20.021\text{mm} - 19\text{mm} = 1.021\text{mm}$	$A = 1.021\text{mm}$	
2	齿升量f_z	$f_{zⅠ} = 0.03\text{mm}$ $f_{zⅢ} = 0.01\text{mm}$ $f_{zⅣ} = 0$ $f_{zⅡ} = 0.025\text{mm}, 0.02\text{mm}, 0.015\text{mm}$		
3	齿数z	初定：$z_Ⅱ = 3$ $z_Ⅲ = 4$ $z_Ⅳ = 6$ $z_Ⅰ = \dfrac{A - (A_{zⅡ} + A_{zⅢ})}{2f_{zⅠ}} =$ $\dfrac{1.021 - [2\times(0.025+0.02+0.015) + (4\times0.01)]}{2\times0.03} = 13.68$ 取$z_Ⅰ = 13$ 余下未切除余量为 $2A = \{1.021 - [13\times2\times0.03 + 2\times(0.025+0.02+0.015) + (4\times2\times0.01)]\}\text{mm} = 0.041\text{mm}$ 调整过渡齿数为$z_Ⅱ = 3 + 2 = 5$ 余下余量分配后，则过渡齿齿升量为 $2f_{zⅡ} = 0.05\text{mm}, 0.04\text{mm}, 0.03\text{mm}, 0.02\text{mm}, 0.02\text{mm}$	$z_Ⅰ = 13$ $z_Ⅱ = 3$ $z_Ⅲ = 4$ $z_Ⅳ = 6$ 调整齿数为 $z_Ⅰ = 13 + 1$ $z_Ⅱ = 5$ $z_Ⅲ = 4 + 1$ $z_Ⅳ = 6$	
4	直径D_x	粗切齿$z_Ⅰ$ $D_{z1} = d_{wmin} = 19\text{mm}$，第一齿未切除余量 故粗切齿余量$A_Ⅰ = 13\times2\times0.03\text{mm} = 0.78\text{mm}$ 由$z_{Ⅰ2} \sim z_{Ⅰ14}$齿切除，则每齿直径应为 $D_{z2} - D_{z14} = D_{zx-1} + 2f_{zx}$ 过渡齿$z_Ⅱ$ $D_{z15} - D_{z19} = 19.83\text{mm}, 19.87\text{mm}, 19.90\text{mm}, 19.92\text{mm}, 19.94\text{mm}$ 精切齿$z_Ⅲ$ $D_{z20} - D_{z24} = 19.96\text{mm}, 19.98\text{mm}, 20.00\text{mm}, 20.02\text{mm}, 20.021\text{mm}$ 校准齿$z_Ⅳ$ $D_{z25} - D_{z30} = 20.021\text{mm}$	D_{z19}属精切齿	

（续）

序号	设计项目	设计内容	结果	资料来源
5	几何参数	$\gamma_o=15°$ $\alpha_o=1.5°\sim2.5°$ $b_{\alpha1}=0.1\sim0.3\text{mm}$		
6	齿距 p/mm	$p=1.5\sqrt{L}=1.5\sqrt{50}\text{mm}=10.6\text{mm}$ 取 $p=11\text{mm}$	$p=11\text{mm}$	
7	检验同时工作齿数 z_e	$z_e=L/p+1=50/11+1=5.5$ $z_e>3$	$z_e>3$	
8	容屑槽深度 h	$h=1.13\sqrt{Klh_D}=1.13\sqrt{3\times50\text{mm}\times0.06\text{mm}}=3.39\text{mm}$（$h_D=2f_{z1}$）	$h=3.39\text{mm}$	
9	容屑槽形式和尺寸	形式 圆弧齿背形 尺寸 粗切齿 $p=11\text{mm}$、$g=4\text{mm}$、$h=4\text{mm}$、$r=2\text{mm}$、$R=7\text{mm}$ 精切齿，校准齿 $p=9\text{mm}$、$g=3\text{mm}$、$h=3.5\text{mm}$、$r=1.8\text{mm}$、$R=5\text{mm}$	取 $p=11\text{mm}$、9mm系列尺寸	
10	分屑槽尺寸	弧形槽 $n=6$ $R=25\text{mm}$ 角度槽 $n=8$ $b_n=7\text{mm}$ $\omega=90°$ 槽底后角 $\alpha_n=5°$		
11	检验	拉削力检验 $F_c<F_Q$ $F_c=F'_c b_D z_e K=$ $195\times\frac{\pi D}{2}\times z_e=195\times\frac{3.14\times20}{2}\times5\times10^{-3}\text{kN}=30.6\text{kN}$ $F_Q=100\times0.75\text{kN}=75\text{kN}$ $F_Q>F_c$ 拉刀强度检验 $\sigma=F_c/A_{min}$ $A_{min}=\pi(D_{z1}-2h)^2/4=3.14(19-8)^2/4\text{mm}^2=94\text{mm}^2$ $\sigma=30615/94\text{MPa}=325\text{MPa}$ $[\sigma]=350\text{MPa}$ $\sigma<[\sigma]$	$F_c=30.6\text{kN}$ $F_Q=75\text{kN}$ $F_Q>F_c$ $\sigma=325\text{MPa}$ $[\sigma]=350\text{MPa}$ $\sigma<[\sigma]$	L6110 机床说明书
12	前柄	$D_1=18^{-0.016}_{-0.043}\text{mm}$ $d_1=13.5^{0}_{-0.18}\text{mm}$ $L_1=16\text{mm}+20\text{mm}=36\text{mm}$		
13	过渡锥与颈部	过渡锥长 $l_3=15\text{mm}$ 颈部 $D_2=18\text{mm}$ $l_2=100\text{mm}$	$l_3=15\text{mm}$ $D_2=18\text{mm}$ $l_2=100\text{mm}$	L6110 机床说明书
14	前导部与后导部	前导部 $D_4=d_{wmin}=19^{-0.020}_{-0.053}\text{mm}$ $l_4=50\text{mm}$ 后导部 $D_6=D_{wmin}=20^{-0.020}_{-0.041}\text{mm}$ $l_6=40\text{mm}$		
15	长度 L	$L=\varepsilon l$ 前柄 $l_1=36$ 颈部 $l_2+l_3=115$ 前导部 $l_4=50$ $l_5=l_{粗}+l_{校}+l_{精}=18\times11\text{mm}+11\times9\text{mm}=297\text{mm}$ 后导部 $l_6=40$ $L=36\text{mm}+(50+115+297+40)\text{mm}\approx540\text{mm}$	$l=\varepsilon l=540\text{mm}$	
16	中心孔	两端选用 B 型带护锥中心孔 $d=2\text{mm}$ $d_1=6.3\text{mm}$ $t_1=2.54\text{mm}$ $t=2\text{mm}$	B 型中心孔	
17	材料与热处理硬度	W6Mo5Cr4V2 刀齿与后导部 63～66HRC 前导部 60～66HRC、柄部 40～52HRC		
18	技术条件	拉刀各项技术条件参考国标确定		
19	绘图	绘制设计图（见图 8-16）		

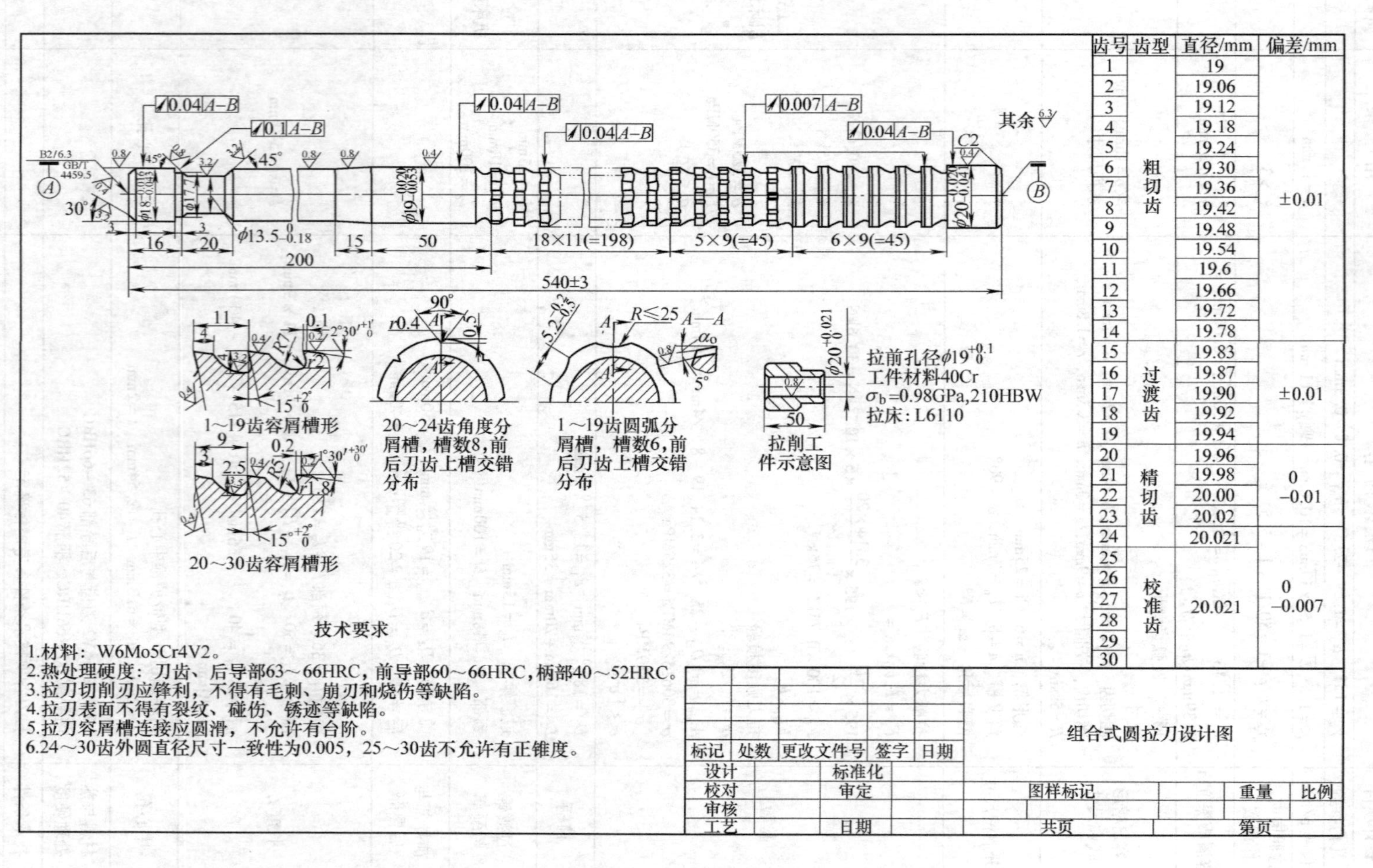

图 8-16　组合式圆拉刀设计图

第四节 拉刀的合理使用

在生产中常由于拉刀结构和使用方面存在问题，而达不到拉削精度和表面粗糙度要求，并影响拉刀寿命及拉削效率，严重的造成拉刀断裂。其中常出现的弊病及解决的途径简述如下。

一、防止拉刀的断裂及刀齿损坏

拉削时刀齿上受力过大和拉刀强度不够是损坏拉刀和刀齿的主要原因。影响刀齿受力过大的因素很多，例如拉刀齿升量过大、刀齿径向圆跳动大、拉刀弯曲预制孔太粗糙、工件夹持偏斜、切削刃各点拉削余量不均。工件强度过高、材料内部有硬质点、严重粘屑和容屑槽堵塞等。为使拉削顺利，可采取如下措施。

1）要求预制孔公差等级 IT8 ~ IT10、表面粗糙度值 $R_a \leqslant 5\mu m$，预制孔与定位端面垂直度偏差不超过 0.05mm。

2）严格检查拉刀的制造精度，对于外购拉刀可进行齿升量、容屑空间和拉刀强度检验。

3）对难加工材料，可采取适当热处理，改善材料的加工性。

4）保管、运输拉刀时，防止拉刀弯曲变形和碰坏刀齿。

二、消除拉削表面缺陷

拉削时表面产生鳞刺、纵向划痕、压痕、环状波纹和啃刀等是影响拉削表面质量的常见缺陷。其产生原因很多，主要有刃口微小崩裂、钝化和存在粘屑、刀齿刃带过宽且宽度不均、后面磨损严重、前角太大且各齿不等、拉削时产生振动等。

消除拉削缺陷，提高拉削表面质量的途径有：

1）提高刀齿刃磨质量。保持刀齿刃口锋利性、防止微裂纹产生、各齿前角、刃带宽保持一致。

2）保持稳定的拉削。增加同时工作齿数，减小精切齿和校准齿距或做成不等分布齿距，提高拉削系统刚度。

3）合理选用拉削速度。拉削速度是影响拉削表面质量、拉刀磨损和拉削效率的重要因素。图 8-17 为拉削速度与表面粗糙度的关系。以拉削 45 钢为例，由于积屑瘤影响，$v_c <$ 3m/min 时，拉削表面粗糙度值小，$v_c \approx 10$m/min 时，拉削表面粗糙度值增大；$v_c > 20$m/min 时，拉削表面质量高。资料表明 $v_c = 20 \sim 40$m/min 时，可获得很小表面粗糙度值，且提高了拉刀寿命。高速拉削除提高拉削表面质量外，对于拉床结构改进和拉刀材料发展有较大促进作用，我国生产的 L6150 拉床，速度达到了 45m/min。

在汽车制造业中普遍使用硬质合金拉刀。国外采用氮化钛镀层拉刀、激光强化高速钢拉刀，它们对减少拉刀磨损、改善拉削表面质量和提高拉削效率均有明显效果。

4）合理选用切削液。拉削碳素钢、合金钢材料，选用极压乳化液、硫化油和加极压添加剂切削液对提高拉刀寿命、减小拉削表面粗糙度均有良好作用。

三、提高拉刀重磨质量

在拉削时，若产生达不到加工质量要求、拉刀后面磨损量 $VB \geqslant 0.3$mm 和切削刃局部崩刃长 $\Delta L \geqslant 0.1$mm 等的情况时，均应对拉刀进行重磨。

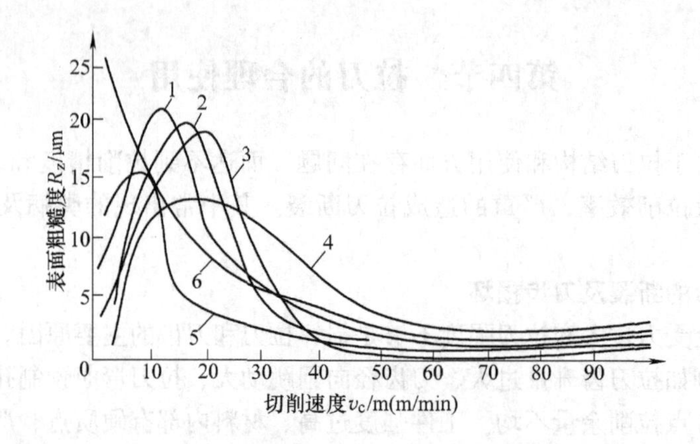

图 8-17 拉削速度 v_c 与表面粗糙度 R_z 的关系

1、2、3、5—耐热钢 4—碳钢 6—轴承钢

拉刀重磨在拉刃磨床上沿拉刀前面进行。通常采用圆周磨法，砂轮与拉刀绕各自轴线转动，利用砂轮周边与槽底圆弧接点 M 接触进行磨削。砂轮、拉刀间的轴线呈 35°~55°，砂轮锥面与前面夹角呈 5°~15°，且要求砂轮和拉刀的轴线保持在同一垂直平面内。

选用碟形砂轮，磨料为白刚玉或铬刚玉，砂轮直径不宜太大，以防止对槽底产生过切现象，通常直径经计算求得。磨削时选用每次切深量 0.005~0.008mm，并进行 3~4 次清磨，每磨一齿需修正砂轮一次。通常可通过观察拉刀前面上磨削轨迹的对称性来识别和控制重磨质量。目前生产中选用的 CBN 砂轮和刚玉砂轮能明显地提高重磨质量和磨削效率。

复习思考题

1. 试述拉削有几种方式？各有何优缺点及适用范围？
2. 试比较分层拉削与轮切拉削的特点及应用。
3. 拉刀齿升量的选择原则是什么？它对拉削过程有何影响？
4. 拉刀齿距是怎样确定的？拉刀同时工作齿数的多少对拉削过程有何影响？
5. 拉削后工件表面有环状波纹和局部划痕时，试分析影响原因并提出防止措施。
6. 简述拉削后孔径扩大与缩小的原因和防止措施。
7. 怎样合理使用拉刀？
8. 拉刀的校准齿严重磨损后怎样修复？
9. 拉刀的直径磨损变小后怎样修复？
10. 试述拉刀分屑槽的类型和作用？为什么分屑槽槽底后角取得比拉刀后角大？
11. 拉刀强度不够时采用什么措施？
12. 试述综合式圆孔拉刀粗切齿、过渡齿、精切齿和校准齿的用途。

第九章　铣　　刀

本章应知

1. 熟悉各类铣刀的结构和应用。

2. 熟悉各种铣削方式。

3. 明确常用的立铣刀和键槽铣刀的应用和区别。

本章应会

1. 会操作铣床并能在立铣、卧铣、工具铣及数显、数控铣床上铣削平面、键槽、台阶面等操作。

2. 熟练掌握顺铣、逆铣方式的应用。

铣刀是一种在旋转表面或端面上分布多齿的刀具。铣刀同时参加切削刃总长度长，切削时无空行程且允许较高的切削速度，故生产率较高。铣削时，铣刀旋转(主运动)工件直线运动(进给运动)。它用于加工平面、台阶面、沟槽、成形表面以及切断等。铣刀的类型很多，有圆柱形铣刀、面铣刀、立铣刀、键槽铣刀、三面刃铣刀、锯片铣刀、角度铣刀、成形铣刀等，如图 9-1 所示。

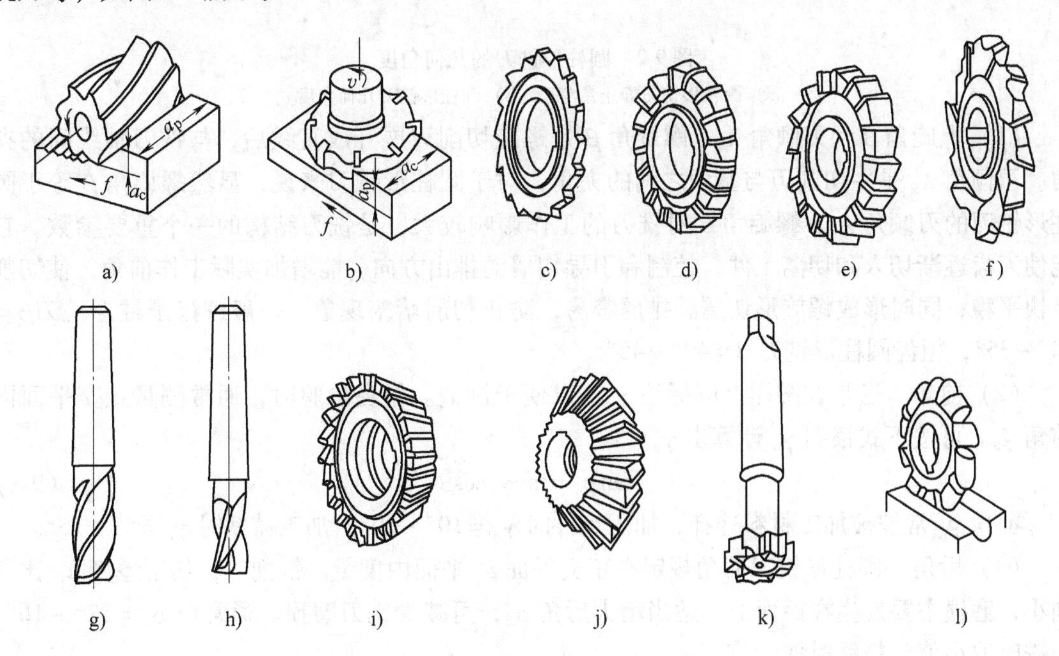

图 9-1　铣刀的类型

a）圆柱铣刀　b）面铣刀　c）槽铣刀　d）两面刃铣刀　e）三面刃铣刀　f）错齿三面刃铣刀　g）立铣刀　h）键槽铣刀　i）单角度铣刀　j）双角度铣刀　k）T 形槽铣刀　l）成形铣刀

本章以圆柱形铣刀和面铣刀为例，介绍铣刀的几何参数；分析常用尖齿铣刀的结构特点及其应用；并讲述铲齿成形铣刀的设计方法。从而为掌握常用标准铣刀的选用与成形铣刀的设计建立初步基础。

第一节 铣刀的几何参数及铣削方式

一、铣刀的几何参数

1. 圆柱形铣刀的几何角度(见图9-2)

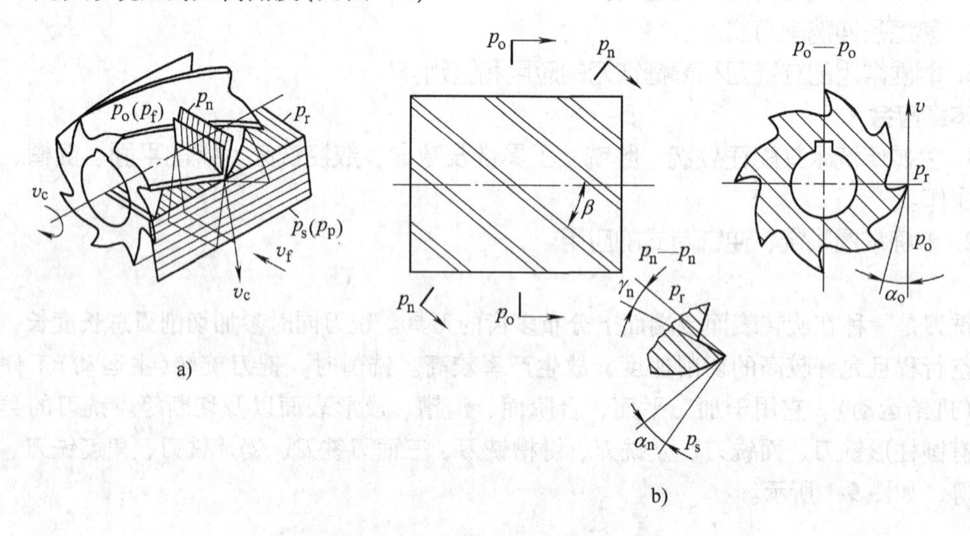

图9-2 圆柱形铣刀的几何角度

a）圆柱形铣刀静止参考系 b）圆柱形铣刀几何角度

（1）螺旋角β和刃倾角λ_s 螺旋角β是螺旋切削刃展开成直线后，与铣刀轴线间的夹角。刃倾角λ_s是主切削刃与基面之间的夹角，对于圆柱形铣刀来说，显然螺旋角β等于圆柱形铣刀的刃倾角λ_s。螺旋角β对铣刀的工作影响较大，是铣刀结构的一个重要参数。它能使刀齿逐渐切入和切离工件，控制和引导切屑的排出方向，能增加实际工作前角，使切削轻快平稳；同时形成螺旋形切屑，排屑容易，防止切屑堵塞现象。一般细齿圆柱形铣刀$\beta=30°\sim35°$，粗齿圆柱形铣刀$\beta=40°\sim45°$。

（2）前角 通常在图样上应标注γ_n，以便于制造。但在检验时，通常测量正交平面内前角γ_o。可按下式根据γ_o计算出γ_n

$$\tan\gamma_n=\tan\gamma_o\cos\beta \tag{9-1}$$

前角γ_n常按被加工材料选择，加工钢件时$\gamma_n=10°\sim20°$；加工铸铁时$\gamma_n=5°\sim15°$。

（3）后角 圆柱形铣刀后角规定在正交平面p_o平面内度量。铣削时，切削厚度h_D比车削小，磨损主要发生在后面上，适当增大后角α_o，可减少铣刀磨损。通常取$\alpha_o=12°\sim16°$，粗铣时取小值，精铣时取大值。

2. 面铣刀的几何角度

面铣刀(俗称组合刀盘)如图9-3所示，面铣刀的几何角度除规定在正交平面参考系内度量外，还规定在背平面、假定工作平面参考系内表示，以便于面铣刀的刀体设计与制造。

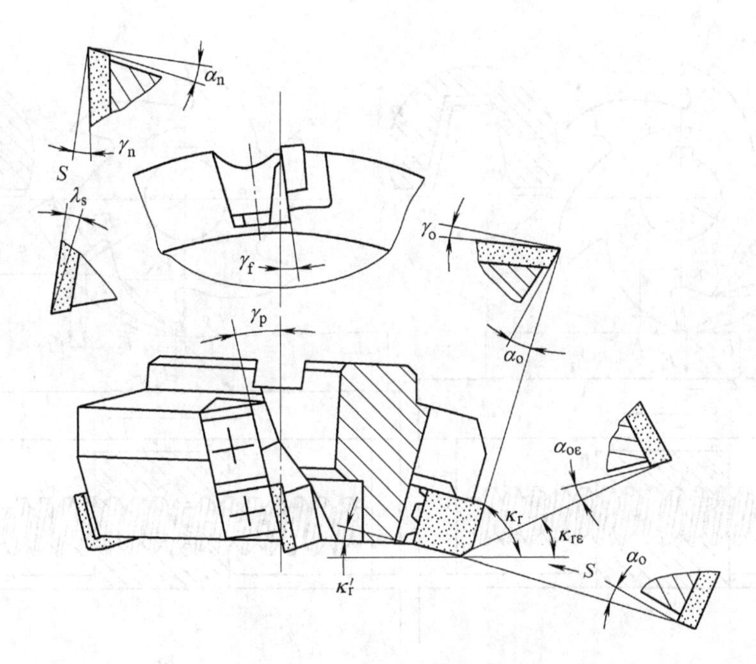

图 9-3 面铣刀的几何角度

机夹面铣刀每个刀齿安装在刀体上之前，相当于一把普通的硬质合金车刀，通常将未装在刀体上之前，刀头的前角 γ_o、刃倾角 λ_s 均取为零值，以利于刀头集中制造和刃磨。为了获得所需的切削角度，使刀头在刀体中径向倾斜 γ_f 角、轴向倾斜 γ_p 角。若已确定 γ_o、λ_s 和 κ_r 值，则按下式换算出 γ_f 和 γ_p

$$\tan\gamma_f = \tan\gamma_o \sin\kappa_r - \tan\lambda_s \cos\kappa_r \tag{9-2}$$

$$\tan\gamma_p = \tan\gamma_o \cos\kappa_r - \tan\lambda_s \sin\kappa_r \tag{9-3}$$

将 γ_f、γ_p 标注在装配图上，以供制造需要。

因为硬质合金面铣刀是断续切削，刀齿经受机械冲击严重，在选择几何角度时，应保证刀齿有足够的强度，故选择较小的前角和正刃倾角。一般加工钢件时 $\gamma_o = -15° \sim -7°$，加工铸铁时取 $\gamma_o = 5° \sim -5°$，通常取 $\lambda_s = -15° \sim -7°$、$\kappa_r = 45° \sim 75°$、$\kappa_r' = 5° \sim 15°$、$\alpha_o = 6° \sim 12°$、$\alpha_o' = 8° \sim 10°$。

二、铣削方式

1. 圆周铣削方式

圆周铣削有两种铣削方式：逆铣和顺铣。

铣刀的旋转方向和工件的进给方向相反时称为逆铣，如图 9-4a 所示；铣刀的旋转方向和工件的进给方向相同时称为顺铣，如图 9-4b 所示。

逆铣时，切削厚度从零逐渐增大。铣切削刃口有一钝圆半径 r_n，造成开始切削时前角为负值，刀齿在过渡表面上挤压、滑行使工件表面产生严重冷硬层，并加剧了刀齿磨损。此外，当瞬时接触角大于一定数值后，F_{fN} 向上，有抬起工件的趋势。但逆铣时，由于进给力 F_{fN} 作用，使丝杠与螺母传动面始终贴紧，故铣削过程较平稳；顺铣时，刀齿的切削厚度从最大开始，避免了挤压、滑行现象，并且 F_{fN} 始终压向工作台，有利于工件夹紧、可提高铣刀寿命和加工表面质量，但会造成进给不均，严重时会使铣刀崩刃。因逆铣是刀齿从已加工

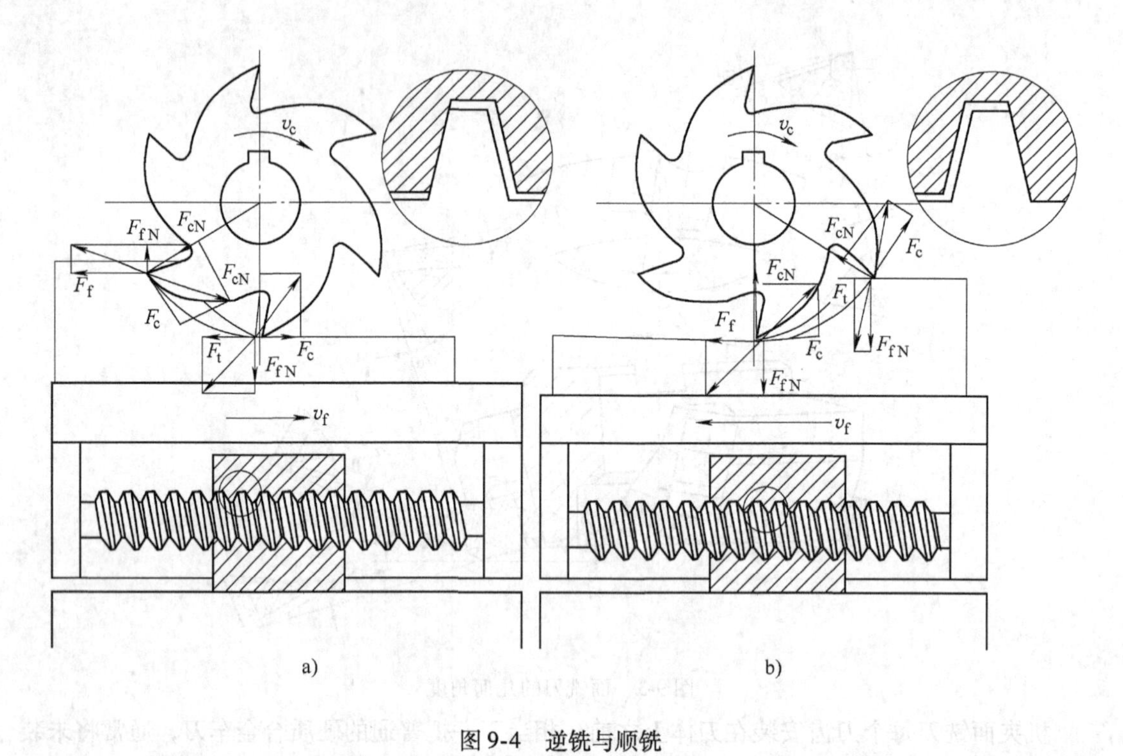

图 9-4 逆铣与顺铣

a）逆铣 b）顺铣

表面切入，顺铣是刀齿从被加工表面切入，故当待加工表面有硬度时，应选用逆铣方式，避免刀齿从硬层切入损坏毛坯。

2. 端面铣削方式

在端面铣削时，根据面铣刀相对于工件安装位置不同，也可分为逆铣和顺铣。如图 9-5a 所示。面铣刀轴线位于铣削弧长的中心位置，上面的顺铣部分等于下面的逆铣部分称为对称端铣。图 9-5b 中的逆铣部分大于顺铣部分，称为不对称逆铣。图 9-5c 中的顺铣部分大于逆铣部分称为不对称顺铣。图 9-5 中 ψ 和 ψ_1 分别为切入角与切离角。凡位于逆铣侧为正值，而位于顺铣侧为负值。

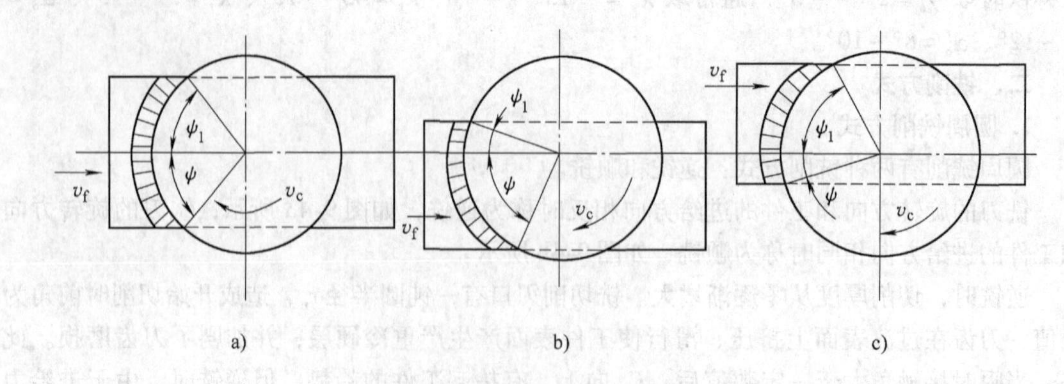

图 9-5 端面铣削时的顺铣与逆铣

a）对称端铣 b）不对称逆铣 c）不对称顺铣

第二节 常用铣刀的结构特点与应用

一、圆柱形铣刀

它用于加工平面，可分为粗齿和细齿两种。其直径 $d=50\text{mm}$、63mm、80mm、100mm。这类铣刀的几何角度为 $\gamma_n=15°$、$\alpha_o=12°$、$\beta=30°\sim35°$（细齿铣刀）和 $\beta=40°\sim45°$（粗齿铣刀）。

粗齿圆柱形铣刀具有齿数少、刀齿强度高、容屑空间大、重磨次数多等特点，适用于粗加工。细齿圆柱形铣刀齿数多、工作平稳，适用于精加工。

选择铣刀直径时，应保证铣刀心轴具有足够的刚度和强度，刀齿具有足够的容屑空间以及在能多次重磨的条件下，尽可能选择较小数值。否则，铣削功率消耗多，而且铣刀切入时间长，从而降低了生产率。通常根据铣削用量和铣刀心轴来选择铣刀直径。

二、立铣刀

如图 9-6 所示为立铣刀，它主要用于加工平面凹槽、台阶面以及利用靠模加工成形表面。国家标准规定，直径 $d=2\sim71\text{mm}$ 的立铣刀做成直柄或削平型直柄。直径 $d=6\sim63\text{mm}$ 做成莫氏锥柄，$d=25\sim80\text{mm}$ 做成 7∶24 锥柄。直径 $d=40\sim160\text{mm}$ 做成套式立铣刀。此外，还有可转位和硬质合金立铣刀。

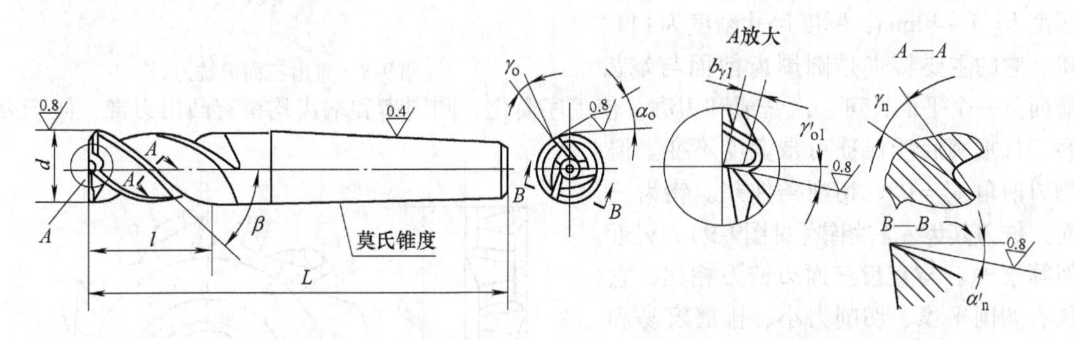

图 9-6 立铣刀

立铣刀圆柱面上的切削刃是主切削刃，端面上的切削刃没有通过中心，是副切削刃。工作时不宜作轴向进给运动。为了保证端面切削刃具有足够强度，在端面切削刃的前面上磨出 $b'_{r1}=0.4\sim1.5\text{mm}$、$\gamma'_{01}=6°$的倒棱。

三、键槽铣刀

如图 9-7 所示为键槽铣刀，它主要用于加工圆头封闭键槽。它有两个刀齿，圆柱面和端

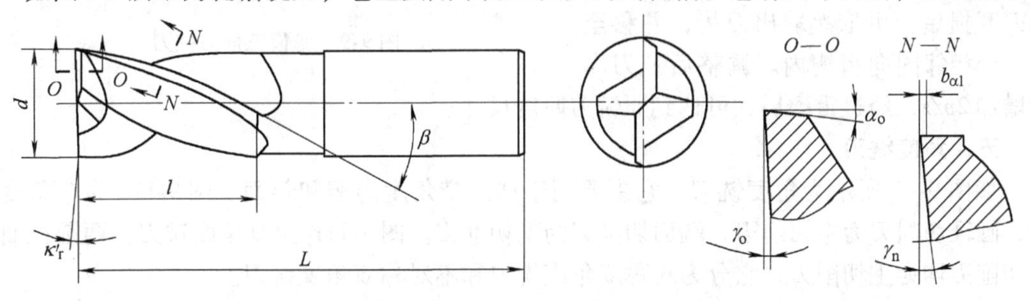

图 9-7 键槽铣刀

面上都有切削刃，端面切削刃延至中心，工作时能沿轴线作进给运动。按国家标准规定，直柄键槽铣刀直径 $d=2\sim22$mm，锥柄键槽铣刀直径 $d=14\sim50$mm。键槽铣刀直径的精度等级有 e8 和 d8 两种，可分别加工出 H9 和 N9 键槽。

槽铣刀的圆周切削刃仅在靠近端面的一小段长度内发生磨损。重磨时只需刃磨端面切削刃，铣刀外径不需磨削。故铣刀直径不会变化。

四、三面刃铣刀

三面刃铣刀适用于加工凹槽和台阶面。三面刃铣刀除圆周具有主切削刃外，两侧面也有副切削刃，从而改善了切削条件，提高了切削效率并减小了表面粗糙度，但重磨后厚度尺寸变化较大。三面刃铣刀可分为直齿三面刃铣刀、错齿三面刃铣刀和镶齿三面刃铣刀。

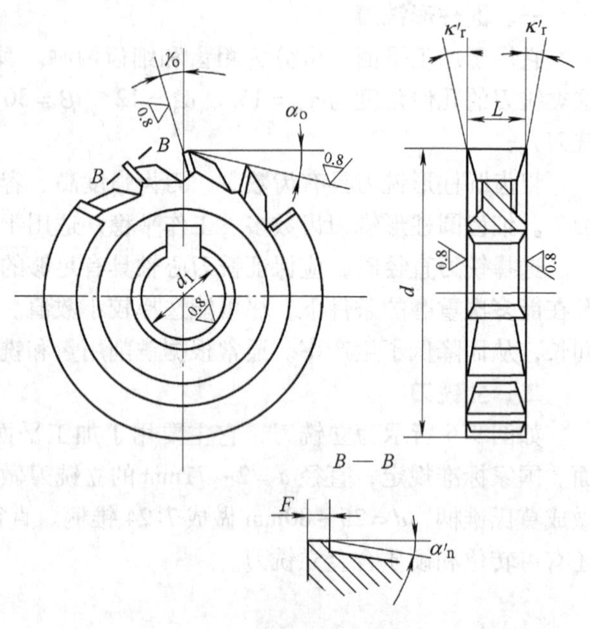

图 9-8 直齿三面刃铣刀

如图 9-8 所示为直齿三面刃铣刀。按国标规定，铣刀直径 $d=50\sim200$mm、厚度 $L=4\sim40$mm，厚度尺寸精度为 k11、k8。它的主要特点是圆周齿前面与端齿前面是一个平面，可一次铣成和刃磨，使工序简化；圆周齿和端齿均留有凸出刃带，便于刃磨，且重磨后能保证刃带宽度不变。但侧刃前角 $\gamma'_o=0°$、切削条件差。错齿三面刃铣刀其齿左右相错(见图9-9)，γ'_o近似等于 λ_s。与直齿三面刃铣刀相比，它具有切削平稳、切削力小、排屑容易和容屑槽大等优点。图 9-10 所示为镶齿三面刃铣刀，其铣刀直径 $d=80\sim315$mm、厚度 $L=12\sim40$mm。在刀体上开有带 5°斜度齿槽，带齿纹的楔形刀齿楔紧在齿槽内。各个同向齿槽的齿纹依次错开 p/z (z 为同向倾斜的齿数；p 为齿纹齿距)。铣刀磨损后，可依次取出刀齿，并移至下一个相邻同向齿槽内。调整后铣刀厚度增加 $2p/z$，经过重磨后，可达到原铣刀厚度尺寸。

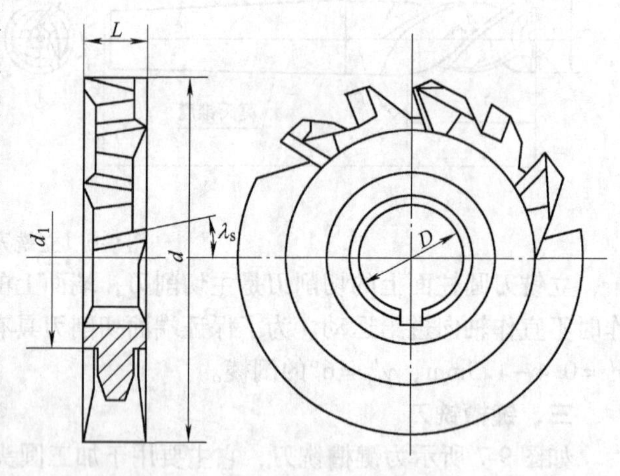

图 9-9 错齿三面刃铣刀

五、角度铣刀

如图 9-11 所示为角度铣刀，它主要用于加工带角度沟槽和斜面。图 9-11a 为单角度铣刀，圆锥切削刃为主切削刃，端面切削刃为副切削刃。图 9-11b 为双角度铣刀，两圆锥面上的切削刃均为主切削刃，它分为对称双角度铣刀和不对称双角度铣刀。

国家标准规定，直径 $d=40\sim100$mm，两切削刃间夹角 $\theta=18°\sim90°$。不对称双角度铣

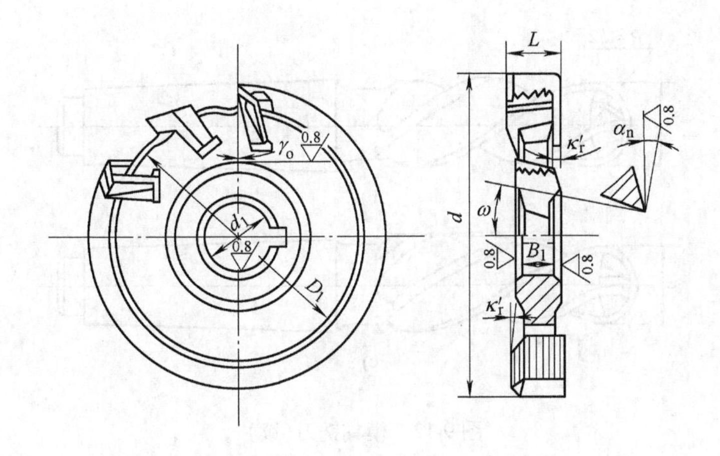

图 9-10 镶齿三面刃铣刀

刀直径 $d=40\sim100$mm，夹角 $\theta=50°\sim100°$。对称双角度铣刀直径 $d=50\sim100$mm，夹角 $\theta=18°\sim90°$。

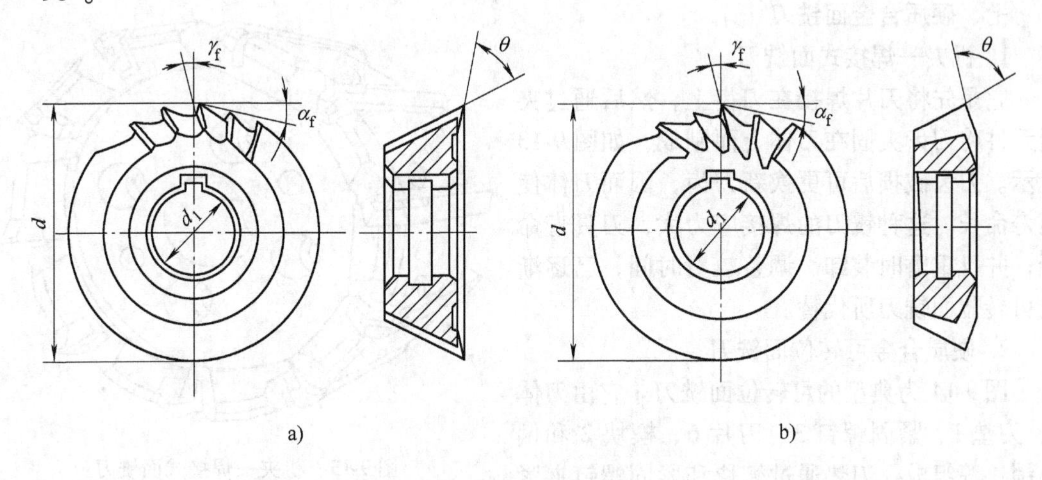

图 9-11 角度铣刀

a）单角度铣刀 b）双角度铣刀

六、模具铣刀

模具铣刀用于加工模具型腔或凸模成形表面。模具制造中广泛应用。它是由立铣刀演变而成。主要分为圆锥形立铣刀（直径 $d=6\sim20$mm。半锥角 $\alpha/2=3°$、$5°$、$7°$和 $10°$）。圆柱形球头立铣刀（直径 $d=4\sim63$mm）和圆锥形球头立铣刀（直径 $d=6\sim20$mm，半锥角 $\alpha/2=3°$、$5°$、$7°$和 $10°$）如图 9-12 所示。模具铣刀类型和尺寸按工件形状和尺寸来选择。

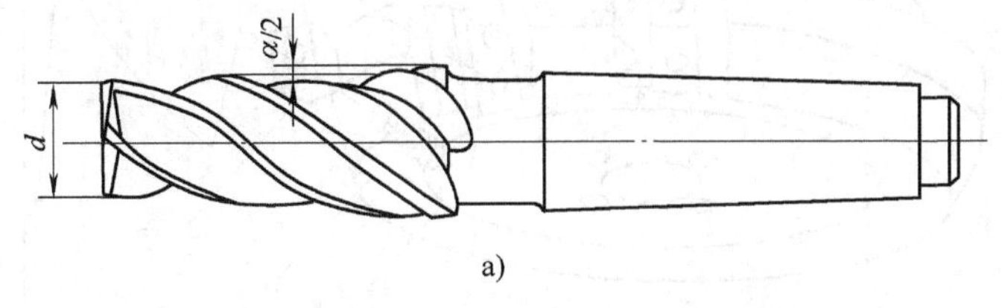

图 9-12 模具铣刀

a）圆锥形立铣刀

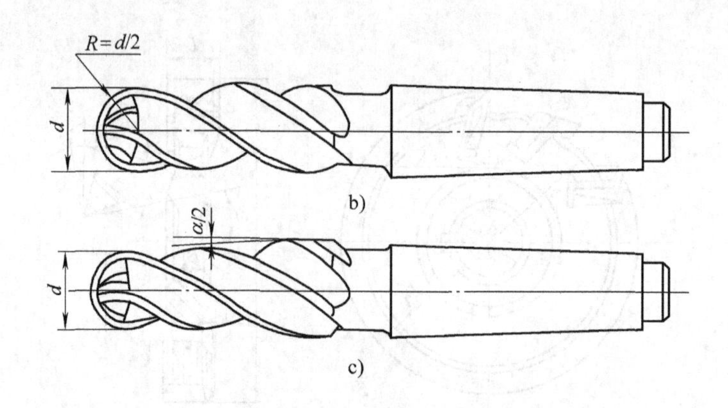

图 9-12 模具铣刀(续)

b）圆柱形球头立铣刀 c）圆锥形球头立铣刀

硬质合金模具铣刀可取代金刚石锉刀和磨头，可用来加工淬火后硬度小于 65HRC 的各种模具，它的切削效率可提高几十倍。

七、硬质合金面铣刀

1. 机夹—焊接式面铣刀

它是先将刀片焊接在刀齿上，然后通过夹紧元件将刀齿夹固在刀体上而制成，如图 9-13 所示。刀齿破损后可更换新刀齿，因而刀体使用寿命长。这种铣刀的焊接应力大，刀具寿命低；并且重磨时装卸、调整较费时间，已逐渐被可转位面铣刀所代替。

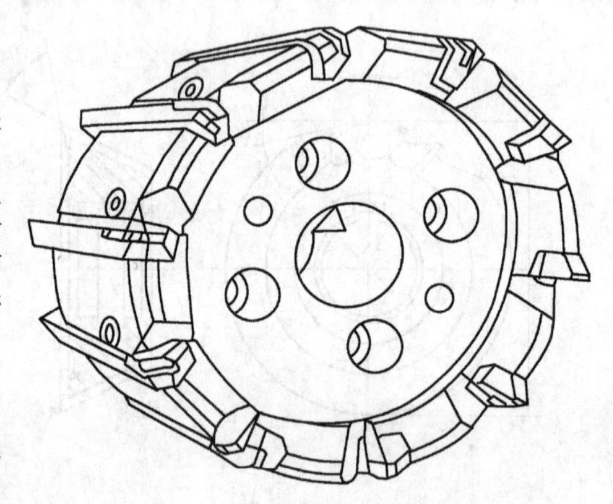

图 9-13 机夹—焊接式面铣刀

2. 硬质合金可转位面铣刀

图 9-14 为典型的可转位面铣刀。它由刀体 5、刀垫 1、紧固螺钉 3、刀片 6、楔块 2 和偏心销 4 等组成。刀垫通过楔块和紧固螺钉夹紧

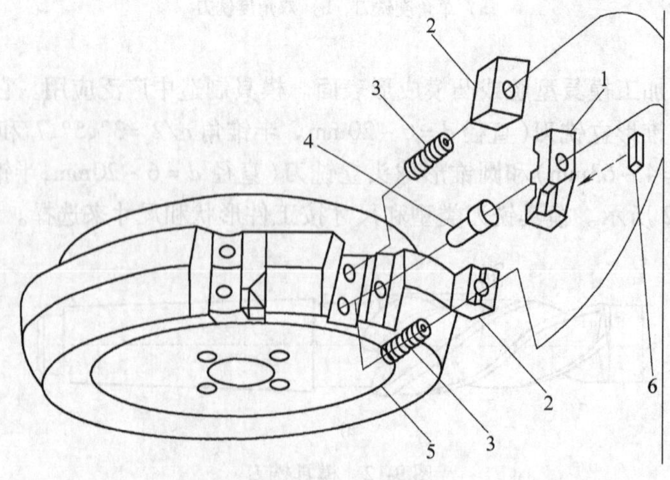

图 9-14 可转位面铣刀

1—刀垫 2—楔块 3—紧固螺钉 4—偏心销 5—刀体 6—刀片

在刀体上，在夹紧前旋转偏心销，将刀垫轴向支承点的轴向跳动调整到一定数值范围内。刀片安放在刀垫上后，通过楔块夹紧。偏心销还能防止切削时刀垫受过大轴向力而产生的窜动。

切削刃磨损后，将刀片转位或更换刀片后即可继续使用。与可转位车刀一样，它具有加工质量好、加工效率高、加工成本低、使用方便等优点，因而得到广泛使用。

第三节 尖齿铣刀的改进途径

标准尖齿铣刀在使用时存在许多缺点，应根据具体使用情况进行改进并开发新型铣刀。通常通过下列途径来实现。

一、减少铣刀齿数，增大容屑空间

减少铣刀齿数，增大容屑空间，增大前角，可使切削变形小，排屑容易，消除了切屑堵塞现象，从而可提高 f_z 和 a_e。例如图 9-15 所示的锯片铣刀切断有色金属和不锈钢时，将 ϕ110mm 锯片的齿数由 50 减至 18，前角由 8°增至 25°。铣削时与普通锯片铣刀相比，可提高生产效率 20 ~ 50 倍。

二、增大铣刀螺旋角

增大铣刀螺旋角，可使实际切削前角增大，改善排屑条件，提高铣削平稳性。目前某些标准铣刀的 β 仍然太小。例如 ϕ105mm 普通角度铣刀的齿数 $z=22$，$\beta=0°$。这种铣刀齿密、槽浅、螺旋角为零度，限制了铣削用量的提高。将它改成如图 9-16 所示的 $z=10$、$\beta=45°$。在铣削 45 钢时，铣削用量为：$v_c=20\sim22$m/min，$v_f=300$ mm/min。与普通角度铣刀相比，刀具寿命可提高 2 倍以上，并且重磨次数增多，它的总寿命为普通铣刀的 4 倍。

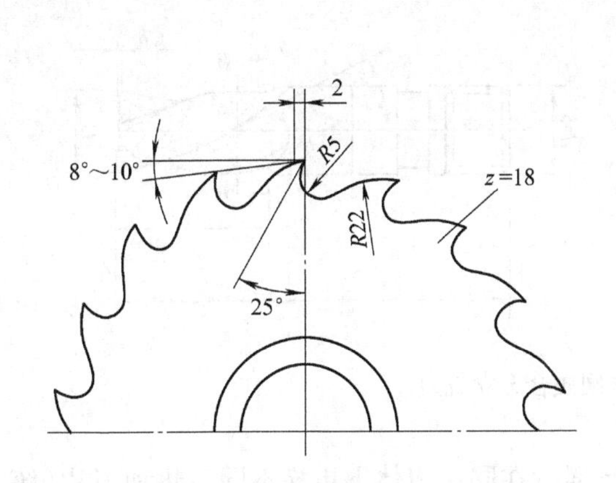

图 9-15 疏齿高速钢锯片铣刀

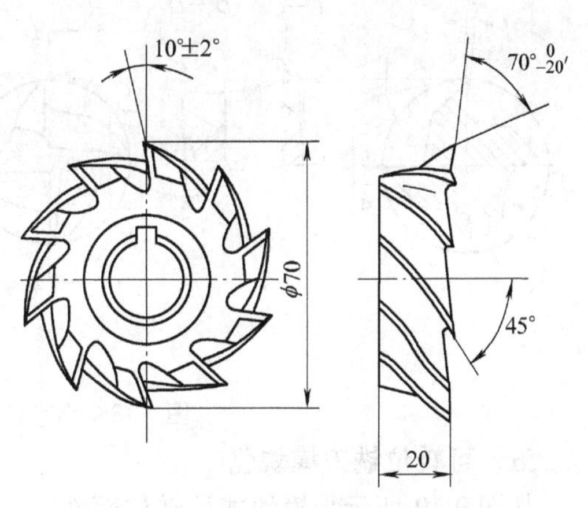

图 9-16 疏齿等螺旋角角度铣刀

三、改变切削刃形状

铣刀的容屑槽为半封闭式，切屑卷曲和排出较困难。因此在圆柱形铣刀和立铣刀螺旋齿齿背上常开出相互交错的分屑槽。分屑槽便于切屑的形成、卷曲和排出，使切削轻快。与普通铣刀相比，它可提高生产率 3 ~ 4 倍。

图 9-17 为可转位硬质合金螺旋齿玉米铣刀：每个螺旋刀齿上装上若干块硬质合金可转位刀片，相邻两个刀齿上的硬质合金刀片相互错开，切削刃呈玉米状分布。减小了切削宽度，在保持切削功率不变情况下，可较大地增大进给速度 v_f。这种铣刀的寿命长、切削效率高，很适用于数控机床。

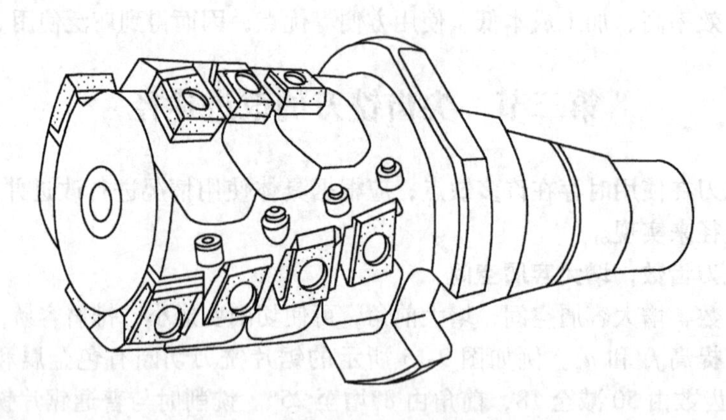

图 9-17 可转位硬质合金螺旋齿玉米铣刀

四、小直径尖齿铣刀硬质合金化

小直径高速钢铣刀切削效率低，也不易制成可转位式。因此 $d = 6 \sim 20$mm 整体硬质合金立铣刀、键槽铣刀、球头铣刀、球头立铣刀应运而生。图 9-18 为不锈钢和铜合金的硬质合金立铣刀，适合于加工普通钢材。其螺旋角为 25°，侧前角 λ_f 为 5°。加工普通钢材时：$f_z = 0.03 \sim 0.06$mm/z，$v_c = 65 \sim 95$m/min，可显著地提高生产率。

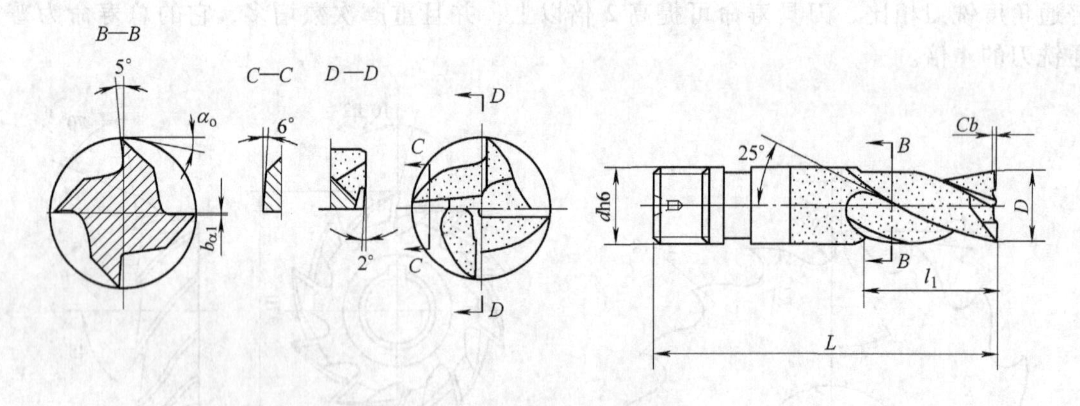

图 9-18 小直径整体硬质合金立铣刀

五、可转位铣刀模块化

如图 9-19 所示为模块式可转位面铣刀。它是通过在同一刀体上更换不同刀垫和刀片(统称为模块)来改变铣刀的几何参数(主偏角、前角、后角等)，以适应不同的场合使用。因此品种繁多的面铣刀只需要一个相同的刀体，可模块化。

图 9-20 为模块式立铣刀，通过变换不同端头模块便可获得各种形状的立铣刀。而且还可以方便地更换立铣刀易损的前端部分，减少了停机时间，降低了刀具成本。

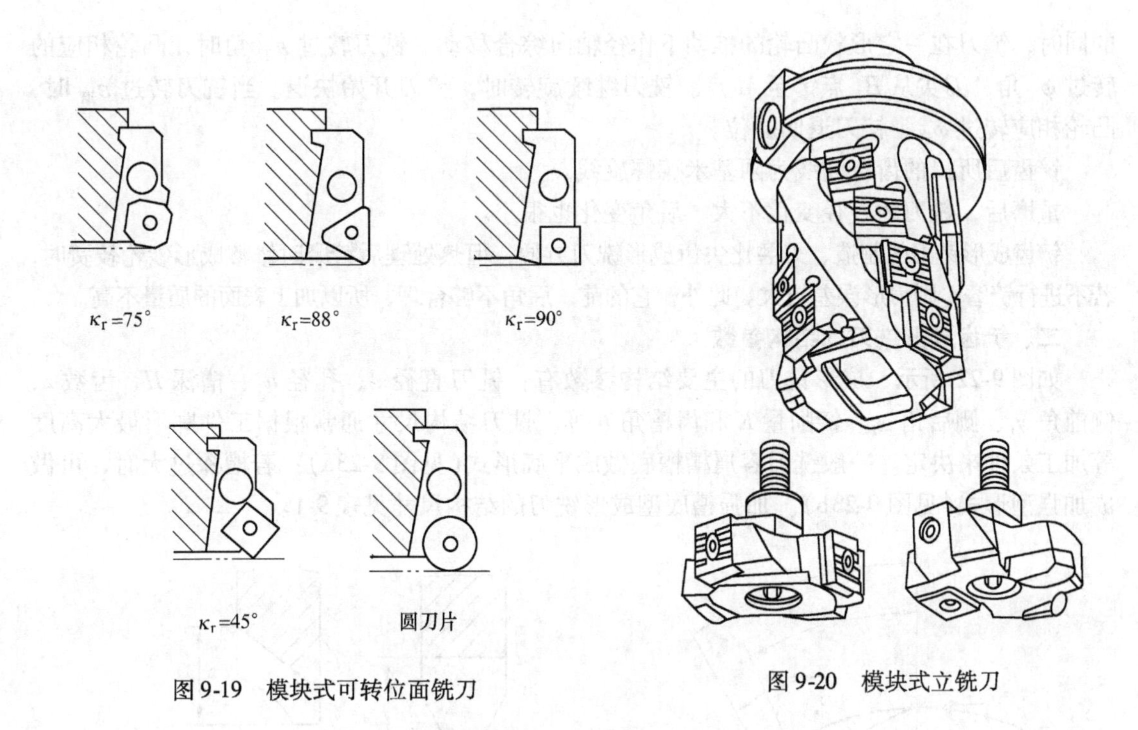

图 9-19 模块式可转位面铣刀

图 9-20 模块式立铣刀

第四节 铲齿成形铣刀

成形铣刀是在铣床上加工成形表面的专用工具，它与成形车刀相似，其刃形是根据工件廓形设计计算。成形铣刀按齿背形状可分为尖齿和铲齿两种。刃形简单的成形铣刀一般做成尖齿成形铣刀，刃形复杂的都做成铲齿成形铣刀。

一、铲齿成形铣刀的铲齿过程

铲齿成形铣刀的刃形与后面是在铲齿车床上用铲刀铲齿获得。铲齿时，铣刀套在心轴上，并安装在铲齿车床两顶尖之间，由机床主轴驱动作旋转运动。铲刀安装在刀架上，由凸轮驱动作往复移动。铣刀每转过一个刀齿时，凸轮相应转一转。如图 9-21 所示，铣刀旋转

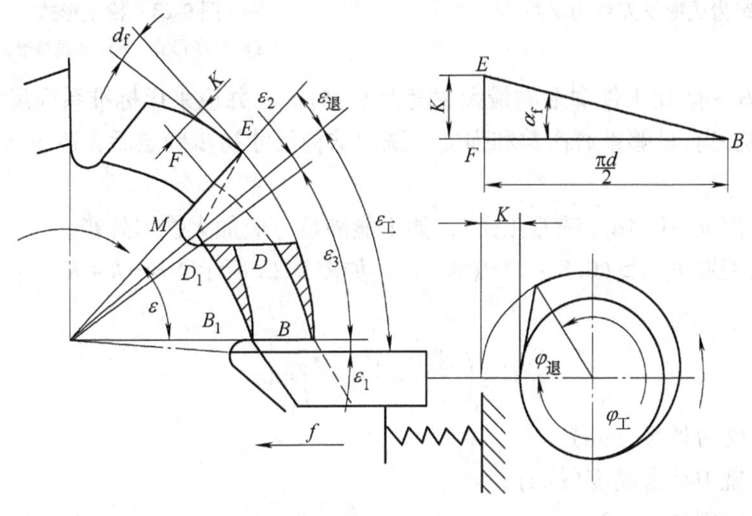

图 9-21 铲齿过程

的同时，铲刀在一定形状凸轮的推动下作径轴向综合移动。铣刀转过 $\varepsilon_{工}$ 角时，凸轮相应的转过 $\varphi_{工}$角，刀尖从 B_1 点铲至 M 点。铣刀继续旋转时，铲刀开始快退。当铣刀转过 $\varepsilon_{退}$ 时，凸轮相应转过 $\varphi_{退}$，铲刀退回原位。

铲齿后所得的齿背曲线为阿基米德螺旋线。

重磨后，铣刀的直径变化不大，后角变化也很小。

铲齿成形铣刀的制造、刃磨比尖齿成形铣刀方便，但热处理后铲磨时修整成形砂轮较费时，若不进行铲磨，则刃形误差较大。此外，它的前、后角不够合理，所以加工表面的质量不高。

二、铲齿成形铣刀的结构参数

如图 9-22 所示，成形铣刀的主要结构参数有：铣刀直径 d、孔径 d_1、槽深 H、齿数 z、侧前角 γ_f、侧后角 α_f、铲削量 K 和齿槽角 θ 等。铣刀结构尺寸通常根据工件廓形最大高度等加工条件来决定。一般铣刀容屑槽槽底做成平底形式(见图 9-23a)：若槽深过大时，可做成加强型形式(见图 9-23b)。加强槽底型成形铣刀的结构尺寸见表 9-1。

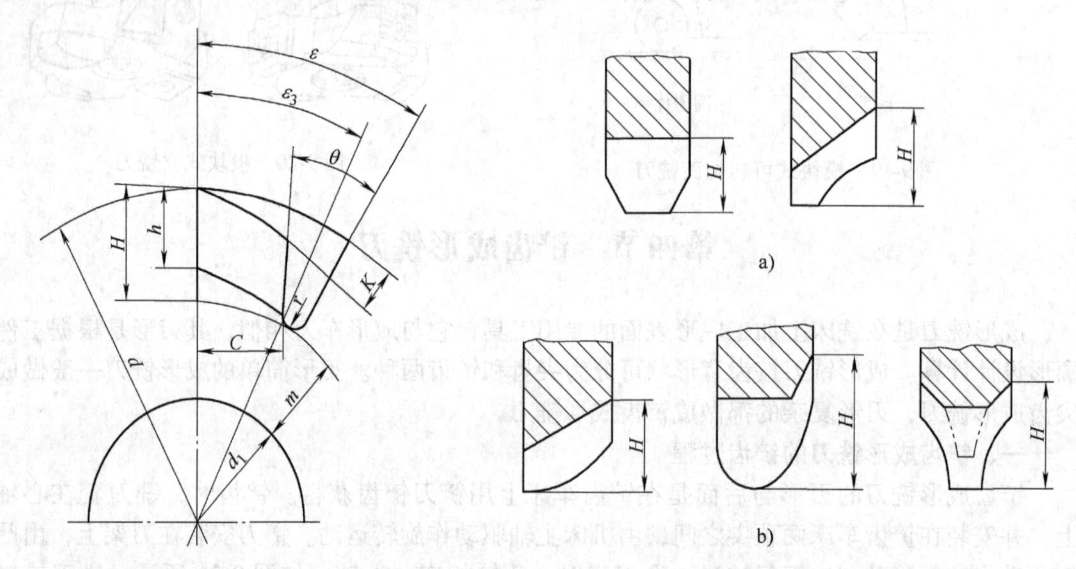

图 9-22 铲齿成形铣刀结构参数

图 9-23 槽底形式
a）平底形式 b）加强型形式

铣刀宽度 B 一般比工件廓形的最大宽度大 1 ~5mm，并应采用标准系列尺寸。

为了保证铣刀有足够重磨次数和强度，铣刀结构尺寸初步确定后，还应从以下几个方面进行验算：

1）铣刀壁厚 $m \geqslant 0.4d_1$(铣刀孔径)，如不能满足，应加大铣刀外径。

2）刀齿齿根厚度 $C \geqslant (0.8 \sim 1)H$(齿高)。如图 9-22 所示，$H = h + K + r$；$C$ 值可按下式计算

$$C = \left(\frac{d}{2} - K\frac{\varepsilon_3}{\varepsilon} - h\right)\sin\varepsilon_3 \tag{9-4}$$

式中 d——铣刀外径(mm)；

h——铣刀截形高度(mm)；

K——铲削量(mm)；

ε_3——铲刀切削过程中铣刀转过的中心角(°);

ε——齿间角(°)。一般取 $\varepsilon_3/\varepsilon=5/6$ 或3/4。

当 $C/H<0.8\sim1$ 时,可增大铣刀外径或减少铣刀齿数。也可采用加强型槽底。当验算符合要求后,才能确定铣刀结构尺寸。

表 9-1 加强槽底成形铣刀的结构尺寸

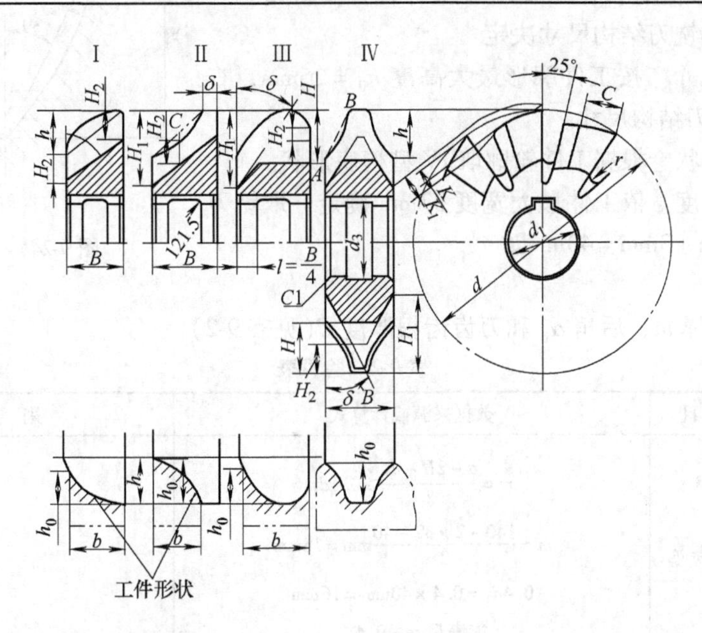

(单位:mm)

工件廓形最大高度 h_0 从	工件廓形最大高度 h_0 到	d	d_1	铣刀廓形最大高度 h 从	铣刀廓形最大高度 h 到	Z	K	K_1	C	H	H_1	H_2	d_3	r
—	3	50	16	—	4	14	2.5	3	5.5	8	—	—	17	
3	4	55		4	5		3	3.5	6	9.5	—	—		12.5
4	5	60	22	6	6		3.5	4	7.5	7.5	11	6	23	
5	6	65		6	7		4	5	8.5	8.5	12.5	7		
6	7	70		7	8		4	5	9	9.5	13.5	8		
7	8	75		8	9		4.5	5.5	9.5	10.5	15	9		
8	9	80	27	9	10		5	6	10	11.5	16.5	9	28	1.5
9	10	85		10	11	12	5	6	11	12.5	17.5	9		
10	11	90		11	12		5.5	6.5	11.5	14	19.5	10		
11	12.5	95		12	13.5		5.5	6.5	12	15.5	21	10		17.5
12.5	14	100	32	13.5	15		6	7	13	17	23	11		
14	16	105		15	17		6.5	7.5	13.5	19	25.5	11	34	
16	18	110		17	19		6.5	7.5	17	21	27.5	12		2
18	20	115		19	21		7	8.5	17.5	23	30	13		
20	22	120		21	23		7.5	9	18.5	25.5	33	14		2.5
22	25	130		23	26	10	8	10	20	28.5	36.5	15		
25	28	140	40	26	29		9	11	21.5	32	41	16		
28	31	150		29	32		9.5	12	23	35	44.5	17	42	3
31	34	160		32	35		10	12.5	25	38	48	18		
34	37	170		35	38		11	13	26	41	52	19		

三、铲齿成形铣刀设计举例

在X62W铣床上用铲齿成形铣刀铣削廓形如图9-24所示的工件，工件材料为45钢，铣刀的 $\lambda_f=10°$、$\alpha_f=10°$，试设计高速钢铲齿成形铣刀。工件廓形曲线部分允许误差为 ±0.1mm，角度允许误差为 $\pm15'$。具体设计步骤如下：

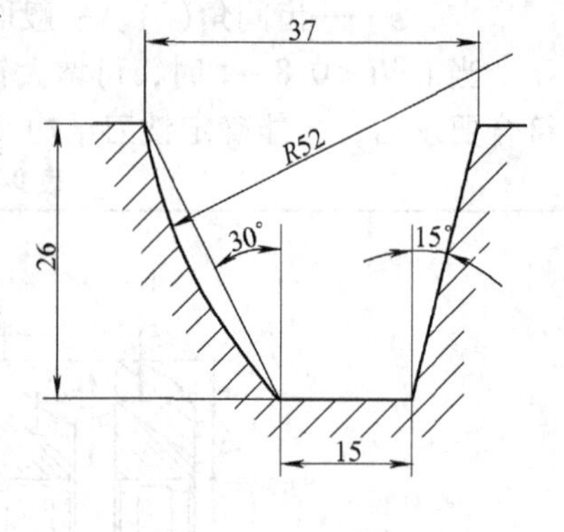

图9-24 工件廓形

1. 铲齿成形铣刀结构尺寸决定

(1) 结构尺寸 按工件廓形最大高度 $h_0=26$mm，查表9-1得成形铣刀结构尺寸。

(2) 槽底形状 根据工件轮廓取IV型槽底形状。

(3) 铣刀宽度 依工件最大宽度37mm确定，取铣刀宽度为 $B=37\text{mm}+3\text{mm}=40\text{mm}$。

2. 验算

验算铣刀壁厚 m、后角 α_o 和刀齿齿根厚度 C(见表9-2)。

表9-2 验算表

顺序	项目	数据来源或计算式	采用值
1	铣刀壁厚 m	$m=\dfrac{d-2H-d_1}{2}\geqslant0.4d_1$ $m=\dfrac{140-2\times32-40}{2}\text{mm}=18\text{mm}$ $0.4d_1=0.4\times40\text{mm}=16\text{mm}$ 能满足 $m\geqslant0.4d_1$	
2	后角 α_o	$\tan\alpha_{ox}=\dfrac{R}{R_x}\tan\alpha_f\sin\kappa_{rx}\geqslant3°\sim4°$ $\tan\alpha_f=\dfrac{Kz}{\pi d}$ $\tan\alpha_{ox}=\dfrac{9\times10\text{mm}}{3.14\times140\text{mm}}\times0.2588$ $\alpha_{ox}=3.03°$满足要求	
3	齿根厚度 C	$C\geqslant(0.8\sim1.8)H$ $C=\left(\dfrac{d}{2}-K\dfrac{\varepsilon_3}{\varepsilon}-h\right)\sin\varepsilon_3$ $H=h+K+r$ $C=\left(\dfrac{140\text{mm}}{2}-9\text{mm}\times\dfrac{5}{6}-26\text{mm}\right)\sin30°=18\text{mm}$ $C<(0.8\sim1.8)H$ 强度不够，所选用加强型槽底	

3. 铲齿成形铣刀廓形计算(见图9-25)

铲齿成形铣刀前角常制成0°，但 $\gamma_o=0°$时，切削条件和切削效率均差，故制成 $\gamma_o>0°$。此时，铣刀的轴向廓形就与工件廓形不符。因此必须计算刀齿的轴向廓形和前面切削刃形状。分别按表9-3、表9-4计算刀齿的轴向廓形和前面切削刃形状。

(1) 轴向廓形计算

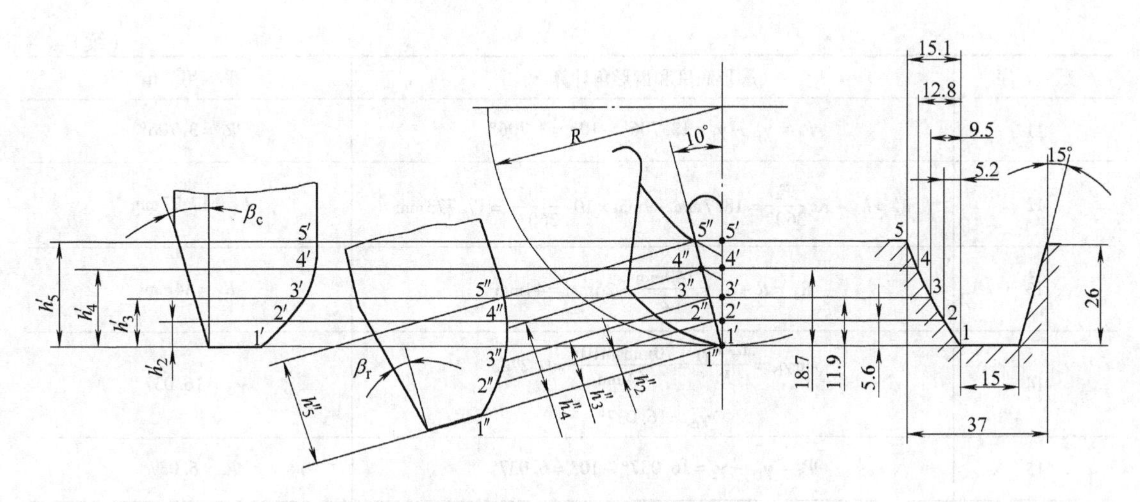

图 9-25 成形铣刀计算简图

表 9-3 轴向廓形计算

顺 序	廓形高度和齿形角计算	采 用 值
1	$R_2 = R - h_2 = \dfrac{140\text{mm}}{2} - 5.6\text{mm} = 64.4\text{mm}$	$R_2 = 64.4\text{mm}$
2	$\sin\gamma_{f2} = \dfrac{R\sin\gamma_f}{R_2} = \dfrac{70\text{mm}\sin10°}{64.4\text{mm}} = 0.18875$ $\gamma_{f2} = 10.879°$	$\gamma_{f2} = 10.88°$
3	$\Psi_2 = \gamma_{f2} - \gamma_f = 10.88° - 10° = 0.88°$	$\Psi_2 = 0.88°$
4	$h'_2 = h_2 - Kz\dfrac{\Psi}{360°} = 5.6\text{mm} - 9\text{mm} \times 10\,\dfrac{0.88°}{360°} = 5.38\text{mm}$	$h'_2 = 5.38\text{mm}$
5	$R_3 = R - h_3 = \dfrac{140\text{mm}}{2} - 11.9\text{mm} = 58.1\text{mm}$	$R_3 = 58.1\text{mm}$
6	$\sin\gamma_{f3} = \dfrac{R\sin\gamma_f}{R_3} = \dfrac{70\sin10°}{58.1} = 0.20921$ $\gamma_{f3} = 12.076°$	$\gamma_{f3} = 12.076°$
7	$\psi_3 = \gamma_{f3} - \gamma_f = 12.076° - 10° = 2.076°$	$\Psi_3 = 2.076°$
8	$h'_3 = h_3 - Kz\dfrac{\Psi_3}{360°} = 11.9\text{mm} - 9\text{mm} \times \dfrac{2.076°}{360°} = 11.380\text{mm}$	$h'_3 = 11.38\text{mm}$
9	$R_4 = R - h_4 = \dfrac{140\text{mm}}{2} - 18.7\text{mm} = 51.3\text{mm}$	$R_4 = 51.3\text{mm}$
10	$\sin\gamma_{f4} = \dfrac{R\sin\gamma_f}{R_4} = \dfrac{70\text{mm}\sin10°}{51.3\text{mm}} = 0.2369\text{mm}$ $\gamma_{f4} = 13.706°$	$\gamma_{f4} = 13.706°$

（续）

顺　序	廓形高度和齿形角计算	采 用 值
11	$\Psi_4=\gamma_{f4}-\gamma_f=13.706°-10°=3.706°$	$\Psi_4=3.706°$
12	$h_4'=h_4-Kz\dfrac{\Psi_4}{360°}=18.7\text{mm}-9\text{mm}\times10\dfrac{3.706°}{360°}=17.773\text{mm}$	$h_4'=17.77\text{mm}$
13	$R_5=R-h_5=\dfrac{140\text{mm}}{2}-26\text{mm}=44\text{mm}$	$R_5=44\text{mm}$
14	$\sin\gamma_{f5}=\dfrac{R\sin\gamma_f}{R_5}=\dfrac{70\text{mm}\sin10°}{44\text{mm}}=0.2763$ $\gamma_{f5}=16.037°$	$\gamma_{f5}=16.037°$
15	$\Psi_5=\gamma_{f5}-\gamma_f=16.037°-10°=6.037°$	$\Psi_5=6.037°$
16	$h_5'=h_5-Kz\dfrac{\Psi_5}{360°}=26\text{mm}-9\text{mm}\times10\dfrac{6.037°}{360°}=24.491\text{mm}$	$h_5'=24.49\text{mm}$
17	$\tan\beta_c=\dfrac{h_5\tan\beta_w}{h_5'}=\dfrac{26\text{mm}\times0.2679}{24.49\text{mm}}=0.2844$ $\beta_c=15°52'44''$	$\beta_c=15°53'$

（2）铣刀前面刃形计算

表 9-4　铣刀前面刃形计算

顺　序	前面刃形高度和齿形角计算	采 用 值
1	$h_2''=\dfrac{R_2\sin\Psi_2}{\sin\gamma_f}=\dfrac{64.4\text{mm}\sin0.88°}{\sin10°}=5.6958\text{mm}$	$h_2''=5.7\text{mm}$
2	$h_3''=\dfrac{R_3\sin\Psi_3}{\sin\gamma_f}=\dfrac{58.1\text{mm}\sin2.076°}{\sin10°}=12.12\text{mm}$	$h_3''=14.12\text{mm}$
3	$h_4''=\dfrac{R_4\sin\Psi_4}{\sin\gamma_f}=\dfrac{51.3\text{mm}\sin3.706°}{\sin10°}=19.095\text{mm}$	$h_4''=19.1\text{mm}$
4	$h_5''=\dfrac{R_5\sin\Psi_5}{\sin\gamma_f}=\dfrac{44\text{mm}\sin6.037°}{\sin10°}=26.65\text{mm}$	$h_5''=26.65\text{mm}$
5	$\tan\beta_r=\dfrac{h_5\tan\beta_w}{h_5''}=\dfrac{26\text{mm}\tan15°}{26.65\text{mm}}=0.2614$ $\beta_r=14°39'$	$\beta_r=14°39'$

4. 确定铲齿成形铣刀的技术条件

根据工件精度要求，取铣刀廓形公差为工件公差的 1/3。铣刀曲线部分误差为 ±0.03mm，角度部分误差为 ±5′。其他技术条件参考有关刀具设计手册确定。

5. 绘制铲齿成形铣刀设计图（见图 9-26）

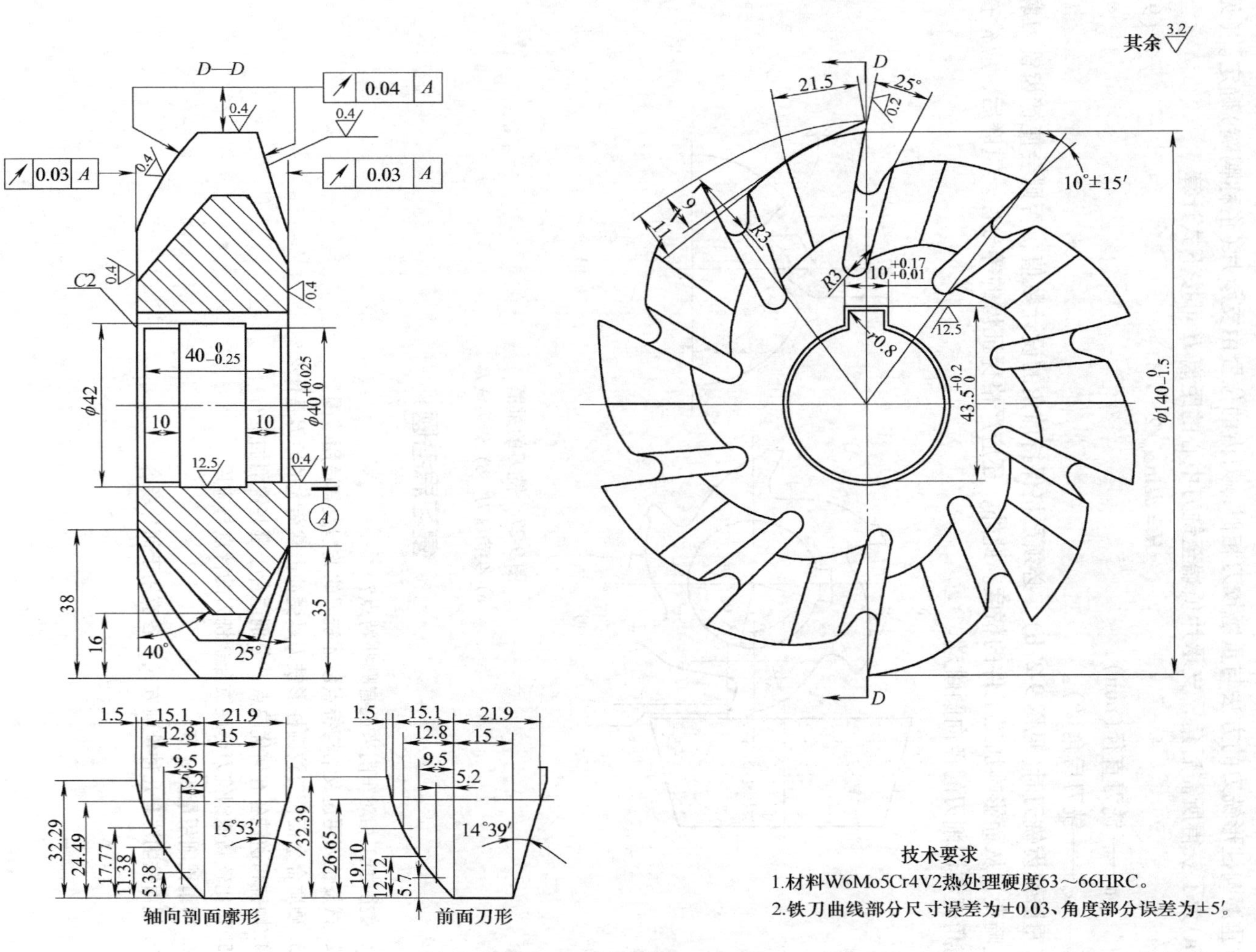

图9-26　铲齿成形铣刀设计图

第五节 铣刀的重磨

尖齿铣刀重磨后面，铲齿铣刀则重磨前面，一般是在万能工具磨床上进行。

重磨圆柱形铣刀的方法与重磨铰刀相似，刀齿的位置由支承片(俗称鸭嘴)确定。(见图9-27a)为了获得所需后角，支承片顶端至铣刀中心的距离 H 可按下式计算

$$H = d\sin\alpha_o/2 \tag{9-5}$$

式中 d——铣刀直径(mm)；

α_o——铣刀后角(°)。

重磨铲齿铣刀时(见图9-27b)，必须严格保持前角的设计数值，否则会使铲齿铣刀廓形产生畸变，从而影响加工工件的精度。此外，还应严格保证齿的等分性。重磨后，应检查铣刀前角值和切削刃的径向圆跳动。

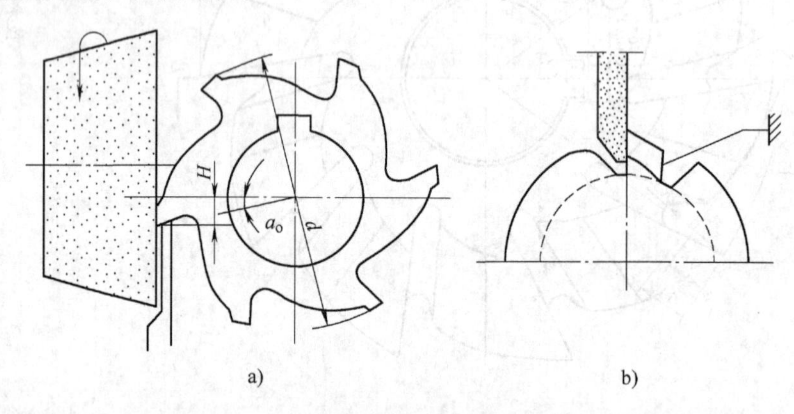

图9-27 铣刀的重磨

a) 尖齿铣刀 b) 铲齿铣刀

复习思考题

1. 铣削加工相对车削来说有哪些特点?
2. 试按铣刀用途及结构特点叙述铣刀的类型及其适用范围。
3. 硬质合金面铣刀较圆柱形铣刀承受冲击载荷大的原因是什么?
4. 顺铣和逆铣各有何优缺点? 分别适合于哪些铣削加工?
5. 试比较高速钢铣刀与硬质合金铣刀的特点与应用。
6. 何谓铣削用量四要素?
7. 端面铣削法有几种铣削方式? 各应用于何种场合?

第十章　螺纹刀具

本章应知

1. 了解螺纹刀具的类型、结构及使用。
2. 重点掌握常用丝锥、板牙的结构及使用。

本章应会

1. 会依据加工材料、螺纹种类的不同，合理选择钻削螺纹底孔直径。
2. 会手工操作钻床进行攻螺纹。
3. 会设计滚丝轮。

螺纹刀具是加工内、外螺纹成形表面的刀具。常用的有车刀、梳刀、丝锥、板牙、螺纹滚压工具等，其中应用较广的是丝锥。本章着重讲丝锥的结构、类型与选用，并介绍其他类螺纹刀具的结构与应用范围。

第一节　丝　　锥

一、丝锥的结构与几何参数

1. 丝锥结构

丝锥是加工内螺纹的标准工具，结构如图 10-1 所示。丝锥的基本结构是一个轴向开槽的外螺纹，开槽后形成切削刃和容屑槽。丝锥由工作部分和柄部组成，工作部位包括切削部分和校准部分。

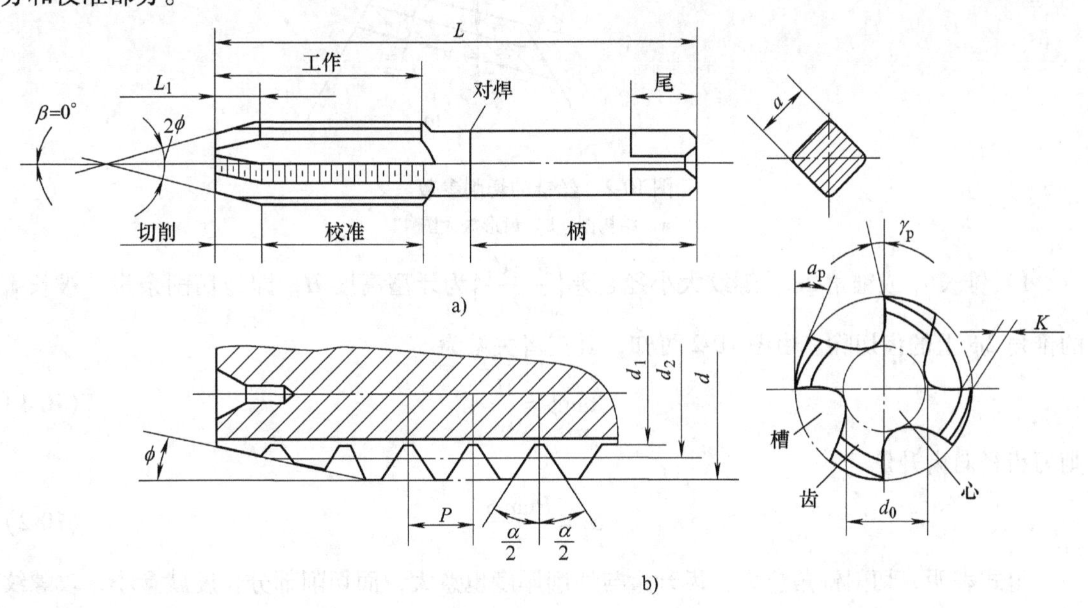

图 10-1　丝锥的结构

（1）切削部分 铲磨出锥角 2ϕ，切削余量由锥角上的多齿切除，以使切削负荷分配到多个刀齿上。

（2）校正部分 有完整的齿形，以控制螺纹的各项参数并引导丝锥沿轴向运动且是切削锥的后备部分，其上有倒锥，每 100mm 上有 0.12mm 左右。

上述所有刀齿均铲磨齿顶和齿侧，分别形成齿顶和齿侧后角。低精度的一般丝锥可不铲磨侧后角。丝锥轴向开槽以容纳切屑，同时形成前角。切削锥顶刃与齿形侧刃经铲磨形成后角。丝锥的中心部是锥心，连接各齿用以保持丝锥的强度。

（3）柄部 呈方尾状，与机床连接或通过扳手传递转矩。

2. 丝锥几何参数

丝锥的参数包括螺纹参数与切削参数两部分。

（1）螺纹参数 大径 d、中径 d_2、小径 d_1、螺距 P 及牙型角 α 等，由工件被加工螺纹的规格来确定。

（2）切削参数 锥角 2ϕ、端剖面前角 γ_p、后角 α_p、槽数 z 等，根据被加工的螺纹的精度、尺寸来选择。

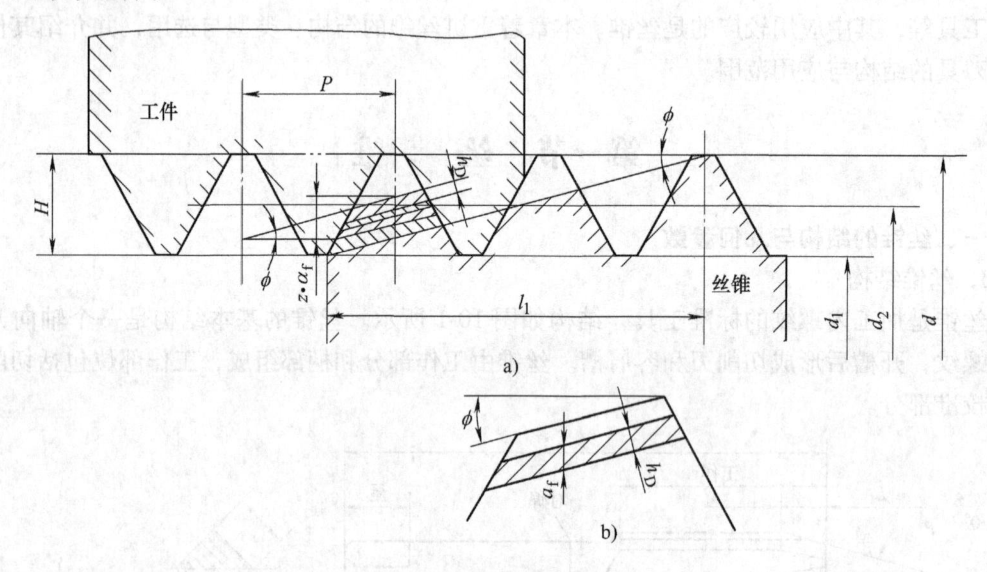

图 10-2 丝锥的切削参数

a）结构图 b）齿形放大图

1）锥长 l_1 或锥角 2ϕ。螺纹大小径之差 $\left(\dfrac{d-d_1}{2}\right)$ 为牙型高度 H，即为切削余量，被长 l_1 的锥角 2ϕ 上的齿切除。由图 10-2 可知，其三者关系为

$$\tan\phi = \frac{H}{l_1} \tag{10-1}$$

则刀齿径向齿升量

$$\alpha_f = \frac{P\tan\phi}{z} \tag{10-2}$$

上式表明，切削锥角愈大，齿升量与切削厚度也愈大，而切削部分长度就愈小，攻螺纹时导向性就变差，加工表面粗糙度值增大。如果切削锥角过小，则齿升量与切削厚度也减

小，虽然攻螺纹时导向性变好，但使切削变形增大，转矩增大。切削部分长度增长，使攻螺纹时间延长。

丝锥标准中推荐：

手用丝锥是2~3支为一套，各种成套丝锥的锥半角ϕ值如下：

① 头锥：锥半角较小，约4°30′，切削锥长为8牙。

② 二锥：锥半角约8°30′，切削锥长为4牙。

③ 精锥：锥半角约17°，切削锥长为2牙。

机用丝锥2支一套：

① 头锥：切削锥长为4~6牙。

② 精锥：切削锥长为2~3牙。

一般材料攻通孔螺纹时，往往直接使用二锥攻螺纹。在加工较硬材料或尺寸较大的螺纹时，就用2~3支成组丝锥，依次切削，减轻丝锥的单齿负荷。攻不通孔螺纹时，为了获得较长的螺纹有效长度，ϕ取大值，应使用精锥。

成组丝锥切削图形有两种设计方案：

① 等径设计，如图10-3a所示。每支丝锥大、中、小径相等，仅切削锥角不等。头锥ϕ角最小，精锥ϕ角最大。等径设计制造简单，利用率高。精锥磨损后可改为二锥、头锥使用。

② 不等径设计，如图10-3b所示。成组丝锥中的每支丝锥大、中、小径不等，只有精锥才具有工件螺纹要求的廓形与尺寸。不等径设计负荷分配合理，齿顶、齿侧均有切削余量，适用于高精度螺纹或梯形螺纹丝锥。一般手用丝锥都采用等径设计。

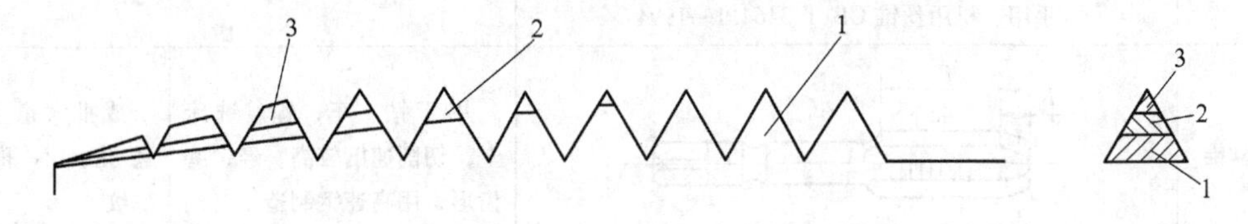

a)

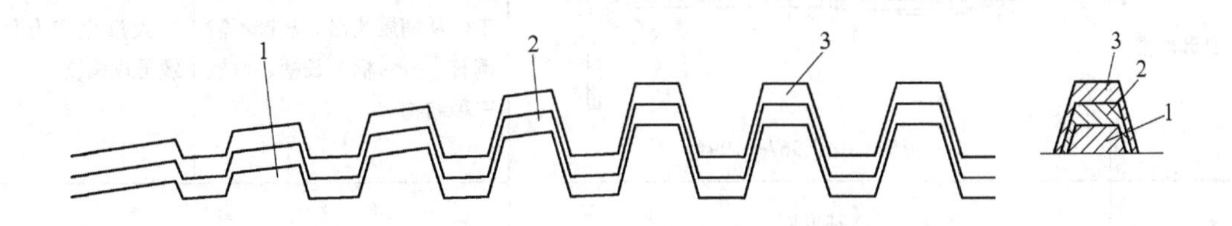

b)

图10-3　成组丝锥切削图形设计

a）等径设计　b）不等径设计

1—头锥　2—二锥　3—精锥

2）前角和后角。都近似地在端剖面内标注和测量。

$$前角\ \gamma_p = 8° \sim 12°$$

$$后角\ \alpha_p = 6° \sim 8°（手用）$$

$$\alpha_p = 10° \sim 12°(机用)$$

3）容屑槽和槽数

① 槽向。丝锥容屑槽通常做成直槽。如需控制排屑方向，可选用螺旋槽丝锥或将切削部分磨出槽斜角(即刃倾角 $\lambda_s = -10° \sim -5°$)。加工通孔右旋螺纹用左旋槽，使切屑从孔底排出。加工不通孔螺纹和右旋螺纹均用右旋槽，使切屑从孔口排出。此外螺旋槽丝锥尚可有效地增大切削前角，降低转矩，提高螺纹加工表面质量。

② 槽形。有圆弧形、直线圆弧形、两圆弧直线形(与铰刀槽形类似)，如图 10-1 所示。

③ 槽数。槽数的多少与丝锥类型、直径、工件材料和被切螺纹精度要求有关。槽数少，切削层厚度和容屑空间大，切削转距减小。槽数多，切削层厚度小，丝锥导向性好，加工螺纹精度高、表面粗糙度好。一般直径 11mm 以下的，用 3 个槽；12mm 以上的用 4 个槽；精铰丝锥用 8～10 个槽。

二、丝锥的特点与应用范围

丝锥按加工螺纹的形状、切削方式及本身的结构可分为许多类型。表 10-1 列举了几种丝锥的特点和应用范围。

表 10-1 丝锥的特点和应用范围

类 型	简图及国标代号	特 点	适用范围
手用丝锥	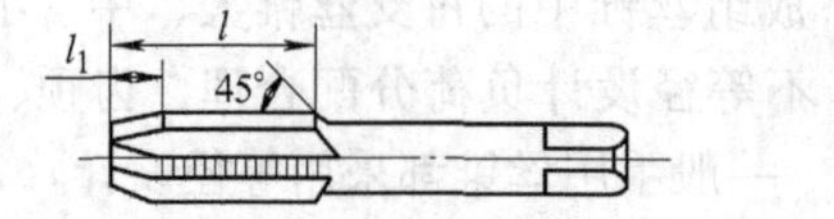 手用、机用丝锥 GB/T 3464.1—1994	手动攻螺纹，常用两把成组使用。用合金工具钢制造	单件小批生产通孔、不通孔螺纹
机用丝锥	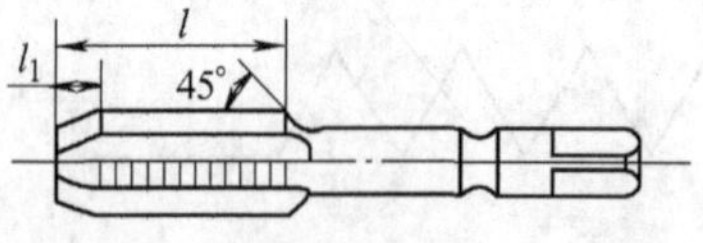 细长柄机用丝锥 GB/T 3464.2—2003	用于钻、车、镗、铣床上，切削速度较高。经铲磨齿形，用高速钢制造	成批大量生产通孔、不通孔螺纹
螺母丝锥	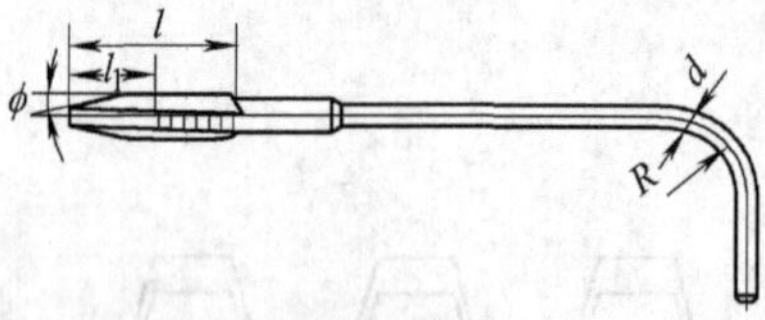 短柄 GB/T 967—1994	切削锥较长，攻螺纹完毕工件从柄尾流出。丝锥不需倒转。分短柄、长柄、弯柄三种结构	大量生产专供螺母攻螺纹
锥形丝锥	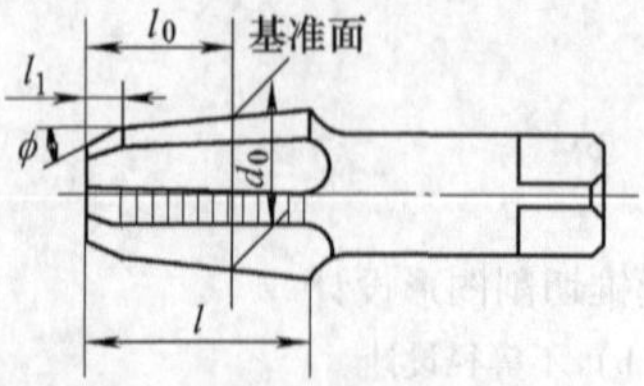	切削锥角与螺纹锥角相等，无校准部分。攻螺纹时要强迫做螺旋运动。并控制攻螺纹长度	专供锥管螺纹攻螺纹
板牙丝锥		切削锥加长，齿数增多	板牙攻螺纹

（续）

类　型	简图及国标代号	特　点	适用范围
螺纹槽丝锥		螺旋槽排屑效果好，并使切削实际前角增大，降低转矩	攻小尺寸螺孔，不锈钢、铜铝合金材料攻螺纹
刃倾角丝锥		将直槽丝锥切削部分磨出刃倾角 $\lambda_s = 10° \sim 30°$。具有螺旋槽丝锥优点，且制造简单	通孔螺纹
跳牙丝锥		奇数槽丝锥将工作部分刀齿沿螺旋线间隔磨去。改善切削变形与摩擦条件，防止齿形拉毛、烂牙、崩齿	韧性材料细牙螺纹
内贮屑丝锥	排气孔　β=10°	丝锥心部有贮屑孔，切削锥部开有若干不通槽，形成前角与刃倾角。改善精锥导向与排屑性能	用于大直径高精度螺孔的精锥

图 10-4 为常用手用和机用丝锥结构图。

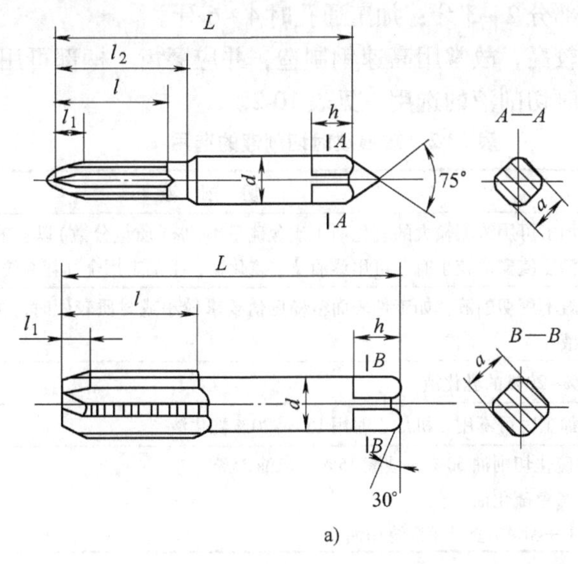

图 10-4　手用、机用丝锥

a）手用丝锥

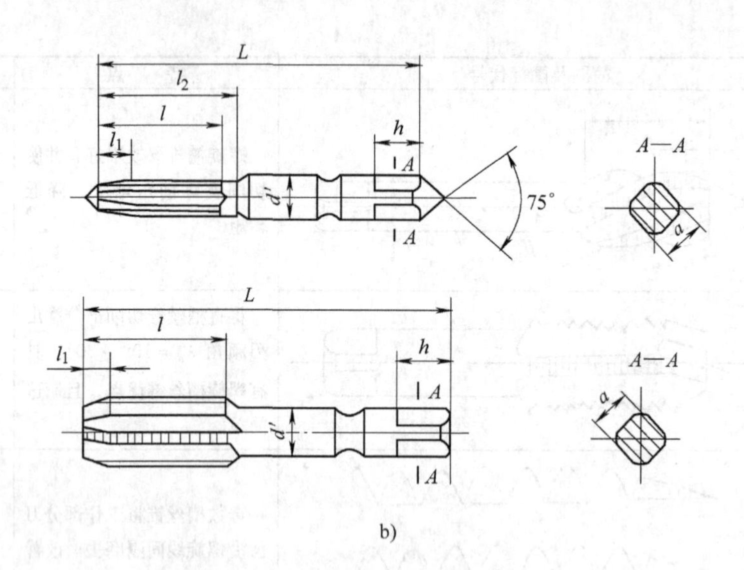

图 10-4 手用、机用丝锥(续)

b) 机用丝锥

(1) 手用丝锥结构特点　手用丝锥是用手工操作切削螺纹，常用于加单件、小批量或修配工作，柄部为方头圆柄如图 10-4a 所示，当丝锥直径小于 6mm 时，柄部直径在标准中规定应大于工作部分的直径，否则容易折断。为制造方便，小直径丝锥两端制成反顶尖形。

手用丝锥常由二支或三支组成一套，依次分担切削工作。成套手用丝锥中丝锥的分配有两种设计方案：等径设计和不等径设计。

(2) 机用丝锥结构特点　机用丝锥用于机床上加工内螺纹，其结构如图 10-4b 所示。它的柄部与手用丝锥稍有不同，其中有一环形槽，以防止丝锥从夹头中脱落。机用丝锥常用单锥加工螺纹，有时根据工件材料和丝锥尺寸而采用二支一套。机用丝锥的切削部分较短，一般在加工不通孔时切削部分 2 ~ 3 牙；加工通孔时 4 ~ 6 牙。

机用丝锥因切削速度较高，故常用高速钢制造，并应磨齿。柄部可用 45 钢制造，与工作部分对焊连接。攻螺纹时切削液的选用，见表 10-2。

表 10-2　攻螺纹时切削液的选用

加工材料	切削液
钢	机加工可用浓度较大的乳化油，或含硫量 1.7%（质量分数）以上的硫化切削液。工件表面粗糙度值要求较小时，可用菜油及二硫化钼，手加工用全损耗系统用油
灰铸铁	一般不用切削液，如工件表面粗糙度值要求较小或材质较硬时，可用浓度 10%~15% 的乳化液
可锻铸铁	15%~20% 的乳化液
青铜、黄铜、铝合金	手加工时可不用，机加工时用 15%~20% 乳化液
不锈钢	1. 硫化切削油 60%，油酸 15%，煤油 25% 2. 黑色硫化油 3. L—AN46 全损耗系统用油

用丝锥加工螺纹孔之前，必须对螺纹孔进行钻削底孔加工。其螺纹底孔直径计算如下：

1. 普通公制螺纹底孔直径的计算

螺纹底孔直径的大小必须在螺纹内径范围内，加工的螺纹才符合要求。根据这种情况，圆柱螺纹孔底孔直径，一般取螺纹孔内径最小和最大尺寸的中间偏小值。钻头或扩孔钻头直径的大小应等于或接近此值且不考虑钻孔后的收缩量或扩张量。

钻底孔钻头直径的计算公式

$$d_T = d - (1.04 \sim 1.08)P \tag{10-3}$$

式中 d_T——攻螺纹前加工螺纹底孔的钻头或扩孔钻头直径(mm)；

d——螺纹大径(mm)；

P——螺距(mm)。

2. 英制螺纹底孔钻头直径的计算

英制螺纹底孔钻头直径计算公式见表10-3。

表10-3 加工英制螺纹底孔钻头或扩孔钻扩孔钻头直径计算公式

螺纹公称直径	铸铁与青铜	钢与黄铜
G3/16 ~ G5/8	$d_T = 25.4\left(d - \frac{1}{n}\right)$	$d_T = 25.4\left(d - \frac{1}{n}\right) + 0.1$
G3/4 ~ G1½	$d_T = 25.4\left(d - \frac{1}{n}\right)$	$d_T = 25.4\left(d - \frac{1}{n}\right) + 0.2$

注：d_T 为螺纹底孔钻头直径(mm)；d 为螺纹大径(in)[⊖]；n 为每英寸牙数，由表10-4查得。

例如，某一铸铁箱体需攻5/8in 和1⅛in 两种英制螺纹，试计算它们的底孔直径。

查表10-3可知

$$d_T = 25.4(d - 1/n) \tag{10-4}$$

相关数值代入 $d_T = 25.4 \times (5/8 - 1/11)\text{mm} = 12.35\text{mm}$

$$d_T = 25.4 \times (9/8 - 1/7)\text{mm} = 24.55\text{mm}$$

表10-4 英制螺纹底孔推荐钻头直径

螺纹代号	每英寸牙数 n	钻头直径 d/mm		螺纹代号	每英寸牙数 n	钻头直径 d/mm	
		铸铁青铜	钢，黄铜			铸铁青铜	钢，黄铜
G3/16	24	3.70	3.75	G1	8	21.80	22.00
G1/4	20	5.00	5.10	G1⅛	7	24.50	24.70
G5/16	18	6.40	6.50	G1¼	7	27.70	27.90
G3/8	16	7.80	7.90	G1½	6	33.30	33.50
G7/16	14	9.10	9.20	G1⅝	5	35.60	35.80
G1/2	12	10.40	10.50	G1¾	5	38.90	39.00
G5/8	11	13.30	13.40	G1⅞	4½	41.40	41.50
G3/4	10	16.30	16.40	G2	4½	44.60	44.70
G7/8	9	19.10	19.30				

注：表中所列的钻头直径，是经计算后圆整至钻头标准直径。

实际生产中，为了便于记忆，式(10-3)和式(10-4)常简化为：$d_T = d - P$(即底孔钻头直

⊖ 1in = 25.4mm

径是螺纹大径减去一个螺距），对于一般精度的螺纹孔很实用。

依上述公式选择的钻头钻螺纹底孔时，有时丝锥会折断，特别是加工细牙螺纹或塑性较大的材料时，这种现象更为严重。因在攻螺纹时，除有切削作用外，还有挤削作用，故攻螺纹前的底孔直径，相应的比上述常规计算的螺纹孔内径略大0.1~0.2mm，使挤出的金属能进入螺纹内径与丝锥的间隙处。这样，既不会挤住丝锥，又能保证加工出的螺纹得到完整的牙型。

3. 55°和60°锥管螺纹

底孔直径应为管端螺纹内径加0.1mm。

三、螺母丝锥

螺母丝锥结构特点是螺母丝锥用来加工螺母的内螺纹，它可分为短柄、长柄和弯柄三种。图10-5是长柄螺母丝锥及弯柄螺母丝锥。

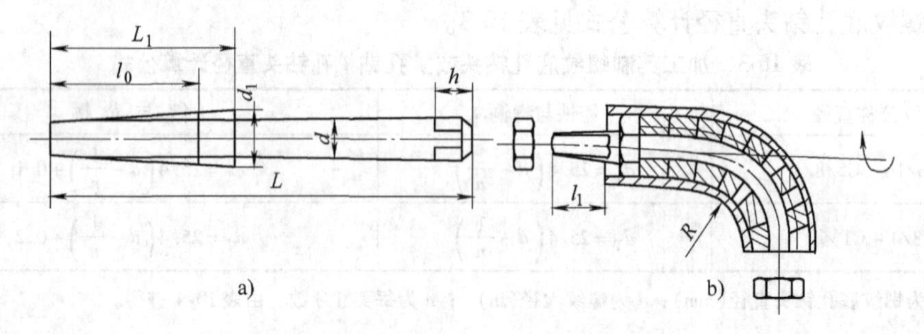

图10-5 螺母丝锥
a）长柄螺母丝锥 b）弯柄螺母丝锥

长柄螺母丝锥主要用于大批生产和多轴机床上工作。当螺母切削完后，即穿在丝锥的长柄上，穿满后，停车将螺母取下，以减少辅助时间，提高生产率。因此，柄部越长，一次加工的螺母越多。这种丝锥的柄部直径应比螺母内径小0.05~0.1mm，而且应经过磨削以减少摩擦。

弯柄螺母丝锥专门用于螺母自动机床上。工作前，丝锥的弯柄上应套上一定数量的螺母，以便使丝锥安装定位。工作时，加工好的螺母就穿在弯柄上随着转动，并将弯柄上最外面一个工件推出来。加工工作可实现自动化，大大提高了生产率。

由于螺母的厚度较小，为减少切削负荷，丝锥的切削部分较长，一般$L_1=(10\sim16)P$。

四、拉削丝锥

拉削丝锥可以加工梯形、方形、三角形单头与多头内螺纹。在卧式车床上一次拉削成形，效率很高，操作简单，质量稳定。

1. 拉削丝锥的使用

拉削丝锥的工作情况如图10-6所示，先将工件套入丝锥的前导部，再将工件夹紧，用

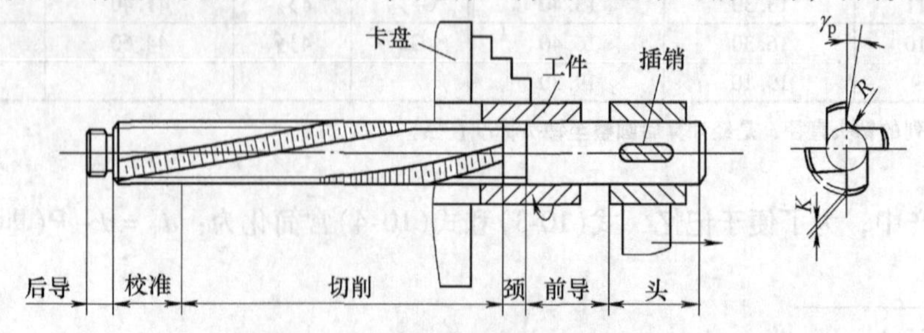

图10-6 拉削丝锥及其工作示意图

插销把拉刀与刀架连接，防止拉刀转动。拉削右旋螺纹时工件由车床主轴带动反向旋转，拉刀同时沿螺纹导程向尾架方向移动。丝锥拉出工件后，螺孔就加工完毕。

2. 拉削丝锥的结构特点

拉削丝锥实质上是一把螺旋拉刀。它的结构与几何参数是综合了丝锥、铲齿成形铣刀及拉刀三种刀具的结构。其中螺纹部分的参数、切削锥角、校准部分的齿形等都属于梯形丝锥参数。后角、铲削量、前角及齿形角修正都按铲齿成形铣刀设计方法计算。头、颈和引导部分的设计均类似拉刀。

拉削丝锥一般齿升量是0.01～0.02mm，端剖面前角 $\gamma_p=10°\sim20°$，后角 $\alpha_p=5°\sim6°$。当选定槽数 z 后，即可计算出锥角 2ϕ、切削部分长度 L_1、铲削量 K 等切削参数。校准部分长度为4～5倍螺距。为提高精度，丝锥中径做出微量正锥度（约0.5mm），拉削锥部分的切削图形如图10-7所示。每个刀齿侧刃均有微小的切削余量，以保证齿形精度与齿侧面的表面粗糙度。这是拉削丝锥设计的重要特点之一。

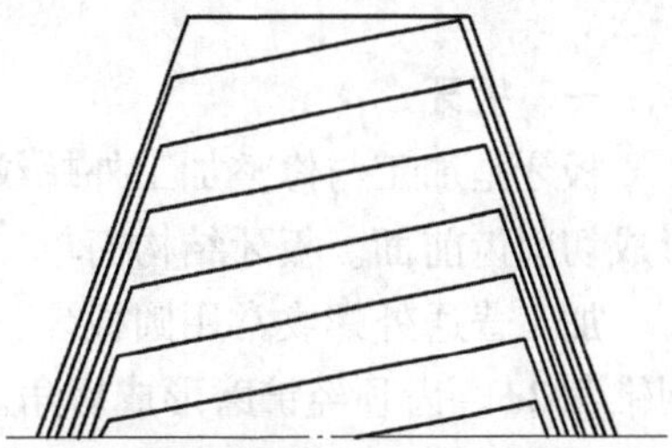

图10-7 拉削丝锥切削图形

五、挤压丝锥

挤压丝锥不开容屑槽，也无切削刃。它是利用塑性变形的原理加工螺纹的，可用于加工中小尺寸的内螺纹。

1. 挤压丝锥的主要优点

1）挤压后的螺纹表面组织紧密，耐磨性提高。攻螺纹后扩张量极小，螺纹表面被挤光；提高了螺纹的精度。

2）可高速攻螺纹，无排屑问题，生产率高。

3）丝锥强度高，不易折断，寿命长。

2. 挤压丝锥的用途

挤压丝锥主要适用于加工高精度、高强度的塑性材料，适合在自动线上使用。

3. 挤压丝锥的结构及选用

如图10-8所示为挤压丝锥的结构。工作部分的大径、中径、小径均做出正锥角，攻螺

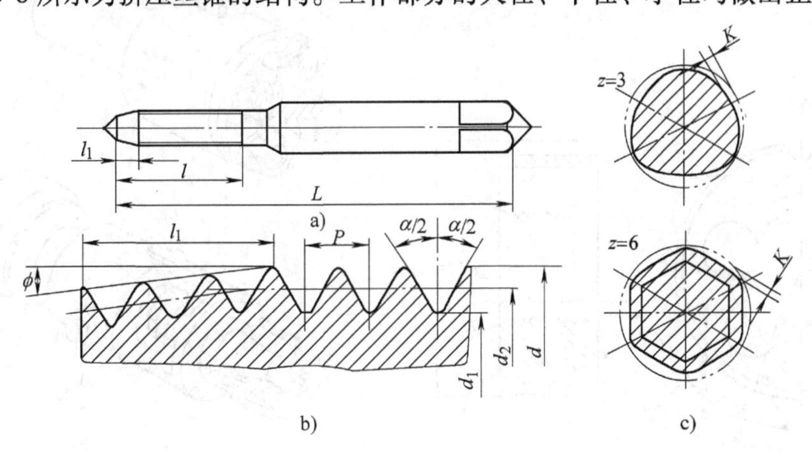

图10-8 挤压丝锥

a）结构图 b）牙型放大图 c）端截面放大图

纹时先是齿尖挤入，逐渐扩大到全部齿，最后挤压出螺纹牙型。挤压丝锥的端截面呈多菱形，以减少接触面，降低转矩。

挤压丝锥的直径应比普通丝锥增加一个弹性恢复量，常取 $0.01P$。挤压丝锥的直径、螺距等参数制造精度要求较高。

选用挤压丝锥时，预钻孔直径可取螺纹小径加上一个修正量。修正量的数值与工件材料有关，需通过工艺试验决定。

第二节 其他螺纹刀具

一、板牙

板牙是加工与修整加工外螺纹的标准刀具。其基本结构是一个螺母，轴向开出容屑孔以形成切削齿前面。板牙结构简单，制造使用方便，中小批生产中应用很广。

加工普通外螺纹常用圆板牙，其结构如图 10-9 所示。圆板牙左右两个端面上都磨出切削锥角 2ϕ，齿顶经铲磨形成后角。

圆板牙的中间部分是校准部分，一端切削刃磨损后可换另一端使用。两端切削刃都磨损后，可重磨容屑槽前面或废弃。

当加工出螺纹的直径偏大时，可用片状砂轮在缺口处将外圆与容屑孔割断开，调节板牙架上紧定螺钉，使孔径缩小，以满足被加工螺纹的直径要求。调整直径时，可用标准样规或通过试切的方法来控制。此方法只能加工精度要求不高的螺孔。

板牙外形除圆形外，还有四方、六方形和管形或拼块结构等。

二、板牙头

螺纹板牙头是一种组合式螺纹刀具，通常是开合式，外形如图 10-10 所示。图 10-10a 是加工外螺纹的圆梳刀板牙头，图 10-10b 是加工内螺纹的径向梳刀板牙头。使用时可通过手

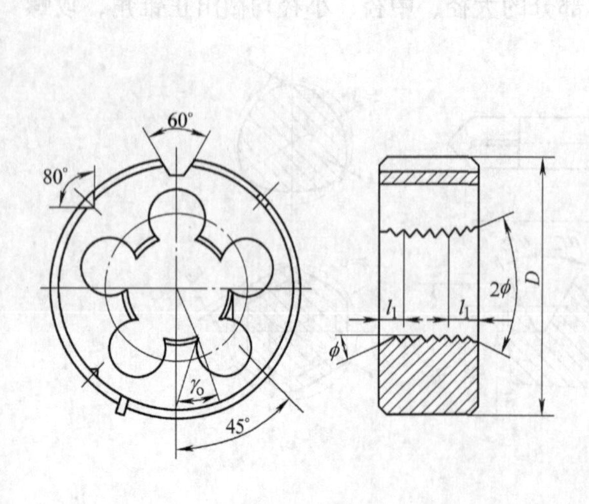

图 10-9 圆板牙

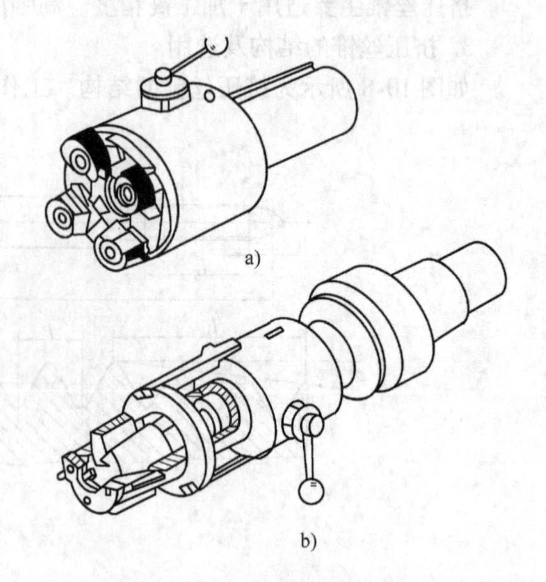

图 10-10 板牙头

a）圆梳刀板牙头 b）切向螺纹梳刀板牙

动或自动操纵梳刀的径向开合。因此可在高速切削螺纹时达到快速退刀，生产效率很高。梳刀可多次重磨，使用寿命较长。

螺纹梳刀板牙头有多种型号规格，每种型号加工某一尺寸范围，螺纹尺寸可在此范围内调节。板牙头结构复杂，成本较高。通常在转塔、自动和组合机床上使用。

三、螺纹滚压工具

滚压螺纹属于无屑加工，适合于滚压塑性材料。由于效率高、精度好，螺纹强度好。工具寿命长，因此这种工艺已广泛用于制造螺纹标准件、丝锥、螺纹量规等。

常用的滚压工具有滚丝轮与搓丝板，如图 10-11 所示。

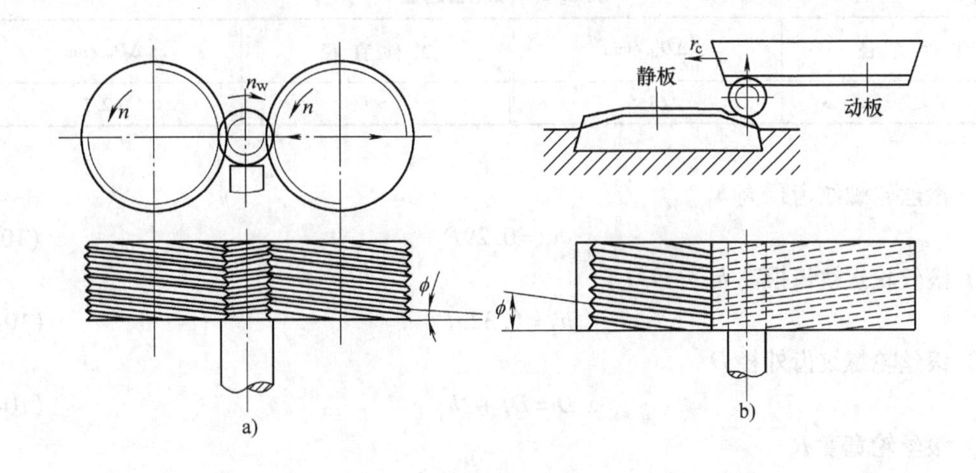

图 10-11 滚压螺纹工具

a）滚丝轮 b）搓丝板

1. 滚丝轮

螺纹滚削加工过程：两滚丝轮装在滚丝机的两平行轴上，两轮在轴向上错开半个螺距。工作时，将预制成直径等于螺纹中径 $d_2 \pm 0.02$mm 的滚丝杆的工件置于两滚轮之间的定位胎板上。滚丝时两轮同时同向等速旋转，动轮逐渐向定轮靠拢，工件表面就被逐渐挤压形成螺纹。两轮中心距达到预定尺寸后，停止进给，继续滚转几圈以修正螺纹廓形，然后退出，取下工件。

（1）滚丝轮设计的基本原则

1）滚丝轮和工件在螺纹中径处的螺纹升角 ψ 和螺距 P 相等，即滚丝轮和工件两者应在螺纹中径圆柱上彼此作无滑动的纯滚动。

2）两滚轮螺纹旋向相同，但与工件的螺纹旋向相反。

（2）滚丝轮的几何参数

1）螺纹升角 ψ。滚丝轮中径的螺纹升角 ψ 必须与工件中径螺纹升角相等，即

$$\tan\psi = \frac{P_h}{\pi d_2} \tag{10-5}$$

式中 P_h——螺纹导程(mm)；

d_2——螺纹中径(mm)。

2）滚轮中径 $D_{中}$。为增大滚丝轮的直径，以提高滚丝轮心轴刚度，滚丝轮都作成多头

的。头数 n 为

$$n=\frac{D_{中}}{d_2}=\frac{P_h}{P} \tag{10-6}$$

式中 $D_{中}$——滚丝轮中径(mm)；

d_2——工件中径(mm)。

在设计滚丝轮中径时还应考虑：

1）滚丝机床装置滚丝轮的轴的最大距离 L_{max} 和最小距离 L_{min}，$D_{中} \leqslant L_{min}-d_2$。

2）滚丝轮使用中的磨损和重磨的可能性，给以滚轮一定的附加量 $\Delta D_{中}$（见表 10-5）。

表 10-5 滚轮备磨量

工件直径	$\Delta D_{中}$/mm	工件直径	$\Delta D_{中}$/mm
≤7	61.5	>7	62.5

3）滚丝轮螺纹齿顶高 h_1

$$h_1=0.29P \tag{10-7}$$

4）滚丝轮螺纹齿根高 h_2

$$h_2=0.325P \tag{10-8}$$

5）滚丝轮螺纹齿外径 D

$$D=D_4+2h_1 \tag{10-9}$$

6）滚丝轮宽度 B

$$B=l+5 \tag{10-10}$$

式中 l——工件螺纹长度(mm)。

滚丝轮常用 Cr12、Cr12Mo、Cr12MoV 制造，淬火后硬度值为 64HRC 左右，回火后硬度值为 59~61HRC。

由于滚丝轮工作时的压力与工件的转速是可调节的，因此能对直径大、强度高、刚性差的工件进行滚压螺纹。

2. 搓丝板

图 10-11b 所示为搓丝板。它们由动板、定板组成，成对使用。工件进入两板之间，即被夹住，随着搓丝板的运动迫使工件转动，滚压出螺纹。

搓丝板受行程的限制，只能加工直径 24mm 以下的螺纹。由于压力较大，螺纹易变形，所以工件圆度误差较大，更不宜加工薄壁工件。

3. 自动开合螺纹滚压头

滚压头是一种高精度、高效率的工具，适合于卧式车床、转塔车床、自动车床使用。图 10-12 所示是 YGT—3 型螺纹滚压头

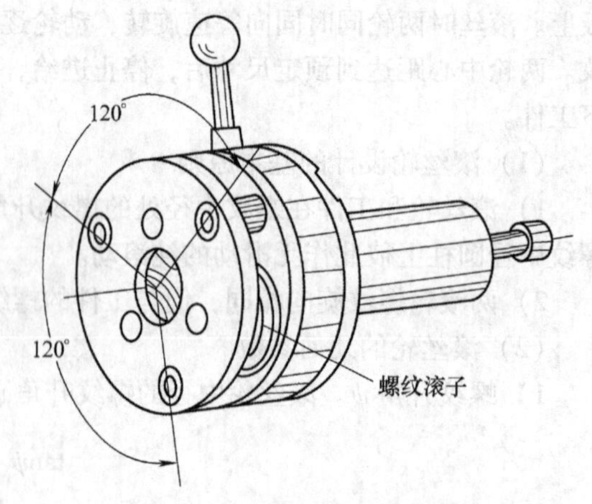

图 10-12 自动开合螺纹滚压头

的外形结构。适用于滚压 M10 ~ M22 的外螺纹。

滚压头有 3 个 120°分布的螺纹滚子，相当于 3 个滚丝轮。每只滚子上的环形齿纹相互错开 1/3 螺距，安装时都倾斜了 1 个螺纹升角。工作时工件旋转，滚压头柄部装于机床的尾架或转塔刀架上，沿轴向作进给运动，到达预定长度后，3 个滚子自动张开，然后滚压头快速返回。

复习思考题

1. 螺纹刀具有哪些类型？简述其特点和应用范围。
2. 试说明几种典型丝锥结构的特点。
3. 选择螺纹刀具时应注意什么问题？
4. 螺纹加工前底孔直径如何确定？
5. 试述丝锥切削部分、校准部分的功用和结构特点。
6. 试述丝锥攻螺纹转矩的组成和减少攻螺纹转矩的方法。

第十一章 切齿刀具

本章应知

1. 了解加工渐开线圆柱形齿轮的各种铣刀的类型、结构及工作原理。
2. 重点掌握常用齿轮铣刀铣削齿轮的加工方法。

本章应会

1. 会依据圆柱齿轮的齿数范围合理选择铣刀刀号，并会一般正圆柱齿轮的加工操作。
2. 会整体阿基米德齿轮滚刀设计。

切齿刀具是指切削加工各种齿轮、蜗轮、链轮和花键等齿廓形状的刀具。本章主要简介加工渐开线圆柱齿轮的铣刀、滚刀、插齿刀的工作原理及其选择使用方法。

第一节 切齿刀具的分类

按照齿廓形状的形成原理，切齿刀具可分为两大类：成形法切齿刀具及展成法切齿刀具。

一、成形法切齿刀具

此类刀具切削刃的形状与被切齿槽形状相同或近似相同。较典型成形法切齿刀具有两种：

1. 成形齿轮铣刀

图 11-1a 所示是一把齿形的齿背经过铲齿的形如盘状的齿轮成形铣刀，可加工直齿与斜齿轮。工作时铣刀旋转并沿齿槽方向进给，铣完一个齿后进行分度，再铣第二个齿。盘状齿轮铣刀铣出的工件精度不高，效率较低，只适合单件小批量生产或修配工作。

2. 指形齿轮铣刀

图 11-1b 所示是一把形如指状的齿轮成形立铣刀。工作时铣刀旋转并进给，工件分度。这种铣刀适合于加工大模数的直齿轮、斜齿轮，并能加工人字齿轮。

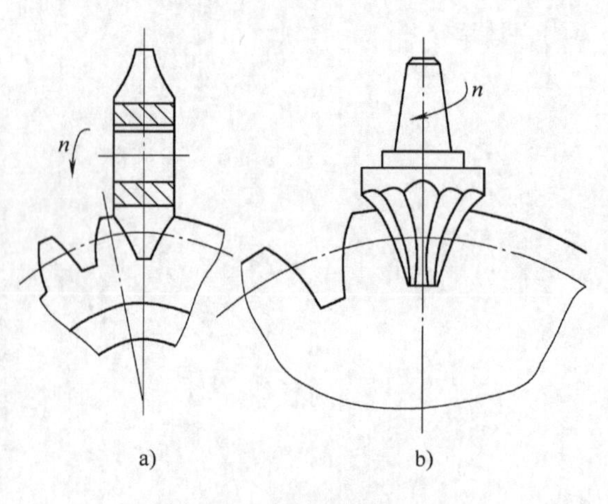

图 11-1 成形法切齿刀具

a）成形齿轮铣刀 b）指形齿轮铣刀

二、展成法切齿刀具

展成法（又称渐成法）切齿刀具切削刃的廓形不同于被切齿轮任何剖面的槽形。切齿时除刀具本身旋转外，还有刀具与齿坯的相对啮合运动，称展成运动。工件齿形是由刀具齿形在展成运动中若干位置的综合包络切削形成的。

展成切齿法的特点是只要机床能实现相

应的连续分度同一把刀具可加工同一模数的任意齿数的齿轮，因此此类刀具通用性较广，加工精度与生产率较高。故成批加工齿轮时被广泛使用。展成切齿如图 11-2 所示。

图 11-2a 所示是齿轮滚刀滚齿的工作情况。齿轮滚刀相当于一个开有容屑槽的、有切削刃的蜗杆状的螺旋齿轮。滚刀与齿坯啮合传动比由滚刀的头数与齿坯的齿数决定，在展成滚切过程中通过机床与滚刀相匹配的运动渐次切出齿轮齿形完成切齿工作。滚齿可对直齿或斜齿轮进行粗加工或半精加工。

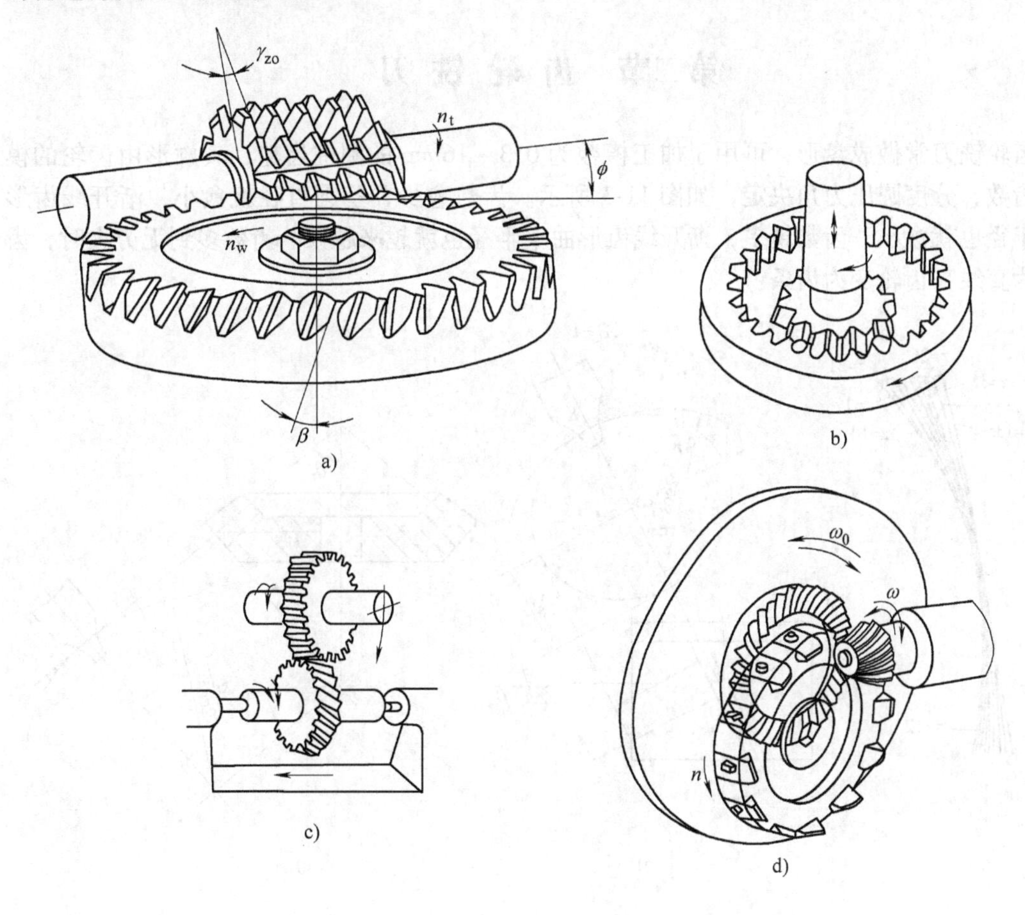

图 11-2 展成法切齿刀具

a）齿轮滚刀 b）插齿刀 c）剃齿刀 d）弧齿锥齿轮铣刀盘

图 11-2b 所示是插齿刀插齿的工作情况。插齿刀相当于一个有前后角的齿轮。被加工齿轮的齿形与插齿刀的相对展成运动逐次滚切成形。插齿刀常用于加工带台阶双联、三联外齿轮等，又能加工内齿轮及无空刀槽的人字齿轮，在齿轮加工中应用较广泛。

图 11-2c 所示是剃齿刀剃齿的工作情况。剃齿刀相当于齿侧面开有屑槽形成切削刃的螺旋齿轮。剃齿时剃齿刀带动齿坯滚转，相当于一对螺旋齿轮的啮合运动。在一定啮合压力下剃齿刀与齿坯沿齿面的滑动将切除齿侧的余量，完成剃齿工作。剃齿刀一般用于齿轮的精加工。

图 11-2d 所示是弧齿锥齿轮铣刀盘的工作情况。这种铣刀盘的展成运动较复杂，这里不作介绍。

根据齿轮的类型，切齿刀具又可分为：

1）渐开线圆柱齿轮工件刀具：齿轮铣刀、滚刀、插齿刀、剃齿刀等。

2）蜗轮工件刀具：蜗轮滚刀、飞刀、剃刀等。

3）锥齿轮工件刀具：直齿锥齿轮刨刀、弧齿锥齿轮铣刀盘等。

4）非渐开线齿形工件刀具：摆线齿轮刀具、花键滚刀、链轮滚刀等。此类刀具中虽然有的不是切削齿轮，但其齿形的形成原理也属于展成法，所以也归属于切齿刀具类。

第二节　齿 轮 铣 刀

齿轮铣刀常做成盘形，可用于加工模数为0.3～16mm的圆柱齿轮，其廓形由齿轮的模数、齿数、分度圆压力角决定，如图11-3所示。齿数愈少，基圆直径就愈小，渐开线齿形曲率半径也就愈小。齿数越多，渐开线齿形曲率半径也就越来越大。齿数多到无穷大时，齿形变为直线，齿轮变为齿条。

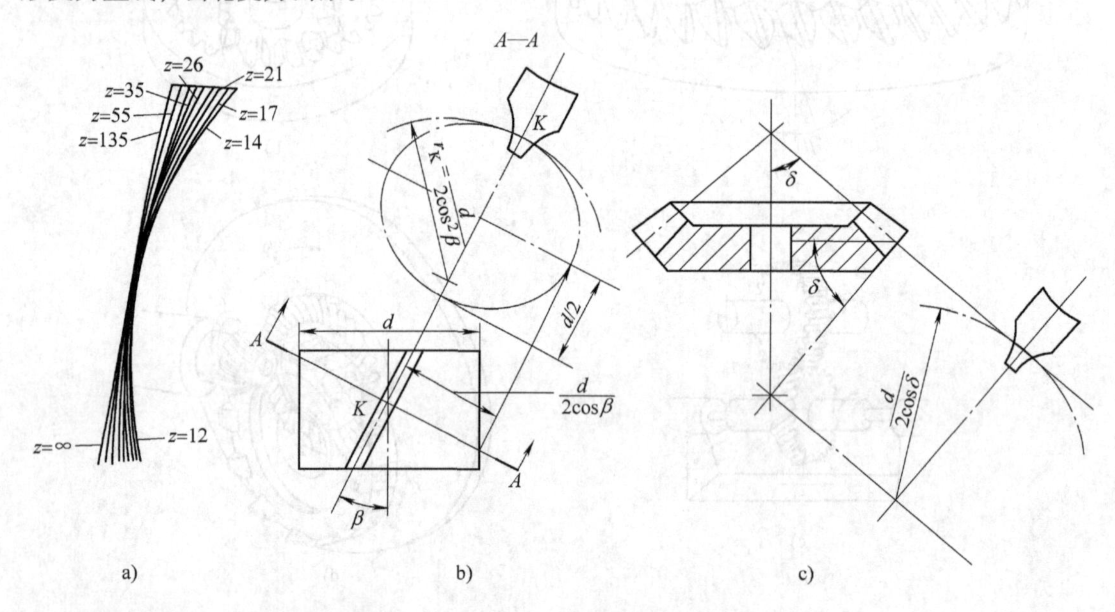

图11-3　齿轮铣刀

a）不同刀号齿形　b）斜齿轮当量齿数　c）锥齿轮当量齿数

因此从理论上说，加工任意一种模数、齿数的齿轮都需用一种一定刃形的齿轮铣刀，如此齿轮铣刀太多，为减少铣刀的储备，每一种模数的铣刀，由8或15把组成一套，每一刀号的铣刀用于加工某一齿数范围的齿轮，详见表11-1。

表11-1　齿轮铣刀刀号及加工齿数范围

	铣刀号	1	1½	2	2½	3	3½	4	4½	5	5½	6	6½	7	7½	8
加工齿数	8件一套 $m=0.3\sim8$mm	12～13	—	14～16	—	17～20	—	21～25	—	26～34	—	35～54	—	55～134	—	≥135
	15件一套 $m=9\sim16$mm	12	13	14	15～16	17～18	19～20	21～22	23～25	26～29	30～34	35～41	42～54	55～79	80～134	

表 11-1 中每种刀号的齿形是按加工齿数范围中最小的齿数设计的。如加工的齿数不是范围中最小者，将有齿形误差。这种误差将使加工的齿轮除分度圆处以外的齿厚变薄，增大了齿侧间隙，这对低精度的齿轮是允许的。

在修配工作中，齿轮铣刀也可用于加工斜齿轮。此时选择铣刀号数用假象齿数 z'。

$$z'=\frac{z}{(\cos\beta)^3}=\frac{斜齿轮齿数}{(\cos 螺旋角)^3} \tag{11-1}$$

例 11-1 加工一斜齿轮 $z=24$，$m_n=4$，$\beta=45°$，求铣刀号数。

解：$z'=\dfrac{z}{(\cos\beta)^3}=\dfrac{24}{(\cos45°)^3}\approx\dfrac{24}{0.707^3}\approx 68$

查表 11-1 可知，选用 7 号铣刀。

因为斜齿轮的法平面不是渐开线，再加上选择刀号、分度等误差。所以用齿轮铣刀加工斜齿轮的精度不高于 9 级。

在普通铣床上加工低精度的直齿锥齿轮也可近似用齿轮铣刀。这种齿轮铣刀带有“⏢”梯形标记，也是每种模数 8 把，但比同一种模数，同一号数的圆柱齿轮盘状铣刀要薄一些。这种铣刀齿形按大端设计，齿厚按小端计算，分度圆压力角是 20°。铣刀模数按齿轮大端选择，号数可用两种方法选择。

（1）计算法　同上述加工圆柱斜齿轮方法一致，即

$$z'=\frac{z}{\cos\varphi}=\frac{斜齿轮齿数}{\cos 节锥角} \tag{11-2}$$

（2）查图法　如图 11-4 所示，横坐标为节锥角，纵坐标为齿数，根据其交点所在位置即可选择。

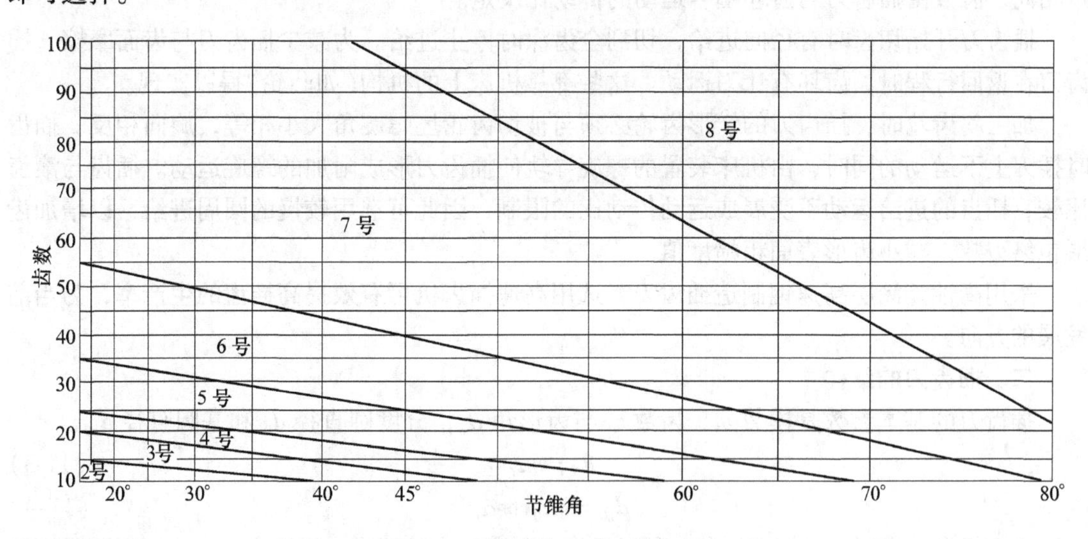

图 11-4　齿轮铣刀的刀号的选择

例 11-2 要加工一圆锥齿轮，$z=39$，$\varphi=45°$，求应选用的铣刀号数。

解：首先在节锥角一边找到 45°往上看，再在齿数一边找到 39（圆锥齿轮的实际齿数）往右看，这两线相交处在 7 号范围内，所以用 7 号铣刀。

第三节 插 齿 刀

一、插齿刀的工作原理与特点

如图 11-5 所示，插齿刀的外形像是一个齿顶、齿侧有后角，端面有前角的铲形齿轮。

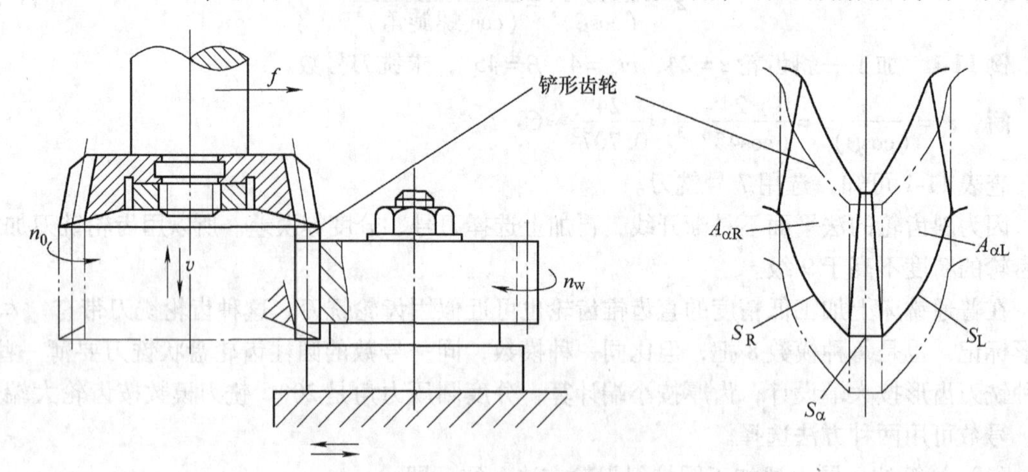

图 11-5 插齿刀工作原理

插齿时，插齿刀作上下往复运动。齿坯相对转动形成圆周进给运动，它相当于铲形齿轮与被切齿轮作无间隙的啮合。所以插齿刀切出齿轮的模数、压力角与铲形齿轮的模数、压力角相同，齿数由插齿刀与齿坯啮合运动的传动比决定。

插齿刀开始切齿时有径向进给，切到全齿深时停止进给。为减少插齿刀与齿面摩擦，插齿刀在返回行程时，齿坯有让刀运动。这些都靠机床上的机构(如凸轮)得以实现。

加工斜齿轮时，插齿刀的铲形齿轮必须与被切齿轮坯螺旋角大小相等，旋向相反。插齿时插刀上下运动的同时，由机床装置的螺旋导轨使插齿刀形成附加的螺旋运动。插齿与滚齿比较，插齿的进给运动不受展成运动传动比的限制，因此可选用较慢的圆周进给，以增加齿形包络刃数，减小齿形表面粗糙度值。

采用高性能涂层高速钢制造插齿刀，选用高速插齿机可有效提高插齿的生产率，为当前发展的方向。

二、插齿刀的结构

插齿刀的基本参数是模数 m、齿数 z_0 与齿形角 α_o，分度圆直径 d_0 和基圆直径 d_{b0}。

$$d_0 = mz_0 \tag{11-3}$$

$$d_{b0} = mz_0\cos\alpha_o \tag{11-4}$$

由于插齿刀齿顶、齿侧有后角，所以插齿刀重磨后直径减小，齿厚变薄。为了保证重磨后的齿形仍是同一基圆上的渐开线。所以插齿刀不同端剖面应作成不等位移系数的变位齿轮。

也正是为了补偿由于插齿刀前、后角造成的齿形误差，故插齿刀设计时修正了原始齿形角比标准齿形角度(20°)略增大一点。使得磨出前、后角后，铲形齿轮的分度圆压力角接近 20°。

设计的标准插齿刀的切削角度为：

前角 $\gamma_{pa} = 5°$

后角 $\alpha_{pa}=6°$

原始齿形分度圆压力角 $\alpha_o=20°10'12.5''$（略增大）

侧刃主剖面前角 $\gamma_o=1°42'50''$

侧刃主剖面后角 $\alpha_o=2°2'32''$

三、插齿刀的合理选用

直齿插齿刀按加工模数范围、齿轮形状不同分为盘形、碗形、带锥柄等几种。可依表11-2进行选用。插齿刀选用后还必须依据被加工齿轮的有关参数进行校验，防止顶根切过渡曲线干涉现象。

插齿刀的精度分为AA、A、B三级，分别用于加工6、7、8级精度的圆柱齿轮。

表11-2 插齿刀类型、规格与用途

序号	类型	简图	应用范围	规格		d_1 或莫氏锥度
				d_o/mm	m/mm	
1	盘形直齿插齿刀	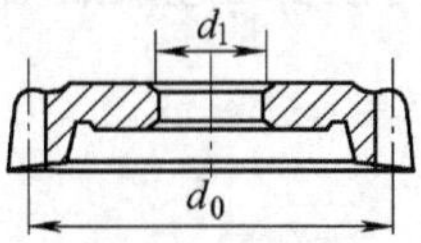	加工普通直齿外齿轮和大直径内齿轮	$\phi63$	0.3～1	31.743mm
				$\phi75$	1～4	
				$\phi100$	1～6	
				$\phi125$	4～8	
				$\phi100$	6～10	88.90mm
				$\phi200$	8～12	101.60mm
2	碗形直齿插齿刀	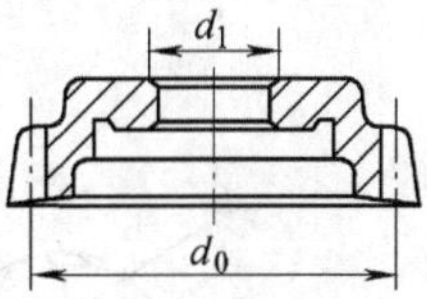	加工塔形，双联直齿轮	$\phi50$	1～3.5	20mm
				$\phi75$	1～4	31.743mm
				$\phi100$	1～6	
				$\phi125$	4～8	
3	锥柄直齿插齿刀	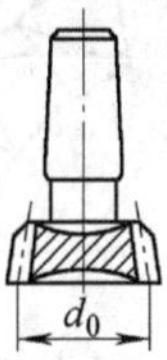	加工直齿内齿轮	$\phi25$	0.3～1	Morse No. 2
				$\phi25$	1～2.75	
				$\phi38$	1～3.75	Morse No. 3

第四节 齿轮滚刀

一、齿轮滚刀的工作原理

如图11-2a所示，齿轮滚刀滚齿的原理是相当于一对螺旋齿轮啮合。滚刀相当于小齿轮，工件相当于大齿轮。

滚刀的基本结构是一个螺旋齿轮，但只有一个或两个齿，因此其螺旋角 β_o 很大，导程角 γ_{zo} 就很小，使滚刀的外貌不像齿轮而呈蜗杆状。蜗杆状滚刀的头数即是螺旋齿轮的齿数。由于滚刀轴向开容屑槽，齿背铲磨后角形成切削刃；故滚刀在与齿坯啮合运动过程中就能切出齿轮槽形。被切齿轮的法向模数 m_n 和分度圆压力角 α 与滚刀法向模数和法向齿形角相同，齿数 z_2 由滚刀的头数 z_0 与啮合传动比 i 决定。齿轮滚刀端面齿形具有渐开线，则滚切出的齿轮也具有渐开线齿形。

滚齿时滚刀的旋转是主运动。齿坯的转动及齿轮滚刀沿工件轴线的移动是进给运动。调节滚刀与工件的径向距离，就可控制滚齿时的背吃刀量。滚切斜齿轮时，工件还有附加运动，它与滚刀的进给运动配合，可在工件圆柱表面切出螺旋齿槽。

为保持滚刀与工件齿向一致，图 11-6 所示齿轮滚刀安装时，其轴线应与工件端面倾斜 ϕ 角：

1）滚刀与被切齿轮螺旋角旋向一致时，如图 11-6a 所示，$\phi=\beta-\gamma_{zo}$。

2）滚刀与被切齿轮螺旋角旋向相反时，如图 11-6b 所示，$\phi=\beta+\gamma_{zo}$。

3）被切齿轮是直齿轮时 $\phi=\gamma_{zo}$。

式中　β——被切齿轮螺旋角(°)；

　　γ_{zo}——滚刀螺旋对角(°)。

二、齿轮滚刀的设计

如图 11-7 所示，由于滚刀是一个轴向上开容屑槽，齿背齿顶铲磨后角形成切削刃的蜗杆，即铲形蜗杆。滚切齿轮时，就是滚刀的铲形蜗杆与被切齿坯展成啮合的过程。齿轮滚刀设计时可选用三种铲形蜗杆。

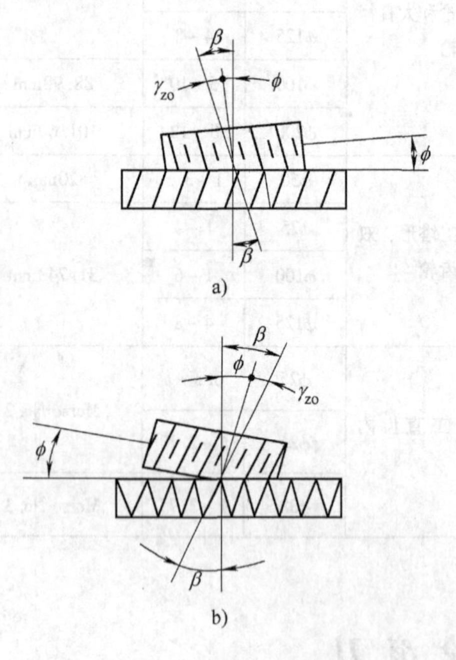

图 11-6　齿轮滚刀的安装角

a）螺旋角旋向一致　b）螺旋角旋向相反

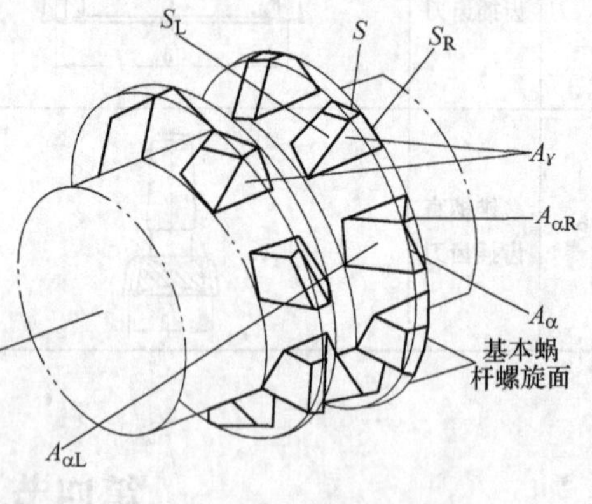

图 11-7　齿轮滚刀的铲形蜗杆

1. 渐开线蜗杆

如图 11-8 所示，渐开线蜗杆实质上就是斜齿轮。端剖面的齿形是渐开线，与基圆柱相切的剖面中，左、右侧齿形为斜直线，其斜角等于正、负后角。基本蜗杆为渐开线蜗杆的滚刀称渐开线滚刀。

渐开线蜗杆轴向剖面齿形不是直线故加工制造、精度检验带较困难，应用较少；只有高

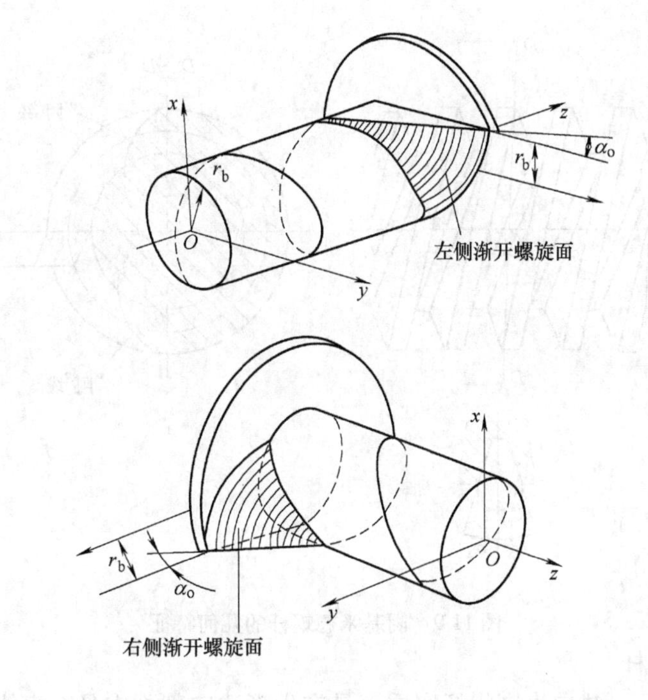

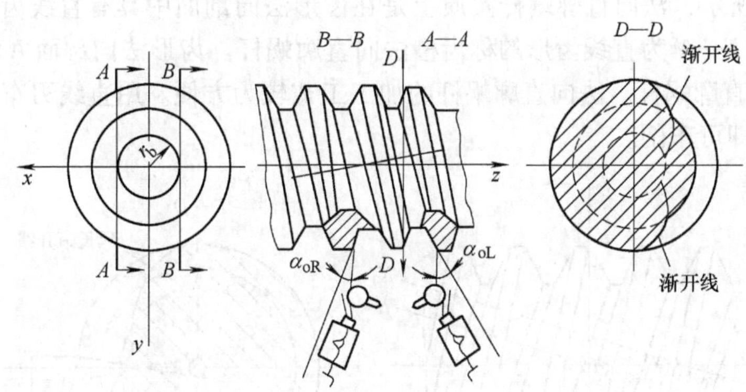

图 11-8 渐开线蜗杆的几何特征

精度的滚刀才将滚刀的铲形蜗杆设计成渐开线蜗杆。

2. 阿基米德蜗杆

如图 11-9 所示，阿基米德蜗杆实质上是一个梯形螺纹，其端剖面是阿基米德螺旋线，轴向剖面是直线齿形，此种齿形可用零前角直线刃的车刀，安装在蜗杆的轴心水平平面上，即可车出。此外，直线齿形可用径向铲齿代替轴向铲齿，使制造工艺简单。

基本蜗杆为阿基米德蜗杆的滚刀称阿基米德滚刀。在设计加工渐开线齿轮滚刀时，若选用渐开线蜗杆为基本蜗杆，这在理论上没有误差。但实际生产中大多数精滚刀的基本蜗杆均用阿基米德蜗杆代替渐开线蜗杆。阿基米德蜗杆虽在理论上不能满足渐开线齿轮的啮合要求，切出的齿轮端面不是渐开线，造成齿形误差。不过根据分析计算可知，经过合理设计，修正阿基米德蜗杆原始齿形角，可以控制滚刀齿形误差在很小的范围之内。如零前角直槽阿基米德滚刀的齿形误差只有 0.002 ~0.010mm，对齿轮的传动精度影响较小。所以阿基米德铲形蜗杆被广泛采用。

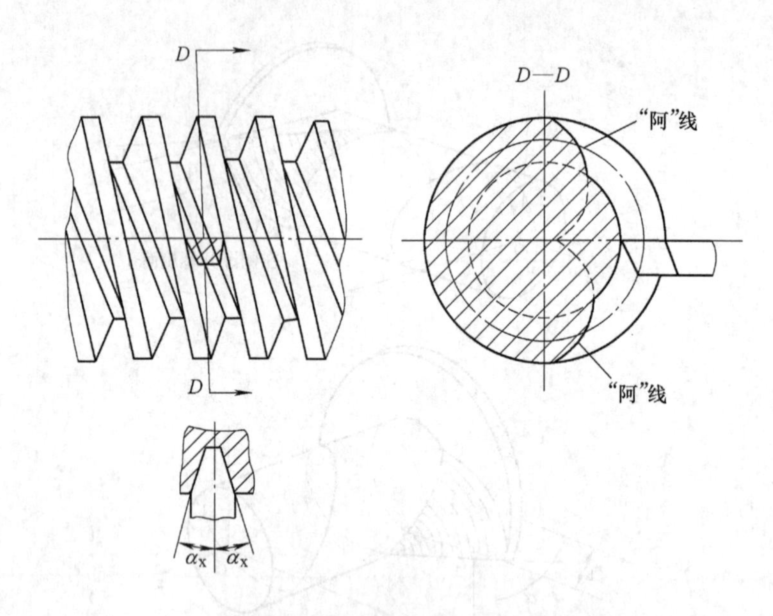

图 11-9 阿基米德蜗杆的几何特征

3. 法向直廓蜗杆

如图 11-10 所示，法向直廓蜗杆实质上是在齿形法向剖面中具有直线齿形的梯形螺纹。齿槽在法向剖面 *N—N* 为直线齿形的称齿槽法向直廓蜗杆。齿形法向剖面 *N*1—*N*1 为直线齿形的称齿纹法向直廓蜗杆。法向直廓蜗杆的加工工艺较为方便。用直线刃车刀安装在 *N—N* 或 *N*1—*N*1 剖面即可车削。

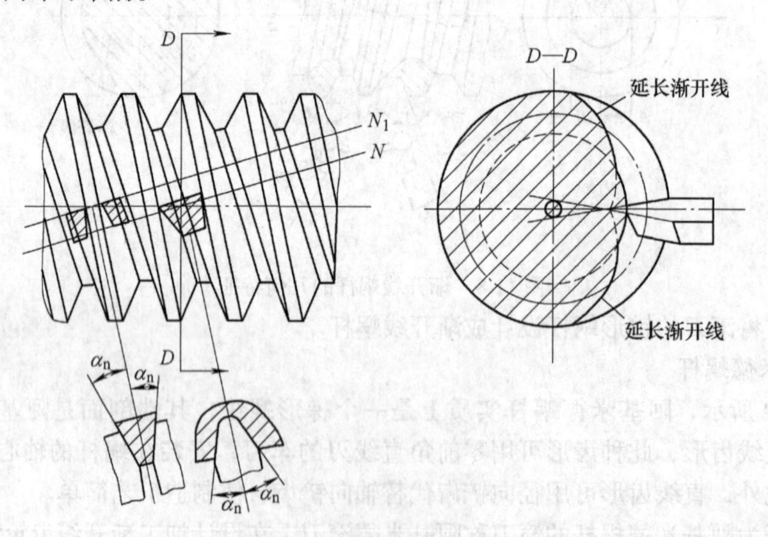

图 11-10 法向直廓蜗杆的几何特征

虽然法向直廓蜗杆轴向剖面是延长渐开线。但在理论上不能满足渐开线齿轮的啮合要求。既使合理设计，修正蜗杆原始齿形角，其齿形误差也比阿基米德蜗杆滚刀大。故法向直廓蜗杆滚刀主要用于制造大模数、多头、螺旋槽滚刀，或用于粗加工的滚刀。

三、阿基米德滚刀的设计

整体阿基米德滚刀结构如图 11-11 所示，分刀体、刀齿两部分。刀体包括内孔、键槽、轴台、端面。刀齿有顶刃、左右侧刃、它们都分布在铲形蜗杆的螺旋面上，是用同一铲削量铲削(铲磨)形成。

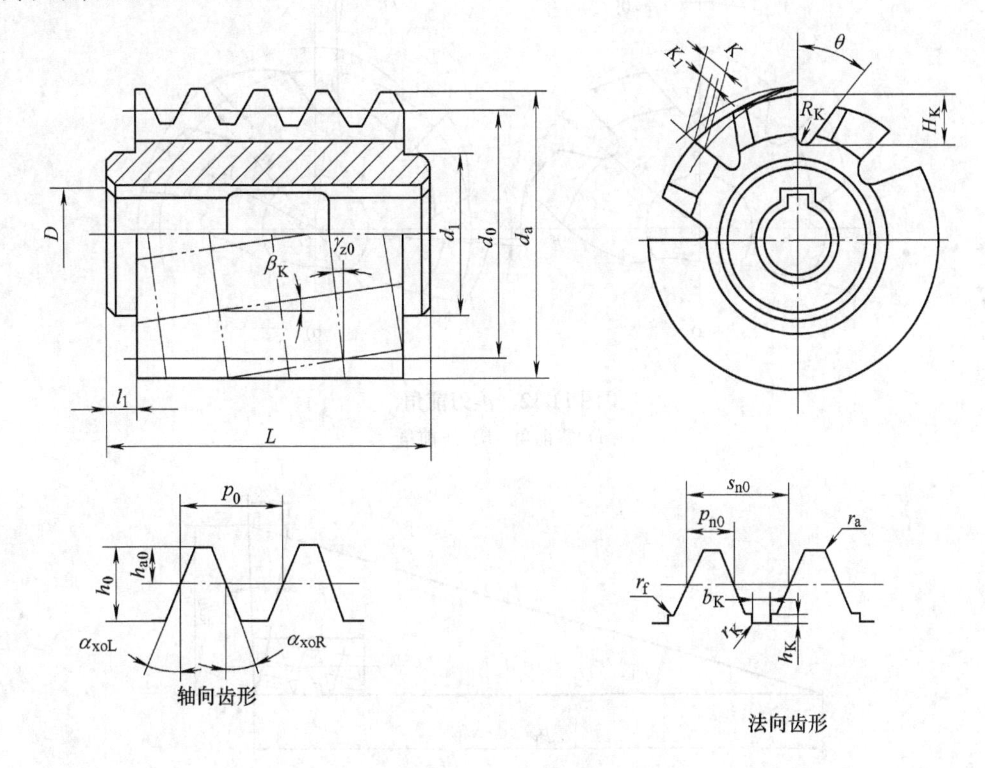

图 11-11　整体阿基米德滚刀

滚刀的参数分三类，即切削参数、齿形参数、结构参数。

1. 滚刀的切削参数

(1) 滚刀前面结构参数与选择　滚刀前面的一般形式是由直母线形成的螺旋面。它的特征由前角、容屑槽螺旋角决定。

前角定义在假定工作平面顶刃处，用符号 γ_{fa} 标注，分度圆前角用 γ_f 标注，如图 11-12 所示。

$$\sin\gamma_{fa} = 2e/d_a \tag{11-5}$$

$$\sin\gamma_f = 2e/d_0 \tag{11-6}$$

容屑槽螺旋角定义在分度圆圆柱上，用符号 β_K 标注。常取 $\beta_K = -\gamma_{zo}$。即容屑槽与滚刀铲形蜗杆螺纹垂直，旋向相反，如图 11-13 所示。

$$\tan\beta_K = \pi d_0/P_K \tag{11-7}$$

前角与螺旋角组合有四种形式：

1）零前角直槽滚刀：$\gamma_f = 0°$，$\beta_K = 0°$

2）正前角直槽滚刀：$\gamma_f > 0°$，$\beta_K = 0°$

3）零前角螺旋槽滚刀：$\gamma_f = 0°$，$\beta_K \neq 0°$

4）正前角螺旋槽滚刀：$\gamma_f > 0°$，$\beta_K \neq 0°$

零前角直槽滚刀制造、刃磨、检验方便，铲形蜗杆与渐开线蜗杆近似，造型误差最小。

正前角滚刀利于切削，切齿精度与滚齿效率均得到提高，因具有前角会引起的齿形误

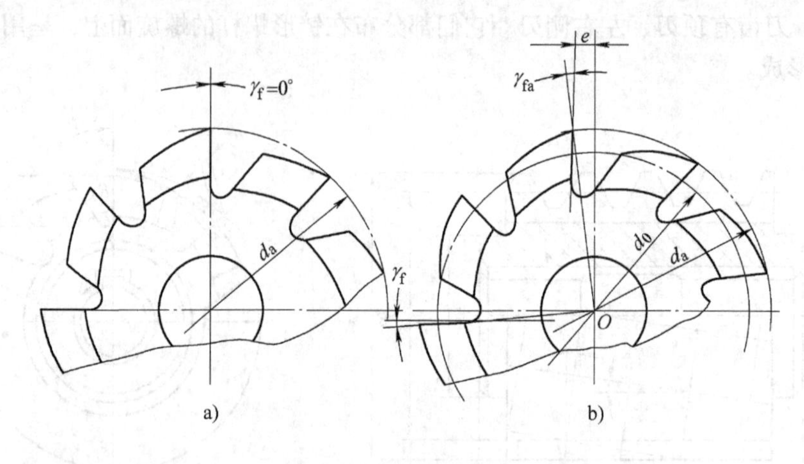

图 11-12　滚刀前角
a）零前角　b）正前角

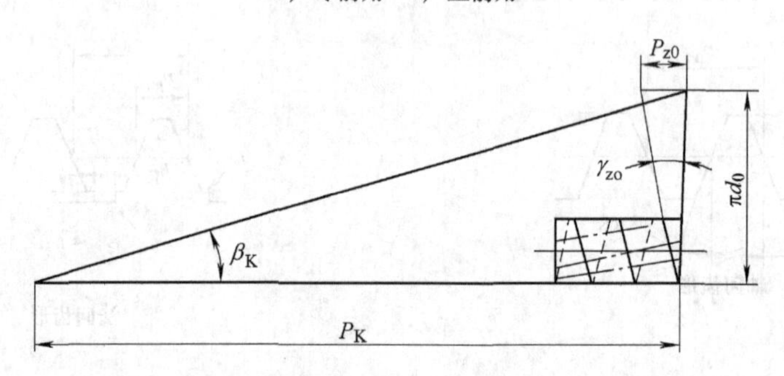

图 11-13　滚刀容屑槽导程

差，但通过修正铲形蜗杆的原始齿形角可消除一定的误差。一般精滚刀取 $\gamma_f=9°$，粗滚刀可适当增加到 11°～15°。

如图 11-14 所示，直槽滚刀左、右侧切削刃的工作前角不相等，一侧大于零，另一侧小于零。顶刃具有刃斜角，其大小相当于导程角，有利于提高切齿的平稳性。

螺旋槽滚刀 $\beta_K=-\gamma_{ao}$，可使两侧切削刃的工作前角相等，均为 0°。

上述分析，综合加工精度、效率、滚刀成本等考虑，前面四种结构形式的适用范围是：零前角直槽滚刀，模数 1～10mm 标准齿轮滚刀；正前角直槽滚刀，齿轮专业工厂使用的滚刀；零前角螺旋槽滚刀，$\gamma_{ao}=5°$的多头、大模数滚刀及蜗轮滚刀；正前角螺旋槽滚刀很少使用。

（2）滚刀后面结构参数　经铲制齿顶面及左、右侧面是刀齿后面，均是阿基米德螺旋面。由于阿基米德蜗杆轴向剖面具有直线齿形，因此如图 11-15 所示，当采用同铲削量 K 分别对齿顶及侧刃进行铲削(磨)，就相当于齿侧用铲削量 K_z 进行轴向铲齿。铲齿后齿形角、齿顶、齿根宽度不变，重磨前面后相当于有了位移量的变化，不影响滚刀铲形蜗杆与齿坯的正确啮合。

从滚刀的结构可以看出，齿轮滚刀实质上是一个变位螺旋齿轮。重磨前面后，铲形蜗杆变位系数减少，节圆减小，但齿形角、模数不变。因此切齿时可调节滚刀与齿坯啮合的中心距，就仍能加工出合乎要求的渐开线齿轮。

一般齿轮滚刀顶刃后角取 10°～11°，按此计算并选择铲削量凸轮，铲磨后两侧刃正交平面后角约为 4°左右。

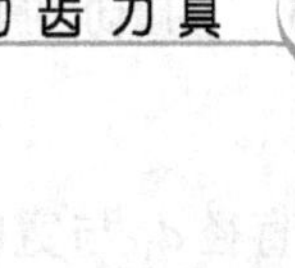

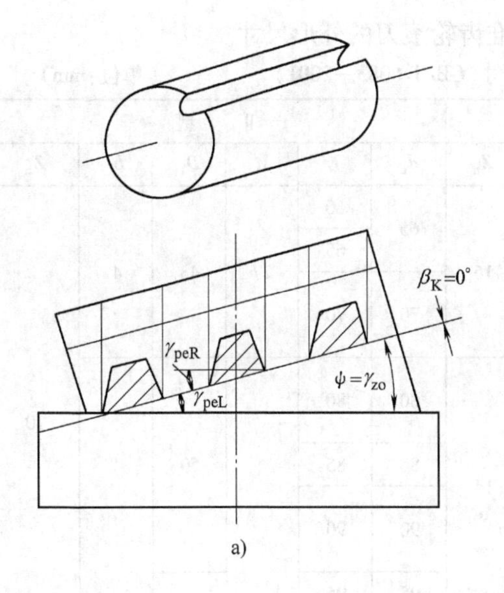

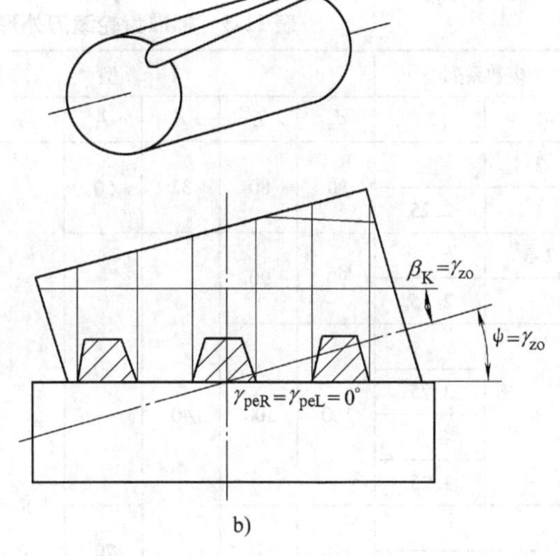

图 11-14　滚刀侧刃工作前角

a）直槽滚刀　b）螺旋槽滚刀

2. 滚刀的齿形参数

滚刀的齿形参数有模数、齿形角、齿高等参数。由滚齿原理知，滚刀铲形蜗杆法向模数和齿形角应与被切齿轮的法向模数 m_n，分度圆压力 α_n 角相等，其余法向齿形参数可按齿轮标准计算。即图 11-11 中法向齿形各参数计算式为

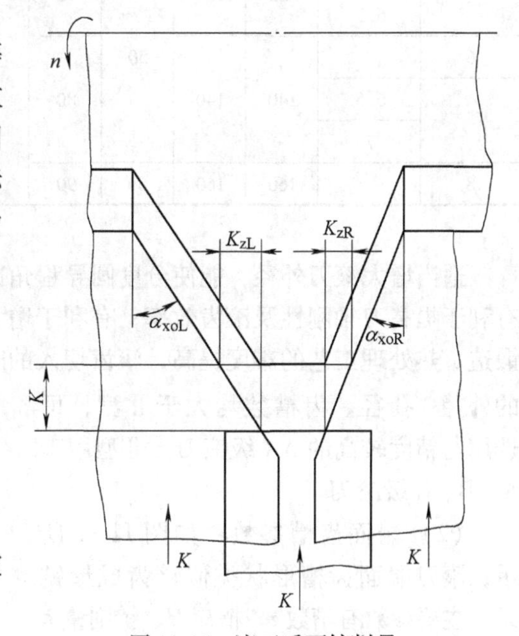

图 11-15　滚刀后面铲削量

法向齿距　$p_{n0}=m_n\pi$

法向齿厚　$s_{n0}=m_n\pi/2=p_{n0}/2$

齿顶高　$h_{a0}=m_n(h_a^*+c^*)$

齿根高　$h_{f1}=m_n(h_a^*+c^*)$

全齿高　$h_0=2m_n(h_a^*+c^*)$ 或 $h_0=h_{a0}+h_{f1}$

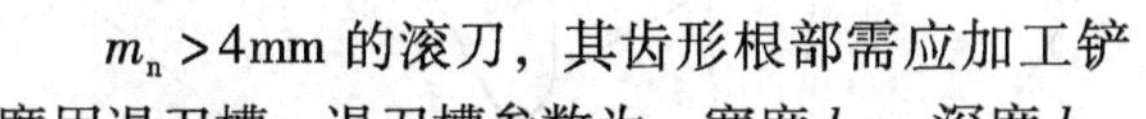

齿顶圆弧　$r_a=0.3m_n$

齿底圆弧　$r_f=0.3m_n$

注：h——被加工齿轮齿高系数；C——被加工齿轮径向间隙系数。

$m_n>4$mm 的滚刀，其齿形根部需应加工铲磨用退刀槽，退刀槽参数为：宽度 b_K、深度 h_K、圆角半径 r_K 等。齿形中齿高方向参数与法向齿形相同，齿距 p_0 和齿形角 α_{xoL}、α_{xoR} 与法向齿形不同，$p_0=p_{x0}/\cos\gamma_{ao}$。

对零前角直槽滚刀而言 $\alpha_{xoL}=\alpha_{xoR}=\cot\alpha_{no}\cos\gamma_{xo}$

对螺旋槽滚刀而言 α_{xoL} 与 α_{xoR} 不相等，需参考有关资料计算。

3. 滚刀的结构参数

滚刀的结构参数包括安装定位结构参数及刀齿、容屑槽参数。

（1）外形结构参数　如图 11-11 所示，滚刀的外形尺寸包括外径 d_0、孔径 D、全长 L、

凸台直径 d_1 与宽度 L_1 等。表 11-3 列出了部分标准齿轮滚刀的外形尺寸。

表 11-3 标准齿轮滚刀外形尺寸(GB/T 6083—2001) (单位:mm)

模数系列		Ⅰ 型						Ⅱ 型					
(1)	(2)	d_a	L	d	D_1	L_1	Z_h	d_a	L	d	D_1	L_1	Z_h
2		80	80	32	50	5	16	65	60	27	43	4	10
	2.25								65				
2.5		90	90		60			70	70				
	2.75												
3		100	100	40			14	80	80	32	50	5	
	3.25												
	3.5							85	85				
	3.75							90	90				
4		110	110		70								
	4.5							95	95		54		
5		125	125	50	75		12	100	100				
	5.5												9
6		140	140		80			105	105		58		
	6.5							110	110				
	7							115	115				
8		160	160	60	90			125	125		60		

适当增大滚刀外径，能使分度圆导程角减少，有利于减少理论齿形误差；可加大孔径，有利于提高刀轴刚性及滚齿效率；有利于增大齿槽数，减少齿形包络误差。但直径加大造成锻造、热处理工艺的难度提高，滚齿切入的时间增加。所以滚刀标准中分Ⅰ型与Ⅱ型。Ⅰ型的外径、孔径、齿槽数均大于Ⅱ型，可选用与精度较高的 AA 级滚刀。Ⅱ型用于 A、B、C 级滚刀。

(2) 端面齿槽参数 如图 11-11 所示，滚刀端面齿槽形状类似铲齿成形铣刀。主要参数有槽数 z、槽深 H、铲削量 K 以及槽形角、槽底圆弧半径等。齿形深度 h_0 和铲磨量 K 决定了切削刃的后角。

(3) 分度圆参数 如图 11-16 所示，分度圆参数是指分度圆直径 d_0、分度圆导程角 γ_{a0}，它们是滚刀齿形计算的原始参数。滚刀原始齿形剖面在新、旧滚刀重磨的中间位置，即取

$$d_0 = d_{a0} - 2h_{a0} - 0.2K \quad (11\text{-}8)$$

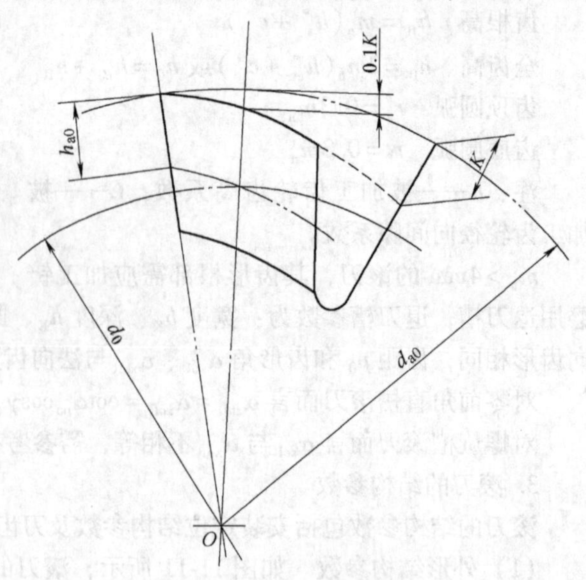

图 11-16 滚刀分度圆直径

由于滚刀理论造成误差在分度圆处为零，远离分度圆部位的误差就增大。分度圆直径取新、旧滚刀重磨的中间尺寸，可使重磨前后齿顶、齿根误差分布均匀。

分度圆导程角可按下式计算

$$\sin\gamma_{ao}=m_nz_0/d_0 \tag{11-9}$$

4. 齿轮滚刀的设计计算步骤(整体阿基米德滚刀设计实例)

(1) 原始资料

被加工齿轮的法向模数(或径节)：m_n(或 D_p)。

被加工齿轮的法向齿形角：α_n。

被加工齿轮的齿高系数：f。

被加工齿轮径向间隙系数：c^*。

被加工齿轮分度圆螺旋角及旋向：β_K，左或右。

被加工齿轮分度圆处法向齿距：p_{n0}。

被加工齿轮的精度等级：6 级、7 级、8 级、9 级、10 级……

(2) 滚刀各部分尺寸符号(见图 11-11)

(3) 滚刀各部分尺寸计算及举例(见表 11-4)

例如：设计加工 $m_n=4$mm，$\alpha_n=20°$，$f=1$mm，$c^*=0.25$mm，$\beta_K=0°$，$p_{n0}=6.28$mm 的 8 级精度齿轮用精齿轮滚刀。设计步骤如下：

表 11-4 滚刀各部分尺寸计算及举例

<table>
<tr><th>序号</th><th colspan="2">名　称</th><th>符号</th><th>计 算 公 式</th><th>计算精度</th><th>举　例</th></tr>
<tr><td rowspan="4">一、外廓尺寸</td><td colspan="2">1. 外径</td><td>d_a</td><td rowspan="4">参照齿轮滚刀标准选取</td><td></td><td>$d_a=80_{-1.9}^{\ 0}$mm</td></tr>
<tr><td colspan="2">2. 内径</td><td>D</td><td></td><td>$D=27_{\ 0}^{+0.013}$mm</td></tr>
<tr><td colspan="2">3. 全长</td><td>L</td><td></td><td>$L=75_{-1.9}^{\ 0}$mm</td></tr>
<tr><td colspan="2">4. 容屑槽数</td><td>z</td><td></td><td>$z=9$</td></tr>
<tr><td rowspan="10">二、法向齿形尺寸</td><td colspan="2">1. 齿顶高</td><td>h_{a0}</td><td>$h_{a0}=(f+c^*)m_n$</td><td>0.01mm</td><td>$h_{a0}=(1+0.25)\times4\text{mm}=5\text{mm}$</td></tr>
<tr><td colspan="2">2. 齿根高</td><td>h_{f1}</td><td>$h_{f1}=(f+c^*)m_n$</td><td>0.01mm</td><td>$h_{f1}=5\text{mm}$</td></tr>
<tr><td colspan="2">3. 全齿高</td><td>h_0</td><td>$h_0=h_{a0}+h_{f1}$</td><td>0.001mm</td><td>$h_0=5\text{mm}+5\text{mm}=10\text{mm}$</td></tr>
<tr><td colspan="2">4. 法向齿距</td><td>p_{n0}</td><td>$p_{n0}=m_n\pi$</td><td>0.01mm</td><td>$p_{n0}=4\text{mm}\times3.1416=12.566\text{mm}$</td></tr>
<tr><td colspan="2">5. 法向齿厚</td><td>s_{n0}</td><td>精加工 $s_{n0}=p_{n0}-s_{n0}=m_n\pi/2$
粗加工 $s_{n0}=p_{n0}-s_{n0}-\Delta$
精切双面余量取 $\Delta=0.2m_n$</td><td>0.01mm</td><td>$s_{n0}=12.566\text{mm}-6.28\text{mm}=6.29\text{mm}$</td></tr>
<tr><td colspan="2">6. 齿顶圆弧</td><td>r_a</td><td>$r_a=0.3m_n$</td><td>0.1mm</td><td>$r_a=0.3\times4\text{mm}=1.2\text{mm}$</td></tr>
<tr><td colspan="2">7. 齿底圆弧</td><td>r_f</td><td>$r_f=0.3m_n$，$m_n\leqslant4$mm 设计空刀槽</td><td>0.1mm</td><td>$r_f=0.3\times4\text{mm}=1.2\text{mm}$</td></tr>
<tr><td rowspan="3">8. 空刀槽</td><td>(1) 宽度</td><td>b_K</td><td>$m_n=4\sim10$mm 时 $b_K=1.7\sim4.1$mm
$m_n=11\sim20$mm 时 $b_K=4.5\sim8.1$mm</td><td></td><td>$b_K=1.7\text{mm}$</td></tr>
<tr><td>(2) 深度</td><td>h_K</td><td>$m_n=4\sim10$mm 时 $h_K=0.5\sim1.5$mm
$m_n=11\sim20$mm 时 $h_K=1.5\sim2.0$mm</td><td></td><td>$h_K=0.5\text{mm}$</td></tr>
<tr><td>(3) 槽底圆弧</td><td>r_K</td><td>$m_n=4\sim10$mm 时 $r_K=0.5\sim1.0$mm
$m_n=11\sim20$mm 时 $r_K=1.0\sim1.2$mm</td><td></td><td>$r_K=0.5\text{mm}$</td></tr>
</table>

（续）

序号	名　称		符号	计 算 公 式	计算精度	举　例
三、切削部分	1. 前角		γ_f	精加工 $\gamma_f=0°$ 粗加工 $\gamma_f=5°\sim10°$		$\gamma_f=0°$
	2. 铲削量	（1）第一铲削量	K	$K=\frac{\pi D}{z_K}\tan\alpha_{na}$ 式中 α_{na} 是齿顶后角，常取 $\alpha_{na}=10°\sim12°$ 取定 α_{na} 后按公式 $\tan\alpha_f=\tan\alpha_{no}\sin\alpha_{fn}$ 验证侧后角 α_f 应≥3°。K 应按标准取接近值	圆整到 0.5mm	$K=\frac{3.1416\times80}{9}\tan12°=5.93\text{mm}$ 按表取 $K=6\text{mm}$ 验证侧后角 α_f $\tan\alpha_f=\tan12°\sin20°=0.0726985$ 则 $\alpha_f=4°9'>3°$
		（2）第二铲削量	K_1	$K_1=1.5K$ K_1 应按相关标准取接近值		$K_1=1.5\times6\text{mm}=9\text{mm}$
	3. 容屑槽深度		H_K	$H_K=h_0+\frac{K+K_1}{2}+1$	0.1mm	$H_K=10\text{mm}+\frac{6+9}{2}\text{mm}+1\text{mm}=18.5\text{mm}$
	4. 槽底半径		R_K	$R_K=\frac{\pi(d_a-2H_K)}{10z}$	0.1mm	$R_K=\frac{3.1416\times(80-2\times18.5)}{90}$ mm = 1.5mm
	5. 槽形角		θ	$m_n\leqslant9$ 时　$\theta=25°$ $m_n>9$ 时　$\theta=22°$		$\theta=25°$
四、作图检验（见图11-17）				当 $m_n\leqslant4$，$\frac{l}{l_1}>\frac{1}{2}$ 当 $m_n>4$，$\frac{l_1}{H_K}\geqslant\left(\frac{1}{2}\sim\frac{3}{4}\right)$，不碰齿 作图方法： ① 按所设计的滚刀尺寸作出滚刀外廓 ② 以 $\frac{d_a}{2}$ 为半径分别以 A、B 两点为圆心划圆弧交于 O_1，再以 O_1 点为圆心 $\frac{d_a}{2}$ 为半径画弧连 AB 即得近似齿顶铲削曲线，再以 O_1 为圆心 O_1C 为半径划圆弧 CD，即得近似齿底铲削曲线 ③ 选砂轮直径 $d_s=(2h_0+25+5)\text{mm}$，一般砂轮直径大于60mm ④ 以 $r_H=\frac{d_0}{2}\sin\alpha_{na}$（$\alpha_{na}=10°\sim12°$）为半径，$O$ 为圆心划圆，过点 a 点（a 点的		

（续）

序号	名　　称	符号	计算公式	计算精度	举　　例
四、作图检验（见图11-17）			位置决定于 l） $m \leqslant 4\text{mm}$ 时，$l = \frac{l_1}{2}$， $m > 4\text{mm}$ 时 $l = \frac{2}{3} l_1$，作切于半径为 r_H 的圆的切线，使砂轮中心 O_2 位于该切线上，并使砂轮外径切于齿底铲削曲线 CD 此时砂轮外圆如在下一个齿 E 点（E 点位置取决于全齿高 h）的上方，即砂轮在铲磨时不发生干涉，如果在 E 点下方，则铲齿时发生干涉。若检验结果发生干涉，须改变滚刀外径 d_a，容屑槽数 z 或铲削量 K，到不发生干涉		
五、分度圆直径		d_0	$d_0 = d_a - 2h_{a0} - 0.2K$	0.01mm	$d_0 = d_a - 2h_{a0} - 0.2K$
六、分度圆导程角		γ_{z0}	$\sin\gamma_{z0} = \frac{m_n z_0}{d_0}$ 式中 z_0 为滚刀头数，精加工 $z_0 = 1$，粗加工 $z_0 = 2 \sim 3$	5″	$\sin\gamma_{z0} = \frac{m_n z_0}{d_0}$
七、容屑槽螺旋角		β_K	$\gamma_{z0} \leqslant 5°$ 时 $\beta_K = 0°$ $\gamma_{z0} > 5°$ 时 $\beta_K = \gamma_{z0}$	5″	$\beta_K = 0°$
八、容屑槽导程		p_{zK}	直槽 $\beta_K = 0°$，$p_{zK} = \infty$ 螺旋槽 $\beta_K = \gamma_{z0}$ $p_{zK} = \pi d_0 \cot\beta_K$	1mm	$p_{zK} = \infty$
九、导程		p_z	精加工　$p_z = p_0$ 粗加工　$p_z = p_0 z_0$		$p_z = p_0$

（续）

序号	名称	符号	计算公式	计算精度	举例
十、轴向齿形尺寸		p_0	$p_0 = \frac{p_{n0}}{\cos\gamma_{zo}}$	0.001mm	$p_0 = \frac{p_{n0}}{\cos\gamma_{zo}}$
		s_0	$s_0 = \frac{s_{n0}}{\cos\gamma_{zo}}$	0.01mm	$s_0 = \frac{s_{n0}}{\cos\gamma_{zo}}$
		α_{xoL}	直槽滚刀 $\beta_K = 0°$： $\alpha_{xoL} = \alpha_{xoR} = \cos\alpha_n \cos\gamma_{zo}$	1′	$\alpha_{xoL} = \alpha_{xoR} = \cos\alpha_n \cos\gamma_{zo}$
		α_{xoR}	螺旋滚刀 $\alpha_{xoL} \neq \alpha_{xoR}$ 右旋滚刀 $\beta_K > 0°$： $\alpha_{xoR} = \cot\alpha_o - \frac{Kz}{p_{zK}}$ $\alpha_{xoL} = \cot\alpha_o + \frac{Kz}{p_{zK}}$ 左旋滚刀 $\beta_K < 0°$： $\alpha_{xoR} = \cot\alpha_o + \frac{Kz}{p_{zK}}$ $\alpha_{xoL} = \cot\alpha_o - \frac{Kz}{p_{zK}}$	1′	
十一、轴台尺寸	直径	d_1	参照标准选取		$d_1 = 40\text{mm}$
	长度	l_1			$l_1 = 4^{\ 0}_{-0.75}\text{mm}$
十二、键槽尺寸	键宽	b	参照标准选取		$b = 6.08^{+0.16}_{\ \ 0}\text{mm}$
	键高	h_0			$h_0 = 29.4^{+0.52}_{\ \ 0}\text{mm}$
十三、滚刀螺旋方向			加工直齿轮和斜齿轮 $\beta_K > 10°$ 时，一般制成右旋滚刀 加工斜齿轮 $\beta_K < 10°$ 时，取滚刀螺旋方向与被加工齿轮螺旋方向相同		右旋
十四、切削锥尺寸	锥长	L_2	$\beta_K \geqslant 20°$ 时，$L_2 \approx 5m_n$	进到5mm	
	锥角	φ	$\varphi = 25°$		$\varphi = 0°$

（续）

序号	名　　称	符号	计算公式	计算精度	举　　例
十五、绘图工作					参照图 11-11

注：校验的目的1. 校验齿背磨长 L 应为（½～⅔）L_1 倍，否则铲磨中会发生干涉现象（碰齿）。

2. 若发生磨齿，需修改原设计的滚刀外径 d_a、齿槽角 θ 和铲背量 h_K，直到不发生干涉。

四、其他齿轮滚刀简介

1. 剃（磨）前滚刀

剃（磨）前滚刀用于剃（磨）齿前的预加工。它与齿轮滚刀的主要区别是齿形应根据不同的留剃（磨）形式来计算。常用的留剃形式如图 11-18 所示，其特点是：

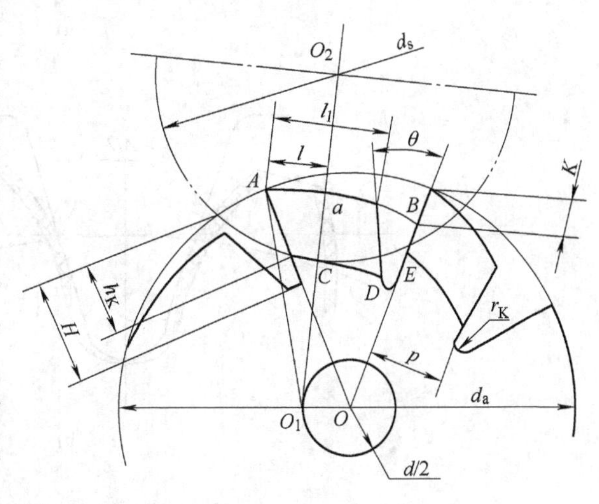

图 11-17　滚刀铲磨齿形校验

1）齿厚做薄，留出剃（磨）余量，Δ 是分度圆留剃（磨）量，一般按模数大小选取，约在 0.08～0.18mm。

2）剃前齿形的齿根有修缘刃，使齿轮顶部切出倒角，避免剃齿后齿顶产生毛刺或碰伤。

3）剃前齿形的齿顶作出加宽的凸角，使齿根部切出沉割，减轻剃齿刀齿顶负荷，以提高剃齿刀的寿命。

4）磨前齿形作出带圆头的凸角，使齿根有少量的沉割，磨齿后齿形能与齿底光滑衔接。这种齿形能保留齿底热处理获得的表面应力状态，适合重载齿轮的磨前加工。

2. 硬质合金刮削滚刀的特点

图 11-19 所示是硬质合金刮削滚刀，它可用于 45～64HRC 硬齿面的精加工，代替磨齿。这种技术提高了大模数齿轮精加工的效率。

硬质合金刮削滚刀设计成直槽 −30°前角，刀片选用 YT05 新牌号，采用真空炉焊，制造精度高。齿坯预先用剃前齿滚刀加工，留出适当的精刮余量。热处理后可用 v_c = 30～70m/min 速度刮削滚齿。A 级滚刀可加工 7～8 级齿轮，齿面粗糙度值达到 R_a0.32～1.25μm。

五、齿轮滚刀的选用

工具厂生产的标准齿轮滚刀是用于加工渐开线齿轮的。一般都是直槽阿基米德滚刀，中模数范围：1～10mm，小模数范围：0.1～1mm。精度等级分 AA、A、B、C 几种，分别适合于加工 7 级、8 级、9 级、10 级精度的齿轮。

中、大模数的齿轮滚刀，其齿槽较深。为了节省材料，改进滚刀工艺，常采用镶齿结构。镶齿滚刀可分为镶齿条的和镶单齿的两种。

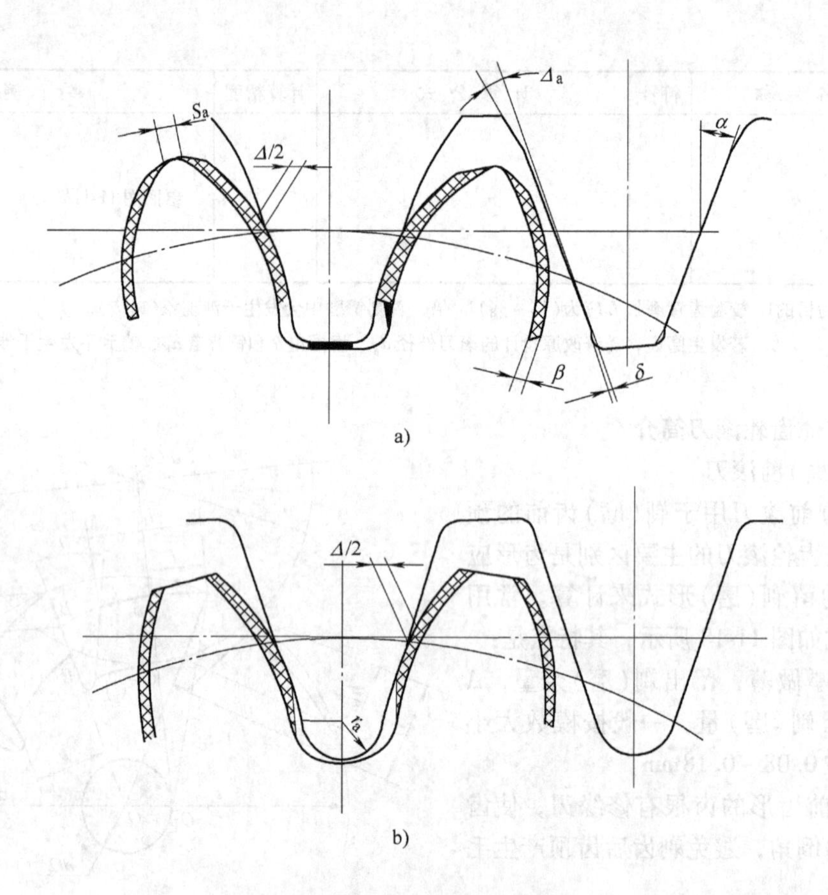

图 11-18 剃前、磨前滚刀的齿形

a）带凸角修缘齿形 b）圆头凸角齿形

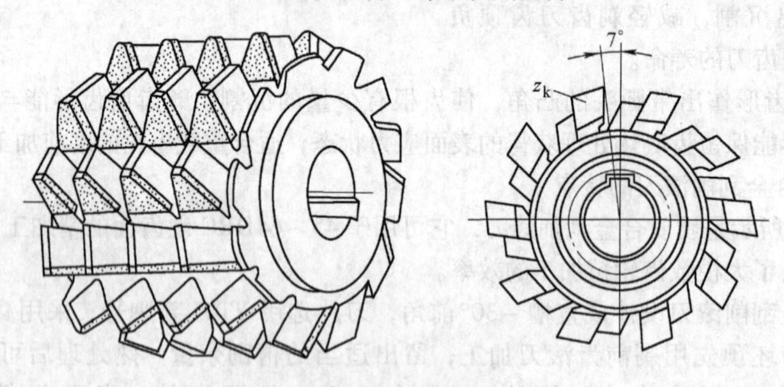

图 11-19 硬质合金刮削滚刀

根据滚刀工艺要求，滚刀又可分为精滚刀、粗滚刀、留剃滚刀、留磨滚刀几种。精滚刀都是单头滚刀，粗加工用的滚刀为了提高滚齿效率，可做成二头或三头的。

除以上所述这些滚刀外，还有许多改进设计的齿轮滚刀。如正前角、大直径、多头、加长滚刀，还有新钢种高速钢、整体硬质合金和镶片滚刀等。它们对于保证切齿精度，提高刀具寿命和生产率都有显著效果。

标准齿轮滚刀选择的原则是：

1）基本尺寸(模数、压力角)根据被切齿齿轮参数，按滚刀端面上标志的数据来选。

2）滚刀的精度等级与类型根据工艺文件选择。

3）滚刀旋转方向，应该尽可能选与被切齿齿轮螺旋方向相同。滚直齿轮时常用右旋滚刀。

第五节 蜗轮滚刀与飞刀

一、蜗轮滚刀的工作原理与进给方式

利用齿轮滚刀加工蜗轮时，其工作原理就是利用蜗轮杆啮合工作原理，蜗轮滚刀相当于工作蜗杆。加工时，蜗轮滚刀与蜗轮的轴交角、中心距也应与蜗杆、蜗轮副工作状态完全相同。滚刀工作时不允许有沿蜗轮轴向的移动，这是因为轴向剖面中的蜗轮齿底是圆弧形(即具有喉径)，滚刀的轴线又在圆弧的中心位置上，故滚刀不能沿蜗轮轴向进给，也就是加工时只能采用沿蜗轮的径向或切向进给。

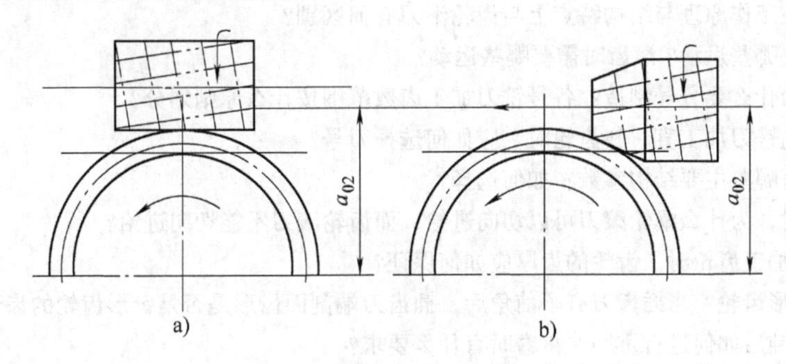

图 11-20 滚切蜗轮时的进给方式图

a）径向进给 b）切向进给

径向进给应用较多，如图 11-20a 所示。滚刀沿蜗轮直径方向切入，到达规定中心距后停止进给，在继续滚转一周后退刀。当滚刀头数多、螺旋角较大时，径向进给容易因干涉使蜗轮齿形被过切，影响蜗轮副工作质量。

切向进给如图 11-20b 所示。滚刀沿本身轴线进给，啮合中心距保持不变。此时工件除展成运动外还需有一个附加的运动，即滚刀移动一个齿距，工件多转 $1/z$ 周。

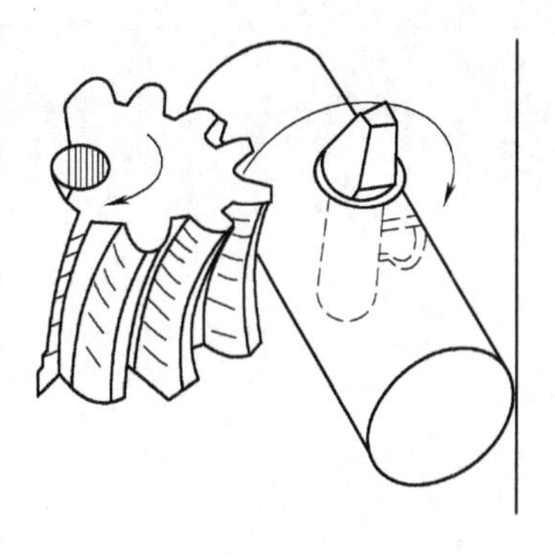

图 11-21 蜗轮飞刀

二、蜗轮滚刀的结构特点

蜗轮滚刀是根据工作蜗轮副参数设计的专用滚刀。外形结构上与齿轮滚刀比较有如下的特点：

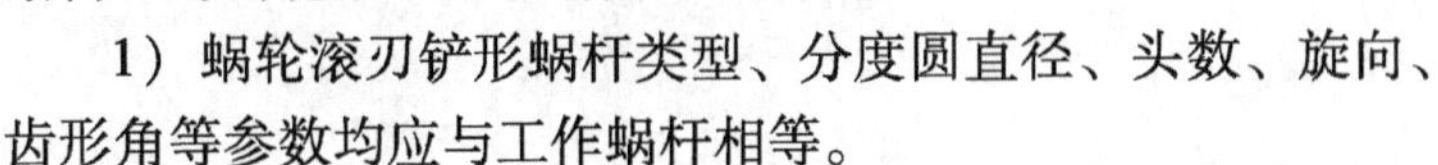

1）蜗轮滚刀铲形蜗杆类型、分度圆直径、头数、旋向、齿形角等参数均应与工作蜗杆相等。

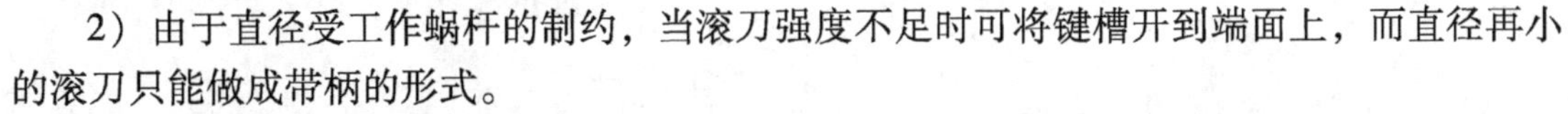

2）由于直径受工作蜗杆的制约，当滚刀强度不足时可将键槽开到端面上，而直径再小的滚刀只能做成带柄的形式。

3）由于直径受工作蜗杆的制约，往往导程角较大，常用螺旋槽的结构。一般又多采用零前角，以减少设计制造误差。

4）注意有切削锥的蜗轮滚刀，大多需用切向进给的工艺，而且要验算蜗轮副的参数是否满足径向装配条件。

三、蜗轮飞刀的特点

加工蜗轮可以使用蜗轮飞刀代替蜗轮滚刀。飞刀相当于切向进给蜗轮滚刀的一个刀齿，是属于切向进给加工蜗轮的刀具。

蜗轮飞刀需经专门设计刃磨齿形，安装在刀轴上，如图 11-21 所示。

飞刀只能用非常小的进刀量，切削效率较低。但结构简单，刀具成本低。选用很小的进给量也可使蜗轮的加工精度达到 7 ~ 8 级，适合单件生产。

复习思考题

1. 按齿轮齿形加工原理，齿轮刀具有哪两大类？包含哪些刀具？
2. 渐开线基本蜗杆有哪几种？常用哪种？为什么？
3. 滚刀的前角和后角是怎样形成的？它们分别与哪些参数有关？
4. 蜗轮滚刀在工作原理与结构特点上与齿轮滚刀有何区别？
5. 插齿时需要哪些运动？滚齿时需要哪些运动？
6. 齿轮铣刀为什么要分号制造？各号铣刀加工齿数范围按什么原则划分？
7. 用盘形齿轮铣刀加工直、斜齿轮时，应如何选择刀号？
8. 齿轮滚刀有哪些主要结构参数？如何选择？
9. 加工零件时，为什么蜗轮滚刀可以切向进给，而齿轮滚刀不能切向进给？
10. 用插齿刀加工齿轮时，齿轮的齿厚应如何保证？
11. 什么是铲形齿轮？当插齿刀有了前角后，插齿刀端剖面齿形是否是铲形齿轮的齿形？
12. 插齿刀用钝后如何进行重磨？重磨时有什么要求？
13. 剃齿刀用于什么场合？它有什么优缺点？

第十二章　砂轮与磨削

本章应知

1. 熟悉砂轮的特性——磨料、粒度、结合剂、硬度、组织五大参数及各类型砂轮。
2. 了解磨削原理及磨削三个阶段。

本章应会

1. 会正确选择砂轮、平衡砂轮、修整砂轮。
2. 掌握平面磨床一般操作，并能保证磨削表面质量。

磨削是机械制造中常用的加工方法之一，应用范围广泛。各种加工表面的粗、精、超精加工均可进行，磨削时，是用磨具如砂轮以较高的线速度对工件进行加工。例如外圆磨削时，其主运动的砂轮的高速旋转，进给运动包括：①工件的旋转进给；②工件轴向运动；③砂轮径向进给。

本章仅阐述砂轮、磨削表面质量等。

第一节　砂　　轮

砂轮是利用模具将具有一定粗细大小的磨料(磨粒)用结合剂压制成一定形状，再烧结而形成的多孔体，如图12-1所示。

一、砂轮的特性要素

砂轮的特性由磨料、粒度、结合剂、硬度及组织等五个参数决定。

1. 磨料

磨料分为天然磨料和人造磨料两大类。一般天然磨料含杂质多，质地不匀。常用人造磨料有：

(1) 氧化物系　刚玉类：棕刚玉(A)、白刚玉(WA)、铬刚玉(PA)。

(2) 碳化物系　黑碳化硅(C)、绿碳化硅(GC)。

(3) 立方氮化硼　立方氮化硼(CBN)。

(4) 人造金刚石　人造金刚石(MBD等)。

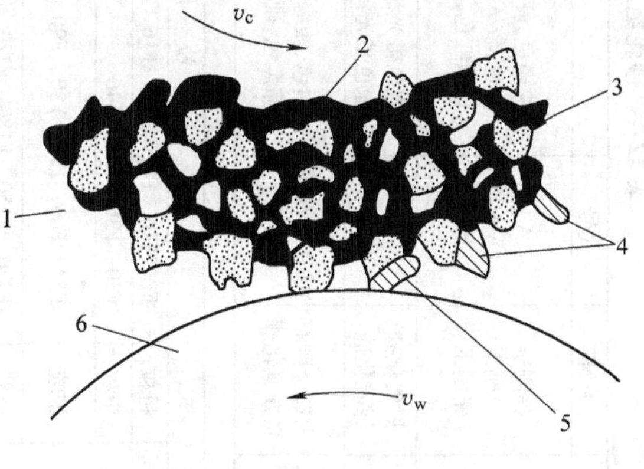

图12-1　砂轮的构造

1—砂轮　2—结合剂　3—磨粒　4—磨屑　5—气孔　6—工件

2. 粒度

粒度是指磨粒的大小。粒度有两种表示方法。对于用筛选法来区分的较大的磨粒(制砂轮用)，以每英寸筛网长度上筛孔的数目来表示。如F46粒度表示磨粒刚能通过每英寸46格的筛网。所以粒度号愈大，磨粒的实际尺寸愈小。对于沉积法且用显微镜测量来区分的微

表 12-1 砂轮组成要素、代号、性能和适用范围

砂轮 — 磨粒 — 磨料

系别	名称	代号	性能	适用范围
刚玉	棕刚玉	A	棕褐色，硬度较低，韧性较好	磨削碳素钢、合金钢、可锻铸铁与青铜
	白刚玉	WA	白色，较A硬度高，磨粒锋利，韧性差	磨削淬硬的高碳钢、合金钢、高速钢、磨削薄壁零件，成形零件
	铬刚玉	PA	玫瑰红色，韧性比WA好	磨削高速钢、不锈钢、成形磨削、刀具刃磨，高表面质量磨削
碳化物	黑碳化硅	C	黑色带光泽，比刚玉类硬度高、导热性好、但韧性差	磨削铸铁、黄铜、耐火材料及其他非金属材料
	绿碳化硅	GC	绿色带光泽，较C硬度高、导热性好、韧性较差	磨削硬质合金、宝石、光学玻璃
超硬磨料	人造金刚石	MBD、RVD等	白色、淡绿、黑色，硬度最高，耐热性较差	磨削硬质合金、光学玻璃、宝石、陶瓷等高硬度材料
	立方氮化硼	CBN	棕黑色，硬度仅次于MBD，韧性较MBD等好	磨削高性能高速钢、不锈钢、耐热钢及其他难加工材料

砂轮 — 磨粒 — 粒度

类别		粒度号	适用范围
磨粒	粗粒	F8 F10 F12 F14 F16 F20 F22 F24	粗磨
	中粒	F30 F36 F40 F46	一般磨削。加工表面粗糙度可达 $R_a0.8\mu m$
	细粒	F54 F60 F70 F80 F90 F100	半精磨、精磨和成形磨削。加工表面粗糙度值可达 $R_a0.8 \sim 0.1\mu m$
	微粒	F120 F150 F180 F220	精磨、精密磨、超精磨、成形磨、刀具刃磨、珩磨
微粉		F230 F240 F280 F320 F360 F400 F500 F600 F800 F1000 F1200 W3.5 W2.5 W1.5 W1.0 W0.5	精磨、精密磨、超精磨、珩磨、螺纹磨 超精密磨、镜面磨、精研，加工表面粗糙度值可达 $R_a0.05 \sim 0.01\mu m$

砂轮 — 结合剂 — 种类

名称	代号	特性	适用范围
陶瓷	V	耐热、耐油和耐酸、碱的侵蚀，强度较高，但性较脆	除薄片砂轮外，能制成各种砂轮
树脂	B	强度高，富有弹性，具有一定抛光作用，耐热性差，不耐酸碱	荒磨砂轮、磨窄槽、切断用砂轮、高速砂轮、镜面磨砂轮
橡胶	R	强度高，弹性更好，抛光作用好，耐热性差，不耐油和酸，易堵塞	磨削轴承沟道砂轮，无心磨导轮，切割薄片砂轮，抛光砂轮

砂轮 — 结合剂 — 硬度

等级	超软			软			中软		中		中硬			硬		超硬
代号	D	E	F	G	H	J	K	L	M	N	P	Q	R	S	T	Y
选择	磨未淬硬钢选用L ~ N，磨淬火合金钢选用H ~ K，高表面质量磨削时选用K ~ L，刃磨硬质合金刀具选用H ~ J															

砂轮 — 气孔 — 组织

组织号	0	1	2	3	4	5	6	7	8	9	10	11	12	13	14
磨粒率(%)	62	60	58	56	54	52	50	48	46	44	42	40	38	36	34
用途	底形磨削、精密磨削				磨削淬火钢、刀具刃磨				磨削韧性大而硬度不高材料					磨削热敏性大的材料	

细磨粒(称微粉,供超精磨和研磨用)，如 F280 即表示它的基本颗粒尺寸为 40 ~ 28μm(旧标准中实际最大尺寸前加 W 来表示粒度粗细,“W”表示微粉)。

3. 结合剂

把磨粒固结成磨具的材料称为结合剂。结合剂的性能决定了砂轮的强度、耐冲击性、耐腐蚀性和耐热性。此外，它对磨削温度和磨削表面质量也有一定的影响。

4. 硬度

磨粒在外力作用下从磨具表面脱落的难易程度称为硬度。砂轮的硬度反映结合剂固结磨粒的牢固程度。砂轮的硬度对磨削生产率和磨削表面质量都有很大的影响。如果砂轮太硬，磨粒磨钝后仍不能脱落，则磨削效率很低，工件表面粗糙并可能被烧伤。如果砂轮太软，磨粒未磨钝已从砂轮上脱落，砂轮损耗大，形状不易保持，影响工件质量。选用砂轮时，应根据工件要求选择合适的砂轮硬度，以便砂轮有一定的自脱性，从而保证削磨量和效率。

5. 组织

组织表示砂轮中磨料、结合剂和气孔间的体积比例。根据磨粒在砂轮中占有的体积百分数(称磨料率)，砂轮可分为 0 ~ 14 组织号。组织号从小到大，磨料率由大到小，气孔率由小到大。组织号大，砂轮不易堵塞，切削液和空气容易带入磨削区域，可降低磨削温度，减少工件变形和烧伤，也可提高磨削效率。但组织号大，不易保持砂轮的轮廓形状。

表 12-1 列出了砂轮的五个参数、代号、性能和适用范围，供选用砂轮时参考。

二、砂轮的形状、尺寸和标志

为了适应在不同类型磨床上的各种使用需要，砂轮有许多形状。常用的砂轮形状、代号和用途见表 12-2。

砂轮的标志印在砂轮端面上。其顺序是：形状代号、尺寸、磨料、粒度号、硬度、组织，见表 12-2 下端。

表 12-2　常用砂轮的形状、代号及主要用途

代号	名　称	断面形状	形状尺寸标记	主要用途
1	平面砂轮	D　T　H	1—$D\times T\times H$	磨外圆、内孔、平面及刃磨刀具
2	筒形砂轮	D　W≤0.17D　W　T	2—$D\times T$—W	端磨平面
4	双斜边砂轮	D　U　T　H	4—$D\times T/U\times H$	磨齿轮及螺纹
6	杯形砂轮	D　E>W　W　T　E　H	6—$D\times T\times$ H—W，E	端磨平面，刃磨刀具后刀面

（续）

代号	名　称	断 面 形 状	形状尺寸标记	主 要 用 途
11	碗形砂轮		11—$D/J \times T \times H$ —W，E，K	端磨平面，刃磨刀具后刀面
12a	碟形一号砂轮		12a—$D/J \times T/U$ $\times H$—W，E，K	刃磨刀具前刀面
41	薄偏砂轮		41—$D \times T \times H$	切断及磨槽

注：↓所指表示基本工作面。

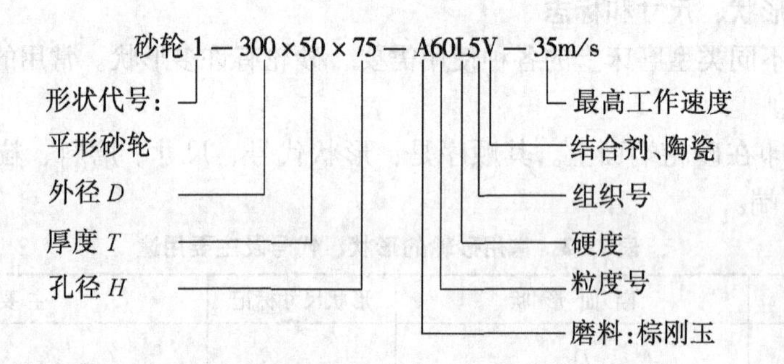

三、SG 砂轮

20 世纪 80 年代美国推出两种新的陶瓷刚玉磨料 Cubitron(3M 公司）和 SG(Norton 公司）。SG 韧性好(为原来刚玉的 2 ~2.5 倍)，晶体很小(0.1 ~0.2μm，而原来刚玉为 5 ~10μm)，耐磨，自锐性好，磨粒锋利，形状保持好，寿命长。因此磨除率(单位时间内磨除材料量)高，磨削比(磨除材料量与砂轮损耗量之比)大，但它的制造成本较高。目前常用的是 SG 与刚玉 WA、A 的混合砂轮，其中 SG 所占比例有 100%、50%、30%、20%、10% 等多种。分别称为 SG、SG5、SG3、SG2、SG1 砂轮。纯 SG 砂轮用于粗磨，SG5、SG3、SG2 和 SG1 等用于精磨。

除此以外，还有 SG 与 GC 混合的砂轮以及 SG 与 CBN 混合的砂轮。后者称为 CVSG。20 世纪 90 年代在工业发达国家 SG 和 CVSG 等砂轮已被普遍采用。

四、人造金刚石砂轮与立方氮化硼砂轮

人造金刚石砂轮与立方氮化硼砂轮统称超硬砂轮。

1. 人造金刚石砂轮

如图 12-2 所示的人造金刚石砂轮由磨料层、过渡层和基体三部分组成。磨料层由人造金刚石磨粒与结合剂组成，厚度约为 1.5 ~5mm，起磨削作用。过渡层不含人造金刚石，单

由结合剂组成，其作用是使磨料层与基体牢固地结合在一起，并使磨料层能全部得到使用。基体起支承磨削层的作用，并通过它将砂轮紧固在磨床主轴上。基体常用铝、钢、铜或胶木等制造。人造金刚石砂轮用于磨削超高硬度的脆性材料如硬质合金、花岗岩、宝石、光学玻璃和陶瓷等，还可磨削有一定韧性的热喷焊耐磨合金如 NiCr15C、NiWC35 等。

人造金刚石砂轮的结合剂有金属（代号 M，常用的是青铜）、树脂和陶瓷三种。金属结合剂的人造金刚石砂轮适于粗磨、半精磨和成形磨削。树脂和陶瓷结合剂的适于半精磨、精磨和抛光。

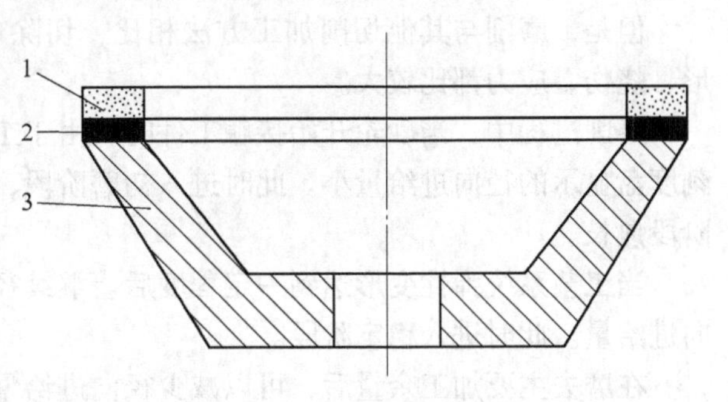

图 12-2　金刚石砂轮的构造
1—磨料层　2—过渡层　3—基体

2. 立方氮化硼砂轮

立方氮化硼砂轮的结构与人造金刚石砂轮相似，立方氮化硼只有一薄层。立方氮化硼磨粒非常锋利又非常硬，其寿命为刚玉磨粒的 100 倍。立方氮化硼砂轮用来磨削超硬的、高韧性的、难加工钢材，如高钒高速钢、耐热合金等。立方氮化硼砂轮特别适合高速磨削和超高速磨削，但需采用经改制的特殊水剂切削液而不能采用普通的水剂切削液。

第二节　磨削过程与砂轮的磨损

一、磨削过程

砂轮上的磨粒是一颗颗形状很不规则的多面体。磨粒尖端在砂轮上的分布，无论在方向、高低、间距方面，在砂轮的轴向和径向都是随机分布的。砂轮的形貌除决定于磨料种类、粒度号和组织号外，还取决于砂轮的修整情况。经修整后的砂轮，磨粒负前角可达 $-85° \sim -80°$。在磨削过程中，磨粒的形状还将不断变化。

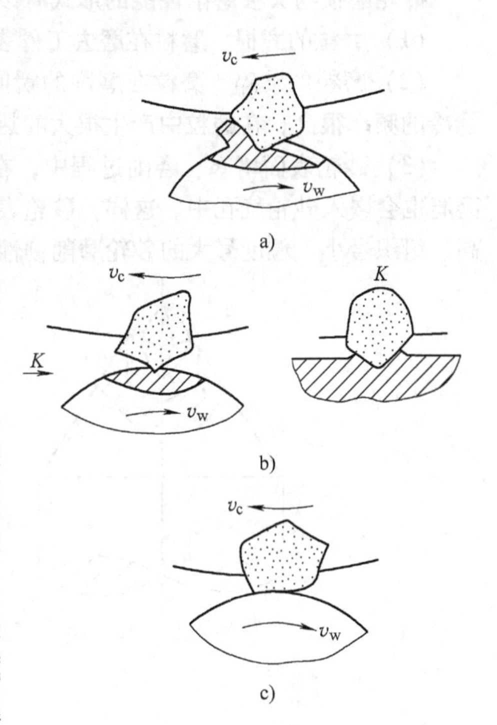

图 12-3　磨削过程中磨粒的切削、刻划和抛光作用
a）切削作用　b）刻划作用　c）抛光作用

磨削与铣削相比，磨粒刃口钝，形状不规则，分布不均匀。其中一些突出的和比较锋利的磨粒。切入工件较深，切削厚度较大，起切削作用（见图 12-3a）。由于切屑非常细微，磨削温度很高，磨屑飞出时氧化形成火花。比较钝的、突出高度较小的磨粒，切不下切屑，只起刻划作用（见图 12-3b），在工件表面上挤压出微细的沟槽，使金属向两边塑性流动，造成沟槽的两边微微隆起。更钝的、隐藏在其他磨粒下面的磨粒只稍微滑擦着工件表面，起抛光作用（见图 12-3c）。另外，即使参加切削的磨粒，在刚进入磨削区时，也先经过滑擦和刻划阶段，然后再进行切削。所以，磨削过程是包括切

削、刻划和抛光作用的综合复杂过程。

磨削所以能达到很高的精度和很小的表面粗糙度值，是因为经过精细修整的砂轮，磨粒具有微刃等高性；磨削厚度很小，除了切削作用外，还有挤压、抛光作用；磨床砂轮回转精度很高。工作台纵向液压传动；运动平稳，精度高，横向能微量进给。

但是，磨削与其他切削加工方法相比，切除单位体积的切屑功率消耗大，磨削表面变形、烧伤、应力都比较大。

磨削过程中，当砂轮开始接触工件时，由于工艺系统的弹性变形。实际背吃刀量比磨床刻度盘显示的径向进给量小。此时进入初磨阶段，工件、夹具、砂轮和磨床的刚性愈差，此阶段愈长。

当工艺系统弹性变形达到一定程度后。继续径向进给时，其实际背吃刀量基本上等于径向进给量。此时进入稳定阶段。

在磨去主要加工余量后，可以减少径向进给量或完全不进给再磨一段时间。这时，由于系统的弹性变形逐渐恢复，实际背吃刀量大于径向进给量。随着工件被磨去一层又一层，实际背吃刀量趋近于零，磨削火花逐渐消失。这个阶段为清磨（光磨）阶段，此阶段主要是为了提高磨削精度和表面质量。

掌握了这三个阶段的规律，在开始磨削时，可采用较大的径向进给量以提高生产率；最后阶段应无径向进给磨削以提高工件质量。

二、砂轮的磨损与修整

砂轮磨损与失去磨削性能的形式有以下几种：

（1）磨粒的磨损　磨粒在磨去工件表层的同时，自己的尖角也被磨平磨钝。

（2）磨粒的破碎　磨粒在磨削的瞬间升到高温，又在切削液的作用下骤冷。这种急热骤冷的频率很高，在磨粒中产生很大的热应力，磨粒容易因热疲劳而碎裂。

（3）砂轮表面堵塞　磨削过程中，在高温高压下被磨削材料会粘附在磨粒上，磨下的磨屑也会嵌入砂轮气孔中。这样，砂轮表面的气孔被堵塞，砂轮便失去磨削能力。使用硬度高、组织号小、粒度号大的砂轮磨削韧性材料时，砂轮最容易发生堵塞现象。

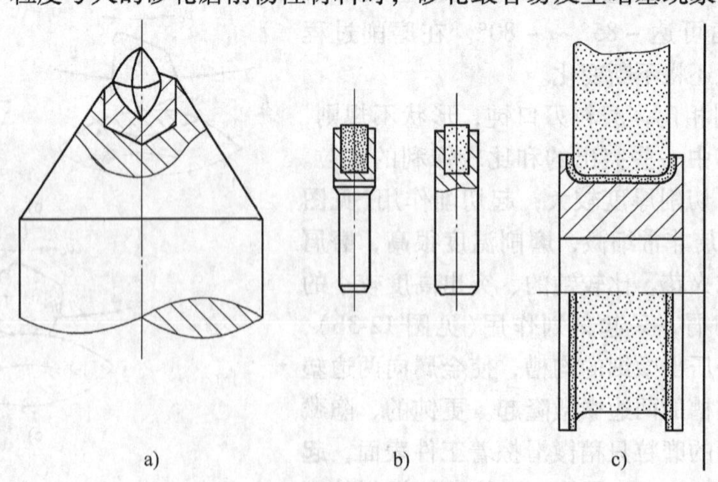

图 12-4　修整砂轮常用的工具

a）大颗粒金刚石笔　b）多粒细碎金刚石笔　c）金刚石滚轮

(4) 砂轮轮廓失真　砂轮表面的磨粒在磨削力作用下脱落不匀，使砂轮轮廓失真影响使用。砂轮硬度太软时容易发生失真现象。就应及时修整砂轮。

修整砂轮常用的工具有大颗粒金刚石笔(见图 12-4a)；多粒细碎金刚石笔(见图 12-4b)和金刚石滚轮(见图 12-4c)。如果砂轮外形失真较严重，也可在车床上用适当的车刀进行车削修磨。

第三节　磨削表面质量

磨削表面质量包括磨削的表面粗糙度、表面烧伤和表面残余应力三个方面，下面分别加以分析。

一、表面粗糙度

如图 12-5 所示，磨削表面粗糙度是由磨削残留面积和磨床、夹具、工件、工艺系统振动所形成的振纹所组成。

磨削的残留面积决定于砂轮的粒度、硬度、砂轮修整情况和磨削用量。适当的选择砂轮，并仔细修整，合理选择切削用量，可达到满意的表面粗糙度值。砂轮的粒度号大、硬度选择适当；修整砂轮时，金刚石笔切入量小，轴向进给慢；磨削时，v_c/v_w 大、f_a/B 小、f_z 小，则表面粗糙度值小。在磨削用量中，对表面粗糙度影响最大的是 v_c/v_w，其次是 f_a/B，影响最小的是 f_z。

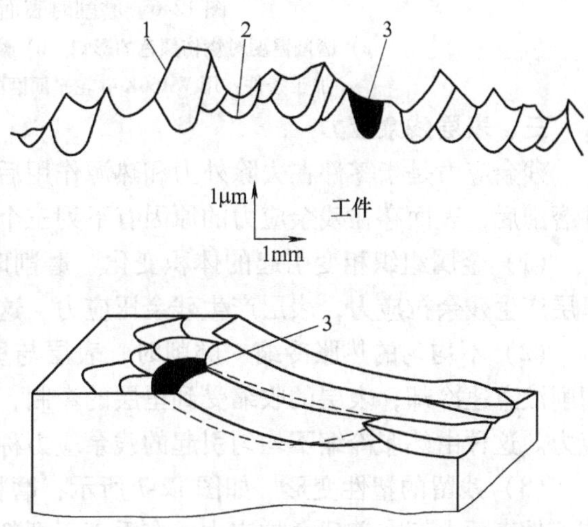

图 12-5　磨削时磨粒的切削层和工件表面的微观形状
1—某次磨削所得的表面　2—后一次磨削所得表面　3—某磨粒所切削的材料断面积

振动比残留面积对表面粗糙度的影响大。磨削中有强迫振动(磨床旋转部件不平衡而引起)，有低频共振(强迫振动频率与系统固有频率相近而引起)，还有高频自激振动等，其中尤以高频自激振动为常见。消除振动、减小振波的主要措施包括：控制磨床工件主轴的径向圆跳动，砂轮高速旋转部件经过仔细的平衡，工作台慢进给时无爬行，提高磨床动刚度，减小磨削用量，选择合适的砂轮和采取吸振措施等。

二、表面烧伤

磨粒在磨削过程中产生大量的磨削热，若不注意操作规程会使磨削表面急到升温造成表面层金属发生相变。其硬度与塑性等发生变化，造成表面烧伤，引起表面颜色发生变化。表面烧伤的颜色决定于磨削温度(见图 12-6a)与表面变质层的深度(见图 12-6b)。烧伤的程度轻重其颜色依次分为浅黄——黄——褐——紫——青等颜色，深色者为严重烧伤，肉眼可分辨，浅色者为轻度烧伤，须经酸洗后才能显现。

表面烧伤破坏了零件表面组织，影响零件的使用性能和寿命。避免烧伤就要减少磨削热和加速磨削热的传导。具体措施：可合理选用砂轮、磨削用量、充分冷却、精确控制砂轮的切入量等方法。

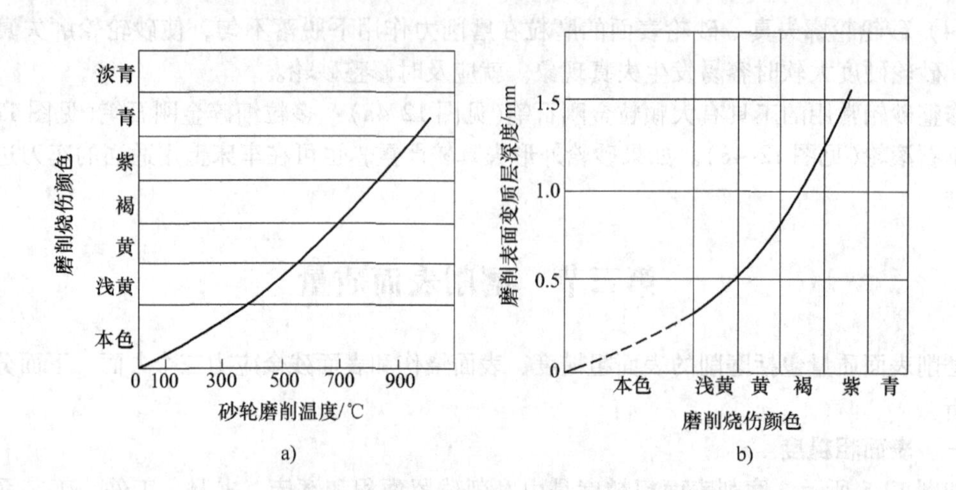

图 12-6 磨削时表面烧伤颜色的变化

a）磨削温度对烧伤颜色的影响 b）烧伤颜色与表面变质层深度的关系

加工条件：用 WA60K 砂轮平面磨削淬硬的工具钢，不加切削液

三、表层残余应力

残余应力是指零件在去除外力和热源作用后，残存着零件内部与外力相对抗的内力。零件磨削后，表面存在残余应力的原因有下列三个方面。

（1）金属组织相变引起的体积变化 磨削时，磨削温度使表层组织，体积膨胀，于是里层产生残余拉应力，表层产生残余压应力。这种由相变引起的残余应力称为相变应力。

（2）不均匀的热胀冷缩 磨削时，表层与里层温度相差较多。表层温度迅速升高又受切削液急速冷却，表层的收缩受到里层的牵制，结果里层产生残余压应力，表层产生残余拉应力。这种由热胀冷缩不均匀引起的残余应力称为热应力。

（3）残留的塑性变形 如图 12-7 所示，磨粒切削、刻划磨削表面后，在磨削速度方向，使工件表面上存在着残余拉应力；在垂直于磨削速度方向，由于磨粒挤压金属所引起的变形受两侧材料的约束，工件表面上存在着残余压应力。这种由于塑性变形而产生的残余应力称为塑变应力。

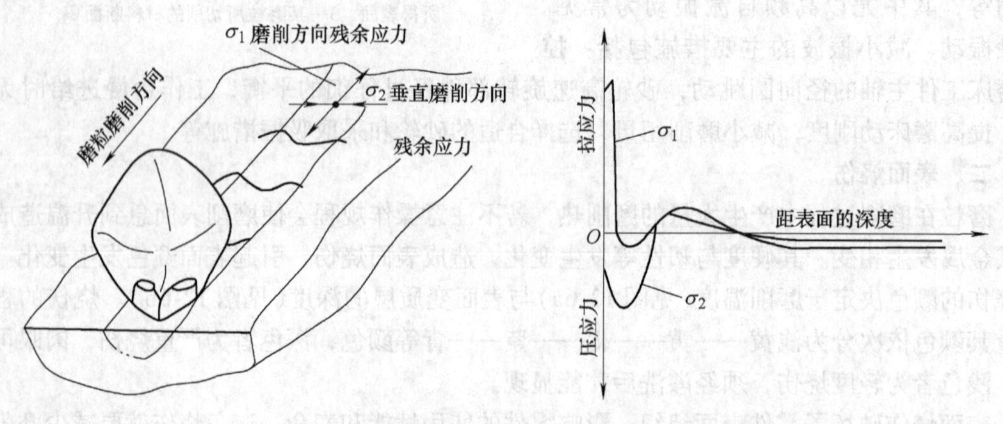

图 12-7 因磨削表面塑性变形而产生的残余应力

磨削后工件表层的残余应力是由相变应力、热应力和塑变应力合成的。

表面残余拉应力会降低零件的疲劳强度，与工作应力合成后还可能导致裂纹的产生。因此在考虑磨削工艺时，因尽量减少和避免残余拉应力的产生。比较有效的措施是：可采用立方氮化硼砂轮磨削，并减少砂轮切入量，采用切削液，增加清磨次数等。

第四节　先进磨削方法

先进磨削方法，为提高生产率和加工质量，常采用高速磨削、深切缓进磨削、超精密磨削、镜面磨削以及砂带磨削等方法。

一、高速磨削

高速磨削是指砂轮线速度大于45m/s的磨削。高速磨削的特点是：

1）如砂轮每颗磨粒的切削厚度不变，则高速磨削可大大提高磨削生产率。

2）如磨削生产率不变，则高速磨削的磨削厚度减少，磨粒负荷减轻，砂轮寿命提高；磨削表面粗糙度值减小；F_p 减少，工件精度可提高。

高速磨削必须采取的措施是：

1）使用高速砂轮，目前国内主要采用含硼陶瓷结合剂和添入加强纤维网的树脂结合剂的刚玉或碳化硅砂轮，国外采用陶瓷结合剂的立方氮化硼砂轮和电镀金刚石砂轮。

2）使用高速磨床，国外已使用磁浮轴承和砂轮自动平衡技术，采用油水混合磨削液，气流挡板和特殊喷嘴以及有效的排屑、过滤装置。

3）采用自动上料与自动检测装置等以减少辅助时间。

二、深切缓进磨削

深切缓进磨削又称蠕动磨削，是一种高效磨削工艺。它的背吃刀量达1～30mm，工件进给速度为10～100mm/min，是普通磨削的1/1000～1/100。磨钢时材料切除率可达3kg/min，磨铸铁时可达4.5～5kg/min。可直接从铸、锻毛坯上磨出成品，以磨代车，以磨代铣。它适合磨削成形表面和沟槽，特别适合于耐热合金等难加工材料和淬硬金属的成形加工。

深切缓进磨削的特点是：

1）由于磨削弧面大，参加切削的磨粒多，且节省了工作台频繁往返所花费的制动、换向和两端越程时间，生产率比普遍磨削高3～5倍。

2）由于砂轮不需要无数次撞入工件端部锐边，所以能较长时间保持砂轮的轮廓精度。

3）磨削力很大，磨削温度很高，工件表面易烧伤，磨床容易振动。

深切缓进磨削必须采取的措施是：

1）要采用顺磨，并用大量切削液（压力高达0.8～1.2MPa，流量达80～200L/min）来冷却和冲走脱落的磨粒及磨屑。

2）要选用超软的、粒度号小、组织号大的或大气孔砂轮。磨削耐热合金等难加工材料，最好采用WA与GC混合磨料或立方氮化硼砂轮。

3）对磨床要求功率大（砂轮电动机功率为0.2～1.0kW/mm砂轮宽），主轴承载能力高，刚度要大于140N/mm；工件台低速运动均匀无爬行，并有快速返程装置；要有高效的切削液过滤装置。

三、超精密磨削与镜面磨削

磨削后表面粗糙度值在 R_a0.01～0.05μm之间表面的磨削方法称为超精密磨削。能磨的

表面粗糙度值在 $R_a0.05\mu m$ 以下表面的磨削方法称为镜面磨削。

超精密磨削与镜面磨削必须采取的措施有：

1）要采用高精度磨床，磨床要恒温、隔离安装。

2）超精密磨削使用棕刚玉、白刚玉或微晶刚玉磨料，粒度 F60 ~ F80 陶瓷结合剂，硬度 K、L 的砂轮。镜面磨削使用铬刚玉、白刚玉或白刚玉和绿碳化硅混合磨料粒度 F280 ~ F800，改性酚醛树脂结合剂并加石墨填料，硬度为 E、F 的砂轮。镜面磨削使用的这种砂轮称为微粉弹性砂轮。用它磨削，切削能力微弱，但抛光作用很好，能获得镜面。

3）砂轮要用金刚石笔精细修整。

4）对前道工序工件的尺寸、形状、位置精度和表面粗糙度都有较高的要求。这两种磨削的用量为：砂轮线速度 $v_c = 15 \sim 20m/s$，工件线速度 $v_w = 5 \sim 15m/min$，工作台移动速度 $v_a = 50 \sim 200mm/min$，$f_r = 2 \sim 5\mu m$，磨削时径向进给 1 ~ 3 次，然后无进给清磨几次至几十次。

四、砂带磨削

用高速运动的砂带作为磨削工具，磨削各种表面的方法称为砂带磨削(见图 12-8)，砂带由基体、结合剂和磨粒组成(见图 12-9)。常用的基体是牛皮纸、布(斜纹布、尼龙纤维、涤纶纤维)和纸—布组合体。纸基砂带平整，磨出的工件表面粗糙度值小；布基承载能力高。纸—布基综合两者的优点。砂带上结合剂有两层，底胶把磨粒粘结在基体上，复胶固定磨粒间的位置，结合剂常用的是树脂。砂带上仅有一层经过精选的粒度均匀的磨粒，通过静电植砂，使其锋刃向上，切削刃具有较好的等高性。因此，材料切除率高，磨削表面质量好。

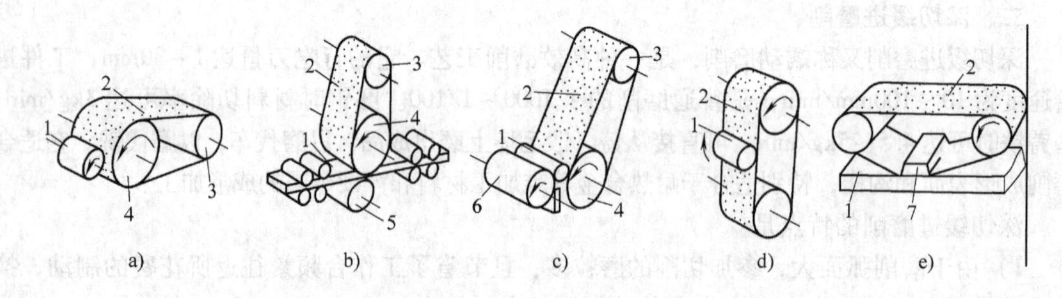

图 12-8 砂带磨削的几种形式

a）磨外圆 b）磨平面 c）无心磨 d）自由磨削 e）砂带成形磨削

1—工件 2—砂带 3—张紧轮、承载轮 4、5、6—导轮 7—成形导向板

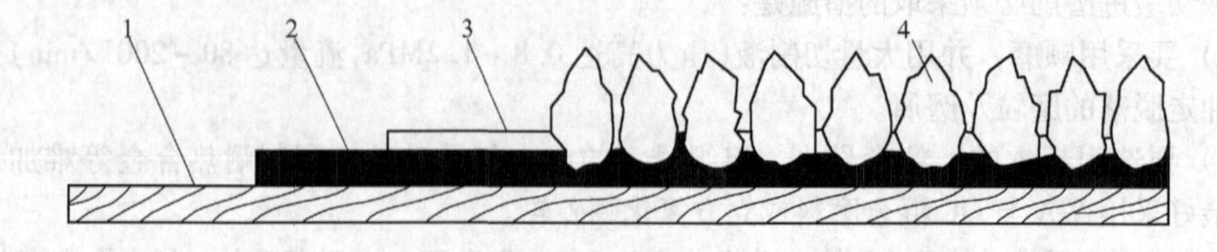

图 12-9 砂带的结构

1—基体 2—底胶 3—复胶 4—磨粒

目前工业发达国家的砂带磨削已占磨削加工量的一半左右。砂带磨削有以下特点：

1）砂带上磨粒颗颗锋利，砂带磨削面积大，所以生产率比铣削和砂轮磨削都高得多。

它除了可磨金属外，还可磨木材、皮革、橡胶、石材和陶瓷等。

2）磨削温度低，砂带有弹性、磨粒可退让，工件不会烧伤和变形，加工质量好。

3）砂带柔软，能贴住成形表面磨削，适合磨削复杂的型面。

4）砂带磨床结构简单，功率消耗少，但占用空间大，噪声大。

5）不能磨削小直径深孔、不通孔、柱坑孔、阶梯外圆和齿轮等。

6）砂带消耗量很大。

复习思考题

1. 简述磨削加工的主要特点。
2. 砂轮有哪些组成要素？常用磨料有哪些？
3. 如何选择砂轮硬度？
4. 什么是砂轮组织号？它对砂轮性能有什么影响？
5. 磨料粒度号是如何制定的？粒度主要根据什么选择？
6. 磨屑是怎样形成的？磨削过程分哪三个阶段？如何利用这一规律来提高磨削表面质量及生产效率？
7. 为什么不宜磨削黄铜和铝合金？
8. 什么叫高速磨削？高速磨削有什么特点？应注意什么问题？

第十三章　涂层刀具

本章应知

1. 了解涂层刀具及其广泛应用的PVD、CVD涂层方法。

2. 了解涂层材料、基体材料、涂层方式、涂层厚度及软硬涂层等知识。

本章应会

会依加工材料的不同选择合适的涂层刀具。

涂层刀具是指利用涂层技术将传统刀具涂覆一层薄膜，从而使刀具性能产生巨大的变化。刀具的涂层技术在现代切削加工和刀具发展中产生了深远的影响，涂层刀具已经成为现代刀具的标志。目前，在国外刀具涂层已达70%以上。涂层技术已应用于立铣刀、钻头、铰刀、各种切齿刀具、拉刀、转位刀片等。涂层性能的不断提高已适应了高速切削、干切削、硬切削的耐热性和防剥落性，满足了高速切削加工高强度高硬度铸铁、铸钢、不锈钢、钛合金、镍合金、铝合金、粉末冶金、非金属材料等的生产技术各种要求。

目前常用的刀具涂层方法有化学气相沉积(CVD)、物理气相沉积(PVD)、等离子体化学气相沉积(PCVD)、盐浴浸镀法、等离子喷涂、热解沉积涂层以及化学涂覆法等方法。其中以CVD和PVD应用最为广泛，下面作简单介绍。

第一节　涂层方法

利用气相之间的物理、化学过程，在材料表面形成具有特定性能的金属或化合物涂层工艺方法，称为气相沉积。它是一种发展迅速、应用广泛的表面涂覆技术。气相沉积按形成的基本原理，可以分为物理气相沉积(Physical Vapor Deoosition——PVD)和化学气相沉积(Chemical Vapor Deposition——CVD)。

1. 物理气相沉积(PVD)

物理气相沉积是在真空条件下，利用热蒸发或辉光放电、弧光放电等物理过程，在基体表画上沉积具有特定功能的薄膜或涂层的技术。其特点是：涂镀层材料广泛，可以镀制各种金属、合金、氧化物、碳化物、氮化物等化合物的单质涂层，也可以是多层或复合涂层；涂层工艺温度低，工件一般无受热变形或材料变质；涂层组织致密，纯度高；涂层工艺过程主要电参数易于控制与调节；无环境污染。但涂层与基体的结合强度低，尤其是冷作模具上的应用，易产生涂层剥落，根据涂层沉积时物理控制的差异，PVD可分为真空蒸发镀膜、真空溅射镀膜和等离子镀膜等。

(1) 真空蒸发镀膜　将蒸镀材料置于具有真空的装置中加热并气化，使材料中的大量的原子、分子或原子团离开其表面，直接到达具有一定温度的工件表面而冷凝成薄膜的过程称为真空蒸发镀膜。真空蒸发镀膜的沉积过程是由镀材蒸发、蒸发粒子的迁移和在工件表面的沉积三个基本过程组成。

（2）真空溅射镀膜　利用辉光放电或离子源产生的高能粒子轰击靶材（阴极）时，使靶材中的原子或其他粒子溅射出来，并沉积在工件表面上形成镀膜的方法称为溅射镀膜。其方法有两种：其一是离子束溅射，是指在真空状态下用离子束轰击靶材，使溅射出的粒子在基体表面成膜的方法；其二是阴极溅射，主要利用低压气体放电，使处于等离子状态下的粒子轰击溅射，溅射出的粒子沉积在基体表面的方法。溅射镀膜时的靶材无相变，化合物成分稳定，合金不易分馏，适合制备的膜材广泛。且溅射形成的薄膜附着力大，镀膜组织致密，无气孔。溅射镀膜还容易控制膜的成分，可以制成大面积均匀的各种合金膜、化合物膜、多层膜或复合膜。但装置复杂，膜易受溅射气氛的影响，沉积速率较低。

（3）离子镀膜　离子镀膜是在真空条件下，利用气体放电使气体或被蒸发物质离子化，在气体离子或被蒸发离子轰击作用的同时，把蒸发物或其反应物蒸镀在基体上。离子镀膜是把辉光放电、等离子技术与真空蒸发镀膜技术结合在一起，明显地提高了镀层的性能。

2. 化学气相沉积（CVD）

化学气相沉积是利用气态物质在需要涂层基体表面发生化学反应，而沉积固态薄膜或镀层的工艺方法。其沉积的粒子来源于化合物的气相分解反应，这是与物理气相沉积（PVD）的不同之处。用这种方法可将一种或几种含有构成薄膜元素的化合物、单质气体通入放有基体的反应室，借助气相作用或在基体的化学反应得到需要的薄膜。

化学气相沉积的基本结构组成包括初始气源、加热反应室和废气处理排放系统。初始气体包括化学性质不活泼的气体（如氮气）、还原气体（如氢气）及各种反应气体（如甲烷、二氧化碳等）。反应室可用电阻加热或高频感应加热。

化学气相沉积一般在900～1100℃的温度下进行。温高使化学反应速度加快，使吸附能力、分子或原子的扩散能力增强，从而成膜速度高，膜层与基体结合强度高，且不易剥落。

但温高，易引起工件变形、脱碳与力学性能下降，故此不适于低熔点材料或精密模具零件的处理。沉积后的工件往往需进行淬火和回火处理。

可在常压或低于大气压下进行金属、合金、陶瓷和各种化合物膜层的沉积，膜层组织致密而均匀，针孔少；可对结构或形状复杂的工件及工件上小而深的孔，槽等进行均匀的膜层沉积，并且容易控制膜层的纯度，化学成分和结构等。

第二节　涂层材料、基体材料、涂层方式、涂层厚度和涂层颜色

一、涂层材料

涂层材料应具有下列要求：

1）高温硬度。

2）良好的化学稳定性，并能与基体材料粘接牢固。

3）应具有渗透性和无气孔。

4）良好的工艺性和低的成本。

常用的涂层材料有碳化物、氮化物、氧化物、硼化物、碳氮化物聚晶金刚石和立方氮化硼等。表13-1和表13-2列出了常用的耐磨涂层材料和几种常用的涂层材料的物理力学性能。

表 13-1 常用的耐磨涂层材料

碳化物	TiC、HfC、SiC、ZrC、WC、VC、B_4C 等
氮化物	TiN、VN、TaN、CrN、ZrN、BN、Si_3N_4、AlN 等
氧化物	Al_2O_3、SiO_2、Cr_2O_3、TiO_2、HfO_2 等
硼化物	TiB_2、ZrB_2、NbB_2、TaB_2、WB_2 等
硫化物	MoS_2、WS_2、TaS_2 等
其他	TiCN、TiAlN、TiAlCN 等

表 13-2 几种常用的涂层材料的物理力学性能

性质		TiC	TiN	Ti(C,N)	Al_2O_3	TiB_2
显微硬度/GPa	20℃	32.0	19.5	26~32	30.0	32.5
	1100℃	32.0	19.5		30.0	6.00
弹性模量/GPa		500	260	352	530	420
热导率 λ /[W/(m·K)]	20℃	31.8	20.1		33.9	25.9
	1100℃	41.4	26.4		5.86	46.1
线胀系数 $\alpha\times10^{-6}/K^{-1}$		7.6	9.35	8.1	8.5	4.8
在空气中的抗氧化温度/℃		1100~1200	1100~1400			300~1500

二、基体材料

作为涂层刀具的基体材料应满足下列要求：

1）有良好的韧性和较高的强度。

2）具有高的硬度。

3）其化学成分要与涂层材料相匹配，相互之间粘接牢固。

4）其线胀系数要与涂层材料相匹配。

5）有高的导热性能等。

为了获得良好的使用性能，对于不同的涂层材料应使用相匹配的基体。表 13-3 列出了通常采用的硬质合金基体与涂层材料的组合。

表 13-3 常用硬质合金基体与涂层材料的组合

基体 \ 涂层材料		TiC	TiN	TiC—Ti(C,N)—TiN	HfN	TiC—Al_2O_3	TiC—Al_2O_3—TiN	Al_2O_3	Ti(C,N)—TiN—Al(O,N)
硬质合金	M16	◆		◆	◆	◆	◆	◆	◆
	P25		◆	◆	◆				
	P40	◆	◆						
	K10	◆	◆	◆				◆	

注：◆表不合适的硬质合金基体与涂层的组合。

三、涂层方式

涂层方式有单涂层、多涂层、梯度涂层、软/硬复合涂层、纳米涂层、超硬薄膜涂层等，如图 13-1 所示。

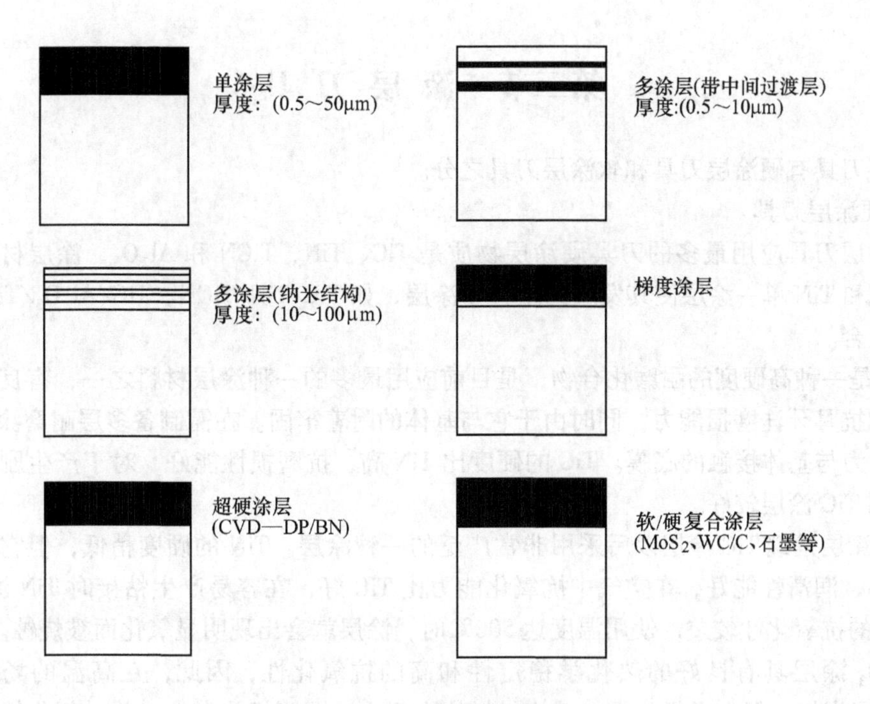

图 13-1 典型的涂层结构

四、涂层厚度

涂层厚度一般为 5～6μm。涂层太薄，则耐磨性能差，不能有效地保护基体；涂层太厚，则材料强度降低。不同的涂层物质有其不同的涂层厚度。由于涂层与基体材料之间的线胀系数的差别，在涂层中通常会产生残余应力。残余应力随涂层厚度增加而增大，过大的残余应力会导致产生裂纹，从而使材料的强度降低。涂层厚度增加，涂层刀片的硬度也增加，刀片的耐磨性能也相应地增加。但在某一涂层厚度以后，由于刀片的韧性下降易产生裂纹。因此，从刀片的寿命出发，应有一适宜的涂层厚度。涂层材料本身的硬度对涂层厚度也有影响，因此，较硬的 TiC 和 Al_2O_3 涂层通常比 TiN 涂层薄些。

五、涂层颜色

常用涂层的颜色见表 13-4。

表 13-4 常用涂层的颜色及性能

牌　号	涂层颜色	最高使用温度/℃	说　明
TiAlN	单层紫黑	800	通用高性能涂层
TiAlN	多层紫黑	700	适用断续切削
TiCN—MP	红—铜	400	高韧性通用涂层
MoVIC	绿—灰	400	MoS_2 基涂层
CrN	银亮	700	适用加工铜、钛
TiAlCN	红—紫	500	高性能用涂层
CBC(DLC)	灰	400	润滑涂层
GRADVIC	灰	400	TiAlCN + CBC
AlTiN	黑	800	属高性能涂层
AlTiN	黑	800	涂层表面质量好
AlTiN/SiN	紫蓝	1100	纳米结构

第三节 涂层刀具

涂层刀具有硬涂层刀具和软涂层刀具之分。

1. 硬涂层刀具

硬涂层刀具应用最多的刀具硬涂层物质是 TiC、TiN、TiCN 和 Al_2O_3，涂层材料已由最初的 TiC 和 TiN 单一涂层使其发展到复合多涂层，如 TiC/TiN/TiCN、TiC/Al_2O_3/TiN、TiAlN 等及其组合。

TiC 是一种高硬度的耐磨化合物，是目前应用最多的一种涂层材料之一，有良好的抗后面磨损和抗月牙洼磨损能力，同时由于它与基体的附着牢固。在需制备多层耐磨涂层时，常将 TiC 作为与基体接触的底膜。TiC 的硬度比 TiN 高，抗磨损性能好，对于产生剧烈磨损的材料，用 TiC 涂层较好。

TiN 涂层是继 TiC 涂层以后采用非常广泛的一种涂层。TiN 的硬度稍低，但它与金属的亲和力小，润滑性能好，在空气中抗氧化能力比 TiC 好，在容易产生粘接时 TiN 涂层较好。TiN 涂层的抗氧化性较差，使用温度达 500℃时，涂层就会出现明显氧化而被烧蚀。

Al_2O_3 涂层具有良好的热化学稳定性和高的抗氧化性，因此，在高温的场合下，用 Al_2O_3 涂层为好。但由于氧化铝与基体材料的物理化学性能相差太大，单一氧化铝涂层无法制成理想的涂层刀具。

TiCN 是在单一的 TiC 晶格中，氮原子占据原来碳原子在点阵中的位置而形成的复合化合物。由于 TiCN 具有 TiC 和 TiN 的综合性能，其硬度高于 TiC 和 TiN，将 TiCN 涂层作为涂层刀具的主耐磨层，可显著提高刀具的寿命。

TiAlN 是含有铝的 PVD 涂层。TiAlN 高温硬度高化学稳定性好、抗氧化磨损能力强、粘接能力高。加工高合金钢、不锈钢、钛合金、镍合金时，比 TiN 涂层刀具寿命提高 3～4 倍。在高速切削时，切削效果较好。TiAlN 涂层刀具特别适合于加工耐磨材料，如灰铸铁、硅铝合金等。

2. 软涂层刀具

除了硬涂层刀具外，还有软涂层刀具，在生产中并非所有原材料都适合采用硬涂层刀具加工，如航空航天工业使用的许多高硬度铝合金、钛合金或贵重金属材料等都不适合硬涂层刀具加工，目前此类材料仍主要使用无涂层的高速钢或硬质合金刀具加工。刀具软涂层的开发可以较好地解决此类材料的加工问题。刀具软涂层的主要成分为硫族化合物，如：MoS_2、WS_2、TaS_2 等。用气相技术将其沉淀在刀具表面形成固体润滑膜，从而使刀具具有润滑功能，此膜具有层状结构且各层的剪切强度较低和与摩擦表面的粘接能力强。故在切削时，刀具表面的固体润滑膜会转移到工件材料表面，形成转移膜，即是切削过程中摩擦发生在转移膜和润滑膜内部之间，从而达到减小摩擦系数和降低刀具磨损的目的。

复习思考题

1. 涂层刀具材料有何突出优点？
2. 涂层方法有哪些？
3. 涂层刀具的特点是什么？

第十四章　自动化生产用刀具

本章应知

了解认识数控刀具系统。

本章应会

1. 会进行刀片转位、更换刀片、刀头模块、刀夹、刀柄等。
2. 会调整刀具尺寸。
3. 会对数控机床进行一般操作。

机械加工自动化生产可分为以自动化生产线为代表的刚性专门化自动化生产和以数控机床、加工中心为主体的柔性通用化自动化生产。在刚性专门化自动化生产中，以采用的刀具专用化为主体。在柔性自动化生产中，则以采用的刀具尽量采用通用标准类刀具。

本章简要地介绍自动化生产用刀具的结构和使用特点。

第一节　自动化生产用刀具的特殊要求

机械加工自动化生产要求刀具除具有一般刀具应有的性能外，还应满足下列要求：

1）刀具应有较高的可靠性和寿命。

① 刀具应有较高的可靠性：自动化生产要求刀具有较高的可靠性，因此必须严格控制刀具材料的质量，刀具制造工艺，特别是热处理和刃磨工序，严格检查刀具质量，以保证完成额定的工作。

② 自动化生产用刀具寿命：实践表明，刀具尺寸寿命与刀具磨损量、工艺系统的变形和刀具调整误差等因素有关。在保证刀具寿命的前提下，要按时按量完成切削工作，则应采用耐磨性高的刀具材料或者选用较大的 a_p、f 和较低的 v_c。

2）保证可靠地断屑、卷屑和排屑。

3）能快速地换刀或自动换刀。

4）能迅速、精确地调整刀具尺寸。

5）刀具应有很高的切削效率。

6）应具有可靠的刀具工作状态监控系统。

数控切削加工过程中，刀具的磨损和破损是引起停机的重要因素。因此，必须对切削过程中刀具状态进行实时监控与控制；另外数控切削加工还应适应小批量多品种加工，并按预先编好的程序指令自动地进行加工。为此，对数控加工用刀具还有下列要求：

① 制订数控刀具的标准化、系列化和通用化结构体系。数控刀具系统应是一种模块式、层次化可分级更换、组合的体系。

② 建立完整的数据库及其管理系统。

③ 应有完善的刀具组装、预调、编码标志与识别系统。

④ 应建立切削数据库，以便合理地利用机床与刀具。

第二节　刀具快速更换、自动更换和尺寸预调

一、刀具快速更换和自动更换

1. 刀片转位或更换刀片

采用机夹式可转位刀具时，刀具磨损或损坏只需将刀片转位或更换的刀片，其精度与工件加工精度相匹配。

2. 更换刀头模块

生产中应用较广的是模块式车削工具系统。图 14-1 是该系统更换刀头模块示例。它有能完成车、镗、切断、攻螺纹和检测等刀头模块。刀头模块通过中心拉杆来实现快速夹紧或松开。在拉紧时，能使拉紧孔产生微小弹性变形而获得很高的精度和刚度，其径向精度为 ± 2μm，而轴向精度为 ± 5μm，自动更换刀时间仅为 2s。

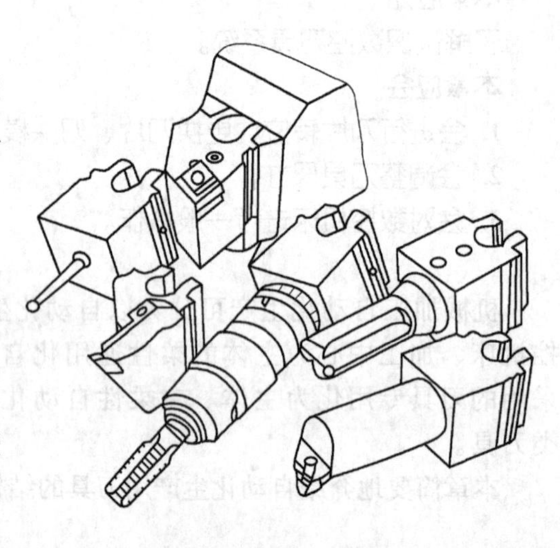

图 14-1　更换刀头模块

3. 更换刀夹

如图 14-2 所示，刀具与刀夹一起从机床上取下。刀片转位或更换后，在调刀仪上进行调刀。它的特点是可使用较低精度的刀片和刀杆，但刀夹精度要求较高。

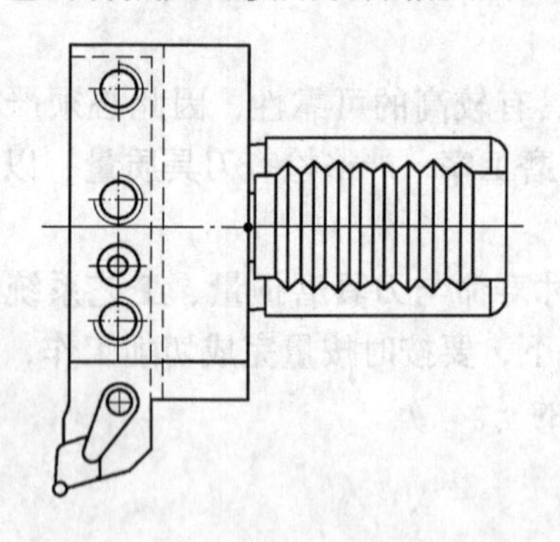

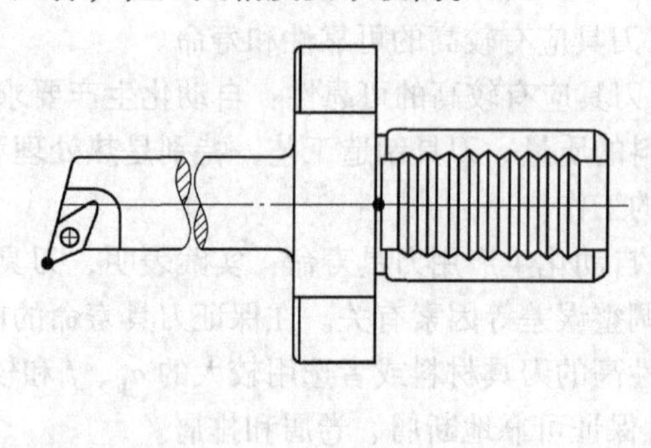

图 14-2　更换刀夹

4. 更换刀柄

加工中心和自动线上的镗刀、铣刀、丝锥、钻头和铰刀等刀具通常采用图 14-3 所示的换刀方式。这种换刀方式便于采用标准刀具和实现刀柄的系列化和标准化，能使调刀时的安装基准与刀具在机床上的安装基准一致，减少了安装误差。刀柄是通过中间接杆与标准刀具相连接的。为了确保刀具尺寸精

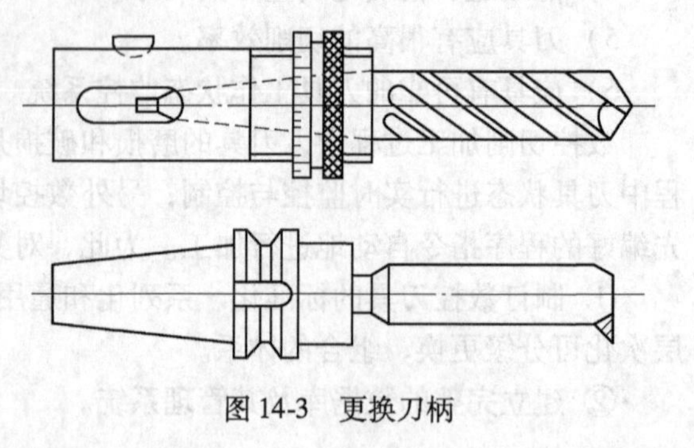

图 14-3　更换刀柄

度，刀柄和中间接杆的制造精度要求较高，制造困难。

5. 自动换刀

图 14-4 为带转塔刀架数控机床示意图。转塔刀架上配置了加工零件所需的刀具。加工时，按指令转动塔刀架转过一个或几个位置来进行自动换刀。如图 14-5 所示，在加工中心的刀库中存储着加工所需的刀具，按指令可使机床和刀库运动来实现自动换刀，也可通过刀库和机械手实现自动换刀。

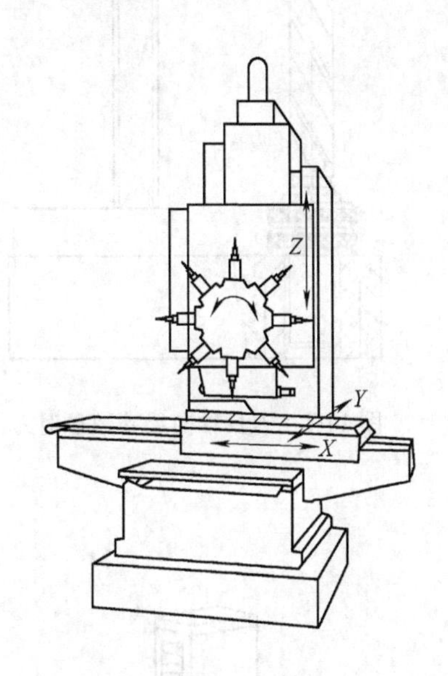

图 14-4　转塔刀架自动换刀

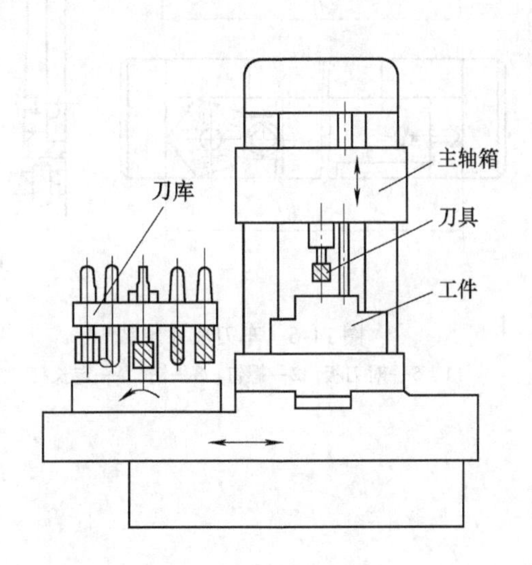

图 14-5　利用刀库和机床运动来自动换刀

二、刀具尺寸预调

为了实现刀具快换，并确保更换后不经试切，就可获得合格的工件尺寸，数控刀具或大多数自动线刀具都在机外预先调整到预定的尺寸。但也有除少数自动线刀具(例如大尺寸镗刀、不带接杆钻头、丝锥等)在机上预调刀具。

图 14-6a 为预调车刀用的对刀夹具，夹具上对刀板 1、5 间距离为预调尺寸 l。调节刀夹中定长杆 4 至刀尖间距离亦即为刀具的预调尺寸 l。图 14-6b 为车刀高度尺寸预调装置，它是利用螺钉 2 调节车刀底面上使刀尖高度达到 H 值。

图 14-7 所示为刀具轴向尺寸数显对刀装置，例如麻花钻、扩孔钻和复合孔加工刀具等轴向尺寸。

图 14-8 所示为镗刀对刀仪和校准样件，先用校准样件用来调整百分表零位，然后用对比法调整刀具。它广泛地用于机上调整镗刀尺寸。

对于精度要求较高的数控刀具，要采用示值精度较高的光学测量或预调仪进行预调。图 14-9 为单工位立式刀具预调仪。它的分辨率为 0.5μm，重复精度为 ±2μm。

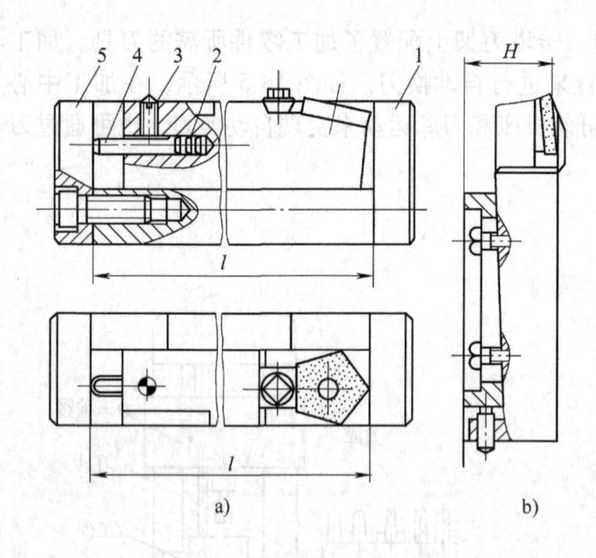

图 14-6 车刀尺寸预调

1、5—对刀板 2—螺钉 3—销 4—定长杆

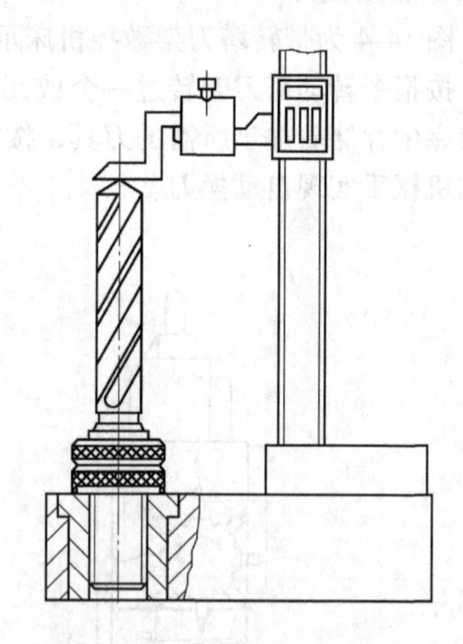

图 14-7 刀具轴向尺寸数显对刀

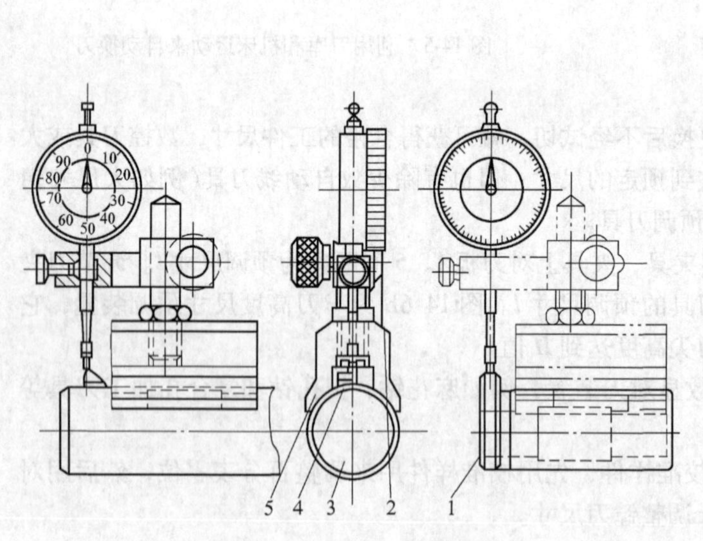

图 14-8 镗刀对刀仪和校准样件

1—校准样件 2—百分表 3—镗杆 4—镗刀 5—对刀仪

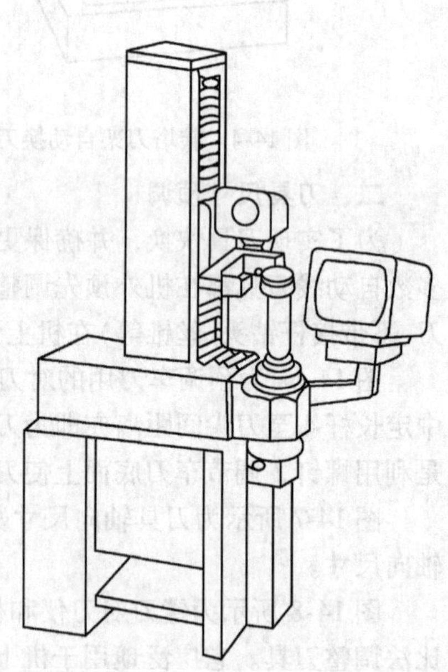

图 14-9 单工位立式刀具预调仪

第三节　数控刀具工具系统

数控刀具的工具系统是刀具与机床的接口。除了对刀具本身有要求外，还应有保证刀具快速更换所必需的定位、夹紧、抓拿及刀具保护等机构。而且还应尽可能标准化、系列化、模块化以提高数控刀具的通用化程度。使刀具的组装、预调、使用和管理便于进行，从而有利于数控切削数据库的建立。数控刀具的工具系统按使用范围可分为车削类和镗铣类数控工具系统；按系统的结构特点可分为整体式和模块式工具系统。其中模块式工具系统是将工具的柄部和工作部分分割开来，制成各种系统化的模块，然后经过不同规格的中间模块，组成一套不同规格的工具。下面介绍典型数控刀具系统。

一、数控车削加工刀具的工具系统

图 14-10 所示为数控车削工具系统的结构体系，它与下列因素有关：

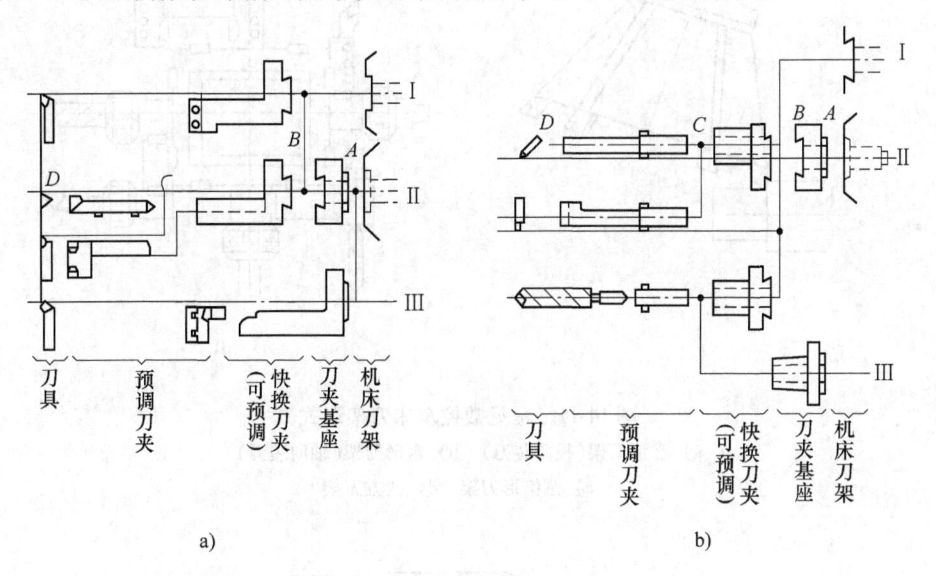

图 14-10　数控车削加工刀具的工具系统的一般结构体系

a）车外圆的刀具　b）车内孔的刀具

（1）车床刀架形式　由于机床刀架形式不同，刀具与机床刀架之间的刀夹、刀座等也各异。常见数控车床刀架形式如图 14-11 所示。

（2）刀具类型　刀具形式不同，所需刀夹亦不同。如固定尺寸刀具（钻头、铰刀等）与非固定尺寸刀具(外圆车刀、内孔车刀等)所用刀夹不同。

（3）刀具系统　根据刀具系统是否需要动力驱动，动力刀夹与非动力刀夹结构也不同，如图 14-12 所示为动力驱动的钻夹头。

世界上各著名刀具制造厂商都有自己的车削刀具系统，见表 14-1。它们都是模块式车削刀具系统(见图 14-13)，其特点如下：

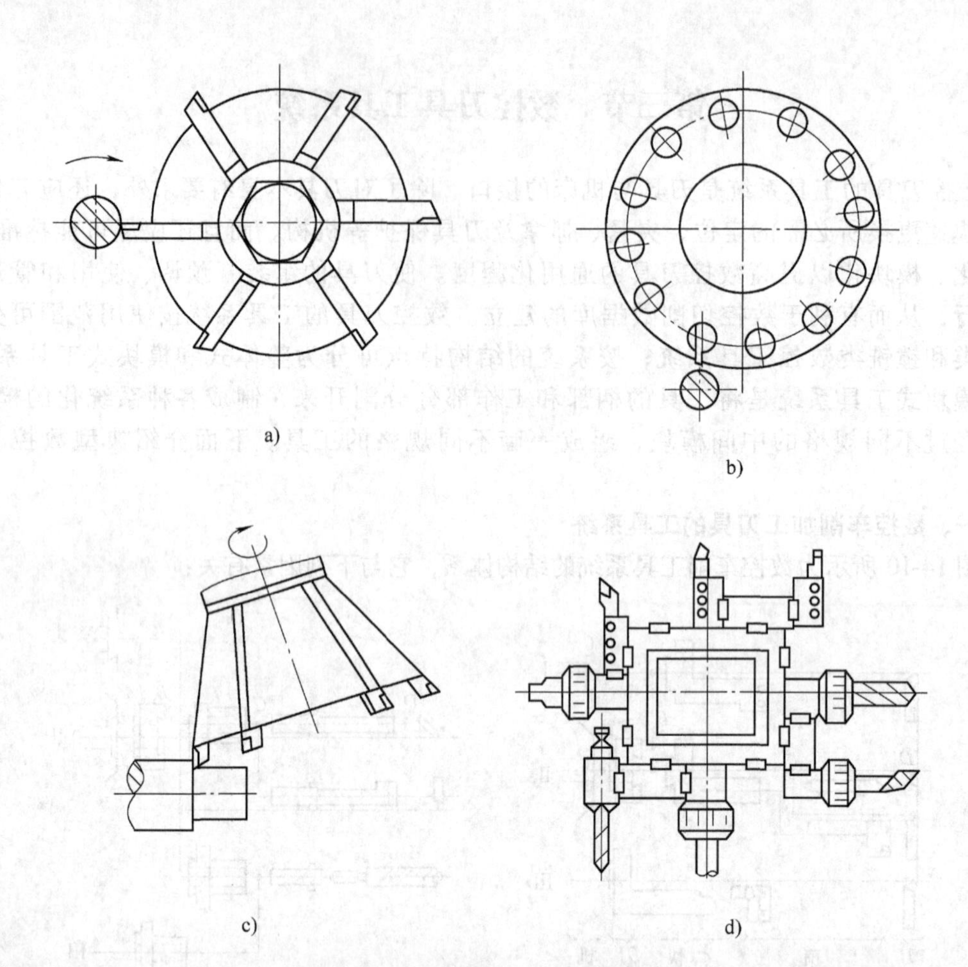

图 14-11 常见数控车床刀架形式

a）盘形刀架（径向装刀） b）盘形刀架（轴向装刀）

c）圆锥形刀架 d）四方刀架

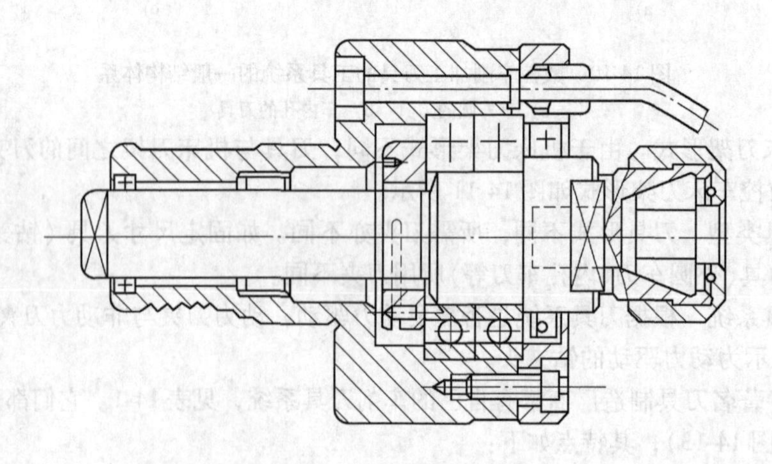

图 14-12 动力驱动的钻夹头

表 14-1　模块式车削工具系统典型连接结构

公司及系统名称	模块连接简图	定位及锁紧方式
Kennametal 公司的 KM 系统 Ceratizit 公司的 Maxiflex-UTS 系统	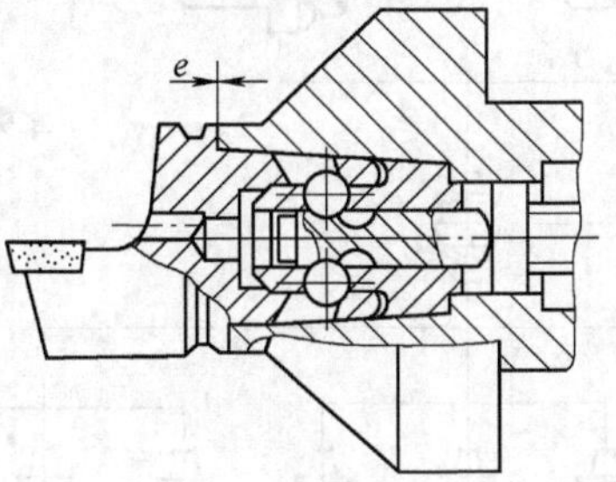 e	靠端圆锥和法兰端面定位，由中心拉杆通过钢球轴向拉紧。该公司还开发了可径向顶紧的模块结构
Seco 公司的 Capto 系统	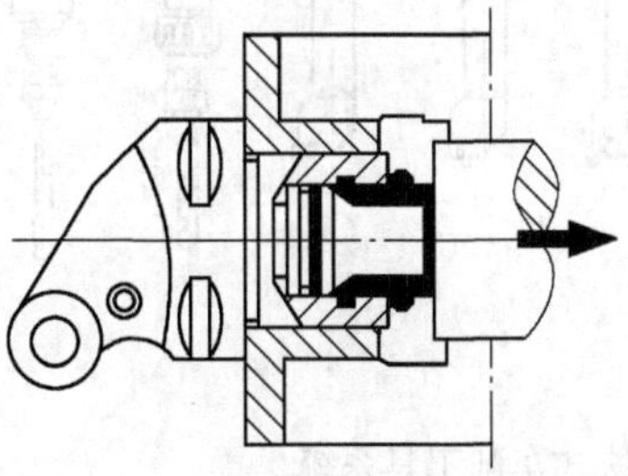	靠工作模块端面和圆锥定位，拉杆拉紧时，使弹性夹紧套径向胀开并使其左端嵌入工作模块锥部内锥孔的环形槽内，并与拉杆的短锥贴紧，从而消除径向及轴向间隙
Hertel 公司的 FTS 系统	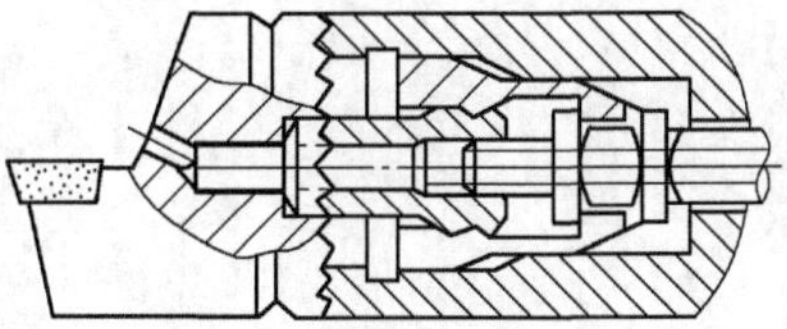	靠端齿定位，由中心拉杆通过弹簧夹头拉紧
Sandvik 公司的 BTS 系统	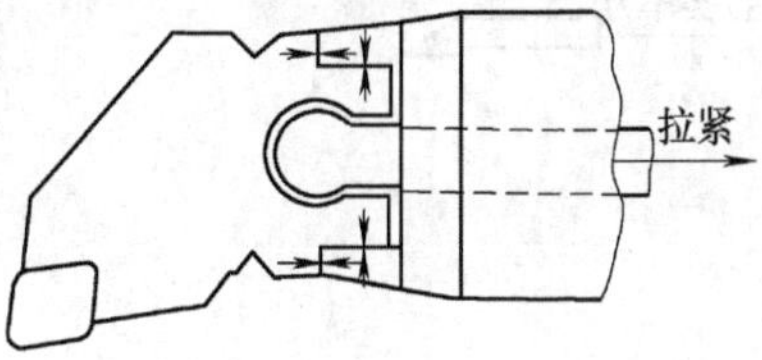 拉紧	拉杆拉紧时，不仅刀头与端面贴紧，并且其两侧能产生变形向外胀开，消除侧面间隙
Widia 公司的 Multiflex 系统	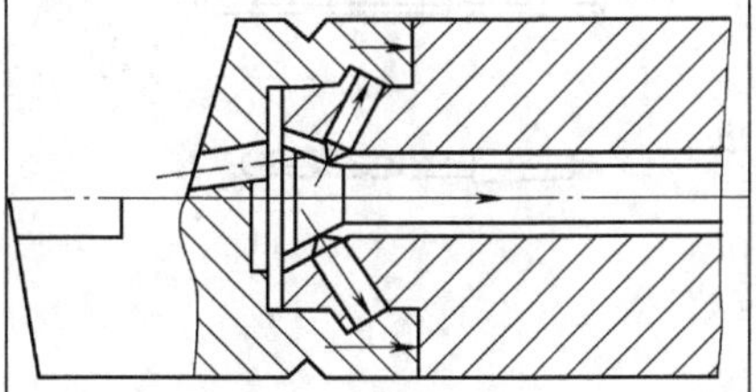	通过叠形弹簧和增力杠杆将力传到拉杆前端，然后拉杆前端的锥面再通过圆柱销拉紧切削头

1）一般只有主柄模块和工作模块，较少使用中间模块，以适应车削中心较小的切削区空间，并提高刀具的刚性。

2）主柄模块有较多的结构形式。有径向模块和轴向模块；有非动力式模块（见图 14-14）和动力式模块（见图 14-15）；有右切模块和左切模块。有手动换刀模块或自动换刀模块等。

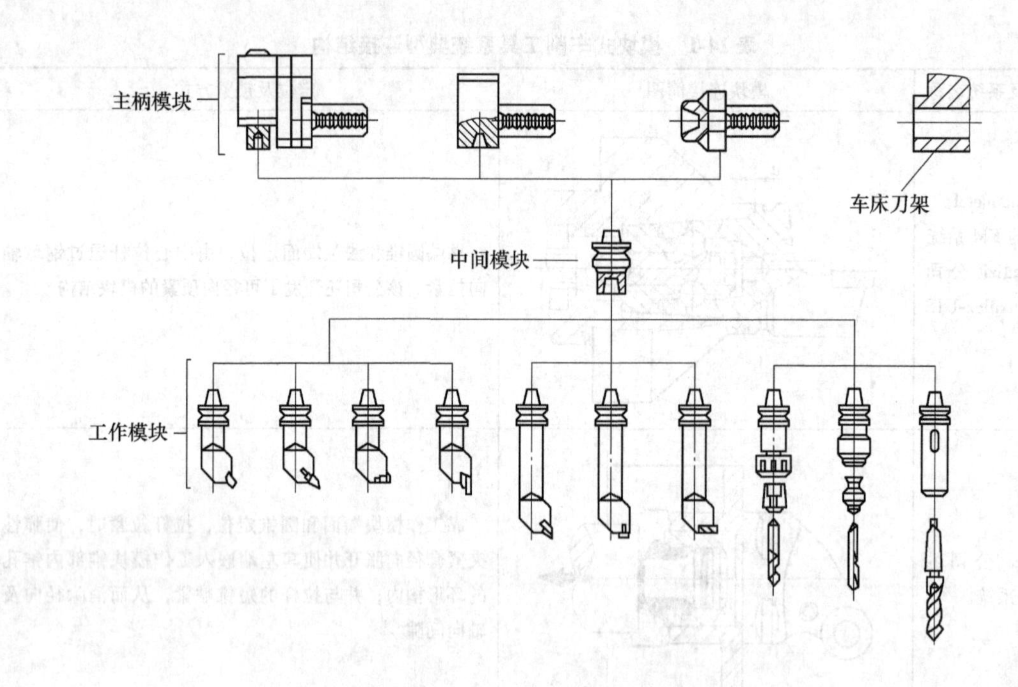

图 14-13 模块式车削工具系统

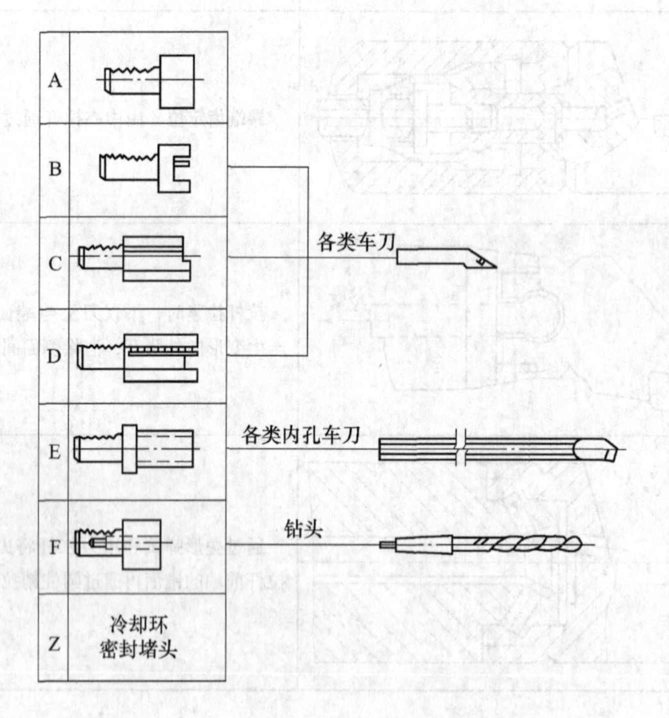

图 14-14 DIN69880 非动力刀夹的构成体系

3）工作模块主要有两大类型：一类是连接柄和刀体做成一体的各种刀具模块，例如用于外圆、端面、镗孔、钻孔、切槽等加工的刀具模块；另一类是用于装夹钻头、丝锥、铣刀等标准刀具或专用刀具的夹刀模块。

我国目前普遍采用的数控车削工具系统是 CZG 系统（等同于德国标准 DIN69880），它的

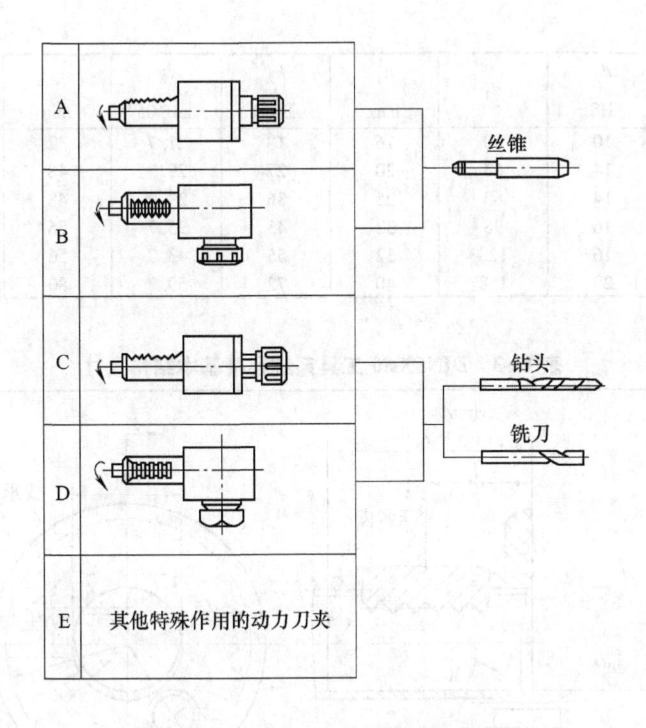

图 14-15　DIN69880 动力刀夹构成体系

柄部是由一个有齿条的圆柱和法兰组成。在数控车床的刀架上，安装刀夹柄部圆柱孔的侧面上，设有一个由螺栓带动的可移动楔形齿条，该齿条与刀夹柄部上的齿条相吻合，并有一定错位。由于存在这个错位，当旋转螺栓，楔形齿条径向压紧刀夹柄部的同时，使柄部的法兰紧密地贴紧在刀架的定位面上，并产生足够的拉紧力。DIN69880 工具系统圆柄刀夹和容槽基本结构尺寸见表 14-2 和表 14-3。

表 14-2　DIN69880 工具系统圆柄刀夹基本结构尺寸　（单位：mm）

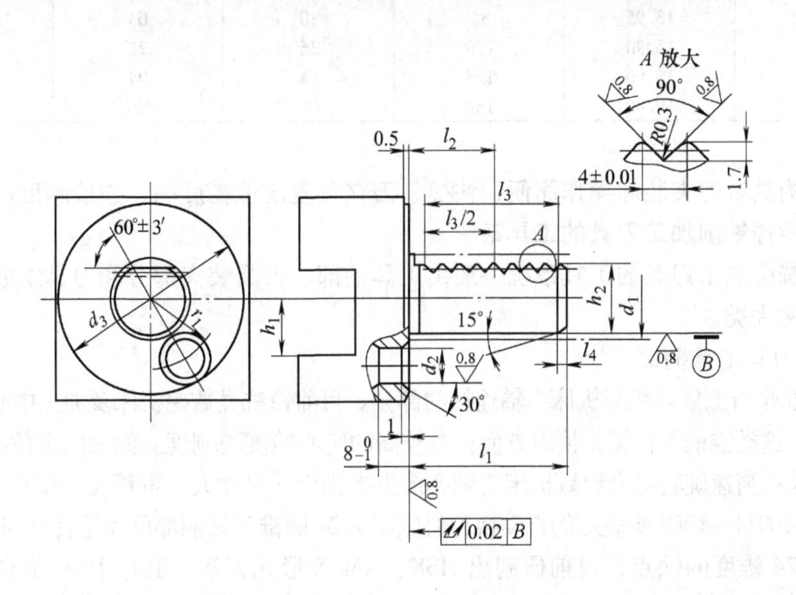

（续）

d_1 h8	l_1 ±0.3	d_2 H8	d_3	h_1 max	h_2 ±0.1	l_2 ±0.05	l_3 min	l_4 $^{+1}_{0}$	r_1 ±0.02
20	40	10	50	16	18	21.7	32	2	18
30	55	14	68	20	27	29.7	48	2	25
40	63	14	83	25	36	29.7	48	3	32
50	78	16	98	32	45	35.7	56	3	37
60	94	16	123	32	55	43.7	56	4	48
80	124	20	158	40	72	59.7	80	4	65

表 14-3　DIN69880 工具系统容槽基本结构尺寸　（单位：mm）

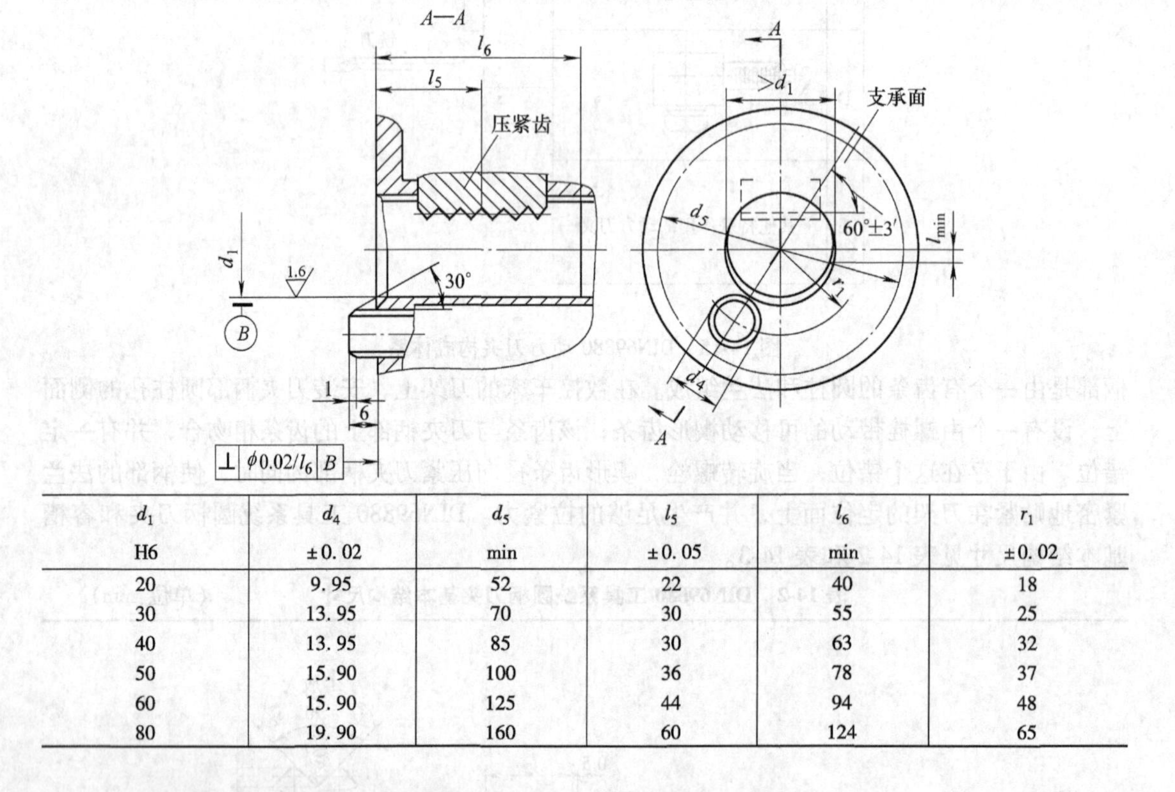

d_1 H6	d_4 ±0.02	d_5 min	l_5 ±0.05	l_6 min	r_1 ±0.02
20	9.95	52	22	40	18
30	13.95	70	30	55	25
40	13.95	85	30	63	32
50	15.90	100	36	78	37
60	15.90	125	44	94	48
80	19.90	160	60	124	65

这种结构具有刀夹装卸操作简便、快捷、刀夹重复定位精度高，连接刚度高等优点。

二、数控镗铣削加工刀具的工具系统

数控镗铣削加工刀具的工具系统一般由工具柄部、刀具装夹部分和刀具组成，分为整体式和模块式两大类。

1. 数控刀具工具柄部

工具柄部是指工具系统与机床主轴连接的部分。目前镗铣类数控机床及加工中心多采用 7∶24 工具圆锥柄。这类锥柄不自锁，换刀方便；有较高的定心精度与刚度。但轴向定位精度差；刚度不能满足要求；高速旋转时会导致机床主轴孔产生扩张量；尺寸大、重量大、拉紧力大；换刀时间长。GB/T 10944—1989 所规定的自动换刀机床用 7∶24 圆锥工具柄部尺寸见表 14-4。

针对 7∶24 锥度的缺点，目前研制出 HSK、KM 等形式刀柄，其中 HSK 是自动换刀空心柄（德 DIN69893），采用 1∶10 锥度，其结构形式如图 14-16 所示。

表 14-4　自动换刀机床用 7∶24 圆锥工具柄部尺寸（GB/T 10944—2006）　　（单位：mm）

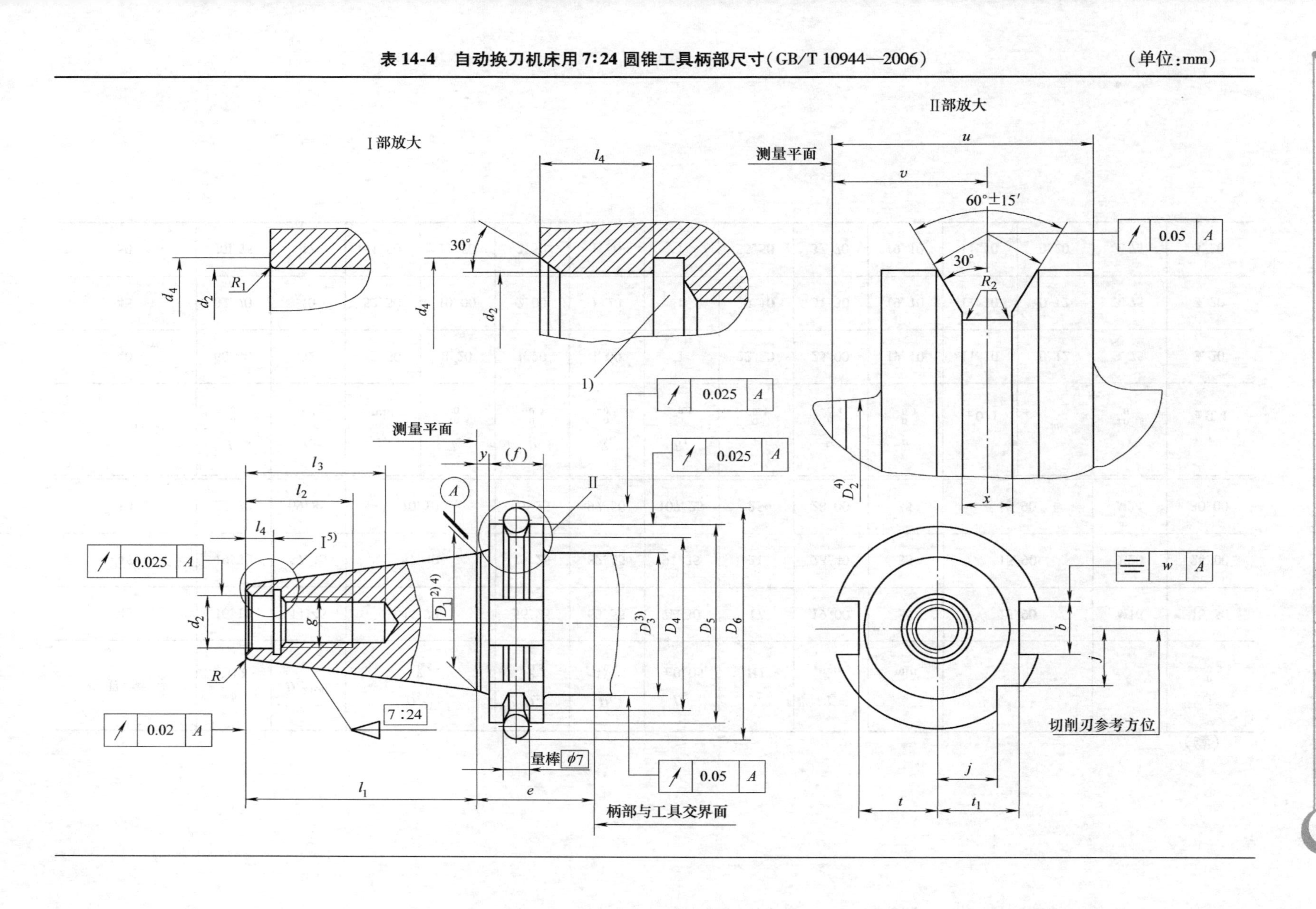

（续）

工具柄号	b H12	D_1[2),4)]	D_3[3)] $^{0}_{-0.5}$	D_4 $^{0}_{-0.5}$	D_5 $^{0}_{-0.1}$	D_6 ±0.05	d_2 H7	d_4 max	e min	f	g	j $^{0}_{-0.3}$
40	16.10	44.45	44.70	56.25	63.55	72.30	17	19.00	35	15.90	M16	18.50
45	19.30	57.15	57.40	75.25	82.55	91.35	21	23.40	35	15.90	M20	24.00
50	25.70	69.85	70.10	91.25	97.50	107.25	25	28.00	35	15.90	M24	30.00

工具柄号	l_1 $^{0}_{-0.3}$	l_2 min	l_3 min	l_4 $^{+0.5}_{0}$	R $^{0}_{-0.5}$	R_1 $^{0}_{-0.5}$	R_2 $^{0}_{-0.5}$	t $^{0}_{-0.4}$	t_1 $^{0}_{-0.4}$	u $^{0}_{-0.1}$	v ±0.1	w	x $^{+0.15}_{0}$	y ±0.1
40	68.40	32	42.50	8.20	1.20	1.00	1	22.80	25.00	19.10	11.10	0.12	3.75	3.20
45	82.70	40	52.50	10.00	2.00	1.20	1	29.10	31.30	19.10	11.10	0.12	3.75	3.20
50	101.75	47	61.50	11.50	2.50	1.50	1	35.50	37.70	19.10	11.10	0.20	3.75	3.20

HSK刀柄的特点如下：①采取自内向外锁紧方式；②静、动态刚度大；③径向圆跳动精度及轴向定位精度高；④高速旋转时无主轴孔扩张；⑤换刀时间短，重复定位精度高；⑥可进行内冷却；⑦重量轻；⑧可同时适用旋转刀具及不旋转刀具；⑨锥柄短，其锥柄长度仅为7∶24锥柄长度的1/3；⑩与现有的机床主轴内锥孔不能兼容。

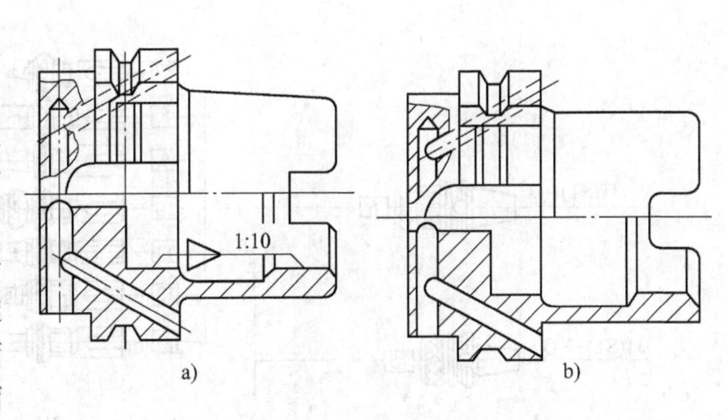

图14-16　空心柄的结构形式

a）1∶10锥度空心柄　b）双圆柱空心柄

2. 刀具装夹部分

（1）整体式结构镗铣类工具系统　其夹持部分与柄部连成一体。这种类型的工具系统有日本的TMJ系统和我国的TSG82系统。TSG82工具系统中各种工具型号由汉语拼音字母和数字组成，其组成、表示方法和书写格式见表14-5，各种工具柄部的形式和尺寸代号见表14-6，工具系统的代号和意义见表14-7。TSG82工具系统中各种工具的组合形式及系统中部分辅具与刀具组合形式如图14-17所示。

表14-5　TSG82工具系统型号的组成、表示方法和书写格式

型号的组成	前段		后段	
表示方法	字母表示	数字表示	字母表示	数字表示
符号意义	柄部的形式	柄部的尺寸	工具用途、种类或结构形式	工具的规格
举例	JT	50mm	KH	40—82
书写格式	JT50—KH40—82			

表14-6　TSG82工具系统工具柄部的形式和尺寸代号

柄部的形式		柄部的尺寸	
代号	代号的意义	代号的意义	举例
JT	加工中心机床用锥柄柄部，带机械手夹持槽	ISO锥度号	50
ST	一般数控机床用锥柄柄部，无机械手夹持槽	ISO锥度号	40
MTW	无扁尾莫氏锥柄	莫氏锥度号	3
MT	有扁尾莫氏锥柄	莫氏锥度号	1
ZB	直柄接杆	直径尺寸	32
KH	7∶24锥度的锥柄接杆	锥柄的锥度号	45

注：锥度号有30、40、45、50四种，锥度为7∶24。

表14-7　TSG82工具系统的代号和意义

代号	代号的意义	代号	代号的意义	代号	代号的意义
J	装接长杆用刀柄	KJ	用于装扩、铰刀	TF	浮动镗刀
Q	弹簧夹头	BS	倍速夹头	TK	可调镗刀
KH	7∶24锥度快换夹头	H	倒锪端面刀	X	用于装铣削刀具
Z(J)	用于装钻夹头(贾氏锥度加注J)	T	镗孔刀具	XS	装三面刃铣刀用
MW	装无扁尾莫氏锥柄刀具	TZ	直角镗刀	XM	装面铣刀用
M	装有扁尾莫氏锥柄刀具	TQW	倾斜式微调镗刀	XDZ	装直角端铣刀用
G	攻螺纹夹头	TQC	倾斜式粗镗刀	XD	装端铣刀用
C	切内槽工具	TZC	直角形粗镗刀		
规格	用数字表示工具的规格，其含义随工具不同而异。有些工具该数字为轮廓尺寸D—L；有些工具该数字表示应用范围。还有表示其他参数值的，如锥度号等				

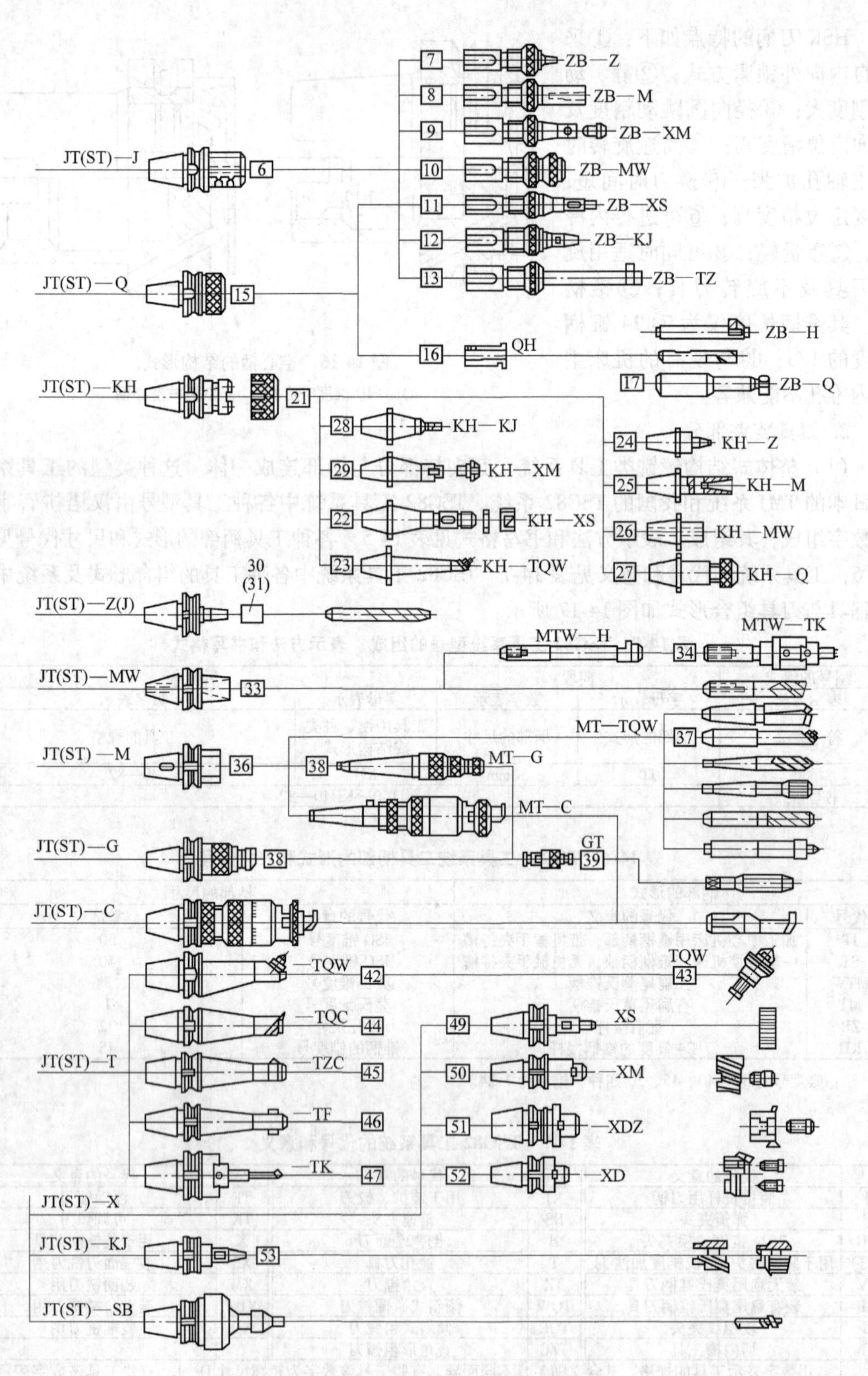

图 14-17 TSG—JZ 工具系统(锥柄部分)

TSG82 工具系统其柄部类型有：用于手动换刀“ST”型；用于自动换刀“JT”型。图 14-18 所示为在“JT”型中锥柄与刀具连接系统的几种形式：锥柄(JT)—直柄接杆(ZB)—刀具(见图 14-18a)；锥柄(JT)—锥柄接杆(KH)—刀具(见图 14-18b)；锥柄(JT)—带扁尾的莫氏锥柄刀具(M)(见图 14-18c)；锥柄直接连接镗孔刀具(JT—T)(见图 14-18d)。

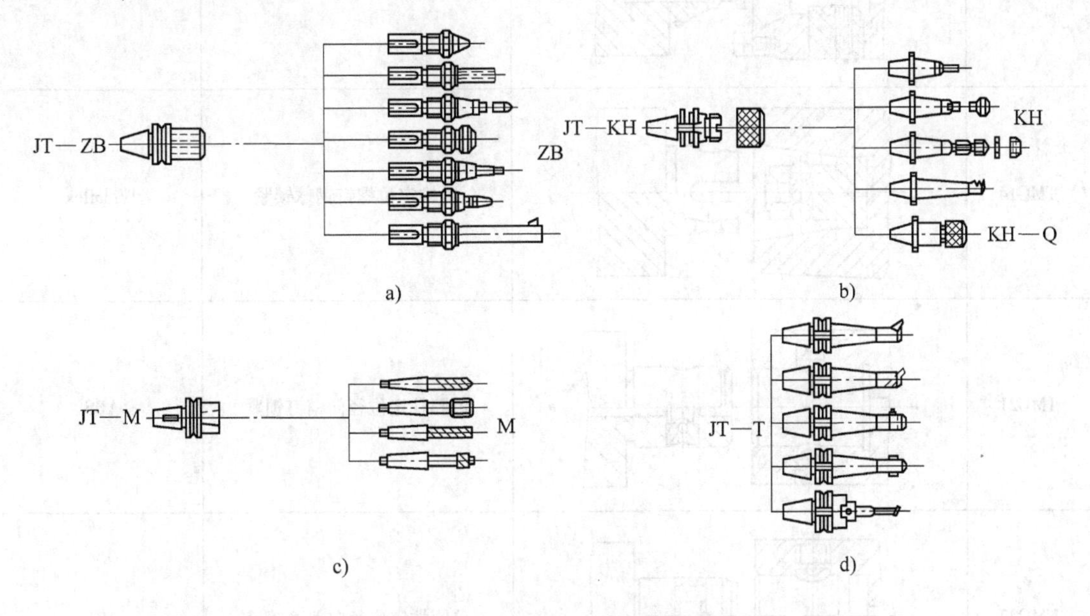

图 14-18　锥柄与刀具的锥柄形式

a) 锥柄与直柄接杆　b) 锥柄与锥柄接杆　c) 锥柄与锥柄刀具　d) 镗孔刀具

(2) 模块式工具系统　其工具的柄部和工作部分分开，中间采用不同规格的中间模块连接组装成不同用途、不同规格的模块式工具，从而方便了制造、使用和保管费用减少。属于这类工其系统的工具有：

1) 德国 Walar 公司的 Novex 工具系统、Gtihring 公司的 GM300 系统(采用 DIN69872 和 DIN69893 标准)、Komet 公司的 ABS 系统、Hertel 公司的 ME 工具系统、Krupp Widia 公司的 Widaflex 工具系统、瑞典 Sandvlk 公司的 Varilock 工具系统和 Epb 公司(seco 公司的分公司)的 Graflex 系统。

2) 我国也开发了 TMG 模块式工具系统有 TMG10、TMG13、TMG14、TMG21、TMG22、TMG26、TMG50 和 TMG53 等系列其中 TMG21 系统是我国参照 ABS 工具系统开发的，其中包括的模块品种如图 14-19 所示。模块式工具系统的典型连接结构见表 14-8。

表 14-8　模块连接典型结构

产品代号	模块连接简图	定位及锁紧方式	国外同类产品
TMG10		短圆锥定位中心螺钉拉紧	NOVEX

（续）

产品代号	模块连接简图	定位及锁紧方式	国外同类产品
TMG13		短圆锥定位螺栓横向锁紧	NOVEX—Radial
TMG14		圆锥定位螺钉钢球锁紧	Widaflex
TMG21		单圆柱定位径向销钉锁紧	ABS
TMG22		单圆柱定位径向斜面锁紧	MC
TMG26		单圆柱定位螺纹联接锁紧	Rataflex
TMG50		双圆柱定位中心螺钉拉紧	Varilock
TMG53		双圆柱定位螺栓横向锁紧	Varilock

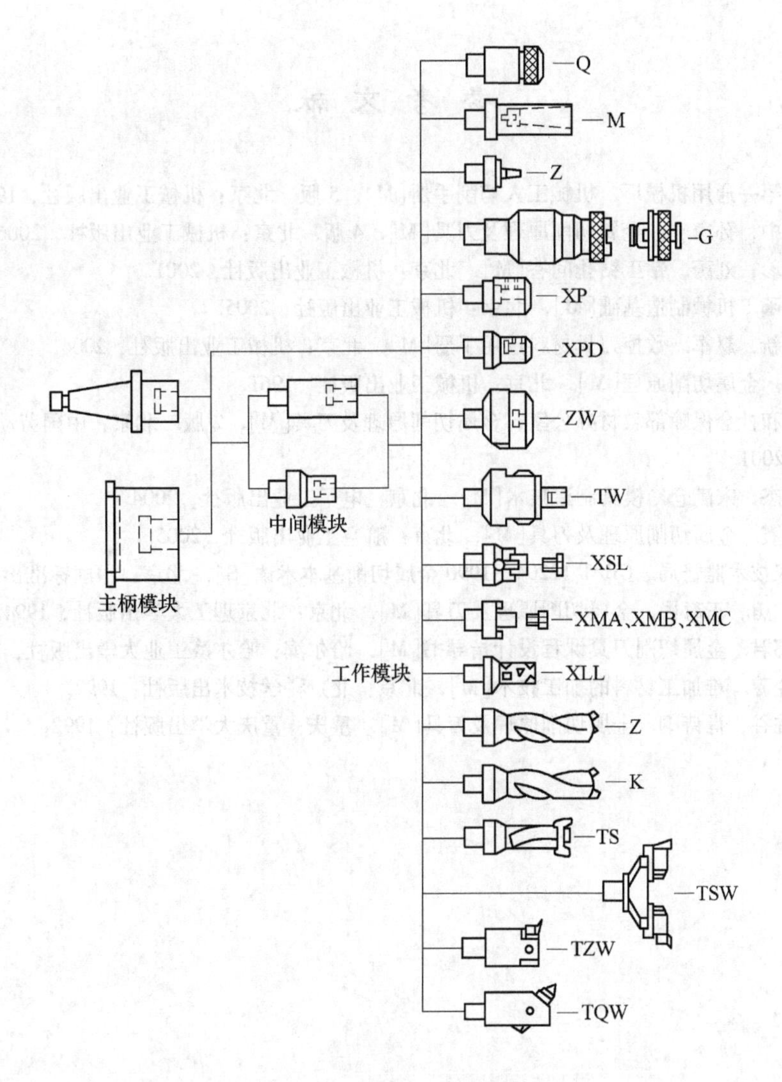

图 14-19　TMG21 工具系统

复习思考题

1. 自动化加工用刀具的快换有哪些基本方式，各有何优缺点？
2. 举例说明车刀尺寸预调的方法。
3. 什么是数控机床刀具的工具系统？模块式工具系统有何优点？
4. 简述数控机床刀具选用的一般原则。

参 考 文 献

[1] 北京第一通用机械厂．机械工人切削手册[M]．5版．北京：机械工业出版社，1999.
[2] 陆剑中，孙家宁．金属切削原理及刀具[M]．4版．北京：机械工业出版社，2006.
[3] 常宝珍，刘蔚．钻工钻孔问答[M]．北京：机械工业出版社，2001.
[4] 裘维函．机械制造基础[M]．北京：机械工业出版社，2005.
[5] 邓建新，赵军．数控刀具材料选用手册[M]．北京：机械工业出版社，2004.
[6] 陶乾．金属切削原理[M]．北京：机械工业出版社，1961.
[7] 劳动和社会保障部教材办公室，金属切削原理及刀具[M]．2版．北京：中国劳动社会保障出版社，2001.
[8] 王敏杰，宋满仓．模具制造技术[M]．北京：电子工业出版社，2004.
[9] 王晓霞．金属切削原理及刀具[M]．北京：航空工业出版社，2005.
[10] 国家技术监督局．GB/T 12204—1990 金属切削基本术语[S]．北京：中国标准出版社，1991.
[11] 杨广勇，王育民．金属切削原理及刀具[M]．北京：北京理工大学出版社，1994.
[12] 王娜君．金属切削刀具课程设计指导书[M]．哈尔滨：哈尔滨工业大学出版社，2000.
[13] 李企芳．难加工材料的加工技术[M]．北京：北京科学技术出版社，1992.
[14] 许香谷，肖诗纲．金属切削原理及刀具[M]．重庆：重庆大学出版社，1992.